黑龙江省精品图书出版工程
"十四五"时期国家重点出版物出版专项规划项目
现代土木工程精品系列图书

高强钢筋在混凝土结构中的应用技术

APPLICATION TECHNOLOGY OF HIGH STRENGTH REINFORCEMENT IN CONCERTE STRUCTURES

郑文忠　李　玲　王　英　苗天鸣　著

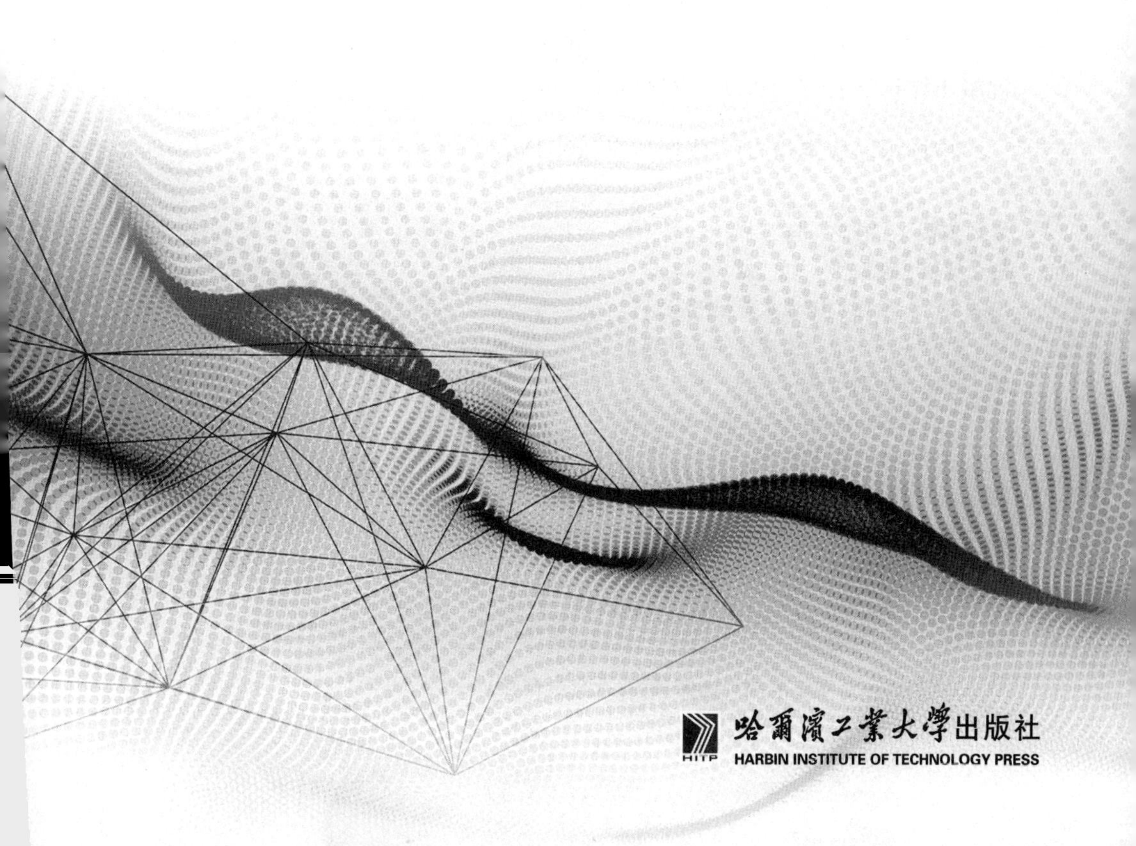

哈爾濱工業大學出版社
HARBIN INSTITUTE OF TECHNOLOGY PRESS

内 容 简 介

本书介绍了高强钢筋在混凝土结构中的应用技术，包括高强热轧钢筋作受力纵筋的连续梁和框架内力重分布性能，锚固力在钢筋黏结作用与端板承压作用间的分配关系及端板下局部受压（简称局压）承载力计算；提出将超静定高强钢筋混凝土结构弯矩调幅分为塑性铰形成前、后两个阶段进行考察的思路和方法，实现了弯矩调幅幅度由过去的定值规定到考虑受拉纵筋屈服强度、控制截面相对受压区高度、荷载形式、跨高比以及应变渗透影响的量化表达的转变；提出将钢筋直锚段黏结作用等效为增大的类孔道面积的方法，建立了直锚段钢筋黏结作用下的混凝土局压承载力计算公式和钢筋端板布置相对密集时混凝土局压承载力的计算方法。

本书可供从事土木工程专业的科研、设计和施工管理的技术人员参考，也可作为高等学校土木工程专业研究生的参考用书。

图书在版编目（CIP）数据

高强钢筋在混凝土结构中的应用技术/郑文忠等著．—哈尔滨：哈尔滨工业大学出版社，2024.1

（现代土木工程精品系列图书）

ISBN 978-7-5767-0715-1

Ⅰ.①高…　Ⅱ.①郑…　Ⅲ.①高强度—钢筋—应用—混凝土结构—研究　Ⅳ.①TU370.4

中国国家版本馆 CIP 数据核字（2023）第 058690 号

策划编辑　王桂芝　陈雪巍
责任编辑　谢晓彤　刘　威
出版发行　哈尔滨工业大学出版社
社　　址　哈尔滨市南岗区复华四道街 10 号　邮编 150006
传　　真　0451-86414749
网　　址　http://hitpress.hit.edu.cn
印　　刷　哈尔滨市颉升高印刷有限公司
开　　本　720 mm×1 000 mm　1/16　印张 24.75　字数 500 千字
版　　次　2024 年 1 月第 1 版　2024 年 1 月第 1 次印刷
书　　号　ISBN 978-7-5767-0715-1
定　　价　168.00 元

前　言

在混凝土结构工程中应用高强钢筋可节省钢筋用量、减少环境污染，是我国建筑业实现节能减排、低碳发展的重要途径。《混凝土结构设计规范》(GB 50010—2010)和《钢筋混凝土用钢 第2部分：热轧带肋钢筋》(GB/T 1499.2—2018)中已分别纳入500 MPa级和600 MPa级高强热轧钢筋。由此看来，应用高强钢筋已成为顺应时代发展的必然趋势。

本书旨在介绍高强热轧钢筋作受力纵筋的连续梁和框架内力重分布性能、带端板高强热轧钢筋与混凝土黏结锚固性能；提出了塑性铰形成前、后两阶段高强钢筋混凝土连续梁和框架弯矩调幅系数的计算方法；分析了锚固力在钢筋黏结作用与端板承压作用间的分配关系，并建立了端板下局压承载力计算方法。上述内容可为有关科研、设计和施工技术人员提供参考。

本书除绪论外共分两篇9章。

第一篇为高强热轧钢筋作受力纵筋的连续梁和框架内力重分布性能，共分5章：第1、2章介绍HRB500/HRB600钢筋作纵向受拉钢筋的连续梁弯矩调幅试验与分析及设计方法；第3章介绍应变渗透引起的框架梁端控制截面附加转角试验与分析；第4、5章介绍HRB500/HRB600钢筋作纵向受拉钢筋的框架梁端弯矩调幅试验与分析及设计方法。

第二篇为锚固力在钢筋黏结作用与端板承压作用间的分配关系及端板下局压承载力计算，共分4章：第6章介绍锚固力在钢筋黏结和端板承压间的分配关系；第7章介绍受拉钢筋锚固的数值分析；第8章介绍钢筋端板下混凝土局压承载力计算；第9章介绍密布钢筋端板下混凝土局压承载力计算。

本书的相关工作得到了国家自然科学基金(51378142)的资助。参与本书撰写的人还有：王英(绪论)、李玲(第一篇)、苗天鸣(第二篇)，全书由郑文忠统稿。研究生陈君、王识宇、马军科、王舸宇、张弛、常迪等为本书做了大量的具体工作，在此表示衷心的感谢。

限于作者水平，书中疏漏及不足之处在所难免，敬请读者批评指正。

哈尔滨工业大学　郑文忠

2023年10月

目　录

绪　论

0.1　研究背景

随着我国建设资源节约型社会进程的推进，国家对建筑行业提出了节能减排、绿色低碳的发展要求。钢筋作为混凝土结构中重要的增强材料之一，被大量应用于混凝土工程中。铁矿石是钢筋的主要生产原料，而我国大量的铁矿石依赖进口。据统计，我国建筑用钢年消耗量约占钢材消耗总量的50%以上，因此，提高建筑结构用钢的强度等级，不仅可以节省钢筋用量，进而降低铁矿石、煤炭等不可再生资源的消耗，同时还会减少大量废气、废水及粉尘的排放，减轻环境污染，从而获得良好的经济效益和社会效益，是实现建筑行业可持续发展的重要途径。

为此，我国在政策实施、法规标准、规划设计等方面均加大了对高强钢筋的推广力度。2009 年，《热轧带肋高强钢筋在混凝土结构中应用技术导则》(RISN-TG007-2009)编制完成，并于同年开始实施，为工程技术人员应用高强钢筋提供了初步指导；2011 年，我国住房和城乡建设部(简称住建部)、工业和信息化部正式成立高强钢筋推广应用协调组，并多次印发相关指导意见，提出“积极推广和逐年提高500 MPa级钢筋的应用”；2015 年，《混凝土结构设计规范》(GB 50010—2010)进行局部修订，淘汰了 235 MPa 级和直径不小于 16 mm 的 335 MPa 级低强钢筋，并明确提出“将 400 MPa 级、500 MPa 级钢筋作为纵向受力的主导钢筋推广应用”；2018 年发布实施的国家标准《钢筋混凝土用钢 第 2 部分：热轧带肋钢筋》(GB/T 1499.2—2018)中，已不再列入直径不小于 16 mm 的 335 MPa 级钢筋，并新增了 600 MPa 级热轧钢筋；2018 年 7 月 5 日，在北京召开了新一轮《混凝土结构设计规范》(GB 50010—2010)修订启动会，对相关内容进行修订。由此看来，应用 500 MPa 级、600 MPa 级及更高强度等级的钢筋，已成为顺应时代发展的必然趋势。

在实际工程中，超静定钢筋混凝土结构的应用量大面广，其在受力过程中的内力重分布是人们关注的热点之一。在混凝土结构设计中，考虑内力重分布可以减小钢筋用量，方便施工，缓解布筋密集，从而达到提高施工质量和节能减排的目的。《混凝土结构设计规范》(GB 50010—2010)规定，当截面相对受压区高度介于 0.1～0.35 时，混凝土梁负弯矩调幅系数不宜大于 25%；混凝土板负弯矩调幅系数不宜大于 20%。这一规定并未反映纵向受拉钢筋屈服强度变化对结构弯矩调幅的影响，对截面相对受压区高度影响的规定也过于笼统。中国工程建设标准化协会标准《钢筋混凝土连续梁和框架考虑内力重分布设计规程》(CECS 51:93)只适宜受力钢筋采用Ⅰ级、Ⅱ级或Ⅲ级热轧钢筋，混凝土强度等级介于 C20～C45 的超静定混凝土结构。因此，开展以 500 MPa 级、600 MPa 级高强热轧钢筋作纵向受拉钢筋的超静定混凝土结构内力重分布研究是必要的。

高强热轧钢筋作纵向受拉钢筋的超静定混凝土结构内力重分布具有以下新的特征：首先，由于高强热轧钢筋的屈服强度较 HPB235 钢筋、HRB335 钢筋和 HRB400 钢筋有所提高，因此以其作纵向受拉钢筋的混凝土连续梁和框架梁支座控制截面从加载至纵筋受拉屈服的弯矩调幅区段会变长；其次，在支座控制截面相对受压区高度相同时，截面屈服曲率会增大，塑性铰的形成延迟，控制截面从纵筋受拉屈服至受弯破坏对应的弯矩调幅区段变短；同时，梁端控制截面纵向受拉高强热轧钢筋在框架梁柱节点内的应变渗透会更明显，控制截面附加转角会增大，有利于梁端控制截面弯矩调幅。因此，将高强热轧钢筋作纵向受拉钢筋的超静定混凝土结构内力重分布分为塑性铰形成前、后两个阶段进行研究，建立考虑各关键参数影响的两阶段弯矩调幅计算方法，具有重要的理论意义和工程实用价值。

高强钢筋自身屈服强度相对高会给工程带来诸多益处，但是高强钢筋在混凝土中所需要的锚固长度更长。国家标准《混凝土结构设计规范》(GB 50010—2010)中规定了可以在钢筋末端采用弯钩或者机械锚固的措施来减小锚固长度。其中，机械锚固的形式主要有一侧贴焊锚筋、两侧贴焊锚筋、设置端板和螺栓锚头四种形式。在四种机械锚固形式中，设置端板和螺栓锚头形式具有受力合理、锚固性能更稳定的优势。钢筋采用设置端板形式时，如图 0.1 所示；钢筋采用设置螺栓锚头形式时，如图 0.2 所示。这两种机械锚固形式的受力机理相同，都是由直锚段钢筋的黏结作用和钢筋端板的承压作用共同承担锚固力。

图 0.1　设置端板形式

图 0.2　设置螺栓锚头形式

钢筋端板或者螺栓锚头的加入，不仅可以有效地减小钢筋在混凝土中所需要的锚固长度，还可以缓解节点中的钢筋拥挤问题。此外，与在钢筋末端弯钩的锚固形式相比，在钢筋末端设置端板更简捷。近十几年来，随着带端板钢筋越来越多地在混凝土结构工程中被应用，对其受力机理和设计方法的研究也受到了越来越多学者的重视。因此，为合理应用带端板钢筋，给出钢筋锚固力在直锚段钢筋黏结作用和钢筋端板承压作用之间准确的分配关系，就显得十分重要。带端板钢筋的受力情况如图 0.3 所示。

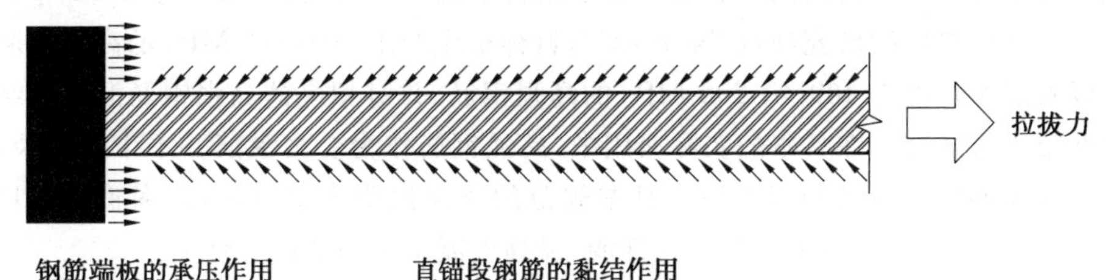

图 0.3　带端板钢筋的受力情况

与混凝土局部受压（简称局压）不同，钢筋端板下混凝土不但承受端板传来的压力，而且承受直锚段钢筋与混凝土间的黏结作用。合理考虑直锚段钢筋的黏结作用对端板下混凝土局压承载力的影响，是带端板钢筋应用的关键。当带端板钢筋布置相对密集时，钢筋端板下混凝土局压计算底面积存在相互重叠的现象，同时直锚段钢筋和混凝土之间存在黏结作用，使得钢筋端板下混凝土局压承载力计算问题变得尤为复杂。

0.2　高强钢筋应用现状

0.2.1　国外高强钢筋的应用现状

20 世纪 80 年代初，已有部分国家将 400 MPa 级钢筋作为纵向受力的主导钢筋应用于混凝土结构工程中，并在之后进一步研发 500 MPa 级以上更高强度等级的钢筋。

美国房屋建筑混凝土结构规范 ACI 318-19 规定，钢筋混凝土结构中以 60(420 MPa)级和 80(550 MPa)级钢筋作为纵向受力的主导钢筋；美国现行建筑结构用碳素钢产品标准 ASTM A615/A615M-22 中包含 40(280 MPa)级、60(420 MPa)级、75(520 MPa)级、80(550 MPa)级和 100(690 MPa)级钢筋；建筑结构用低合金钢标准 ASTM A706/A706M-22a 中包含 60(420 MPa)级钢筋和 80(550 MPa)级钢筋。由此可见，美国建筑结构用钢强度较高。

澳大利亚混凝土结构设计规范 AS 3600:2018 规定，结构中纵向受力钢筋采用500 MPa级钢筋，箍筋可以采用500 MPa级和250 MPa级钢筋。目前，澳大利亚正在致力于研究800 MPa级以及更高强度等级的钢筋。

英国目前采用欧洲设计规范BS EN 1992-1-1：2004＋A1：2014作为混凝土结构设计的依据，其规定所采用钢筋的屈服强度范围为400～600 MPa。

日本钢筋混凝土结构计算规范规定热轧光圆钢筋分为235 MPa级和295 MPa级，热轧带肋钢筋分为295 MPa级、345 MPa级、390 MPa级和490 MPa级。为了进一步研究高强钢筋在混凝土结构中应用的可行性，日本于1988年开展了一项全国性的研究项目"New RC"，目标是生产出30～120 MPa的高强混凝土以及屈服强度为400～1 200 MPa的高强钢筋，并对相应的高强钢筋混凝土结构性能进行研究。在日本的实际应用中，高强钢筋作为受力纵筋并不十分普及，但高强箍筋的应用已相当普遍。日本规范的条文说明中也指出，高强箍筋可以有效约束高强混凝土，改善其脆性性能，提高混凝土结构的抗震性能。

此外，俄罗斯设计规范和巴西设计规范中规定混凝土结构用钢筋最高等级为600 MPa级。新西兰设计规范中规定受力主筋屈服强度标准值不应大于500 MPa，箍筋屈服强度标准值不应大于800 MPa。加拿大设计规范规定钢筋屈服强度标准值不大于500 MPa。表0.1为部分国家混凝土结构设计规范中所规定的钢筋最高强度等级。

表0.1　部分国家混凝土结构设计规范中所规定的钢筋最高强度等级

国家	美国	英国	加拿大	德国	俄罗斯	日本	澳大利亚	韩国	新西兰
屈服强度/MPa	550	600	500	550	600	490	500	600	500

0.2.2　国内高强钢筋的应用现状

我国钢铁产业经历了从低产量向高产量、从低强度向高强度、从引进模仿到自主研发的发展过程。20世纪50年代，我国仅能生产235 MPa级光圆钢筋和275 MPa级螺纹钢筋，且产量较低。20世纪70年代，我国研制出含锰(Mn)、硅(Si)元素的HRB335带肋钢筋，其屈服强度标准值提高为335 MPa，并在全国范围内大量推广使用。20世纪90年代，国家加大了对钢筋的研发投入，在HRB335钢筋的基础上，通过添加微合金元素研制出了屈服强度标准值可达400 MPa的HRB400钢筋。近年来，随着我国钢筋生产工艺的不断进步，500 MPa级、600 MPa级高强度钢筋已经研制成功。

我国政府早已将推广应用高强钢筋提上日程。早在1998年，中华人民共和国建设部颁布的《中国建筑技术政策》中就明确提出了推广应用400 MPa级钢筋。《混凝土结构设计规范》(GB 50010—2002)中规定以 HRB400 钢筋作为纵向受力的主导钢筋。2005 年,住建部正式将高强钢筋的推广应用作为“四节一环保”和落实国家节能减排政策的一项主要内容。近十几年来,为推广应用高强钢筋,我国有关部门出台了一系列的相关政策,相应的规范规程也逐渐与之配套和完善(表 0.2)。

表 0.2　我国近年来高强钢筋推广政策及相应技术标准

时间	相关政策及技术标准名称	相关内容
2009 年	《钢铁产业调整和振兴规划》	推广高强度钢筋和节材技术
2010 年	《混凝土结构设计规范》(GB 50010—2010)	淘汰 HPB235 钢筋,新增 HRB500 高强钢筋,将 HRB400 和 HRB500 钢筋作为纵向受力钢筋
2010 年	《高强钢筋在混凝土结构中应用技术导则》	为推广 500 MPa 级高强钢筋提供技术依据
2011 年	《混凝土结构工程施工规范》(GB 50666—2011)	新增 HRB500 钢筋性能检验
2011 年	《建筑业发展“十二五”规划》	400 MPa 级以上钢筋用量达到总用量的 45%
2011 年	《钢铁工业“十二五”发展规划》	HRB400 钢筋使用量要超过钢筋总用量的 80%
2013 年	《进一步做好推广应用高强钢筋工作的通知》	全面推广应用 400 MPa 级高强钢筋,重点推广应用 500 MPa 级高强钢筋,提高 500 MPa级高强钢筋的应用比例
2015 年	《混凝土结构工程施工质量验收规范》(GB 50204—2015)	新增 HRB500 钢筋性能检验
2017 年	《钢筋混凝土用钢　第 1 部分:热轧光圆钢筋》(GB/T 1499.1—2017)	取消 HPB235 钢筋,增加 HPB300 钢筋
2018 年	《钢筋混凝土用钢　第 2 部分:热轧带肋钢筋》(GB/T 1499.2—2018)	取消 335 MPa 级钢筋,增加 600 MPa 级钢筋

由此可见,我国混凝土结构用钢筋正在逐步趋于高强度化,亟须对配置高强钢筋的混凝土结构性能进行更深入的研究。

0.3 钢筋混凝土超静定结构弯矩重分布研究现状

0.3.1 塑性铰转动能力研究现状

钢筋混凝土塑性铰以纵向受拉钢筋屈服为形成标志，以受压边缘混凝土达到极限压应变为正截面破坏标志。塑性铰出现后，随着荷载的增大，截面弯矩增加很少而曲率激增，受拉纵筋在邻近区域相继屈服，塑性铰区会发生较大幅度的转动即塑性铰转动，钢筋受拉屈服区段的长度即为塑性铰长度。对于超静定钢筋混凝土结构，其内力重分布会随着塑性铰的转动进一步发展。

根据塑性铰转角的定义，可对塑性铰长度范围内各截面曲率进行积分计算塑性铰的转角。为便于计算，Baker 等提出了如下等效塑性铰长度$\bar{l}_p$计算公式：

$$\bar{l}_p=\frac{\theta_p}{\varphi_u-\varphi_y}=\frac{\int_0^{l_p}[\varphi(x)-\varphi_y]\mathrm{d}x}{\varphi_u-\varphi_y}=\frac{\int_0^{l_p}\varphi_p(x)\mathrm{d}x}{\varphi_u-\varphi_y} \tag{0.1}$$

式中 θ_p——所考察截面达到正截面承载能力极限状态时的塑性铰转角；

φ_u——极限曲率，即截面受弯破坏时对应的曲率；

φ_y——屈服曲率，即截面受拉钢筋屈服时对应的曲率；

$\varphi(x)$——塑性铰区任一截面的曲率；

$\varphi_p(x)$——塑性铰区任一截面的塑性曲率，$\varphi_p(x)=\varphi(x)-\varphi_y$；

l_p——所考察塑性铰区的实际长度；

$\bar{l}_p$——等效塑性铰长度。

20 世纪 50 年代，欧洲混凝土委员会完成了 94 根钢筋混凝土梁、柱试验，主要试验参数包括混凝土圆柱体抗压强度（$f'_c=17.2\sim40.0$ MPa）、受拉纵筋屈服强度（$f_y=275.8\sim586.1$ MPa）、受拉纵筋配筋率（$\rho_s=0.25\%\sim4.00\%$）、柱的试验轴压比（$n=0.15\sim1.0$）等。Baker 基于上述试验结果，提出了压弯构件的等效塑性铰长度$\bar{l}_p$计算公式：

$$\bar{l}_p=k_1k_2k_3\left(\frac{z}{h_0}\right)^{1/4}h_0 \tag{0.2}$$

式中 k_1——钢筋类型影响系数，当所配置钢筋为软钢时，$k_1=0.7$，当所配置钢筋为冷加工钢筋时，$k_1=0.9$；

k_2——混凝土强度影响系数，$k_2=0.9-0.3/23.5(f'_c-11.7)$；

k_3——轴压比影响系数，$k_3=1+0.5N/f'_cbh$；

N——轴向力设计值；

z——控制截面至反弯点距离；

h_0——截面有效高度。

式(0.2)考虑了钢筋类型、混凝土强度、轴压比及截面尺寸对等效塑性铰长度的影响，但未考虑受拉纵筋配筋率及加载方式的影响，同时，梁的适用跨度和柱的适用高度也未明确。

1966年，Corley对收集到的77根钢筋混凝土梁试验结果进行分析，考察试件尺寸和配筋率等参数对混凝土梁塑性铰转动能力的影响，提出了以截面有效高度h_0和控制截面至反弯点距离z为自变量的等效塑性铰长度计算公式：

$$\bar{l}_p = 0.5h_0 + 0.2\sqrt{h_0}\frac{z}{h_0} \tag{0.3}$$

1967年，Mattock基于上述研究，进一步对式(0.3)进行简化，得到受弯构件等效塑性铰长度计算公式：

$$\bar{l}_p = 0.5h_0 + 0.05z \tag{0.4}$$

上述公式未考虑钢筋类型、混凝土强度、受拉纵筋配筋率对等效塑性铰长度的影响，未按不同加载方式区别对待，同时，梁的适用跨度也未明确。

1983年，段炼等对两组跨数不同的钢筋混凝土梁进行静力加载试验：第一组为9根三跨混凝土连续梁，单跨跨度为1 600 mm，加载方式为每跨跨中单点加荷；第二组为16根混凝土简支梁，跨度为2 000 mm，加载方式为跨间三分点加荷。各试验梁截面尺寸($b \times h$)均为100 mm×150 mm，混凝土标准立方体抗压强度为16.0～26.5 MPa，受拉纵筋采用HPB235钢筋和HRB335钢筋，屈服强度为261～425 MPa，各控制截面受拉纵筋配筋率为0.729%～3.077%。通过测量加载过程中各试验梁塑性铰区受拉纵筋的应变变化，考察了塑性铰的形成、转动和扩展过程，认为塑性铰转角与相对受压区高度和剪跨有关，给出了考虑上述两因素的等效塑性铰长度计算公式：

$$\bar{l}_p = (0.8 - 0.6\xi)(0.1h_0 + 0.13a) \tag{0.5}$$

式中　ξ——相对受压区高度；

a——集中荷载至支座边缘的距离。

式(0.5)适用的混凝土强度和纵筋屈服强度偏低，未明确加载方式为均布荷载时是否适用。

1985年，朱伯龙对两组(共6个)钢筋混凝土压弯构件进行偏压和斜向偏压加载试验，斜向荷载角为0°、30°和45°。两种试件截面尺寸($b \times h$)分别为160 mm×160 mm和180 mm×180 mm，跨度均为1 000 mm。受拉钢筋屈服强度为390 MPa，配筋率为0.95%～1.79%，混凝土标准立方体抗压强度为35.5～49.0 MPa，试验轴压比为0.05～0.20。通过对受拉纵筋剖槽粘贴应变片的方法，测量各试件塑性铰长度，发现随着轴压比和荷载角的增加，塑性铰长度

增大。基于坂静雄所提出的以截面相对受压区高度为自变量的受弯构件等效塑性铰长度计算式为

$$\bar{l}_{p}=2\left(1-0.5\rho_{s}\frac{f_{y}}{f_{c}}\right)h_{0} \tag{0.6}$$

朱伯龙结合试验结果，给出了压弯构件等效塑性铰长度计算式：

$$\bar{l}_{p}=2\left[1-0.5\left(\rho_{s}f_{y}-\rho_{s}'f_{y}'+\frac{N}{bh}\right)/f_{c}\right]h_{0} \tag{0.7}$$

式中 ρ_{s}、ρ_{s}'——受拉纵筋和受压纵筋配筋率；

f_{y}、f_{y}'——受拉纵筋和受压纵筋屈服强度；

N——轴向压力。

式(0.6)和式(0.7)是基于较小尺寸的压弯构件建立的，在指导实际工程设计的过程中，需进一步检验和发展。

1987 年，Prestley 和 Park 完成了 20 个钢筋混凝土桥墩柱的拟静力试验。柱的截面形式包括矩形截面、圆形截面、八角形截面及空心矩形截面，高宽比为 2.0～5.5；所配置纵筋为 300 MPa 级钢筋，纵筋配筋率为 1%～4%，直径为 10～24 mm。通过对各试件塑性铰区段进行分析，发现塑性铰区转动不仅与柱的弯曲作用相关，柱底部钢筋与混凝土间的相对滑移也会对其产生影响。基于试验结果，提出了考虑弯曲变形和钢筋与混凝土间黏结一滑移影响的等效塑性铰长度计算式：

$$\bar{l}_{p}=0.08H+6d \tag{0.8}$$

式中 H——柱的高度；

d——受拉纵筋直径。

1989 年，王福明等对 27 根钢筋混凝土压弯构件进行静力加载试验，考察轴压比 n、剪跨比 a/h_{0} 和截面相对受压区高度 ξ 对塑性铰性能的影响。试件截面尺寸($b\times h$)为 120 mm×180 mm，跨度分别为 1 500 mm、2 000 mm 和 2 500 mm，受拉纵筋采用 HPB235 钢筋，混凝土标准立方体抗压强度为 23～35 MPa，受拉纵筋配筋率为 0.72%～1.77%。试验结果表明，塑性铰转角随着 ξ 和 n 的增大而减小，随着 a/h_{0} 的增大而增大。给出了混凝土压弯构件塑性铰转角和等效塑性铰长度计算公式：

$$\theta_{p}=22(1-\xi)\left(1+0.01\frac{a}{h_{0}}\right)(1.3-0.8n) \tag{0.9}$$

$$\bar{l}_{p}=(0.12h_{0}+0.04a)(1.65-0.65n) \tag{0.10}$$

式中 n——试验轴压比；

a/h_{0}——剪跨比；

ξ——截面相对受压区高度。

式(0.9)和式(0.10)是基于以 HPB235 钢筋作纵筋的压弯构件试验结果建立的,对以 HRB500 钢筋、HRB600 钢筋作受拉纵筋的混凝土构件的适用性有待探讨。

1992 年,Paulay 和 Prestley 认为受拉纵筋屈服强度也会对钢筋与混凝土间黏结一滑移产生显著影响。在 Prestley 和 Park 试验研究的基础上,对式(0.8)进行修正,给出了修正后的等效塑性铰长度计算式:

$$\bar{l}_p = 0.08H + 0.022df_y \tag{0.11}$$

式中　f_y——受拉纵筋屈服强度。

2001 年,Panagiotakos 和 Fardis 收集了 1 012 个不同受力类型的钢筋混凝土构件试验结果,并对其进行统计分析,其中包括 266 个承受弯曲作用的混凝土梁,685 个承受压弯作用的混凝土构件以及 61 个矩形截面和 T 形截面的混凝土墙。他们提出了如下适用于受弯构件和压弯构件的等效塑性铰长度统一计算公式:

$$\bar{l}_p = 0.18z + 0.021df_y \tag{0.12}$$

上述公式考虑了柱的高度或控制截面至反弯点距离、纵筋屈服强度和直径的影响,但未考虑柱的轴压比以及配筋率对等效塑性铰长度的影响。

2001 年,Ko 等对 36 根采用不同混凝土强度($f'_c = 60 \sim 80$ MPa)、不同加载形式(跨中单点加载和三分点加载)、不同配筋率($\rho = 0.3\rho_b \sim 1.32\rho_b$,$\rho_b$为界限配筋率)的钢筋混凝土简支梁进行静力加载试验。结果表明,裂缝的分布与发展以及剪力作用对塑性铰的转动能力有影响,因为混凝土压一剪相关作用会影响所考察截面的正截面承载力。

2003 年,杨春峰等基于收集到的 20 根混凝土连续梁试验数据,着重考察了钢筋应变渗透和剪力对等效塑性铰长度的影响,提出了由理论长度和扩展长度两部分组成的等效塑性铰长度计算公式:

$$\bar{l}_p = 0.075z + \frac{\sqrt{r}h_0}{3} \tag{0.13}$$

式中　r——剪应力平均值,当 $r > 3$ 时,取 $r = 3$,$r = V/bh_0$;

z——控制截面到相邻反弯点的距离;

h_0——截面有效高度。

式(0.13)未考虑跨度、加载方式、钢筋类别以及配筋率对塑性铰长度的影响。

2003 年,Carmo 等对钢筋混凝土梁在纯弯状态下的塑性铰性能进行分析。结果表明,塑性铰转动能力与受拉钢筋力学的性能、混凝土强度、配筋率及截面高度有关。2005 年,Carmo 等进一步对弯剪状态下钢筋混凝土梁的塑性铰性能进行分析，结果表明：①随着配箍率的增大，塑性铰的转动能力增强，且与高强混凝土构件相比，这种有利影响对普通强度混凝土构件所形成的塑性铰更加明显；②弯矩调幅系数由于剪切作用的存在而增大，这是因为混凝土受压区剪应力的存在会降低其抗压强度。

2007 年，Kheyroddin 等对 15 根钢筋混凝土简支梁进行有限元分析，结果表明：①在配筋率不变的情况下，均布荷载作用下简支梁产生的塑性铰转角最大、三分点加载次之、单点集中荷载最小，这是由于加载方式会对构件的弯矩梯度产生影响，进而影响塑性铰长度；②配筋率越小，加载方式对其塑性铰转角的影响越明显。

2008 年，姜锐等对国内外学者提出的塑性铰长度计算公式的取值做了比较全面的分析，给出了混凝土构件在不同受力状态下等效塑性铰长度公式的选择建议，为不同结构的塑性铰转角计算和塑性内力重分布设计提供了参考：① Baker 公式、朱伯龙公式、王福明公式及 Paulay 公式可用于压弯构件等效塑性铰长度的计算。其中，王福明公式和朱伯龙公式分别给出了压弯构件等效塑性铰长度的下限和上限，Baker 公式和 Paulay 公式计算值适中，且与 $1.0h_0$ 接近。② Corley 公式、Mattock 公式、坂静雄公式和段炼公式可用于受弯构件等效塑性铰长度的计算。其中，段炼公式和坂静雄公式分别给出了受弯构件等效塑性铰长度的上限和下限，其余公式计算值适中。

2010 年，常莹莹完成了 27 根混凝土简支梁的试验研究，考察了截面高度（200 mm、250 mm、300 mm）、加载方式（跨中单点加载、三分点加载）、受拉钢筋配筋率（ρ=0.89%～1.59%）及梁跨度（3 000 mm、6 000 mm）对塑性铰转动能力的影响。研究表明：① 受拉钢筋配筋率降低可使截面屈服曲率减小，极限曲率增加，塑性铰长度增加，进而使塑性铰的转动能力增强；② 受剪斜裂缝引起的钢筋附加拉力会使塑性铰的长度增加，提高塑性铰的转动能力；③ 塑性铰长度会随梁跨度的增加而增大。

2014 年，Zhao 等采用有限元方法对均布荷载作用下 50 根钢筋混凝土模拟梁的塑性铰区进行非线性分析，结果表明：① 塑性铰长度不会超过截面有效高度的 2 倍；② 塑性铰区范围内钢筋应变会有一定波动，且波动位置与裂缝的发展情况有关。

2018 年，周彬彬对已有钢筋混凝土塑性铰转动计算模型进行总结和分析，在此基础上提出了塑性铰简化计算模型。结果表明：① 当钢筋的最大力下总伸长率一定时，随着钢筋强屈比的增大，塑性铰的转动能力增强；② 一般荷载作用下，塑性铰的转动能力与构件的跨高比近似呈线性增长关系。

0.3.2 钢筋应变渗透研究现状

在外荷载作用下，锚固于钢筋混凝土框架梁柱节点内的梁端控制截面受拉纵筋在不大于临界锚固长度的区段会存在一定的拉伸应变，此现象称为钢筋的应变渗透。锚固区段钢筋拉伸应变的累积会使梁端控制截面产生一定的附加转角，进而增强梁端塑性铰的转动，提高控制截面弯矩的调幅系数。

1982 年，沈聚敏等对 32 根配置 HPB235 钢筋和 HRB335 钢筋的混凝土梁柱组合体进行试验研究，其中 6 个试件为单调加载试验，其余为周期反复加载试验。试件采用混凝土强度等级为 C20～C40，柱两侧悬臂梁纵筋通长贯穿梁柱相交区域。悬臂梁为对称配筋，总纵筋配筋率为 0.96%～6.66%。试验结果表明，由应变渗透引起的梁端控制截面附加转角对梁自由端竖向变形的影响较大，附加变形占梁自由端总竖向变形的 1/4～1/3。他们重点考察了梁端控制截面纵筋屈服时刻以及受弯破坏时刻梁端附加转角 $\theta_{y,slip}$、$\theta_{u,slip}$ 的变化，发现随着相对受压区高度的增加，$\theta_{y,slip}$ 增大，$\theta_{u,slip}$ 减小，得到 $\theta_{u,slip}$ 的计算经验公式为

$$\theta_{u,slip}=(8-18\xi)\times 10^{-3}\quad (\xi\leqslant 0.35) \tag{0.14}$$

基于不同的钢筋混凝土黏结－滑移关系以及内力平衡条件，国内外学者提出了许多由应变渗透引起的钢筋混凝土柱底端控制截面附加转角计算模型。

1994 年，白绍良等对 40 个钢筋混凝土梁柱组合体试件进行静力加载试验，梁截面尺寸（$b\times h$）分别为 150 mm×300 mm、200 mm×300 mm 和 150 mm×400 mm，柱截面宽度分别为 200 mm、240 mm 和 300 mm，柱截面高度介于 300～500 mm之间。试件混凝土标准立方体抗压强度为 17.4～50.7 MPa，梁受拉纵筋采用 HRB335 钢筋，屈服强度为 375～450 MPa，直径为 20 mm 和 25 mm 两种，梁端受拉纵筋在柱内锚固形式为直角弯折锚固，锚固钢筋水平段长度 l_{ah} 为 $8d$～$16d$（d 为钢筋直径）、竖直段长度 l_{av} 为 $5d$～$10d$。基于试验结果以及收集到的试验数据，发现直角弯折锚固钢筋水平段长度 l_{ah} 越长，弯折点处钢筋纵向应变越小。当 $l_{ah}>0.4l_a$（l_a 为钢筋基本锚固长度）时，钢筋水平段长度的增大对锚固承载力的提高和应变渗透效应的影响并不显著，竖直段钢筋拉应变很小，可忽略不计。

2002 年，Sezen 对 4 根配置 400 MPa 级钢筋的混凝土柱抗震性能进行试验研究。柱截面尺寸（$b\times h$）为 457 mm×457 mm，混凝土轴心抗压强度为 20.2 MPa，柱纵筋采用直角弯折形式锚固于底梁内，钢筋直径为 28 mm，直锚段长度为 700 mm。试验结果表明，底梁内锚固区段钢筋发生应变渗透，会使柱底端控制截面处受拉纵筋产生一定的滑移值，进而导致该截面产生附加转角。由这种附加转角引起的柱顶端侧向位移占柱顶总侧向位移的 25%～40%。

2008 年，Sezen 和 Setzler 在由应变渗透引起的钢筋混凝土柱底端控制截面

附加转角计算模型的基础上，认为当钢筋直锚段长度不大于临界锚固长度时，应变渗透引起的附加转角会随着锚固钢筋直锚段长度的增加而增大。

2013 年，Tastani 和 Pantazopoulou 利用数值分析方法推导出钢筋混凝土梁柱组合体中锚固钢筋的拉应变解析式，进而得到由应变渗透引起的梁端附加转角，发现柱内钢筋应变渗透的长度会随着钢筋与混凝土间黏结强度的增大而减小，且梁端控制截面受拉钢筋应变越大，应变渗透引起的梁端附加转角越大。

2014 年，杨小乙对 23 个钢筋混凝土梁柱组合体进行试验研究，考察梁端受拉钢筋在柱内的锚固性能。试件混凝土标准立方体抗压强度为 26.6～42.0 MPa，纵筋屈服强度为 456～565 MPa，柱内锚固钢筋的相对锚固长度（直锚段长度与钢筋直径比值 l_{ah}/d）为 15～30。试验结果表明，钢筋屈服强度和柱内钢筋相对锚固长度对滑移量的影响显著，在相同条件下，钢筋屈服强度越高，滑移量越大。

2015 年，Mergos 和 Kappos 推导出框架梁端控制截面受拉纵筋屈服时刻和受弯破坏时刻应变渗透引起的梁端附加转角 $\theta_{y,slip}$ 和 $\theta_{u,slip}$ 的解析关系式，认为 $\theta_{y,slip}$ 与钢筋和混凝土间黏结－滑移关系、钢筋直径、钢筋屈服强度及截面屈服曲率有关，而 $\theta_{u,slip}$ 除了受上述各参数的影响，还与控制截面钢筋拉应变以及钢筋强化段的本构关系相关。与以往简化计算方法相比，该方法考虑了沿锚固长度方向钢筋与混凝土间黏结力的变化，因而使计算结果更加准确。

0.3.3 钢筋混凝土超静定结构弯矩调幅研究现状

由上述分析可知，钢筋混凝土结构的内力重分布过程复杂，影响因素众多，为此，国内外众多学者对其进行了大量的研究工作。

20 世纪 80 年代初，我国构件弹塑性计算专题研究组对 9 根两跨连续梁试件分三批进行试验，试验梁混凝土标准立方体抗压强度为 23.9～50.0 MPa，钢筋采用 HPB235 钢筋和 HRB335 钢筋。试验的主要控制变量为相对受压区高度（ξ＝0.07～0.32）、试件单跨跨度（L＝1 500～2 100 mm）以及加载方式（跨中单点加载和三分点加载）。试验结果表明，各连续梁试件中支座控制截面弯矩调幅系数随着相对受压区高度的增加、混凝土强度的提高和跨高比的增大而减小。

1981 年，清华大学完成了 6 根两跨钢筋混凝土连续梁的静力加载试验，各试验梁受拉纵筋屈服强度标准值为 235～335 MPa，混凝土立方体抗压强度标准值为 15～60 MPa，跨高比为 5～30，截面相对受压区高度为 0.05～0.55，加载方式为跨中单点加载和跨间三分点加载。基于试验和理论分析结果，建立了不同混凝土强度下连续梁弯矩调幅系数限值的计算公式：

当 $f_{cu}\leqslant$30 MPa 时，

$$\beta \leqslant \begin{cases} 0.1 & (\xi \geqslant 0.36) \\ 0.1+[(0.65-\xi/0.55)/0.45]\times 0.2 & (0.11<\xi<0.36) \\ 0.3 & (\xi \leqslant 0.11) \end{cases} \quad (0.15)$$

当 30 MPa$<f_{cu}\leqslant$60 MPa 时，

$$\beta \leqslant \begin{cases} 0.1 & (\xi \geqslant 0.3) \\ 0.1+[(0.5-\xi/0.55)/0.33]\times 0.2 & (0.11<\xi<0.3) \\ 0.3 & (\xi \leqslant 0.11) \end{cases} \quad (0.16)$$

1991 年，Cohn 和 Riva 通过理论分析建立了弯矩调幅系数与曲率延性系数 φ_u/φ_y 的关系式(0.17)；Scholz 提出了连续受弯构件跨高比(l/h_0)、相对受压区高度 ξ、混凝土极限压应变 ε_{cu} 以及钢筋屈服强度 f_y 与弯矩调幅系数 β 的关系式(0.18)：

$$\beta=\frac{\varphi_u/\varphi_y-1}{15+(\varphi_u/\varphi_y-1)} \quad (0.17)$$

$$\beta \leqslant 0.5-\sqrt{0.25-\left(\frac{1.33K}{\xi}-0.7K-1\right)\left(0.027+\frac{0.5}{l/h_0}\right)} \quad (0.18)$$

式中　φ_u/φ_y——曲率延性系数；

K——考虑钢筋强度 f_y 和混凝土极限压应变 ε_{cu} 影响的系数，$K=\varepsilon_{cu}/0.0035\times 450/f_y$。

式(0.17)和式(0.18)均未考虑加载方式对弯矩调幅的影响。

1997 年，邓宗才完成了 6 根 HRB335、HRB400 钢筋作纵向受拉钢筋的两跨连续梁的静力加载试验，加载方式为跨中单点对称加载。各试验梁混凝土强度等级均为 C35，截面尺寸 $b\times h=120$ mm$\times$200 mm，跨高比为 8。他们探讨了钢筋屈服强度($f_y=368\sim439$ MPa)和相对受压区高度对弯矩调幅系数的影响，提出了 HRB400 钢筋作纵筋的连续梁弯矩调幅系数计算公式：

$$\beta \leqslant \begin{cases} 0.1 & (\xi \geqslant 0.35) \\ 0.1+[(0.65-\xi/0.55)/0.37]\times 0.15 & (0.15<\xi<0.35) \\ 0.25 & (\xi \leqslant 0.15) \end{cases} \quad (0.19)$$

式(0.15)、式(0.16)和式(0.19)是基于受拉纵筋为 HPB235 钢筋、HRB335 钢筋和 HRB400 钢筋的混凝土连续梁试验结果得到的，对配置高强热轧钢筋的混凝土连续梁的适用性有待探讨。同时，未考虑加载方式以及跨高比对弯矩调幅系数的影响。

2000 年，Lin 和 Chien 完成了两组(共 26 根)两跨钢筋混凝土连续梁试件的静力加载试验。两组试件的加载方式分别为每跨跨中单点对称加载和仅一跨跨中单点加载，各试件截面尺寸均为 $b\times h=200$ mm$\times$300 mm，单跨跨度为 3 000 mm，纵筋屈服强度为 339～564 MPa，箍筋屈服强度为 339 MPa。试件的设计参数包括纵向受拉钢筋配筋率(ρ=0.50%～1.73%)、纵向受压钢筋配筋率(ρ'=0.28%～0.80%)、体积配箍率(ρ_v=0.9%～1.8%)和混凝土圆柱体轴心抗压强度(f'_c=21.2～51.6 MPa)。试验结果表明,连续梁弯矩调幅系数随着ρ的减小、ρ'和ρ_v的增加而增大,并将试验结果与ACI规范中规定的弯矩调幅系数限值进行对比,认为规范规定偏于保守,提出了考虑箍筋影响的弯矩调幅系数(%)计算公式:

$$\beta=21-36(\rho-\rho')/\rho_b+450\rho_v\leqslant 20\% \tag{0.20}$$

式中 ρ、ρ'——受拉纵筋和受压纵筋的配筋率;

ρ_b——试验界限配筋率;

ρ_v——体积配箍率。

式(0.20)未考虑跨高比及加载方式对弯矩调幅的影响。

2000年以来,郑文忠教授等基于试验研究及理论计算分析提出了连续梁、板及框架的内力重分布计算方法。文献《超静定预应力混凝土结构塑性设计》通过对国内外超静定混凝土结构及预应力混凝土结构弯矩调幅试验数据进行分析总结,建立了弯矩调幅系数与相对塑性转角关系,如图0.4所示。图中横轴为相对塑性转角(塑性铰转角与截面有效高度的比值)、纵轴为弯矩调幅系数,拟合函数的截距值表示受拉纵筋屈服前的弯矩调幅系数,函数值与截距值的差值表示由塑性铰转动引起的弯矩调幅。

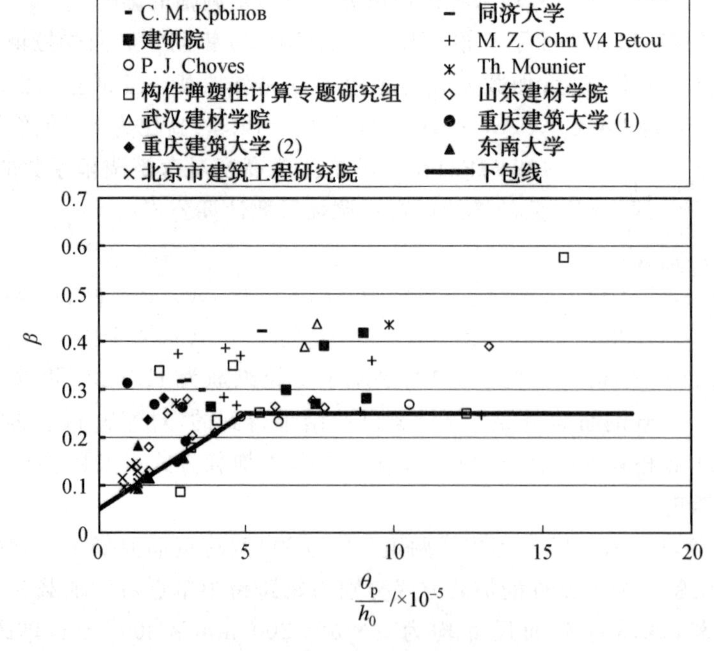

图0.4 弯矩调幅系数与相对塑性转角关系

2004 年，张艇完成了 5 根 HRB500 钢筋作纵向受拉钢筋的两跨连续梁的静力加载试验，加载方式为每跨跨中单点对称加载。试件截面尺寸均为 $b \times h =$ 200 mm×400 mm，单跨跨度为 2 500 mm，混凝土强度等级为 C30。各试验梁跨中与中支座区域配筋相同，随着受拉纵筋配筋率从 0.42%增加至 1.23%，中支座控制截面弯矩调幅系数由 18.3%减小至 11.0%。

2005 年，Carmo 和 Lopes 完成了两组（共 10 根）高强混凝土两跨连续梁的试验研究工作，试验梁的纵向受拉钢筋和箍筋的屈服强度分别为 569 MPa 和 669 MPa，混凝土轴心抗压强度平均值为 71 MPa。试件截面尺寸 $b \times h =$ 120 mm×220 mm，每跨跨度为 3 000 mm。两组试验梁分别考察了中支座区域受拉纵筋配筋率（ρ=0.7%～ 5.0%）和箍筋配筋率（ρ_{sv}=0.45%～1.68%）对塑性铰转动能力和弯矩调幅系数的影响。结果表明，中支座控制截面弯矩调幅系数与塑性铰转动能力有关，且受拉纵筋屈服前由于混凝土裂缝产生与发展也会引起一定的弯矩调幅，调幅系数最高可达到 20%；同时，发现高强混凝土梁的塑性铰转动能力与纵向受拉钢筋配筋率密切相关，当配筋率 ρ<2.9%时，塑性铰具有良好的转动能力，进而产生较大幅度的弯矩重分布。

2005 年，Scott 和 Whittle 对 33 根不同截面高度（h 为 150 mm、250 mm、400 mm）、不同混凝土强度（f_{cu}为 51.8 MPa、120.4 MPa）、不同纵筋排布和纵筋种类（带肋钢筋、预应力钢绞线、GFRP 筋）的两跨混凝土连续梁进行跨中单点对称加载试验，考察从加载至破坏过程中各试件的弯矩调幅全过程。各连续梁截面宽度均为 300 mm，每跨跨度为 2 435 mm。基于试验结果，发现各试件在正常使用阶段已发生一定程度的内力重分布，且钢筋排布对这一阶段弯矩调幅系数的影响较大。因此，认为现行各国规范中弯矩调幅系数的上限值仍有很大的增长空间。

2009 年，江涛完成了 2 根 HRB500 钢筋作受拉纵筋的单层两跨混凝土框架静力加载试验，加载方式为每跨跨中单点对称加载。框架梁截面尺寸 $b \times h =$ 150 mm×300 mm，单跨跨度为 4 000 mm；框架柱截面尺寸 $b \times h =$250 mm×250 mm，框架高度为 1 800 mm；混凝土强度等级为 C40，各框架梁端控制截面受拉纵筋配筋率为 1.00%～2.42%，跨中控制截面配筋率为 2.17%～2.77%。随着荷载的增加，框架梁端控制截面受拉纵筋相继达到屈服并形成塑性铰，得到各梁端控制截面弯矩调幅系数为 6.0%～11.2%，且控制截面配筋率越小，弯矩调幅系数越大。可以看出，框架梁端控制截面弯矩调幅系数较小，这是因为梁端控制截面发生受弯破坏时，跨中控制截面已形成塑性铰，导致框架梁端控制截面弯矩调幅系数降低。

2014 年，Bagge 等对 12 根配置 500 MPa 级钢筋的两跨混凝土梁进行试验研究，连续梁试件截面尺寸为 $b \times h =$200 mm×240 mm，每跨跨度为 2 500 mm。试件设计变量包括混凝土抗压强度（f'_c为 36.4 MPa、73.8 MPa）、中支座控制截面受拉纵筋配筋率（ρ=0.36%～2.24%）和箍筋配筋率（ρ_{sv}为 0.34%、0.70%）。

结果表明，受拉纵筋屈服前弯矩调幅系数随中支座控制截面配筋率的增加而减小，且与箍筋配筋率和混凝土强度关系不大。

2014年，Lou等利用钢筋混凝土连续梁截面弯矩一曲率非线性关系和考虑横向剪切变形影响的铁木辛柯梁理论，建立了模拟连续梁受力性能的有限元分析模型，并进一步利用此模型考察连续梁的内力重分布全过程及影响因素。分析结果表明：①由于混凝土裂缝的产生与发展，连续梁受拉纵筋屈服前就会发生一定程度的弯矩调幅；②箍筋约束作用对内力重分布有利，但对于高强混凝土构件的影响并不显著；③弯矩调幅系数不仅与塑性铰转动能力有关，各关键区域相对刚度的变化也会对弯矩调幅产生影响，连续梁中支座控制截面弯矩调幅系数会随着中支座控制截面配筋与跨中控制截面配筋比值的增加而减小。

0.3.4 国内外相关标准对内力重分布的规定

1. 加拿大混凝土结构设计规范 CSA A23.3:19

CSA A23.3:19中第9.2.4条规定，可以对连续梁板支座负弯矩进行调幅，调幅系数按下式计算：

$$\beta \leqslant \left(30-50\frac{x_u}{h_0}\right)\% \leqslant 20\% \qquad (0.21)$$

式中 x_u——受压边缘达到混凝土极限压应变时，中和轴至受压边缘的距离；
h_0——截面有效高度。

式(0.21)的适用条件为$x_u/h_0 \leqslant 0.6$。

2. 英国混凝土结构设计规范 BS 8110-1:1997

BS 8110-1:1997中第3.3.2条规定，可以对连续构件正弯矩或负弯矩区域中的最大弯矩截面进行弯矩调幅，调幅系数按下式计算：

$$\beta \leqslant 0.6-\frac{x_u}{h_0} \leqslant 0.3 \qquad (0.22)$$

3. 澳大利亚设计规范 AS 3600:2018

AS 3600:2018中第C6.2.7.1条规定，可以对超静定混凝土结构支座控制截面进行弯矩调幅，且弯矩调幅系数与各控制截面的延性有关。弯矩调幅系数按下式计算：

$$\beta \leqslant \begin{cases} 30\% & (x_u/h_0 \leqslant 0.2) \\ (30-75x_u/h_0)\% & (0.2 < x_u/h_0 \leqslant 0.4) \\ 0 & (x_u/h_0 > 0.4) \end{cases} \qquad (0.23)$$

式(0.23)的适用条件为所配置钢筋的强屈比 $f_u/f_y \geqslant 1.08$、最大力下伸长率 $\varepsilon_{uk} \geqslant 5\%$。

4. 美国混凝土房屋建筑规范 ACI 318-19

ACI 318-19中第6.6.5条规定，可对钢筋混凝土连续受弯构件控制截面进

行弯矩调幅,调幅系数按下式计算:

$$\beta \leqslant 1\,000\,\varepsilon_t \leqslant 20\% \tag{0.24}$$

式中 ε_t——受压边缘混凝土达到极限压应变时最外层受拉钢筋的拉应变,$\varepsilon_t \geqslant 0.007\,5$;

β——弯矩调幅系数。

该规范是以控制截面受压边缘达到混凝土极限压应变ε_{cu}时最外排受拉纵筋拉应变ε_t为自变量确定弯矩调幅系数,考虑到截面相对受压区高度可用ε_{cu}与$\varepsilon_t+\varepsilon_{cu}$的比值来表达,因此,ACI 318-19 中弯矩调幅系数本质上也是与相对受压区高度有关,当$\varepsilon_{cu}=0.003\,3$时,式(0.24)的适用范围为$x_u/h_0 \leqslant 0.3$且弯矩调幅系数限值为$\beta \leqslant 0.2$。

式(0.21)~(0.24)均未考虑混凝土强度、纵向受拉钢筋屈服强度、跨高比以及加载方式对弯矩调幅系数的影响。

5. 德国混凝土结构设计规范 DIN 1045-1:2008、欧洲设计规范 EC 2 和 CEB-FIP MC 2010

德国混凝土结构设计规范 DIN 1045-1:2008、欧洲设计规范 EC2 和 CEB-FIP MC 2010 中关于弯矩调幅系数的规定相似,对于相邻跨度比在 0.5~2.0 之间的连续梁板,根据采用的混凝土强度等级及钢筋类别给出了不同的弯矩调幅系数计算公式(表 0.3)。由表 0.3 可以看出,所配置钢筋的塑性性能越好,构件弯矩调幅系数的允许限值越大。

表 0.3 DIN 1045-1:2008、EC 2 和 CEB-FIP MC 2010 中弯矩调幅系数的规定

设计规范	钢筋类别	混凝土强度	弯矩调幅系数
DIN 1045-1:2008	高延性钢筋	$f'_{ck} \leqslant 50$ MPa	$\beta \leqslant 0.36-0.8\,x_u/h_0 \leqslant 0.3$
		$f'_{ck} > 55$ MPa	$\beta \leqslant 0.28-0.8\,x_u/h_0 \leqslant 0.2$
	常规延性钢筋	$f'_{ck} \leqslant 50$ MPa	$\beta \leqslant 0.36-0.8\,x_u/h_0 \leqslant 0.15$
		$f'_{ck} > 55$ MPa	0
CEB-FIP MC 2010 和 EC 2	B类、C类和D类钢筋	$f'_{ck} \leqslant 50$ MPa	$\beta \leqslant 0.56-1.25(0.6+0.001\,4/\varepsilon_{cu})x_u/h_0 \leqslant 0.3$
		$f'_{ck} > 50$ MPa	$\beta \leqslant 0.46-1.25(0.6+0.001\,4/\varepsilon_{cu})x_u/h_0 \leqslant 0.3$
	A类钢筋	$f'_{ck} \leqslant 50$ MPa	$\beta \leqslant 0.56-1.25(0.6+0.001\,4/\varepsilon_{cu})x_u/h_0 \leqslant 0.2$
		$f'_{ck} > 50$ MPa	$\beta \leqslant 0.46-1.25(0.6+0.001\,4/\varepsilon_{cu})x_u/h_0 \leqslant 0.2$

注:1. f'_{ck}为混凝土圆柱体抗压强度标准值。

2. 钢筋类别根据钢筋的强屈比(f_u/f_y)及最大力下伸长率ε_{uk}进行划分:德国规范 DIN 1045-1:2008 中,高延性钢筋 $f_u/f_y \geqslant 1.08$,$\varepsilon_{uk} \geqslant 5.0\%$,常规延性钢筋 $f_u/f_y \geqslant 1.05$,$\varepsilon_{uk} \geqslant 2.5\%$;欧洲设计规范 EC 2 和 CEB-EIP MC 2010 中,A类钢筋 $f_u/f_y \geqslant 1.05$,$\varepsilon_{uk} \geqslant 2.5\%$;B类钢筋 $f_u/f_y \geqslant 1.08$,$\varepsilon_{uk} \geqslant 5.0\%$;C类钢筋 $1.08 \leqslant f_u/f_y \leqslant 1.35$,$\varepsilon_{uk} \geqslant 5.0\%$;D类钢筋 $1.25 \leqslant f_u/f_y \leqslant 1.45$,$\varepsilon_{uk} \geqslant 8.0\%$。

6.《混凝土结构设计规范》(GB 50010—2010)

该规范第 5.4.3 条规定，当截面的截面相对受压区高度 ξ 范围为 $0.1\leqslant\xi\leqslant 0.35$ 时，钢筋混凝土梁负弯矩调幅系数不宜大于 25%；钢筋混凝土板的负弯矩调幅系数不宜大于 20%。

7.我国《钢筋混凝土连续梁和框架考虑内力重分布设计规程》(CECS 51:93)

此规程适用于钢筋混凝土连续梁、单向连续板和框架的设计，适用范围为受力钢筋采用Ⅰ级、Ⅱ级或Ⅲ级热轧钢筋、混凝土强度等级介于 C20～C45。对于连续梁和单向连续板，规程中以定值的形式给出了不同荷载情况、不同支座支承情况下考虑内力重分布的内力系数(表 0.4～0.6)，各控制截面弯矩值及剪力值按式(0.25)～(0.28)计算；对于钢筋混凝土框架，规程中的规定仅对框架梁的弯矩进行调整，给出了不同框架形式、不同荷载情况下的弯矩调幅系数(表 0.7)。同时，规定各类构件弯矩调幅系数不宜超过 0.25，相对受压区高度不应超过 0.35，且不宜小于 0.10。

表 0.4 连续梁和单向连续板考虑塑性内力重分布的弯矩系数 α_{mb}

端支座支承情况	截面					
	端支座 A	边跨跨中Ⅰ	离端第二支座 B	离端第二跨跨中Ⅱ	中间支座 C	中间跨跨中Ⅲ
搁支在墙上	0	$\frac{1}{11}$				
梁与梁或板与梁整浇连接	梁：$-\frac{1}{24}$ 板：$-\frac{1}{16}$	$\frac{1}{14}$	两跨连续：$-\frac{1}{10}$ 三跨以上连续：$-\frac{1}{11}$	$\frac{1}{16}$	$-\frac{1}{14}$	$\frac{1}{16}$
与柱整浇连接	$-\frac{1}{16}$	$\frac{1}{14}$				

注：1. 表中 A、B、C 和Ⅰ、Ⅱ、Ⅲ截面分别为从两端支座截面和边跨跨中截面算起的截面代号。

2. 表中弯矩系数适用于荷载比 q/g 大于 0.3 的等跨连续梁和等跨连续板。

3. 对于相邻两跨的长跨与短跨之比值小于 1.10 的不等跨连续梁和单向连续板，在均布荷载的作用下，各跨跨中及支座截面的弯矩系数仍可按表中取用，但在计算跨中弯矩时应取本跨的跨度值；计算支座弯矩时，应取相邻两跨中的较大跨度值。

4. 对于不符合第 3 条的不等跨连续梁和单向连续板，应降低各支座截面的弯矩，其调幅系数 β 不宜超过 0.2；各跨中截面的弯矩不宜进行调整。

表 0.5　连续梁考虑塑性内力重分布的剪力系数 α_{vb}

荷载情况	端支座支承情况	截面				
		A 支座内侧	B 支座外侧	B 支座内侧	C 支座外侧	C 支座内侧
均布荷载	搁支在墙上	0.45	0.60	0.55	0.55	0.55
	梁与梁或梁与柱整浇连接	0.50	0.55			
集中荷载	搁支在墙上	0.42	0.65	0.60	0.55	0.55
	梁与梁或梁与柱整浇连接	0.50	0.60			

注:1. 表中 A、B、C 截面同表 0.4。

2. 对于相邻两跨的长跨与短跨之比值小于 1.10 的不等跨连续梁,在均布荷载作用下,各跨跨中及支座截面的剪力系数仍可按表中取用,但在计算支座剪力时应取本跨的跨度值。

表 0.6　集中荷载修正系数 η

荷载情况	截面					
	A	Ⅰ	B	Ⅱ	C	Ⅲ
当在跨中中点处作用一个集中荷载时	1.5	2.2	1.5	2.7	1.6	2.7
当在跨中三分点处作用两个集中荷载时	2.7	3.0	2.7	3.0	2.9	3.0
当在跨中四分点处作用三个集中荷载时	3.8	4.1	3.8	4.5	4.0	4.8

注:表中 A、B、C 和Ⅰ、Ⅱ、Ⅲ截面同表 0.4。

对于承受均布荷载的连续梁和单向连续板,各控制截面弯矩和剪力可按下列公式计算:

$$M=\alpha_{mb}(g+q)l_0^2 \tag{0.25}$$

$$V=\alpha_{vb}(g+q)l_n \tag{0.26}$$

式中　α_{mb}、α_{vb}——考虑塑性内力重分布的弯矩系数和剪力系数,分别按表 0.4、表 0.5 取用;

g——均布永久荷载值;

q——均布可变荷载值;

l_0——计算跨度;

l_n——净跨度。

对于承受间距相同、大小相等的集中荷载的连续梁,各控制截面弯矩和剪力可按下列公式计算:

$$M=\eta\alpha_{\mathrm{mb}}(G+Q)l_0 \tag{0.27}$$

$$V=\alpha_{\mathrm{vb}}n(G+Q) \tag{0.28}$$

式中 η——集中荷载修正系数,按表 0.6 取用;

G——一个集中永久荷载值;

Q——一个集中可变荷载值;

n——一个跨内集中荷载的个数。

通过以上分析可以看出,各规范中弯矩调幅系数的取值均与构件相对受压区高度有关,但各公式的适用条件和调幅系数限值均有所差异。事实上,钢筋混凝土超静定结构的弯矩调幅系数不仅与相对受压区高度有关,受拉纵筋屈服强度、跨高比、加载方式、配箍率、钢筋应变渗透等因素均会对结构的内力重分布产生影响。

表 0.7　框架的最大允许弯矩调幅系数 β

框架形式	框架层数	单跨	多跨
无侧移框架	—	0.25	
有侧移框架	1～4 层	0.15	0.20
	5～8 层	0.10	0.15

注:1. 表中框架梁的跨度不应大于 12 m,且跨高比不大于 12。

2. 当框架梁跨高比在 12～15 之间时,最大允许弯矩调幅系数应按表中各系数减少 0.05。

3. 框架梁上竖向可变荷载值与永久荷载值之比 q/g 应大于 0.3。

0.4　带端板高强热轧钢筋的研究现状

0.4.1　钢筋与混凝土黏结锚固性能的研究现状

国内学者对钢筋与混凝土之间黏结锚固性能的研究是从 20 世纪 80 年代中期开始的。

中国建筑科学研究院的徐有邻等自 20 世纪 80 年代起,就对钢筋与混凝土间的黏结性能问题进行了探索和研究。通过对锚固钢筋应力的监测,获得了黏结应力在直锚段钢筋上的分布规律,并以此建立了位置函数,实现了对锚固钢筋任意位置上黏结—滑移关系的计算。又基于 300 个带锚固钢筋混凝土试件的拉拔试验的试验结果,获得了黏结应力与黏结—滑移的计算公式。除此之外,还分析了钢筋外形、混凝土保护层厚度、钢筋锚固长度、配箍率和锚固钢筋布置位置(中心布置钢筋和偏心布置钢筋)等诸多因素对黏结—滑移关系的影响。对钢筋与混凝土之间的黏结—滑移问题进行了数值分析,给出了合理的边界条件和基本方程。以理论推算为基础，实现了对钢筋与混凝土间黏结－滑移问题的数值分析。徐有邻等对钢筋与混凝土之间黏结－滑移问题的研究都是集中在直锚钢筋在混凝土中的黏结－滑移问题，并没有考虑带端板钢筋在混凝土中锚固时，钢筋端板对钢筋黏结－滑移的约束作用。

1985 年，金芷生等对钢筋混凝土受弯构件纯弯区段内裂缝间钢筋与混凝土的黏结性能进行了研究。通过对 3 根试验梁中 5 个典型裂缝区段内钢筋黏结性能的推导计算和分析，建立了黏结应力和滑移值之间关系的数学模型。计算获得的黏结应力和滑移值之间曲线与试验测量获得的黏结应力和滑移值之间曲线的变化趋势相同，数值也比较接近。金芷生等所建立的黏结应力和滑移值之间关系的数学模型具有较高的精度，是进行理论推导和采用数值分析计算黏结应力与滑移值之间关系曲线的基础。

1986 年，张冲等以静力平衡关系和滑移值的几何关系为基础，推导得到了黏结应力和滑移值之间的二阶微分方程，以及与二阶微分方程相对应的边界条件。他们提出以“悬臂虚梁”法进行分析计算，即在悬臂梁上施加不同形式的荷载，使得内力变化趋势与黏结性能各指标的变化趋势一致，从而可将复杂的微分方程求解过程转化为静定梁内力分析的简单问题。并以此方法，给出了钢筋与混凝土间局部滑移、裂缝宽度、钢筋与混凝土间的应变差、裂缝间钢筋与混凝土的伸长量、钢筋平均应变以及钢筋应变不均匀系数等重要变量的表达式。张冲等所提出的“悬臂虚梁”法尽管可以在一定程度上简化黏结应力和滑移值之间二阶微分方程的计算过程，但是在复杂应力状态下就很难用“悬臂虚梁”法进行求解。

从 1987 年开始，宋玉普等针对国内变形钢筋和光圆钢筋的黏结－滑移关系进行了深入研究。将月牙纹钢筋和光圆钢筋布置于简支梁底部，并在试验梁的三分点处同时施加荷载，获得了月牙纹钢筋和光圆钢筋的黏结－滑移关系。其中，6 根试验梁的尺寸均为 150 mm×250 mm×2 000 mm；有效梁高 h_0 则分别为 232 mm、229 mm、231 mm、229 mm、224 mm 和 223 mm；混凝土轴心抗压强度在 21.3～41.8 MPa 之间。根据试验结果，分别给出了试验梁纯弯段开裂时，光圆钢筋的黏结－滑移关系公式(0.29)和月牙纹钢筋的黏结－滑移关系公式(0.30)：

$$\tau_x=\frac{2\pi A_s E_c \sin\dfrac{2\pi x}{l_{cr}}}{Sl_{cr}\left(\dfrac{A_s}{2ba}+\dfrac{1}{\alpha_E}\right)\left(\dfrac{l_{cr}}{2}-x-\dfrac{l_{cr}}{2\pi}\sin\dfrac{2\pi x}{l_{cr}}\right)}d_x \tag{0.29}$$

$$\tau_x=\frac{2\pi A_s E_c \sin\dfrac{2\pi x}{l_{cr}}(25.36\times10^{-1}d_x-5.04\times10d_x^2+0.29\times10^3 d_x^3)}{Sl_{cr}\left(\dfrac{A_s}{2ba}+\dfrac{1}{\alpha_E}\right)\left(\dfrac{l_{cr}}{2}-x-\dfrac{l_{cr}}{2\pi}\sin\dfrac{2\pi x}{l_{cr}}\right)} \tag{0.30}$$

式中 τ_x——钢筋任意位置上的黏结应力；

A_s——钢筋的横截面积；

E_c——混凝土的弹性模量；

l_{cr}——裂缝间距；

S——单位长度上钢筋的表面积；

b——梁的宽度；

a——钢筋重心至梁底的距离；

α_E——计算系数，钢筋与混凝土弹性模量的比值，即 E_s/E_c；

d_x——任意位置上的钢筋与混凝土滑移量；

x——距裂缝截面的长度。

1990 年，郑州工学院的高丹盈通过在形心布置锚固钢筋的混凝土拉拔试件的试验，研究了钢纤维混凝土与钢筋黏结－滑移的性能。试件的尺寸为 100 mm×100 mm×200 mm 和 150 mm×150 mm×250 mm。通过对试验数据的分析，分别建立了当相对混凝土保护层厚度 c/d 为 3.25、相对钢筋锚固长度 l_a/d 为7.5时，月牙纹钢筋与钢纤维混凝土间的极限黏结强度公式(0.31)和光圆钢筋与钢纤维混凝土间的极限黏结强度公式(0.32)：

$$\tau_u=\tau_u^0+3.25V_f\frac{l_a}{d} \tag{0.31}$$

$$\tau_u=\tau_u^0+1.25V_f\frac{l_a}{d} \tag{0.32}$$

式中 τ_u——钢筋与钢纤维混凝土间的极限黏结应力；

τ_u^0——钢筋与普通混凝土间的极限黏结应力；

V_f——钢纤维掺入体积率；

l_a——钢筋实际锚固长度；

d——钢筋公称直径。

式(0.31)和式(0.32)仅给出了不同类型钢筋与钢纤维混凝土间的极限黏结强度计算公式，并没有给出钢筋与钢纤维混凝土间黏结－滑移的本构模型。

2019 年，浙江大学王海龙等采用最新的 3D 打印技术，将钢丝绳与 3D 打印的水泥基相组合形成复合材料。通过拉拔试验，测试了钢丝绳与 3D 打印水泥基复合材料间的黏结－滑移性能。试验结果表明，试件主要发生了拔出破坏。并且，采用 3D 打印技术的试件黏结强度要比正常浇筑试件的黏结强度低。试验还表明，试件的极限黏结强度与试件的打印方式密切相关。采用平行打印、斜向打印和垂直打印的极限黏结强度分别为正常浇筑试件的极限黏结强度的 74%、66%和 43%。由试验获得的 3D 打印水泥基复合材料极限黏结应力计算公式为

$$\tau_{max}=\alpha\left(3.14+0.14\frac{c}{d}\right)f_t \tag{0.33}$$

式中 τ_{max}——钢筋与3D打印水泥基复合材料间的极限黏结应力；

c——混凝土保护层厚度；

d——钢筋公称直径；

f_t——混凝土的抗拉强度；

α——不同打印方式的修正系数。

2020年，河北工业大学的阎西康等，通过对两组试件的试验，对钢筋与混凝土间的黏结性能进行了研究。试验一共设计了2个尺寸为1 800 mm×1 000 mm×700 mm的混凝土立方体试件，混凝土强度等级为C30。在每个试件上通过钻孔植筋都布置了不同钢筋公称直径d(16～25 mm)、不同钢筋锚固长度(10d～25d)的10根钢筋。一组试件用于静力拉拔试验，一组试件用于疲劳加载试验。试验结果显示，当试件的钢筋锚固长度为10d时，锚固钢筋都被拉出破坏；当试件的钢筋锚固长度更长时，锚固钢筋均被拉断破坏。疲劳荷载作用下的钢筋与混凝土黏结－滑移关系式为

$$\tau=\alpha\frac{s}{s_u}\tau_u \quad (0<s\leqslant s_0) \tag{0.34}$$

$$\begin{cases}\tau=\tau_u\left[(0.82-0.05)\dfrac{s}{s_u}+0.19+0.05\alpha\right] & (s_0<s\leqslant s_u)\\ \tau=\tau_u\dfrac{0.87s+0.17s_u-\beta}{s_u-\beta} & (s_u<s\leqslant s_r)\end{cases} \tag{0.35}$$

式中 s——钢筋与混凝土间的滑移值；

s_0——钢筋与混凝土间的初始滑移值；

s_u——钢筋与混凝土间的极限荷载对应的滑移值；

s_r——钢筋与混凝土间的残余滑移值；

τ——钢筋与混凝土间的黏结应力；

τ_u——钢筋与混凝土间的极限黏结应力；

α、β——回归系数。

除此之外，国内学者对钢筋与混凝土间黏结锚固性能的研究还包括锈蚀钢筋与混凝土间的黏结锚固性能研究、型钢与混凝土间的黏结锚固性能研究、FRP筋与混凝土间的黏结锚固性能研究等诸多方向。尽管目前绝大部分对于钢筋与混凝土之间黏结锚固性能的研究都没有考虑钢筋端板对锚固钢筋的约束作用，但是，只需要在钢筋与混凝土之间黏结性能研究成果的基础上，加入适用于带端板钢筋黏结作用的边界条件，就可以实现对带端板钢筋黏结作用的计算。

国外对钢筋和混凝土之间黏结性能的研究是从对钢筋横肋相对面积的研究开始的。Abrams是第一个认识到钢筋和混凝土之间的黏结作用随钢筋横肋相对面积的增大而增强的学者。随后，Clark又对变形钢筋的横肋进行了进一步的

研究,研究结果也验证了 Abrams 的结论。通过试验,Abrams 和 Clark 都给出了当变形钢筋横肋的面积为钢筋横截面积的 1/5 时,钢筋与混凝土间具有最好黏结性能的建议。

1977 年,Orangun 等通过试验,对热轧带肋钢筋的锚固长度、混凝土保护层厚度和钢筋间距等因素分别进行了考察,并在此基础上建立了钢筋与混凝土间极限黏结强度的计算公式:

$$\tau_u=\left(1.2+3\frac{c_{min}}{d}+\frac{50d}{l_a}+\frac{A_{st}f_{st}}{500s_{st}d}\right)\sqrt{f'_c} \tag{0.36}$$

式中 τ_u——钢筋与混凝土间的极限黏结应力;

c_{min}——最小的保护层厚度或 1/2 钢筋净距;

d——钢筋公称直径;

l_a——钢筋实际锚固长度;

A_{st}——裂缝横贯箍筋的截面积;

f_{st}——箍筋的屈服强度;

s_{st}——箍筋的间距;

f'_c——混凝土圆柱体的抗拉强度。

1987 年,Shima 等第一次提出了以钢筋与混凝土间的黏结应力和滑移值来描述二者之间黏结性能关系的想法。Kankam 等则在此基础上,通过对带有 25 mm冷轧和热轧带肋钢筋试件的拉拔试验进行了研究。试验中还对整个钢筋的应力变化情况进行了测量,给出了钢筋应力、黏结应力和受弯裂缝间滑移值的变化曲线。最后,分别给出了冷轧带肋钢筋的黏结一滑移计算式(0.37)和热轧带肋钢筋的黏结一滑移计算式(0.38):

$$f_b=(55-0.5x)\Delta^{0.5} \tag{0.37}$$

$$f_b=(35-0.3x)\Delta^{0.5} \tag{0.38}$$

式中 f_b——钢筋与混凝土间的黏结应力;

Δ——钢筋与混凝土间的滑移值;

x——距离锚固钢筋中心点的距离。

式(0.37)和式(0.38)虽然是通过试验数据回归得到的计算公式,但是两个公式之间参数的选取存在着差异。热轧和冷轧带肋钢筋外形相近,与混凝土之间的黏结一滑移关系也应该相近。因此,式(0.37)和式(0.38)之间的差异是否为试验误差所造成的还有待探讨。

1995 年,Darwin 和 Hamad 等对变形钢筋横肋的形状和黏结性能进行了测试。测试结果同样表明,当钢筋横肋的面积为钢筋横截面积的 1/5 时,变形钢筋的黏结性能最好。但是,还需要保证变形钢筋横肋具有足够的肋间距。虽然学者们通过试验已经验证了变形钢筋横肋的面积为钢筋横截面积的 1/5 时,可以保证更好的黏结性能，但是考虑到当时的经济情况和技术手段，美国 ASTM 规范仍然将钢筋横肋的面积取值定为钢筋横截面积的 1/10。

2000 年，Zuo 等通过 64 个试件的试验对混凝土强度等级、粗骨料数量和类型、钢筋的几何形状对黏结性能的影响进行了评价，并且结合美国 ACI Committee 408 数据库的数据，建立了钢筋在混凝土中锚固长度的计算公式：

$$\frac{l_a}{d_b}=\frac{f_c'^{\,4f_y-2\,100}}{68\left(\dfrac{c+K_{tr}}{d_b}\right)} \tag{0.39}$$

式中　l_a——钢筋实际锚固长度；

d_b——钢筋公称直径；

f_c'——圆柱体混凝土的抗拉强度；

f_y——钢筋屈服强度；

c——混凝土保护层厚度；

K_{tr}——间接钢筋的配筋指标。

与美国 ACI 318-19 的设计标准进行对比，发现受横向钢筋约束作用下的钢筋黏结强度随钢筋肋相对面积和钢筋直径的增大而增大；强度更高的粗骨料可以有效增加钢筋的黏结强度，但对约束效果改善并不大。

2007 年，Bamonte 等通过在普通强度混凝土（NSC）和高性能混凝土（HPC）中锚固不同长度钢筋的试件，重点研究了尺寸效应对钢筋与混凝土之间黏结性能的影响。试验中普通强度混凝土（NSC）的轴心抗压强度为 37～41 MPa，高性能混凝土（HPC）的轴心抗压强度为 77～98 MPa。试验中的钢筋公称直径包含了 5 mm、12 mm、18 mm 和 26 mm，普通强度混凝土（NSC）的锚固长度为 $5d$，高性能混凝土（HPC）的锚固长度为 $3.5d$。并且，试验过程中施加给试件适当的约束，防止试件发生劈裂破坏。最终，建立了考虑尺寸效应的极限黏结强度计算公式：

$$\tau_u=\left[0.45+1.1\left(\frac{f_c'}{f_{c0}}\right)^{-1}\left(\frac{d}{d_0}\right)^{-0.13f_c'/f_{c0}}\right]f_c' \tag{0.40}$$

式中　τ_u——钢筋与混凝土间的极限黏结应力；

d——钢筋公称直径；

d_0——经验参数；

f_c'——圆柱体混凝土的抗拉强度；

f_{c0}——混凝土初始强度，取值为 10 MPa。

2017 年，Lee 等为了研究加强碳纤维增强聚合物（CFRP）的灌浆锚固黏结性能，完成 40 个带有不同砂浆填料和锚固套管直径的拉拔试验。通过对试验结果的分析，对黏结式锚固系统的性能和破坏特性进行了评估，并给出了砂浆填料强度不应低于 50 MPa 的建议。

除此之外，学者们对钢筋与各种新型胶凝复合材料间的黏结锚固性能、锈蚀钢筋与混凝土间的黏结锚固性能、冻融循环后钢筋与混凝土间的黏结锚固性能等许多方面都进行了大量的研究。并且，随着数值模拟分析技术的进步，部分学者也依靠数值模拟分析软件对钢筋与混凝土间的黏结性能进行了数值模拟分析。

0.4.2 带端板钢筋黏结锚固性能的研究现状

国内对钢筋端板的研究最早是从 20 世纪 80 年代末期开始的，黏结锚固专题组对弯钩、贴焊锚筋、镦头和焊锚板等机械锚固措施先后进行了 2 次试验。钢筋屈服强度的提高使得钢筋在混凝土中所需要的锚固长度增大，给施工带来了困难。试验的主要目的就是为了用机械锚固的形式解决钢筋在混凝土中所需锚固长度过长的问题。其中，第一次试验共制作了尺寸为 150 mm×200 mm×300 mm的 60 个带机械锚固钢筋的混凝土拉拔试件，带机械锚固的钢筋偏心布置在试件中。第一次试验中，试件的混凝土轴心抗压强度范围为 31.95～39.73 MPa；锚固钢筋选用了公称直径 d 为 16 mm 的 400 MPa 级带肋钢筋；钢筋相对锚固长度 l_a/d 的范围为 1.88～10.56；相对混凝土保护层厚度 c/d 的范围为 0.81～1.83。通过对试验现象的总结分析，黏结锚固专题组将试件的破坏分为微滑移段、滑移段、劈裂段、直锚段峰值、破坏段和下降段六个阶段。基于试验结果，给出了机械锚固极限状态下的锚固强度计算公式：

$$\tau_u = \tau_{ua} + \tau_{um} \tag{0.41}$$

$$\tau_{ua} = \varphi\left(0.82 + 0.9\frac{d}{l_a}\right)\left(1.6 + 0.7\frac{c}{d} + 20\rho_{sv}\right)f_t \tag{0.42}$$

$$\tau_{um} = \psi f_t d / \pi l_a \tag{0.43}$$

式中 τ_u——机械锚固极限状态的锚固强度；

τ_{ua}——直锚段钢筋黏结作用折算的极限锚固强度；

τ_{um}——机械锚固承压作用折算的极限锚固强度；

d——锚固钢筋的公称直径；

l_a——带端板钢筋直锚段的锚固长度；

c——锚固钢筋的混凝土保护层厚度；

ρ_{sv}——锚固长度范围内的面积配箍率；

f_t——混凝土的抗拉强度；

φ——当采用端板时，取值为 1.05；

ψ——当采用端板时，取值为 33。

黏结锚固专题研究组提出机械锚固极限状态下的锚固强度计算公式相对烦

琐，并且不能清晰准确地反映出钢筋锚固力在直锚段钢筋与混凝土间的黏结作用和端板承压作用间的分配关系。

2004 年，郑州大学毛达岭完成了四组共计 72 个机械锚固钢筋混凝土拉拔试件的试验，机械锚固钢筋布置于试件截面形心线上。试验分析了不同混凝土强度等级（C20、C30 和 C40）、不同钢筋公称直径 d（8 mm、12 mm、18 mm 和 25 mm）、不同混凝土保护层厚度 c（37.5 mm、41 mm、44 mm 和 46 mm）、不同钢筋锚固长度（$10d$、$12d$ 和 $15d$）和不同配箍率对直锚段钢筋黏结作用的影响。以试验数据为基础，得到 HRB500 钢筋的直锚段极限黏结强度计算公式：

$$\tau_u = \left(1.41 + 2.37\frac{d}{l_a} + 0.59\frac{c}{d} + 24.6\rho_{sv}\right)f_t \qquad (0.44)$$

式中　τ_u——直锚段钢筋与混凝土之间的极限黏结强度；

d——锚固钢筋的公称直径；

l_a——带端板钢筋直锚段的锚固长度；

c——锚固钢筋的混凝土保护层厚度；

ρ_{sv}——锚固长度范围内的面积配箍率；

f_t——混凝土的抗拉强度。

2005 年，天津大学李智斌完成了 98 个带端板钢筋混凝土试件的拉拔试验。试验主要考察了钢筋公称直径 d（25 mm、32 mm 和 40 mm）、混凝土强度等级（C30 和 C40）、双肢箍筋配置（Φ 8@100 和Φ 10@100）、混凝土保护层厚度（d 和 $2d$）、钢筋锚固长度（$8d$、$9d$、$13d$、$14d$、$16d$ 和 $18d$）对带端板钢筋锚固性能和末端带 90°标准弯钩钢筋的影响。试验结果证明，带端板钢筋与末端带 90°标准弯钩钢筋的锚固长度同为 $14d$ 时，带端板钢筋比末端带 90°标准弯钩钢筋的锚固力提高 20％左右；锚固长度同为 $16d$ 时，带端板钢筋比末端带 90°标准弯钩钢筋的锚固力提高 22％左右。该试验验证了以钢筋端板代替 90°标准弯钩的可行性。

自 2007 年以来，中国建筑科学研究院吴广斌、李智斌等又相继完成了 21 个带端板钢筋的混凝土试件的拉拔试验。试件中钢筋端板净承压面积与锚固钢筋面积比值为 4.76，混凝土轴心抗压强度范围为 40.3～46.5 MPa。21 个带端板钢筋的混凝土试件的拉拔试验结果表明，带端板钢筋的锚固力主要由直锚段钢筋黏结作用和钢筋端板承压作用共同承担。在试件的加载初期，直锚段钢筋黏结作用承担大部分的锚固力；钢筋屈服以后，钢筋端板承压作用所承担的锚固力占比明显增大。

国家行业标准《钢筋锚固板应用技术规程》（JGJ 256—2011）中将钢筋锚固板分为部分锚固板和全锚固板。其中，部分锚固板是依靠锚固长度范围内钢筋与混凝土的黏结作用和锚固板承压面的承压作用共同承担钢筋规定锚固力的锚固板；全锚固板是全部依靠锚固板承压面的承压作用承担锚固力的锚固板。当采用全锚固板时，全锚固板的承压面积不应小于锚固钢筋截面积的 9 倍；300 MPa、400 MPa、500 MPa 级钢筋对应混凝土等级不低于 C25、C30、C35。当采用部分锚固板时，部分锚固板的承压面积不应小于锚固钢筋截面积的 4.5 倍；钢筋公称直径不宜大于 40 mm；335 MPa 级、400 MPa 级、500 MPa 级钢筋对应混凝土等级不低于 C30、C35、C40；混凝土保护层厚度不宜小于 1.5 倍钢筋公称直径；相邻钢筋净距不宜小于 1.5 倍钢筋公称直径；锚固长度不宜小于基本锚固长度 l_{ab} 的 2/5，不应低于 $0.3l_{ab}$。钢筋基本锚固长度可根据国家标准《混凝土结构设计规范》(GB 50010—2010)中第 8.3.1 节中的公式进行计算：

$$l_{ab}=\alpha \frac{f_y}{f_t}d \tag{0.45}$$

式中 l_{ab}——受拉钢筋的基本锚固长度；

α——锚固钢筋的外形系数；

f_y——钢筋的抗拉强度设计值；

f_t——混凝土轴心抗拉强度设计值；

d——锚固钢筋的直径。

2009 年，郑州大学王莉荔通过完成截面尺寸为 100 mm×100 mm、受力纵筋为 HRB500 钢筋的 36 个带端板钢筋和 36 个带加焊筋钢筋混凝土拉拔试件的试验，同样对黏结锚固专题研究组提出的极限黏结强度计算公式进行了修正。通过对不同钢筋公称直径 d(12 mm、16 mm 和 25 mm)、不同直锚段钢筋长度 l_a ($10d$ 和 $15d$)、不同面积配箍率 ρ_{sv}(0%、0.43%、0.66%和 0.88%)、不同混凝土强度(C40、C50 和 C70)、不同混凝土保护层厚度 c($1d$ 和 $2d$)和不同端板净面积(锚固钢筋截面积的 4.5～5.0 倍)的分析，拟合得到了直锚段钢筋黏结作用折算的极限锚固强度 τ_{ua} 和机械锚固承压作用折算的极限锚固强度 τ_{um} 两部分的计算公式：

$$\tau_{ua}=0.583\left(0.82+0.9\frac{d}{l_a}\right)\left(1.6+0.7\frac{c}{d}+20\rho_{sv}\right)f_t \tag{0.46}$$

$$\tau_{um}=81.237f_t d/\pi l_a \tag{0.47}$$

式中 τ_{ua}——直锚段钢筋黏结作用折算的极限锚固强度；

τ_{um}——机械锚固承压作用折算的极限锚固强度；

d——锚固钢筋公称直径；

l_a——带端板钢筋直锚段的锚固长度；

c——锚固钢筋的混凝土保护层厚度；

ρ_{sv}——锚固长度范围内的面积配箍率；

f_t——混凝土的抗拉强度。

2016 年，河北工业大学李晓清设计并完成了截面尺寸为 150 mm×150 mm

的 60 个机械锚固钢筋混凝土试件的拉拔试验。其中,包含了在锚固钢筋单侧焊接钢筋和带端板两种机械锚固形式。通过对不同钢筋公称直径 d(18 mm 和 25 mm)、不同钢筋锚固长度 l_a(10d、15d 和 20d)、不同箍筋配置(ф 6@70 和 ф 6@80)、不同混凝土强度等级(C40、C50 和 C60)、不同混凝土保护层厚度 c(1.39d、1.94d、2.5d 和 3.67d)、不同布筋位置(中心和偏心)试件的分析,将机械锚固试件的破坏形式分为劈裂破坏、混凝土角部压碎、混凝土拉裂和钢筋屈服破坏四种。并且,根据试验数据进行回归分析,建立了适用于 600 MPa 级钢筋的机械锚固极限状态下的锚固强度计算公式:

$$\tau_u=\varphi_1\left(0.82+0.9\frac{d}{l_{a1}}\right)\left(1.6+0.7\frac{c}{d}+14.4\rho_{sv}\frac{c}{d}\right)f_t\frac{l_{a1}}{l_a}+\frac{\psi_1 d}{\pi l_a f_t} \quad (0.48)$$

式中 φ_1——当采用钢筋锚固板时,取值为 0.95;

l_{a1}——带端板钢筋直锚段的锚固长度;

l_a——带端板钢筋的锚固长度;

ψ_1——当采用钢筋端板时,取值为 75。

式(0.45)~(0.48)都是对黏结锚固专题研究组提出的极限黏结强度计算公式进行的修正。其中,式(0.45)~(0.47)是在受力纵筋为 HRB500 钢筋时经试验数据拟合得到的;式(0.48)是在受力纵筋为 HRB600 钢筋时经试验数据拟合得到的。式(0.45)~(0.48)都是通过对不同机械锚固形式的试验结果共同回归得到的,可以为计算钢筋机械锚固力的问题提供一定的依据。但是,不同机械锚固形式的受力特点和破坏机理都存在着较大的差异,如果按照统一的公式进行锚固力计算,就会造成一定程度上的偏差。

我国标准是通过规定钢筋端板的承压面积、混凝土强度等级、钢筋强度等级、带端板钢筋锚固长度、相邻钢筋净距等参数的取值,来确保带端板钢筋的可靠锚固。这种规定对各参数的要求过于具体,可能会造成钢筋锚固长度过长、钢筋端板承压面积过大等问题。

国外学者在 20 世纪 60 年代开展了对钢筋端板的相关研究,起源于双头锚固螺栓的应用。尼尔森螺栓焊接公司与理海大学合作,将双头螺栓作为浅埋锚固连接件使用,比如用于混凝土板与钢梁间的连接。在这一时期,还未开展将端板用于钢筋锚固问题的研究。

直至 20 世纪 70 年代,国外的学者们才逐渐对钢筋端板的锚固性能展开了大量的研究。加利福尼亚运输部的运输实验室针对带端板钢筋能否完全取代标准弯钩钢筋的可能性进行了试验研究。在 19 个带端板钢筋的混凝土拉拔试件中,考察了不同钢筋公称直径 d(35.8 mm、43 mm 和 57.3 mm)、不同钢筋端板相对面积(1.8、13.1 和 15)、不同混凝土保护层厚度(约 187.5 mm 和475 mm)和不同钢筋锚固长度(8d~32d)的影响效果。由于试件选取的钢筋锚固长度较长,因此大部分试件在锚固钢筋受拉屈服时，钢筋端板发挥的作用仍然较小。另外，当钢筋端板的相对面积为 1.8 时，锚固钢筋也可以受拉屈服。因此，加利福尼亚运输部提出了对钢筋端板相对面积较小的情况进行研究才具有意义。并且，还给出了当选用 60 psi(1 psi=0.413 7 MPa)级公称直径为 57.3 mm 的钢筋作为锚固钢筋时，钢筋端板的锚固长度不应小于 100 mm 的要求。

20 世纪 70 年代末期，加拿大卡尔加里大学的 Dilger 和 Ghali 将带双头端板的钢筋替代箍筋作为抗剪钢筋进行试验研究。通过这次试验，给出了钢筋端板承压面积应为 10 倍锚固钢筋截面积时，才能保证钢筋可靠锚固的建议。基于加拿大卡尔加里大学 Dilger 和 Ghali 的研究成果，阿拉斯加石油天然气联合会继续对带双端板钢筋作为箍筋的梁试件的性能展开了研究。试验结果表明，以带双端板钢筋作为箍筋的梁在塑性变形较大时，仍然具有较高的承载力。将带双端板钢筋作为箍筋时，不仅可以保证梁的受剪承载力，还可以为混凝土提供有效的约束作用。国外学者不仅将带端板钢筋作为受拉钢筋进行了研究，也开始将带端板钢筋替代箍筋作为抗剪钢筋进行了研究。

1997 年，堪萨斯大学完成了 70 个采用 HRC 公司钢筋端板产品(钢筋直径约 25 mm，锚固板尺寸约为 75 mm×75 mm)的混凝土梁式黏结试验。基于直锚段钢筋的锚固长度不小于 $6d$(d 为钢筋公称直径)或 6 in(英寸，6 in≈150 mm)、混凝土保护层厚度不小于 $3d$、钢筋端板锚固长度范围内至少配置 3 根间接钢筋时的试验结果，给出了仅适用于该钢筋端板产品的锚固长度计算公式：

$$L_{dt}=\frac{22d_b f_y}{60\sqrt{f'_c}}\left(\frac{3d_b}{c+K_{tr}}\right)\alpha\beta\lambda\psi \tag{0.49}$$

$$K_{tr}=\frac{A_{tr}f_{yt}}{1\ 500sn} \tag{0.50}$$

式中 L_{dt}——带端板钢筋的锚固长度；
d_b——锚固钢筋的公称直径；
f_y——锚固钢筋的屈服强度；
f'_c——混凝土圆柱体抗压强度；
c——混凝土保护层厚度；
K_{tr}——间接钢筋的配筋指标；
A_{tr}——带端板钢筋锚固长度范围内开裂面上的间接钢筋面积；
f_{yt}——间接钢筋的屈服强度；
s——间接钢筋的间距；
n——开裂面上的钢筋数；
α——考虑浇筑方式影响的系数；
β——采用轻骨料混凝土时的调整系数；

λ——锚固钢筋表面有环氧树脂涂层时的调整系数；

ψ——考虑超筋影响的调整系数。

此外，当混凝土保护层厚度小于 $5d$ 时，间接钢筋的配筋应满足 $\frac{A_{tr} f_{yt}}{s} \geqslant$ 2 000。

德克萨斯大学的 De Vries 和 Bashandy 通过带端板钢筋混凝土拉拔试件的试验对钢筋端板的锚固性能展开了研究。试验中，带端板钢筋的混凝土拉拔试件共 169 个。169 个带端板钢筋的混凝土拉拔试件又被分为浅埋试件和深埋试件，并且将 5 倍混凝土保护层厚的钢筋锚固长度定义为浅埋试件和深埋试件的临界值。基于 169 个带端板钢筋的混凝土拉拔试件的试验结果，建立了浅埋试件破坏时的锚固力计算公式：

$$N_n = \frac{A_N}{A_{N0}} \psi_1 N_b \tag{0.51}$$

$$N_b = 22.5 h_d^{1.5} \sqrt{f_c'} \tag{0.52}$$

$$\psi_1 = 0.7 + 0.3 \frac{c_{min}}{1.5 h_d} \leqslant 1 \tag{0.53}$$

式中　c_{min}——试件最小的保护层厚度；

h_d——钢筋实际锚固长度；

A_N——定义的钢筋端板投影计算底面积；

A_{N0}——定义的单根带端板钢筋的投影计算底面积；

ψ_1——边缘应力的修正系数。

深埋试件破坏时的锚固力计算公式：

$$N_n = \frac{A_{Nsb}}{A_{Nsb0}} \psi_2 N_{sb} \tag{0.54}$$

$$N_{sb} = 144 c_1 \sqrt{A_{nh} f_c'} \tag{0.55}$$

$$\psi_2 = 0.7 + 0.3 \frac{c_2}{3 c_1} \leqslant 1 \tag{0.56}$$

式中　c_1、c_2——试件最小和最大的混凝土保护层厚度；

A_{nh}——钢筋端板净承压面积；

A_{Nsb}——定义的边缘破坏投影计算底面积；

A_{Nsb0}——定义的单根带端板钢筋边缘破坏投影计算底面积；

ψ_2——角部应力的修正系数；

N_{sb}——边缘破坏时的承载力。

2002 年，德克萨斯大学的 Tompson 等进行了 64 根在梁端支座处锚固带端板钢筋的梁构件（CCT）试验和 27 根在梁中部搭接带端板钢筋的梁构件试验。CCT 试验的结果表明，梁端支座处区域内的钢筋锚固长度与约束条件密切相关，并且可以利用约束条件对锚固长度进行调节。约束条件的改变主要是改变了直锚段钢筋的黏结作用。梁中部搭接带端板钢筋的试验结果表明，钢筋端板的存在不会影响钢筋搭接的力传递效果；搭接钢筋间的力传递由搭接钢筋间的混凝土斜杆实现，并且搭接长度至少应为 6 倍钢筋公称直径。

2015 年，S. Islam 等通过 180 个带端板钢筋和带直锚钢筋的混凝土拉拔试件的试验结果，系统地评估了各参数对带端板钢筋和直锚钢筋在高强混凝土中的力学性能。试验中的变量包含了钢筋公称直径 d(12 mm 和 16 mm)、钢筋实际锚固长度 l_a($4d$ 和 $6d$)、钢筋锚固形式（带端板和不带端板）和混凝土保护层厚度（不带端板时：$1.5d$、$2.5d$、$5d$ 和 $7d$；带端板时：$8d$ 和 $10.5d$）。试验结果表明，直锚段钢筋的黏结作用与带端板钢筋锚固长度 l_a 和钢筋公称直径 d 成正比；当钢筋带端板时，使其锚固承载力显著提高。建立了不带端板钢筋在高强混凝土中锚固长度的计算公式：

$$l_a = 0.275\frac{df_t}{\sqrt{f'_c}} \tag{0.57}$$

式中 f_t——钢筋抗拉强度设计值；

f'_c——混凝土圆柱体抗压强度。

带端板钢筋在高强混凝土中锚固长度的计算公式：

$$l_a = \left(0.13 + \frac{l_e}{80d_b}\right)\frac{df_t}{\sqrt{f'_c}} \tag{0.58}$$

式中 l_e——钢筋端板的厚度。

式(0.57)、式(0.58)的计算结果与 CSA S6-19 标准的计算结果最为接近。

2015 年，G. B. Maranan 等又对带端板的 FRP 筋在有机聚合物水泥中的锚固性能进行了研究。试验主要考察了钢筋公称直径 d(12.7 mm、15.9 mm 和 19 mm)和钢筋端板的锚固长度($5d$ 和 $10d$)的影响。研究发现，带端板的 FRP 筋较不带端板的 FRP 筋的锚固力提升了 49%～77%；钢筋在有无机矿物聚合物水泥中的锚固力比在普通硅酸盐水泥中的锚固力要更高。

J. P. Vella 等从 2017 年开始，就致力于对带端板钢筋在预制混凝土中的应用。当带端板钢筋在预制混凝土中应用时，可以保障在较短拼接长度下的钢筋的受力连续性。对采用边长为 70 mm 的方形端板和直径为 25 mm 的钢筋进行连接的预制混凝土试件进行了拉伸和弯曲试验，并且结合数值分析软件建立了钢筋端板受力问题的计算程序，可以有效预估节点的强度和力学性能指标。但是，试验中并没有对抗火要求进行充分的考虑。试件在火灾情况下，可能会在带端板钢筋搭接处发生破坏。

美国规范 ACI 318-19 中规定，当采用钢筋端板时，钢筋端板承压净面积不应小于锚固钢筋截面积的 4 倍；锚固钢筋公称直径不得超过 36 mm；混凝土不可以采用轻质混凝土；混凝土保护层厚度不小于 2 倍钢筋公称直径；钢筋净距不小于 4 倍钢筋公称直径。采用钢筋端板时，所需的锚固长度为

$$l_{dt}=\left(0.016\psi_e \frac{f_y}{\sqrt{f_c'}}\right)d \tag{0.59}$$

式中　l_{dt}——钢筋的锚固长度；

ψ_e——钢筋涂环氧树脂时取 1.2，其他时候取 1.0；

f_y——钢筋的抗拉强度设计值；

$\sqrt{f_c'}$——混凝土圆柱体轴心抗压强度的开方值；

d——钢筋的公称直径。

另外，带端板钢筋的锚固长度最低不能低于 8 倍钢筋公称直径或 150 mm。

CEP-FIP MC 2010 规范中规定，当采用钢筋端板时，端板的边长应为 3 倍锚固钢筋公称直径；端板边缘至混凝土边缘最小应为 2 倍钢筋公称直径；24 倍的混凝土圆柱体抗压强度设计值大于钢筋抗拉屈服强度设计值；钢筋净距不小于6 倍钢筋公称直径。CEP-FIP MC 2010 规范中是将端板等效为钢筋末端带弯钩的形式进行锚固长度和锚固力的计算。等效的原则为当钢筋端板承压面的净面积与弯钩承压面的面积相等时，认为二者具有相同的锚固性能，便可以对锚固长度和锚固力进行计算。

在日本混凝土结构设计规范中，给出了钢筋的基本锚固长度计算公式，同时也给出了当采用标准弯钩时可在基本锚固长度基础上减少 10 倍锚固钢筋公称直径的规定。但是，对采用端板的相关规定及带端板钢筋锚固长度的计算却未见说明。澳大利亚混凝土结构设计规范中规定，当端板承压面的面积大于 10 倍锚固钢筋截面面积时，可以按照全锚固板进行考虑。规范中给出了钢筋的基本锚固长度计算公式，同时也给出了当采用标准弯钩时可取为 1/2 基本锚固长度的规定。但是，对采用带端板钢筋时的锚固长度计算同样未见说明。

从各国规范对钢筋端板的规定可以看出，同样都是通过规定钢筋端板的承压面积、混凝土强度等级、钢筋强度等级、带端板钢筋锚固长度、相邻钢筋净距等参数的值来确保带端板钢筋的可靠锚固。对于带端板钢筋锚固长度的规定，大多数也是在钢筋基本锚固长度的基础上进行了不同程度的折减。在各国规范中，同样也没有考虑钢筋端板对直锚段钢筋与混凝土间黏结－滑移的约束作用，也没有给出钢筋加载端屈服时，钢筋锚固力在直锚段钢筋黏结作用和端板承压作用间的具体分配关系。

与国内对带端板钢筋锚固性能的研究相类似，国外在对钢筋与混凝土之间的黏结作用研究时，同样也没有考虑端板对钢筋的约束作用。对直锚钢筋与混凝土之间黏结作用的研究是带端板钢筋与混凝土之间黏结作用研究的基础。因此，对钢筋与混凝土之间黏结作用的研究同样有着十分重要的意义。

0.4.3 钢筋端板下混凝土局压承载力的研究现状

对于混凝土局压问题的研究，我国在20世纪80年代初期就组建了由刘永颐、曹声远等组成的局部承压专题研究组。局部承压专题研究组对国内外混凝土局压试验的相关数据和试验现象进行整理分析，总结了混凝土局压的受力特性，归纳了混凝土局压破坏类型、各破坏类型间的临界条件和破坏机理，分别对素混凝土局压承载力、配筋混凝土局压承载力和混凝土边角局压承载力的计算公式进行了比较和探讨，并给出了各计算公式的优缺点。

1980年，曹声远、杨熙坤等通过对116个混凝土轴心局压试件的试验，对不同形状垫板下的混凝土楔形体特征进行了总结，并且分析了混凝土楔形体形成的条件，测量了不同局压面积比 A_b/A_l 混凝土局压试件的力和形变之间的关系曲线，将混凝土局压过程分为压密阶段、弹性阶段、弹塑阶段和破坏阶段四个阶段。首次明确了局压面积比 A_b/A_l 是影响混凝土局压破坏类型、变形特征和承载力变化规律的最重要因素之一。除此之外，还通过64个偏心局压试件的试验，对混凝土偏心局压承载力进行了测试，分别给出了条形垫板和方形垫板下的混凝土局压承载力的计算公式。通过对尺寸为200 mm×200 mm×400 mm的混凝土棱柱体配筋试件的试验，明确了配筋位置对混凝土局压承载力的影响，并找到了最佳的配筋形式和位置。试验主要分为配筋位置的影响试验、配筋形式的影响试验、体积配箍率的影响试验、极限配箍率的试验、局压面积比 A_b/A_l 的影响试验和垫板沉陷试验六个部分。试验结果表明，钢筋均匀布置在试件上半部和混凝土楔形体楔尖10 cm范围内效果最好，螺旋箍筋较方形箍筋对混凝土楔形体的约束作用更好。当钢筋的配量适当时，试件的局压破坏是由间接钢筋的屈服开始的，在垫板下会有混凝土楔形体形成；当钢筋的配量过大时，试件的破坏由试件下部素混凝土的破坏开始，钢筋也并不会屈服。

1986年，蔡绍怀等重点对方格网套箍混凝土和钢管混凝土的局压性能进行了测试。通过对47个高配筋率的方格网套箍混凝土试件的试验，证明了即使在高配筋率的情况下，混凝土局压承载力的增长与面积比 A_{cor}/A_l 的平方根依然成正比，并且给出了高配筋率情况下的套箍效果系数 α 的取值公式：

$$\alpha=0.85(1+1/\sqrt{\Phi}) \tag{0.60}$$

式中 Φ——配筋指标值。

当垫板为条形垫板时，建议将套箍混凝土局压承载力提高系数 β 的限制由1.5提高到3。通过对43个钢管混凝土试件的局压承载力试验，对试件的高度、局压区增配螺旋箍筋、钢管的径厚比和局压面积比进行了研究。试验结果显示，钢管混凝土的局压承载力提高系数远高于其他形式的套箍混凝土；增设螺旋箍筋所提高的局压承载力仍然可按平方根公式进行计算。给出了钢管混凝土或增设螺旋箍筋的套箍效果系数计算公式：

$$\alpha_1 = 1.1 + 1/\sqrt{\Phi_1} \tag{0.61}$$

式中　α_1——钢管混凝土或增设螺旋箍筋的套箍效果系数；

Φ_1——钢管混凝土或增设螺旋箍筋的配筋指标值。

1990年，蔡绍怀等还对39个高强素混凝土和高强配筋混凝土试件的局压承载力进行了研究。试件尺寸为300 mm×300 mm×520 mm，局压荷载分为中心方形局压和条形局压两种，主要考察了局压面积比 A_b/A_l、配箍率和加载方式的影响。基于试验结果，给出了同时适用于高强混凝土和普通混凝土的局压计算公式：

$$N_u = A_b(\beta_c f_c + 2\mu_t \beta_s f_s) \tag{0.62}$$

$$\beta_c = \frac{190 - f_{cu}}{150}\sqrt{\frac{A}{A_b}} \geqslant 1 \tag{0.63}$$

$$\beta_s = \sqrt{\frac{A_{cor}}{A_b}} \tag{0.64}$$

式中　N_u——混凝土局压承载力；

A_b——混凝土的局压面积；

β_c——素混凝土的局压强度提高系数；

f_c——无约束混凝土的抗压强度；

μ_t——间接钢筋的体积与核心混凝土体积之比；

β_s——间接钢筋贡献的局压强度提高系数；

f_s——间接钢筋的屈服强度；

f_{cu}——150 mm 立方体试块混凝土的抗压强度；

A——试件端面的全面积；

A_{cor}——间接钢筋网所覆盖的核心混凝土面积。

近些年来，哈尔滨工业大学周威、郑文忠等对钢筋网片和高强螺旋筋约束下的活性粉末混凝土局压承载力进行了相应的试验。钢筋网片约束下的活性粉末混凝土局压承载力试验的试件尺寸为200 mm×200 mm×400 mm，局压面积比 A_b/A_l 的范围为2.041～4.000，核心区混凝土面积与局压面积之比 A_{cor}/A_l 的范围为0.675～2.103，钢筋网片的体积配箍率范围为4.63%～5.83%。通过对试验结果的线性回归分析，得到了钢筋网片约束下活性粉末混凝土局压承载力的计算公式：

$$P_u = \left(1 - 0.6\frac{d}{a}\right)(0.26\beta_l + 0.6) f_c A_{ln} + 2(3.79\beta_{cor} - 1.07\beta_l - 1.54)\rho_v f_y A_{ln} \tag{0.65}$$

式中　P_u——钢筋网片约束下活性粉末混凝土局压承载力；

d——中心孔道直径；

a——方形承压板边长；

β_l——局压承载力提高系数；

f_c——混凝土轴心抗压强度；

A_{ln}——局压计算净面积；

β_{cor}——局压承载力约束系数；

ρ_v——钢筋网片体积配箍率；

f_y——钢筋屈服强度。

高强螺旋筋约束下的活性粉末混凝土局压承载力试验的试件尺寸同样为 200 mm×200 mm×400 mm，局压面积比 A_b/A_l 的范围为 2.040～3.989，螺旋箍筋内表面直径范围为 130～160 mm，螺旋箍筋的体积配箍率范围为 1.92%～2.37%。通过对试验结果的线性回归分析，得到了高强螺旋筋约束下活性粉末混凝土局压承载力的计算公式：

$$P_u=\left(1-0.6\frac{d}{a}\right)(0.26\beta_l+0.6)f_cA_{ln}+2(3.82\beta_{cor}-1.12\beta_l-1.33)\rho_v f_y A_{ln} \tag{0.66}$$

哈尔滨工业大学郑文忠教授等对密布预应力束锚具下混凝土的局压问题进行了试算，并结合 ANSYS 软件的计算结果，提出了对密布预应力束锚具下混凝土局压承载力计算的方法。ANSYS 软件分析发现，当局压荷载净距 c 与垫板边长 b 之比 c/b 不大于 0.5 时(当只有两个局压荷载时为不大于 0.6)，其局压影响区内的拉应力峰值位于局压荷载合力的正下方，可以按照“整体计算法”进行计算。而当 c/b 的值在 0.5～2.0 之间时，则可以按照“分别计算取和法”进行计算。针对核心区混凝土 A_{cor} 变化和预留孔道对混凝土局压承载力影响的问题，分析了混凝土局压的破坏现象和破坏机理，给出了对相关问题的考虑。还理顺了提高混凝土承载力用、控制劈裂裂缝用、控制端面裂缝用间接钢筋的计算取值方法和布置原则。另外，对活性粉末混凝土的局压承载力计算也进行了深入的研究。试验通过 48 个活性粉末混凝土棱柱体试件的轴心局压试验，主要考察了混凝土强度和局压面积比对活性粉末混凝土局压承载力的影响。试验结果表明，混凝土强度等级对活性粉末混凝土局压承载力的影响不大，而局压面积比的增加可以使得局压强度系数明显增大。最后，基于试验结果提出了活性粉末混凝土局压承载力的计算公式。

当前，大多数关于混凝土局压问题的研究，都没有充分考虑直锚段钢筋与混凝土间黏结作用和钢筋端板相互作用对混凝土局压承载力的影响。在钢筋端板下混凝土发生局压破坏时，钢筋端板有较大的位移值。这样就失去了钢筋端板对直锚段钢筋与混凝土间黏结－滑移的约束作用，使得直锚段钢筋与混凝土间的滑移值增大。在钢筋端板下混凝土发生局压破坏后，直锚段钢筋与混凝土间的黏结作用会下降至残余段。除此之外，国内学者还对再生混凝土的局压、梁端或者柱端的局压等多个方面都进行了深入的探讨。

国家标准《混凝土结构设计规范》(GB 50010—2010)第 6.6 节中对混凝土局压承载力的计算给出了明确的计算方法。配置间接钢筋的混凝土结构构件，其局压区的截面尺寸也应符合要求：

$$F_l \leqslant 1.35\beta_c\beta_l f_c A_{ln} \tag{0.67}$$

$$\beta_l = \sqrt{\frac{A_b}{A_l}} \tag{0.68}$$

式中　F_l——局压面上作用的局部荷载或局压设计值；

f_c——混凝土轴心抗压强度设计值；

β_c——混凝土强度影响系数；

β_l——混凝土局压的强度提高系数；

A_l——混凝土局压面积；

A_{ln}——混凝土局压净面积；

A_b——混凝土局压计算底面积。

当配置方格网式或螺旋式间接钢筋时，混凝土局压承载力计算公式为

$$F_l \leqslant 0.9(\beta_c\beta_l f_c + 2\alpha\rho_v\beta_{cor} f_{yv})A_{ln} \tag{0.69}$$

式中　β_{cor}——配置间接钢筋的局压承载力提高系数；

α——间接钢筋对混凝土约束的折减系数；

f_{yv}——间接钢筋的抗拉强度设计值；

ρ_v——间接钢筋的体积配筋率；

0.9——结构重要性系数 1.1 的倒数。

国家标准《混凝土结构设计规范》(GB 50010—2010)中对混凝土局压承载力的计算主要考虑了混凝土材料性能、混凝土局压净面积、混凝土局压计算底面积和间接钢筋的影响。但是，钢筋端板下的混凝土不但要承受端板传来的压力，而且还要承受直锚段钢筋与混凝土间的黏结作用，使得钢筋端板下的混凝土局压呈现新的受力特点。规范中并没有考虑直锚段钢筋的黏结作用对混凝土局压承载力的影响。另外，当带端板钢筋布置得相对密集时，钢筋端板下混凝土局压计算底面积存在相互重叠，同时直锚段钢筋和混凝土之间存在黏结作用，同样会对钢筋端板下局压承载力产生影响。规范中也并没有考虑钢筋端板密布对混凝土局压承载力的影响。目前，大部分对混凝土局压问题的研究也都未考虑直锚段钢筋与混凝土间黏结作用和钢筋端板密布对混凝土局压承载力的影响。因此，对钢筋端板下混凝土局压问题的研究是十分重要的。

国外对混凝土局压问题的研究是由德国人 Bauschiger 在 1876 年提出的，

Bauschiger 最初只考虑了混凝土强度、承压面积和混凝土构件截面积的影响。直到1957年，捷尔万纳巴巴在 Bauschiger 成果的基础上，提出了配筋混凝土构件局压承载力的计算公式。捷尔万纳巴巴的公式主要是由混凝土自身对局压承载力的贡献和间接钢筋对局压承载力的贡献两部分组成。尽管在物理意义上，这样的分配是正确且清晰的，但是，对二者之间具体分配比例的考虑却是有所欠缺的。因此，后续学者针对这一问题展开了大量的研究。

1967年，悉尼大学的 Hawkins 进行了113种测试条件下的混凝土立方体轴心、偏心局压承载力试验约300次。试验主要考察了混凝土强度等级、试件尺寸、垫板的尺寸和形状、荷载施加位置以及承压面积与试件横截面面积的比值对混凝土试件局压承载力的影响。通过试验，发现垫板下的混凝土会堆积形成顶角为35°～40°的混凝土楔形体，形成的混凝土楔形体对其下部的混凝土有冲切作用。此外，Hawkins 还给出了对垫板的限制条件，以保证垫板可以作为刚性构件来考虑。最后，以试验数据为基础，得到了当局压面积比 $A_c/A_l<40$ 情况下的混凝土局压承载力计算公式：

$$F_l=f'_c A_l\left(1+\frac{K}{\sqrt{f'_c}}\sqrt{\frac{A_c}{A_l}-1}\right) \tag{0.70}$$

式中 F_l——混凝土局压承载力；

f'_c——混凝土圆柱体抗压强度；

A_l——混凝土局压面积；

K——设计时建议取值为50；

A_c——混凝土局压有效影响面积。

1974年，Niyogi 完成了327种试验条件下的858个素混凝土试件试验和69种试验条件下的106个配筋混凝土试件试验。试验主要考察了试件的尺寸效应、垫板的尺寸和形状、荷载施加的位置和形式、配筋数量及混凝土强度对混凝土局压承载力的影响。通过试验结果，提出了施加与垫板同心荷载时的混凝土局压承载力计算公式：

$$F_l=A_l f_{cu}\left[0.42\left(\frac{l_1}{2c_2}+\frac{l_2}{2c_1}+1\right)-0.29\sqrt{\left(\frac{l_1}{2c_2}+\frac{l_2}{2c_1}\right)^2+5.06}\right] \tag{0.71}$$

式中 F_l——混凝土局压承载力；

f_{cu}——混凝土立方体抗压强度；

A_l——混凝土局压面积；

l_1、l_2——垫板的长、宽；

$2c_1$、$2c_2$——试件的长、宽。

试验结果表明，当试件的长、宽尺寸均大于试件高度时，试件的高度是对混凝土局压承载力有影响的。当混凝土试件的局压有效影响面积与混凝土试件的

局压面积之比 A_c/A_l 小于 16 时，混凝土局压承载力随试件高度的增加而减小；当 A_c/A_l 大于 16 时，混凝土局压承载力随试件高度的增加而增大。当 A_c/A_l 小于 4 时，混凝土局压承载力随混凝土强度的增加而线性增加；当 A_c/A_l 大于 4 时，增长趋势变缓。

1979 年，英国的 Williams 完成了 382 种试验条件下的超过 1 500 个试件的试验。试验主要考察了试件高度、截面尺寸效应、偏心荷载、支座条件和侧向力对混凝土局压承载力的影响。通过对试验结果和收集数据的回归分析，给出了混凝土局压承载能力的预测公式：

$$F_l = 6.92 A_l f_{ct} \left(\frac{A_c}{A_l}\right)^{0.47} \tag{0.72}$$

式中　f_{ct}——混凝土抗劈裂强度。

试验结果表明，当试件的高度大于 1.5 倍试件宽度时，局压承载力不受试件高度的影响。因为试件的局压承载力由混凝土的抗劈裂性能决定，所以在式(0.72)中选择了混凝土抗劈裂强度作为参数，而没有选择混凝土抗压强度。除此之外，侧向拉力会对混凝土局压承载力的降低产生较大影响。

2008 年，Han 等通过方形和圆形钢管约束混凝土试件和 10 个素混凝土试件的试验，对局压面积比、垫板厚度、钢管径厚比等多个因素对混凝土局压承载力的影响进行了分析。分析结果显示，当局压面积比小于 9 时，钢管的约束作用可以有效提高混凝土局压承载力，并且约束效果随局压面积比和钢管径厚比的增大而减小。方形钢管对核心区混凝土的约束作用没有圆形钢管对核心区混凝土的约束效果好。

2009 年，Yang 等对不同长度的钢管混凝土局压问题进行了深入研究。对于钢管混凝土短柱的局压试验，主要是考察了长宽比、局压面积比、垫板形状、荷载施加位置等因素的影响。基于试验结果，给出了钢管混凝土局压承载力的计算公式。另外，试验还表明，钢管混凝土短柱受偏心局压时，其承载力随偏心率的增大而减小，但是局压试件的延性却随之增大。对于钢管混凝土中、长柱的局压试验，主要考察了长宽比、局压面积比和垫板厚度等因素的影响。同时，借助有限元模拟软件对钢管混凝土中、长柱的力学性能也进行了相应的分析。

国内外学者都对混凝土局压承载力进行了大量的研究，主要对锚固板形状、混凝土强度等级、局压面积比、加载方式和不同形式间接钢筋的配置进行了分析。对素混凝土和配筋混凝土的局压承载力计算也已经形成了成熟的体系。但是，对带端板钢筋应用时，钢筋端板下混凝土的局压承载力的研究成果却相对较少。

美国规范 ACI 318-19 中对混凝土的局压承载力也给出了上限值的计算公式：

$$F_l \leqslant \varphi \cdot 0.85 f'_c A_l \tag{0.73}$$

式中　φ——混凝土强度折减系数。

当混凝土承压面的尺寸在各方向上都比荷载面各方向上的尺寸大很多时，式(0.73)的右侧可以再放大$\sqrt{A_b/A_l}$倍。但是，$\sqrt{A_b/A_l}$的值不得超过2。

CEP-FIP MC 2010 规范中给出的混凝土局压承载力计算公式：

$$F_l = A_l f_{cd} \sqrt{\frac{A_b}{A_l}} \leqslant 3.0 f_{cd} A_l \tag{0.74}$$

式中　f_{cd}——混凝土圆柱体轴心抗压强度设计值。

日本混凝土结构设计规范中对混凝土的局压承载力计算公式：

$$F_l = \eta \cdot f'_{ck} \quad \eta = \sqrt{\frac{A_b}{A_l}} \leqslant 2 \tag{0.75}$$

式中　f'_{ck}——混凝土圆柱体抗压强度特征值。

澳大利亚混凝土结构设计规范中对混凝土的局压承载力计算公式：

$$F_l \leqslant \varphi \cdot 0.85 f'_c \sqrt{\frac{A_b}{A_l}} \tag{0.76}$$

$$F_l \leqslant \varphi \cdot 2 f'_c \tag{0.77}$$

澳大利亚混凝土结构设计规范中对混凝土局压承载力的取值为式(0.76)和式(0.77)中的较小值。

各国规范对混凝土局压承载力的规定，主要是考虑了混凝土自身的材料性质、局压面积比和间接钢筋对局压承载力的影响。各国规范中同样都没有考虑直锚段钢筋黏结作用对混凝土局压承载力的影响，也并没有考虑钢筋端板相互作用对混凝土局压承载力的影响。目前，国外大部分对混凝土局压问题的研究也都未考虑直锚段钢筋与混凝土间黏结作用和钢筋端板相互作用对混凝土局压承载力的影响。但是，钢筋端板下混凝土的局压问题可以考虑为混凝土局压与直锚段钢筋黏结作用相互作用的问题。因此，对混凝土局压承载力问题的研究也是十分重要的。

0.5　存在的问题

(1)由于高强热轧钢筋屈服强度明显高于 HPB235 钢筋、HRB335 钢筋和 HRB400 钢筋，以其作为受拉纵筋的超静定混凝土结构在控制截面达到屈服前的弯矩调幅区段会变长。因此，配置 HRB500 钢筋和 HRB600 钢筋的混凝土连续梁和框架在控制截面塑性铰形成前的弯矩调幅不可忽略。

(2)当混凝土强度、截面尺寸和受压区高度相同时，受拉纵筋屈服强度越高，截面的屈服曲率越大，极限曲率与屈服曲率的差值越小，因此受拉纵筋屈服后所形成塑性铰的转动能力会降低,这点对弯矩调幅不利。

(3)钢筋混凝土连续梁中支座支承宽度范围内的弯矩值与支座边缘处的弯矩值接近,导致该范围内钢筋应变水平较高,因此,中支座支承宽度的大小会对塑性铰长度产生影响,进而影响连续梁的内力重分布,此因素应予以考虑。

(4)锚固于框架梁柱节点内的梁端控制截面受拉钢筋会因应变渗透而在梁端控制截面产生附加转角。在其他控制变量相同时,随着钢筋屈服强度的提高,钢筋应变渗透影响增强,梁端附加转角随之增大,进而提高框架梁端控制截面的弯矩调幅系数。因此,钢筋应变渗透对结构内力重分布的影响值得关注。

(5)截面相对受压区高度作为影响结构弯矩调幅的重要参数无疑是正确的,但超静定混凝土结构内力重分布还与受拉纵筋屈服强度、跨高比及加载方式等参数有关。跨高比越大,塑性铰区段越长,加载方式及作用位置不同也会对塑性铰长度产生影响。因此,有必要建立多参数的混凝土结构弯矩调幅精确计算模型,进而更准确地分析内力重分布变化规律。

(6)当采用高强热轧钢筋作为混凝土结构工程中的受力纵筋时,其明显提高的屈服强度会使得高强钢筋在混凝土中的锚固长度明显增大。为了减小钢筋在混凝土中的锚固长度,同时也为了简化锚固,国家标准《混凝土结构设计规范》(GB 50010—2010)中规定可以通过采用穿孔塞焊端板和螺栓连接端板的方式增强钢筋的锚固。各国规范中大多数都是通过限定钢筋端板承压面积、混凝土强度等级、直锚段钢筋锚固长度和相邻钢筋净距等参数的下限值,以确保带锚固板钢筋的可靠锚固。但是,并没有给出钢筋加载端受拉屈服时,带端板钢筋锚固力在直锚段钢筋黏结作用和钢筋端板承压作用间分配关系的计算方法。另外,如何考虑直锚段钢筋与混凝土之间的黏结作用对钢筋端板下混凝土局压承载力的影响,也未见说明。最后,当带端板钢筋布置相对密集时,钢筋端板下混凝土局压计算底面积存在相互重叠,同时直锚段钢筋和混凝土之间存在黏结作用,使得布置相对密集的带端板钢筋的端板下局压承载力计算问题变得尤为复杂。这种情况下,规范中也并没有给出明确的计算公式和计算方法。

0.6　本书主要创新点

(1)本书提出了将超静定钢筋混凝土结构弯矩调幅分为塑性铰形成前、后两个阶段进行考察的思路和方法,实现了弯矩调幅系数由过去的定值规定到考虑受拉纵筋屈服强度、控制相对受压区高度、加载方式、跨高比以及应变渗透影响的量化表达的转变。

(2)本书揭示了框架梁柱节点内高强热轧钢筋应变渗透对梁端转角的影响规律,建立了框架梁端控制截面受拉纵筋屈服时刻和受弯破坏时刻由钢筋应变渗透引起的梁端附加转角计算公式。

(3)本书建立了合理考虑钢筋应变渗透引起的框架梁端附加转角和梁端塑性铰转角等关键参数影响的框架梁端弯矩调幅系数计算公式。

(4)本书试验研究及计算分析表明,相比于采用普通强度钢筋作为受力纵筋的连续梁和框架,以高强热轧钢筋作受拉纵筋的连续梁和框架的总弯矩调幅系数有所降低。

(5)本书建立了钢筋加载端受拉屈服时,带端板钢筋锚固力在直锚段钢筋与混凝土间的黏结作用和端板承压作用间分配关系的计算方法。

(6)本书提出了将钢筋直锚段黏结作用等效为增大的类孔道面积的方法,建立了直锚段钢筋黏结作用下的混凝土局压承载力计算公式。

(7)带端板钢筋布置相对密集时,钢筋端板下混凝土局压计算底面积存在相互重叠,同时直锚段钢筋和混凝土之间存在黏结作用,本书建立了钢筋端板布置相对密集时混凝土局压承载力的计算方法。

第一篇　高强热轧钢筋作受力纵筋的连续梁和框架内力重分布性能

高强热轧钢筋主要是指强度等级为500 MPa级和600 MPa级的热轧钢筋，其屈服强度较235 MPa级、335 MPa级和400 MPa级钢筋明显提高。高强热轧钢筋作纵向受拉钢筋的混凝土连续梁和框架梁，在支座控制截面受拉纵筋屈服前的弯矩调幅区段会变长；在支座控制截面相对受压区高度相同时，截面屈服曲率会增大，塑性铰的形成延迟，支座控制截面从纵筋受拉屈服至受弯破坏对应的弯矩调幅区段会变短；梁端控制截面的纵向受拉高强热轧钢筋在框架梁柱节点内的应变渗透会更明显，使得梁端控制截面附加转角增大，有利于梁端弯矩调幅。因此，开展高强热轧钢筋作纵筋的混凝土连续梁和框架内力重分布规律研究，具有重要的理论意义和工程实用价值。

第1章　HRB500/HRB600钢筋作纵向受拉钢筋的连续梁弯矩调幅试验与分析

1.1　概　述

为考察提高纵向受拉钢筋屈服强度对连续梁弯矩调幅的影响，设计制作了24根以HRB500/HRB600钢筋作受拉纵筋的两跨混凝土连续梁。考虑到截面相对受压区高度会影响截面的塑性曲率，进而影响塑性铰转动，试验梁的截面相对受压区高度取0.1、0.2、0.3、0.4四种；考虑到中支座支承宽度会影响支座控制截面及其附近塑性铰区域的转动，试验梁中支座支承宽度取100 mm、150 mm、200 mm和250 mm。完成了24根两跨连续梁弯矩调幅试验，着重考察了中支座控制截面塑性铰及其附近区域受拉纵筋的拉应变分布、支座反力在加载过程中的变化以及等效塑性铰长度与中支座支承宽度、控制截面相对受压区高度及截面有效高度的关系。基于试验结果，获得HRB500/HRB600钢筋作纵向受拉钢筋的混凝土连续梁弯矩调幅规律。

1.2　连续梁设计与制作

1.2.1　连续梁设计

本书共设计、制作了24根两跨钢筋混凝土连续梁试件，设计参数包括中支座控制截面相对受压区高度、受拉纵筋屈服强度、混凝土强度和中支座支承宽度。试件截面几何尺寸均为$b\times h=180\ \text{mm}\times250\ \text{mm}$，边支座中心至中支座边缘距离均为4 050 mm。其中，L－A－1～L－A－12试件受拉纵筋采用HRB600钢筋，L－B－1～L－B－12试件受拉纵筋采用HRB500钢筋，两类试件所用混凝土均分为C40、C50、C60三种强度等级。24根两跨连续梁参数及配筋见表1.1。

表 1.1　24 根两跨连续梁参数及配筋

试件编号	受拉纵筋牌号	混凝土设计强度等级	中支座控制截面相对受压区高度	中支座宽度/mm	跨中纵向受拉钢筋	中支座纵向受拉钢筋	中支座附近箍筋	边支座附近箍筋	跨中区段箍筋
L—A—1	HRB600	C40	0.09	100	2Φ16	2Φ10	φ10@200	φ10@200	φ10@200
L—A—2			0.20	150	3Φ18	2Φ18	φ10@150	φ10@200	φ10@200
L—A—3			0.30	200	2Φ20+1Φ22	3Φ18	φ10@80	φ10@150	φ10@200
L—A—4			0.39	250	2Φ22+1Φ20	2Φ20+1Φ22	φ10@50	φ10@150	φ10@200
L—A—5		C50	0.10	100	3Φ14	3Φ10	φ10@200	φ10@200	φ10@200
L—A—6			0.21	150	3Φ20	2Φ20	φ10@100	φ10@150	φ10@200
L—A—7			0.31	200	2Φ20+2Φ22	3Φ20	φ10@50	φ10@100	φ10@200
L—A—8			0.40	250	2Φ20+2Φ22	3Φ22	φ10@50	φ10@100	φ10@200
L—A—9		C60	0.10	100	3Φ14	2Φ14	φ10@200	φ10@200	φ10@200
L—A—10			0.21	150	3Φ22	3Φ18	φ10@100	φ10@200	φ10@200
L—A—11			0.31	200	4Φ22 2/2	3Φ22	φ10@50	φ10@80	φ10@200
L—A—12			0.36	250	3Φ22	4Φ20 2/2	φ10@50	φ10@100	φ10@200

续表 1.1

试件编号	受拉纵筋牌号	混凝土设计强度等级	中支座控制截面相对受压区高度	中支座宽度/mm	跨中纵向受拉钢筋	中支座纵向受拉钢筋	中支座附近箍筋	边支座附近箍筋	跨中区段箍筋
L—B—1	HRB500	C40	0.12	100	3 Φ 14	2 Φ 14	φ 10@200	φ 10@200	φ 10@200
L—B—2			0.22	150	3 Φ 20	3 Φ 16	φ 10@100	φ 10@200	φ 10@200
L—B—3			0.33	200	3 Φ 22	3 Φ 20	φ 10@80	φ 10@150	φ 10@200
L—B—4			0.36	250	3 Φ 20	3 Φ 22	φ 10@100	φ 10@200	φ 10@200
L—B—5		C50	0.10	100	3 Φ 14	2 Φ 14	φ 10@200	φ 10@200	φ 10@200
L—B—6			0.25	150	2 Φ 22+1 φ 20	2 Φ 22	φ 10@100	φ 10@200	φ 10@200
L—B—7			0.35	200	3 Φ 20+2 φ 18	3 Φ 22	φ 10@50	φ 10@100	φ 10@200
L—B—8			0.41	250	4 Φ 20 2/2	4 Φ 20 2/2	φ 10@50	φ 10@150	φ 10@200
L—B—9		C60	0.11	100	3 Φ 16	2 Φ 16	φ 10@200	φ 10@200	φ 10@200
L—B—10			0.20	150	1 Φ 20+2 Φ 22	3 Φ 18	φ 10@100	φ 10@200	φ 10@200
L—B—11			0.27	200	3 Φ 20+2 Φ 22	3 Φ 22	φ 10@50	φ 10@100	φ 10@200
L—B—12			0.34	250	2 Φ 20+3 Φ 18	4 Φ 20 2/2	φ 10@50	φ 10@100	φ 10@200

注：1. 箍筋混凝土保护层厚度为 25mm；HRB500 钢筋用Φ表示，HRB600 钢筋用Φ表示，HPB300 钢筋用φ表示。

2. 为保证试验过程中不发生斜截面受剪破坏，试件配置了足够的箍筋。

3. 为实现中支座控制截面弯矩充分调幅，跨中配置了足够的受拉纵筋。

为保证中支座控制截面实现预定的截面相对受压区高度，在距中支座边缘两侧 $1.5h_0$（h_0 为截面有效高度）以外对跨中受拉纵筋进行合理截断，同时须保证跨中受拉纵筋的锚固长度符合规范要求；在中支座附近受压区内仅配置架立钢筋（2Φ10），与跨中受拉纵筋搭接长度为 200 mm；同理，对中支座受拉钢筋也进行了合理截断。连续梁配筋图如图 1.1 所示。

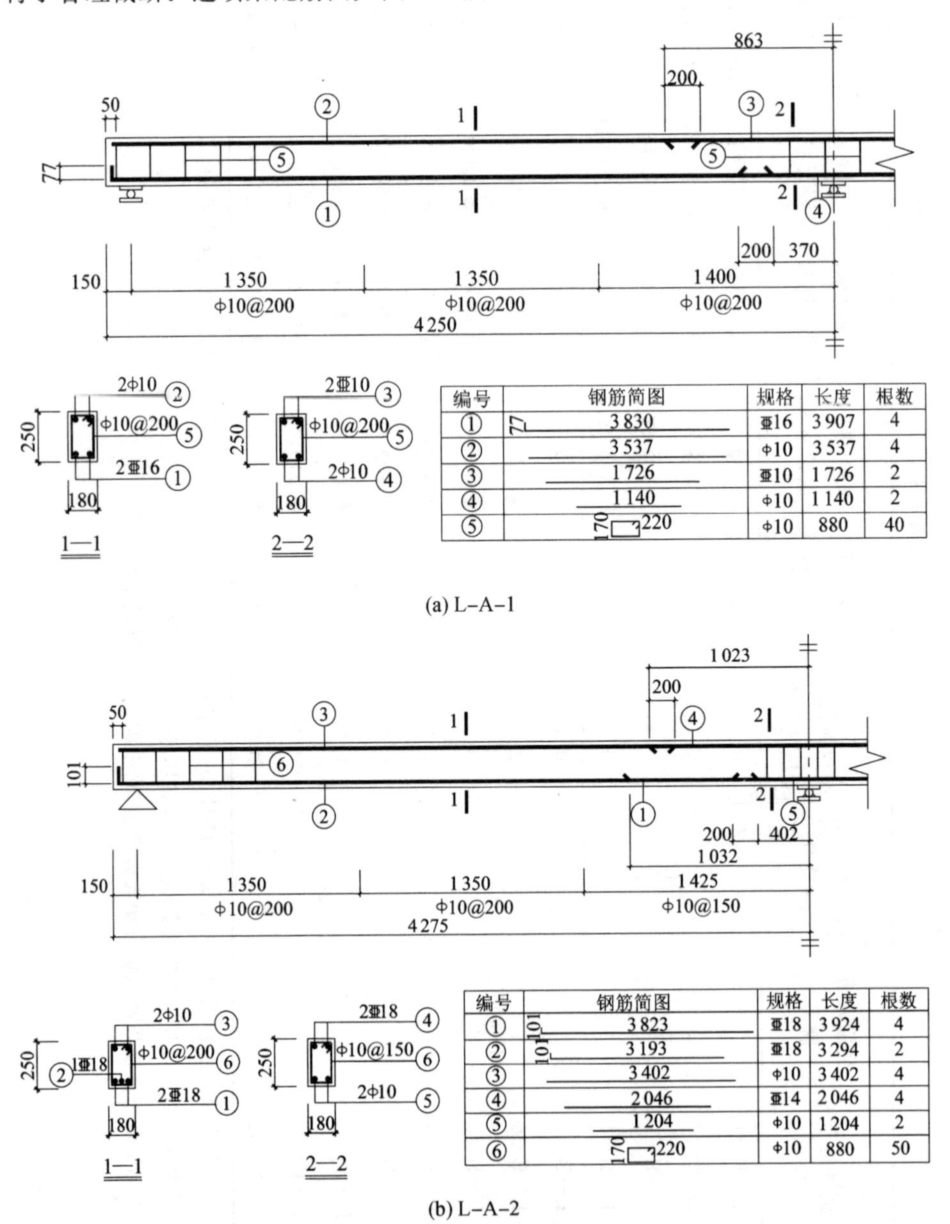

编号	钢筋简图	规格	长度	根数
①	77 3 830	亜16	3 907	4
②	3 537	Φ10	3 537	4
③	1 726	亜10	1 726	2
④	1 140	Φ10	1 140	2
⑤	170 220	Φ10	880	40

(a) L-A-1

编号	钢筋简图	规格	长度	根数
①	101 3 823	亜18	3 924	4
②	101 3 193	亜18	3 294	2
③	3 402	Φ10	3 402	4
④	2 046	亜14	2 046	4
⑤	1 204	Φ10	1 204	2
⑥	170 220	Φ10	880	50

(b) L-A-2

图 1.1　连续梁配筋图（单位：mm）

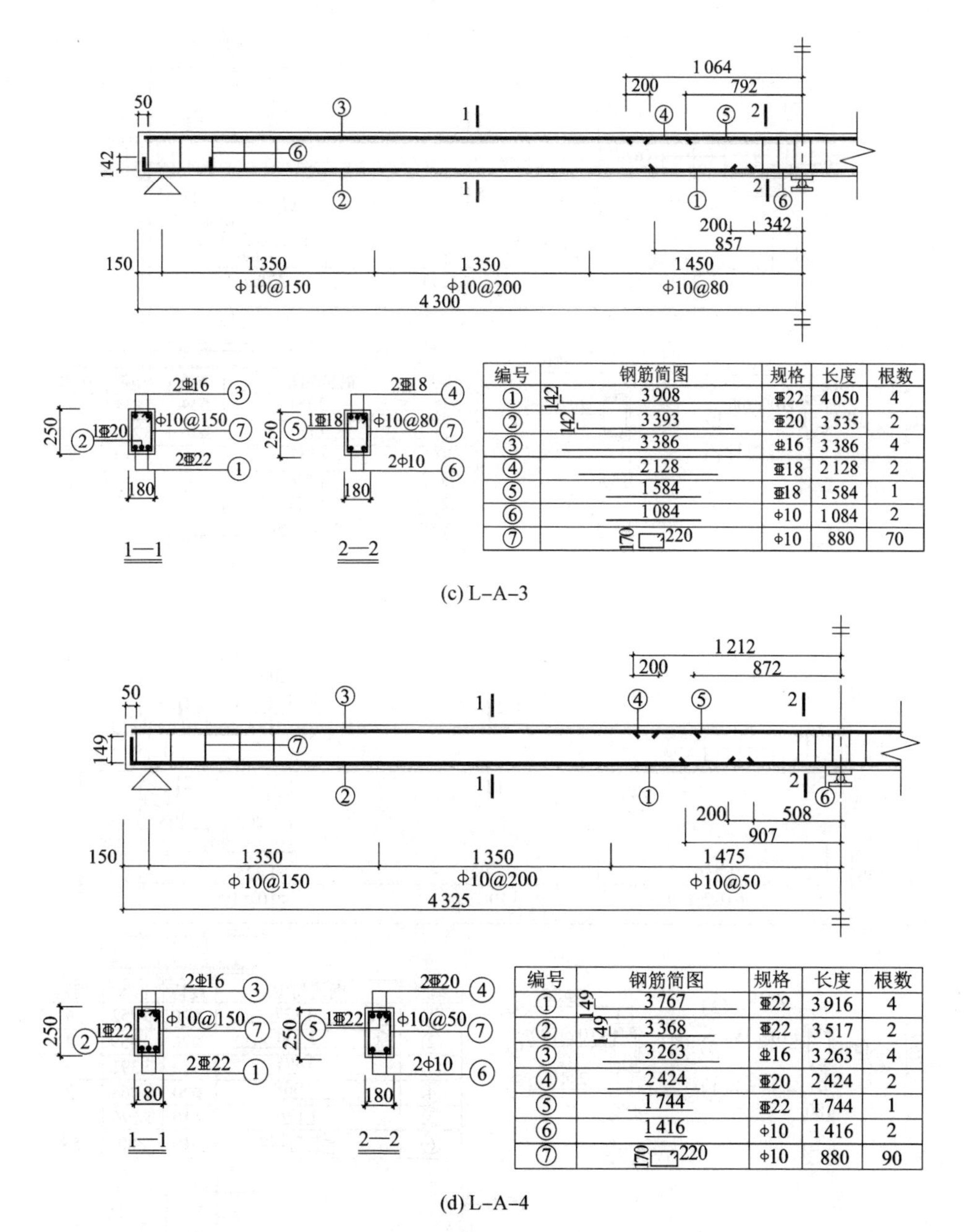

编号	钢筋简图	规格	长度	根数
①	142　3 908	Φ22	4 050	4
②	142　3 393	Φ20	3 535	2
③	3 386	Φ16	3 386	4
④	2 128	Φ18	2 128	2
⑤	1 584	Φ18	1 584	1
⑥	1 084	φ10	1 084	2
⑦	170　220	φ10	880	70

(c) L-A-3

编号	钢筋简图	规格	长度	根数
①	149　3 767	Φ22	3 916	4
②	149　3 368	Φ22	3 517	2
③	3 263	Φ16	3 263	4
④	2 424	Φ20	2 424	2
⑤	1 744	Φ22	1 744	1
⑥	1 416	φ10	1 416	2
⑦	170　220	φ10	880	90

(d) L-A-4

续图 1.1

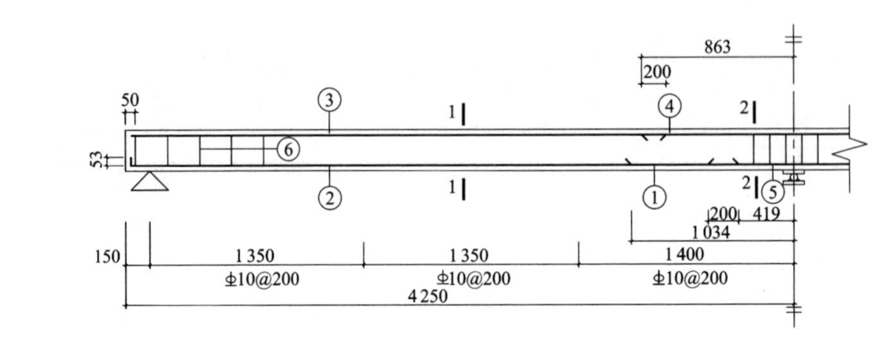

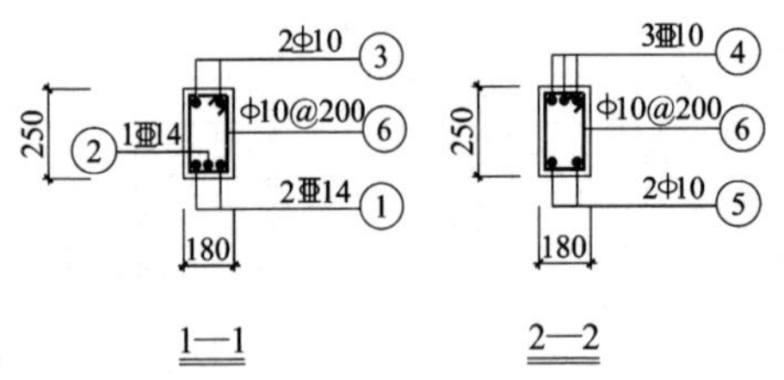

编号	钢筋简图	规格	长度	根数
①	53 3 781	Φ14	3 834	4
②	53 3 166	Φ14	3 219	2
③	3 537	φ10	3 537	4
④	1 726	Φ10	1 726	3
⑤	1 238	φ10	1 238	2
⑥	170 220	φ10	880	44

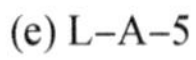
(e) L-A-5

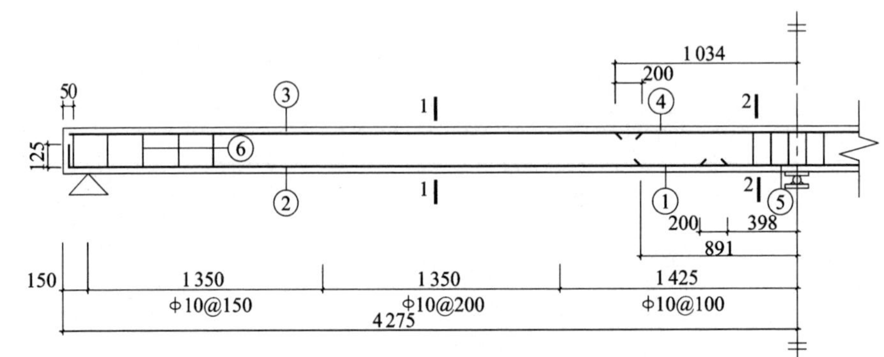

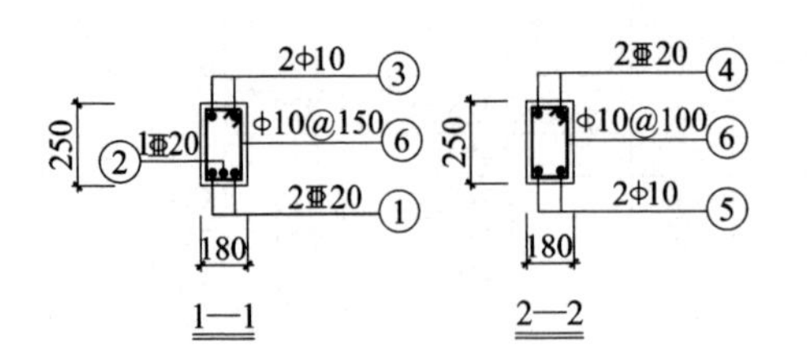

编号	钢筋简图	规格	长度	根数
①	125 3 827	Φ20	3 952	4
②	125 3 334	Φ20	3 459	4
③	3 391	φ10	3 391	4
④	2 068	Φ20	2 068	2
⑤	1 196	φ10	1 196	2
⑥	170 220	φ10	880	58

(f) L-A-6

续图 1.1

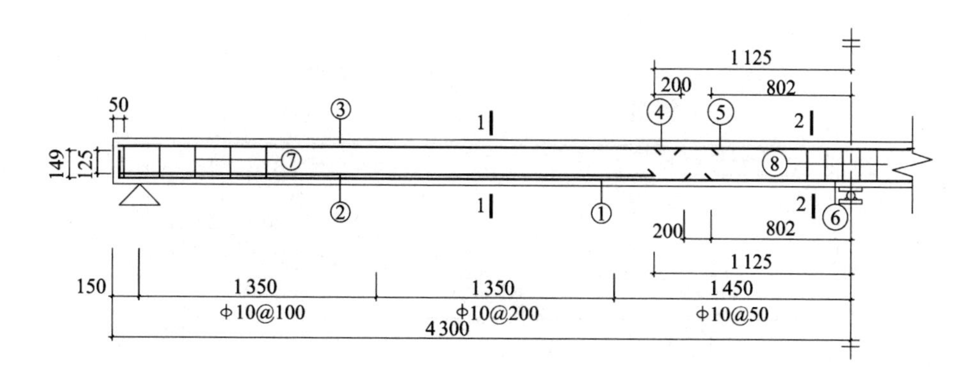

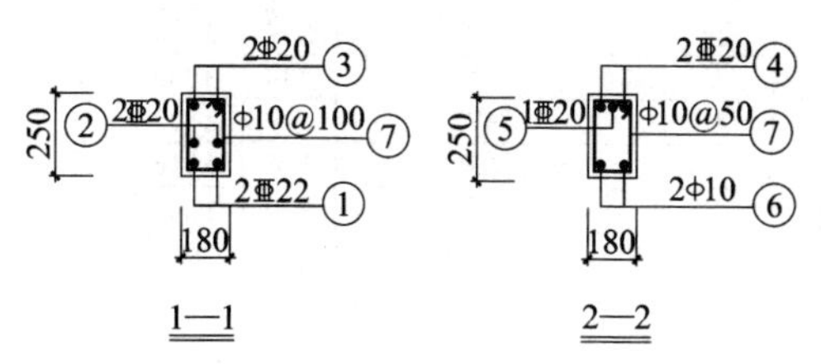

编号	钢筋简图	规格	长度	根数
①	149 3 448	Φ22	3 597	4
②	125 3 125	Φ20	3 250	4
③	3 325	Φ20	3 325	4
④	2 250	Φ20	2 250	2
⑤	1 604	Φ20	1 604	1
⑥	1 604	ϕ10	1 604	2
⑦	170 220	ϕ10	880	102

(g) L-A-7

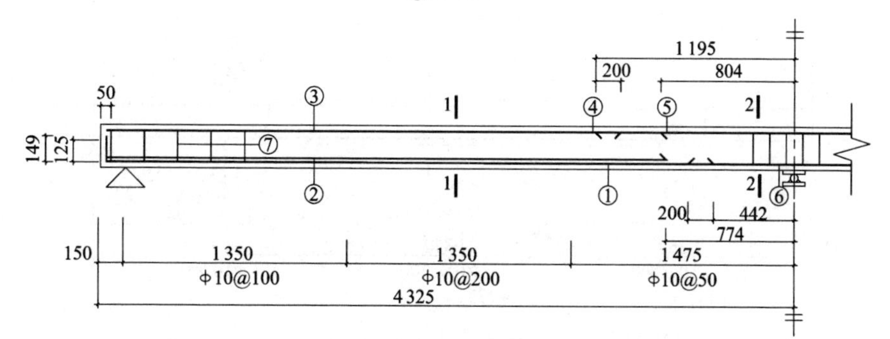

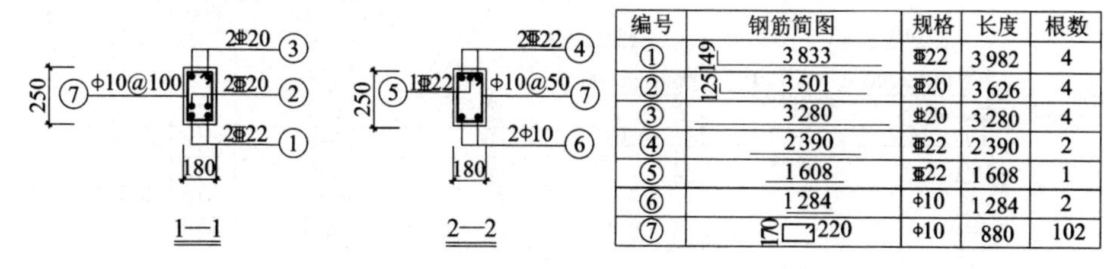

编号	钢筋简图	规格	长度	根数
①	149 3 833	Φ22	3 982	4
②	125 3 501	Φ20	3 626	4
③	3 280	Φ20	3 280	4
④	2 390	Φ22	2 390	2
⑤	1 608	Φ22	1 608	1
⑥	1 284	ϕ10	1 284	2
⑦	170 220	ϕ10	880	102

(h) L-A-8

续图 1.1

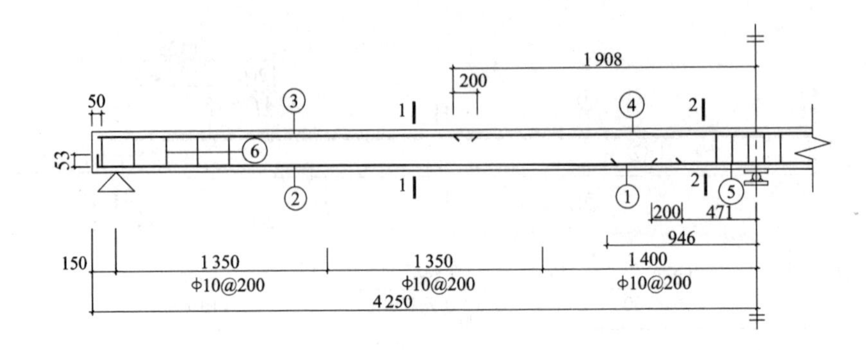

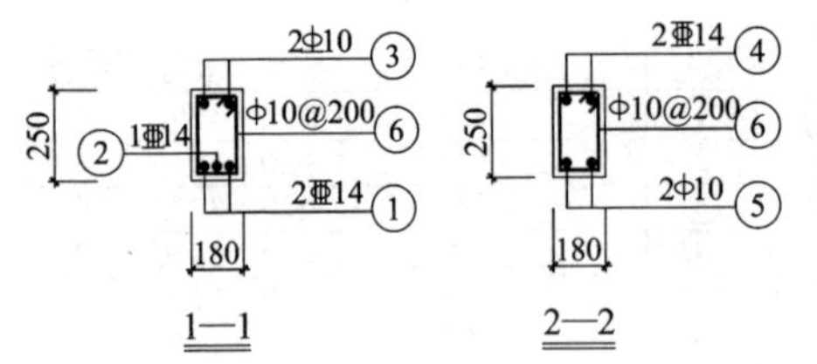

编号	钢筋简图	规格	长度	根数
①	53 3 729	Φ14	3 782	4
②	53 3 254	Φ14	3 307	2
③	2 492	ϕ10	2 492	4
④	3 816	Φ14	3 816	2
⑤	1 342	ϕ10	1 342	2
⑥	170 220	ϕ10	880	42

(i) L–A–9

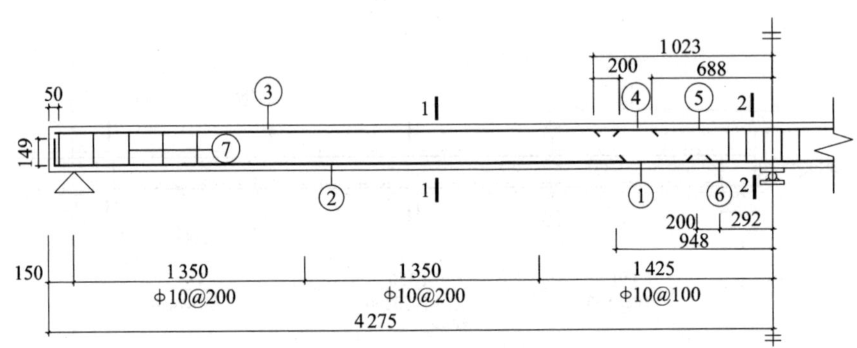

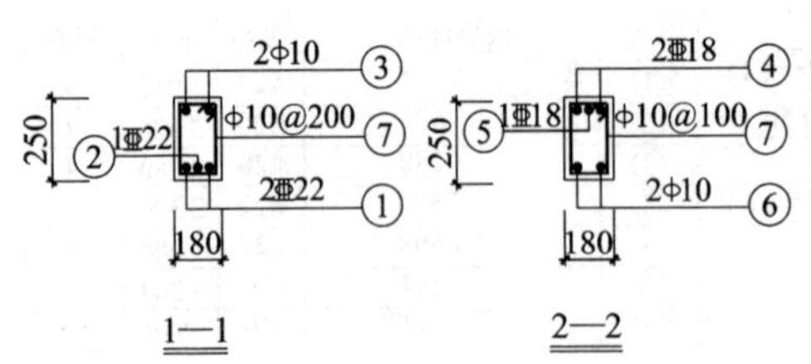

编号	钢筋简图	规格	长度	根数
①	149 3 933	Φ22	4 082	4
②	149 3 277	Φ22	3 426	2
③	3 402	ϕ10	3 402	4
④	2 046	Φ18	2 046	2
⑤	1 376	Φ18	1 376	1
⑥	984	ϕ10	984	1
⑦	170 220	ϕ10	880	70

(j) L–A–10

续图 1.1

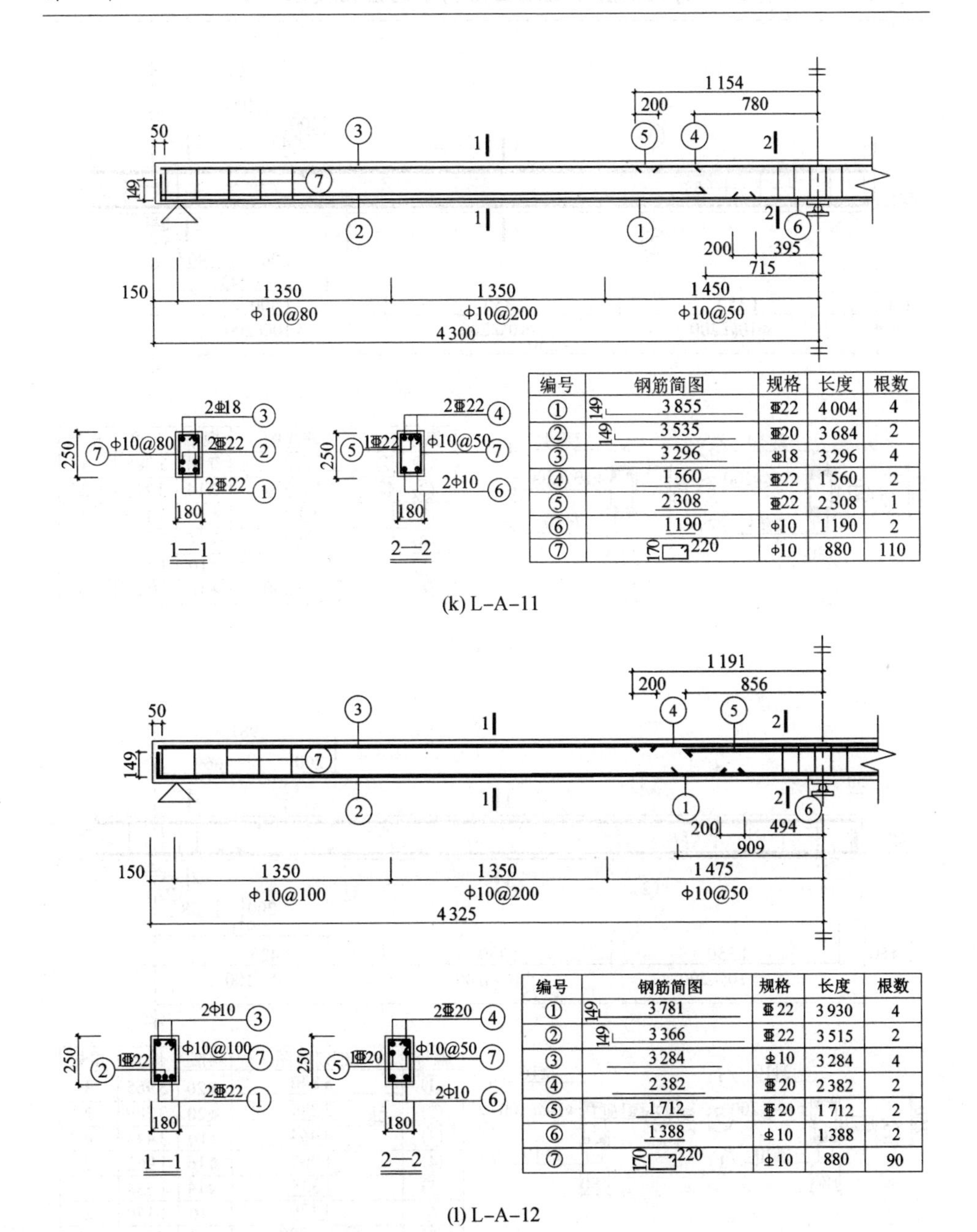

编号	钢筋简图	规格	长度	根数
①	149 3 855	Φ22	4 004	4
②	149 3 535	Φ20	3 684	2
③	3 296	Φ18	3 296	4
④	1 560	Φ22	1 560	2
⑤	2 308	Φ22	2 308	1
⑥	1190	Φ10	1 190	2
⑦	170 220	Φ10	880	110

(k) L–A–11

编号	钢筋简图	规格	长度	根数
①	149 3 781	Φ22	3 930	4
②	149 3 366	Φ22	3 515	2
③	3 284	Φ10	3 284	4
④	2 382	Φ20	2 382	2
⑤	1 712	Φ20	1 712	2
⑥	1 388	Φ10	1 388	2
⑦	170 220	Φ10	880	90

(l) L–A–12

续图 1.1

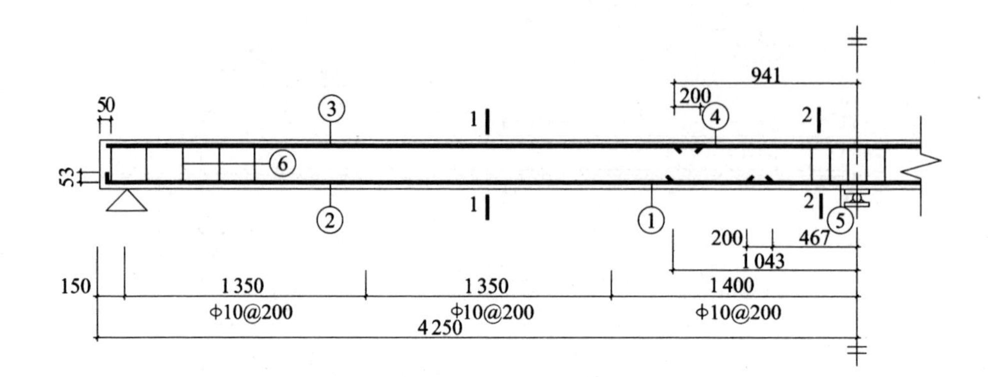

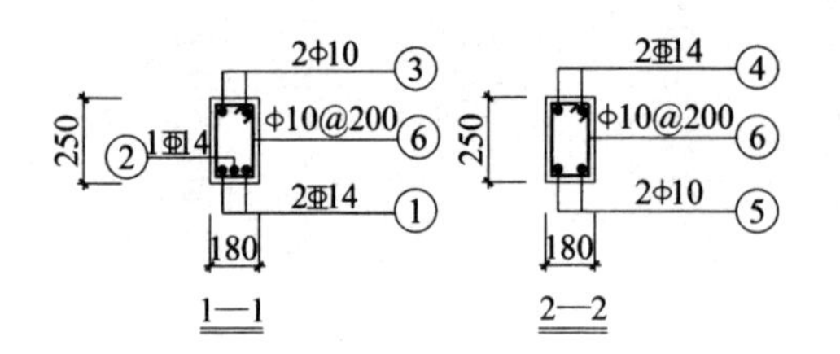

编号	钢筋简图	规格	长度	根数
①	53 3733	Φ14	3786	4
②	53 3157	Φ14	3210	2
③	3459	ϕ10	3459	4
④	1883	Φ14	1883	2
⑤	1334	ϕ10	1334	2
⑥	130 200	ϕ10	760	42

(m) L-B-1

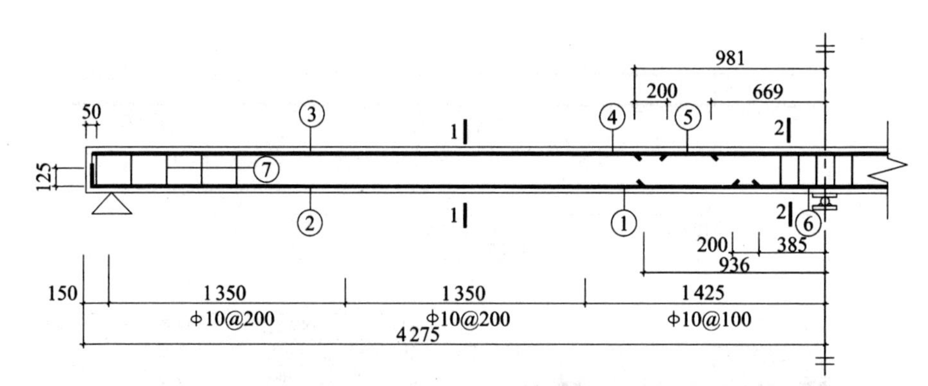

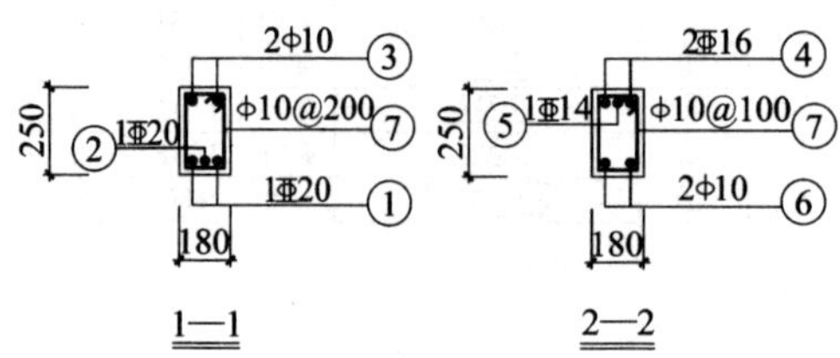

编号	钢筋简图	规格	长度	根数
①	125 3840	Φ20	3965	4
②	125 3289	Φ20	3289	2
③	3444	ϕ10	3444	4
④	1962	Φ16	1962	2
⑤	1338	Φ14	1338	1
⑥	1170	ϕ10	1170	2
⑦	130 200	ϕ10	760	59

(n) L-B-2

续图 1.1

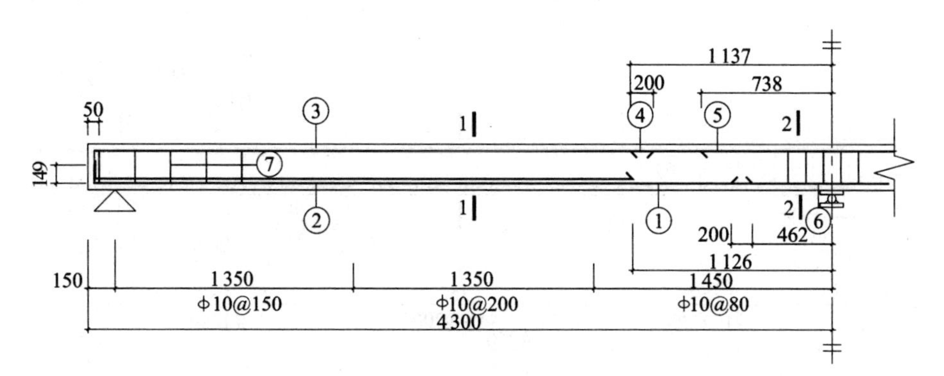

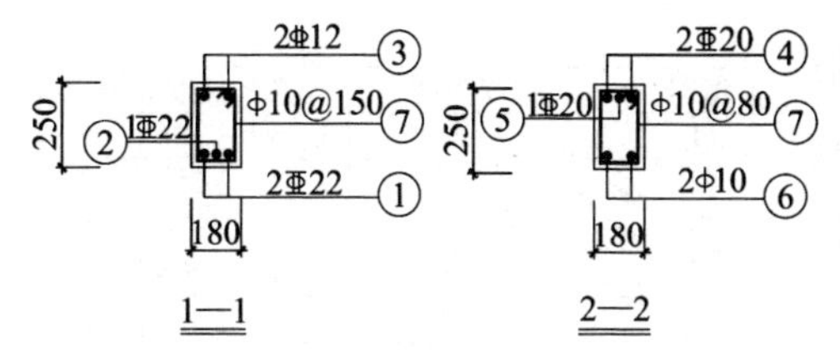

编号	钢筋简图	规格	长度	根数
①	149 3788	Φ22	3937	4
②	149 3124	Φ22	3273	2
③	3313	Φ12	3313	4
④	2274	Φ20	2274	2
⑤	1476	Φ20	1476	1
⑥	1324	φ10	1324	2
⑦	130 200	φ10	760	75

(o) L-B-3

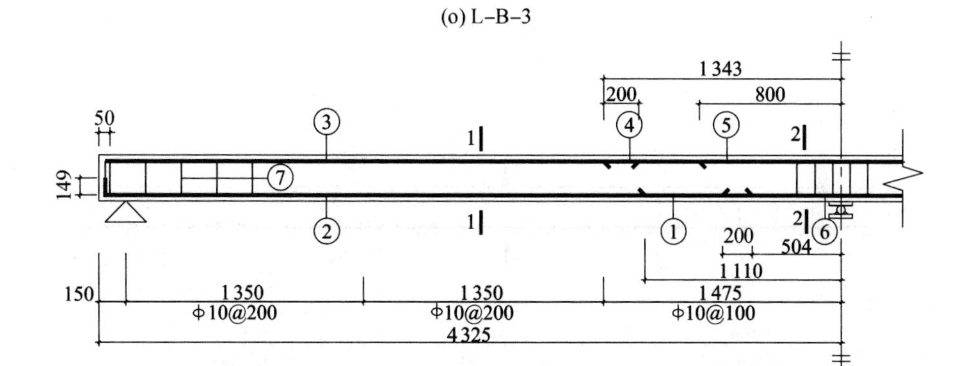

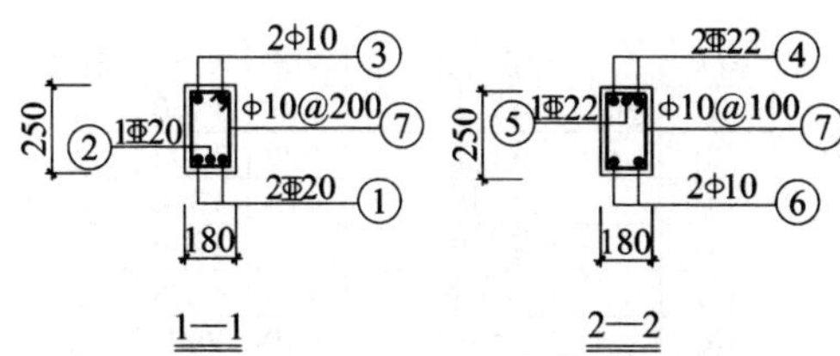

编号	钢筋简图	规格	长度	根数
①	149 3771	Φ22	3920	4
②	149 3165	Φ22	3314	2
③	3132	φ10	3132	4
④	2686	Φ22	2686	2
⑤	1600	Φ22	1600	1
⑥	1408	φ10	1408	2
⑦	130 200	φ10	760	66

(p) L-B-4

续图 1.1

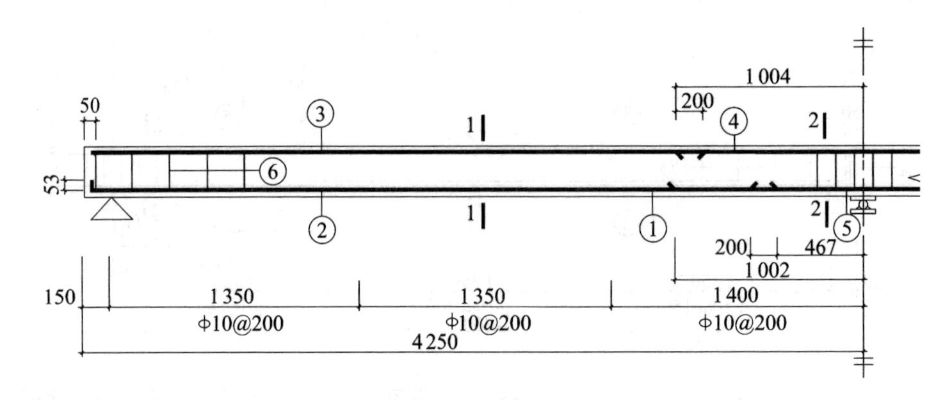

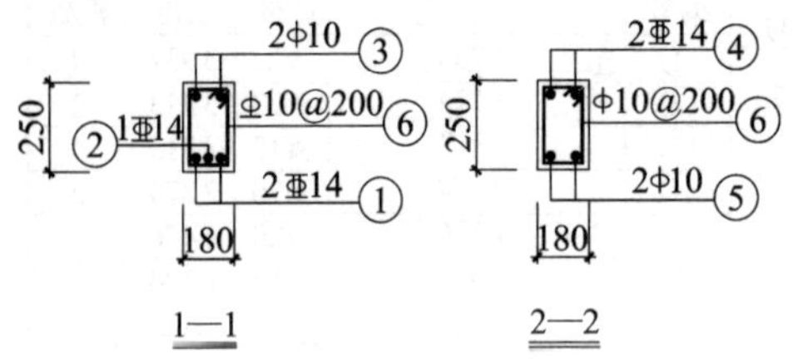

编号	钢筋简图	规格	长度	根数
①	53 3 733	Φ14	3 786	4
②	53 3 198	Φ14	3 251	2
③	3 396	ϕ10	3 396	4
④	2 008	Φ14	2 008	2
⑤	1 334	ϕ10	1 334	2
⑥	130 200	ϕ10	760	42

(q) L–B–5

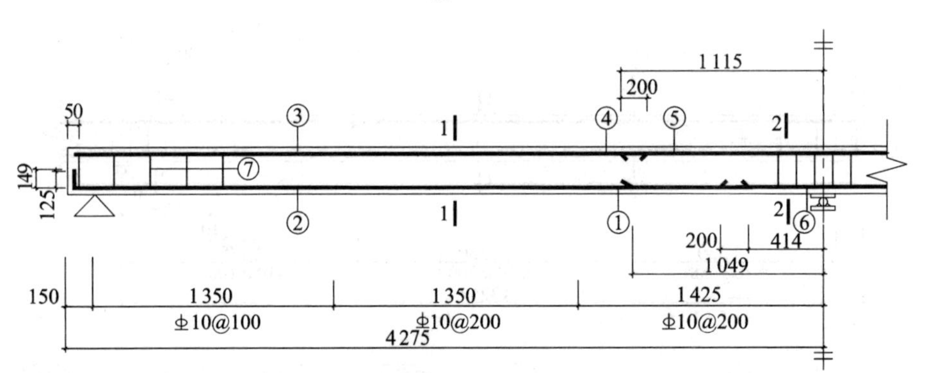

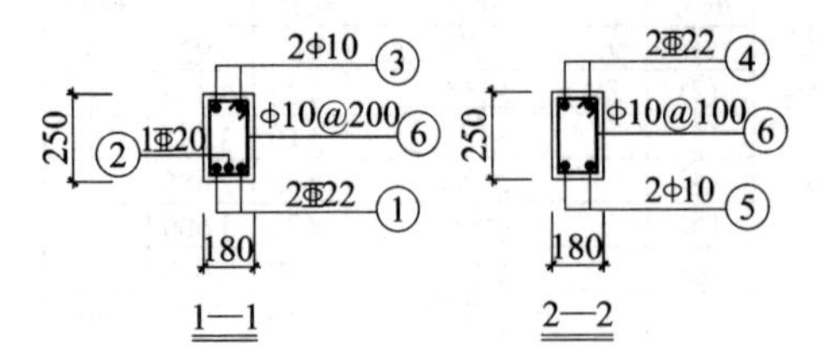

编号	钢筋简图	规格	长度	根数
①	149 3 811	Φ22	3 960	4
②	125 3 177	Φ20	3 302	2
③	3 310	ϕ10	3 310	4
④	2 230	Φ22	2 230	2
⑤	1 228	ϕ10	1 228	2
⑥	130 200	ϕ10	760	59

(r) L–B–6

续图 1.1

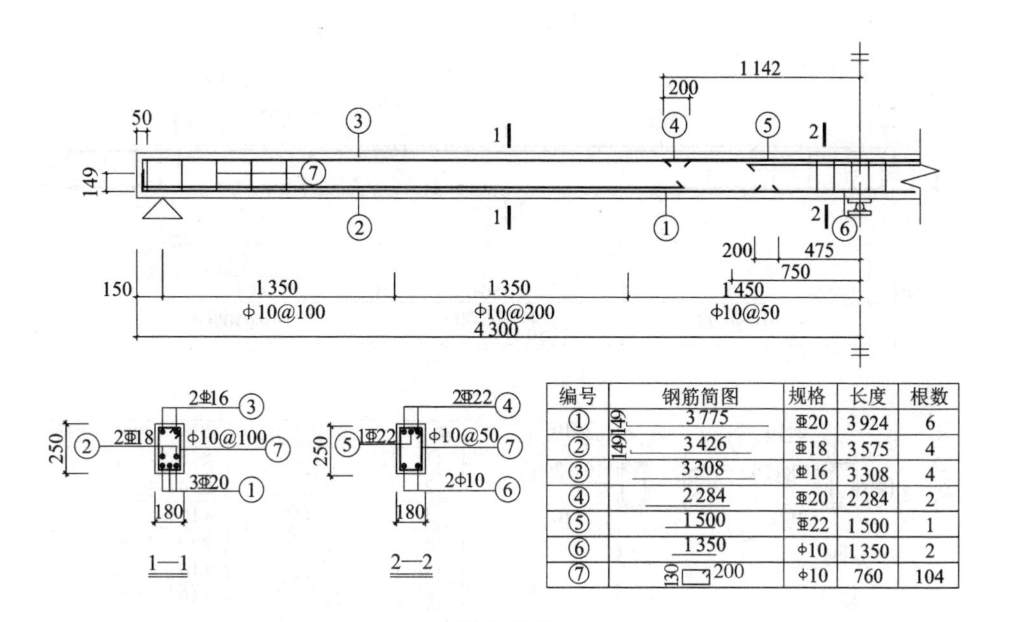

编号	钢筋简图	规格	长度	根数
①	149 3 775	Φ20	3 924	6
②	149 3 426	Φ18	3 575	4
③	3 308	Φ16	3 308	4
④	2 284	Φ20	2 284	2
⑤	1 500	Φ22	1 500	1
⑥	1 350	φ10	1 350	2
⑦	130 200	φ10	760	104

(s) L–B–7

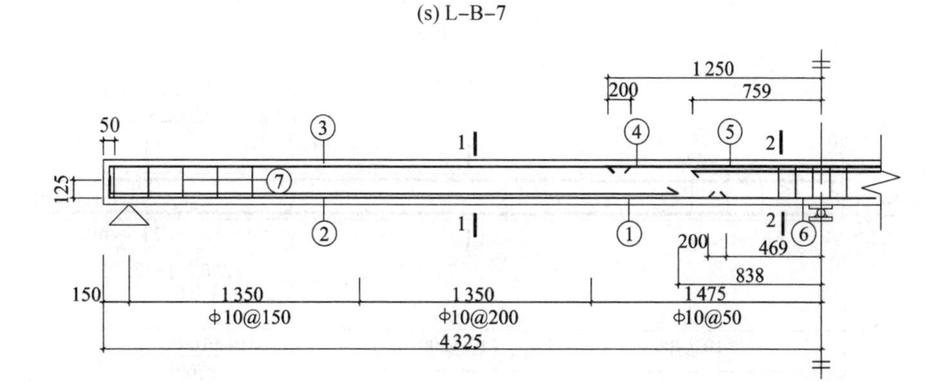

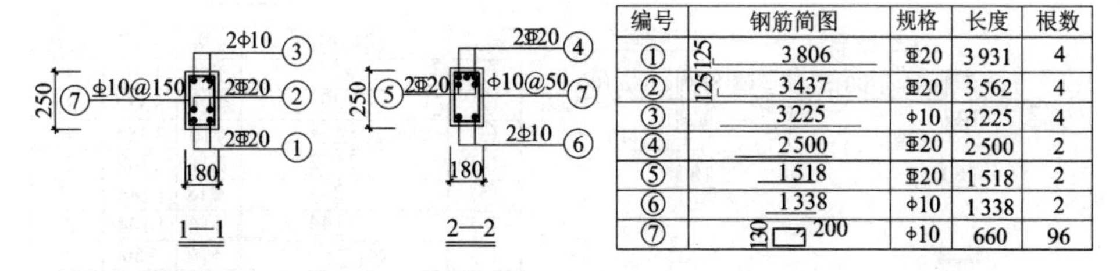

编号	钢筋简图	规格	长度	根数
①	125 3 806	Φ20	3 931	4
②	125 3 437	Φ20	3 562	4
③	3 225	φ10	3 225	4
④	2 500	Φ20	2 500	2
⑤	1 518	Φ20	1 518	2
⑥	1 338	φ10	1 338	2
⑦	130 200	φ10	660	96

(t) L–B–8

续图 1.1

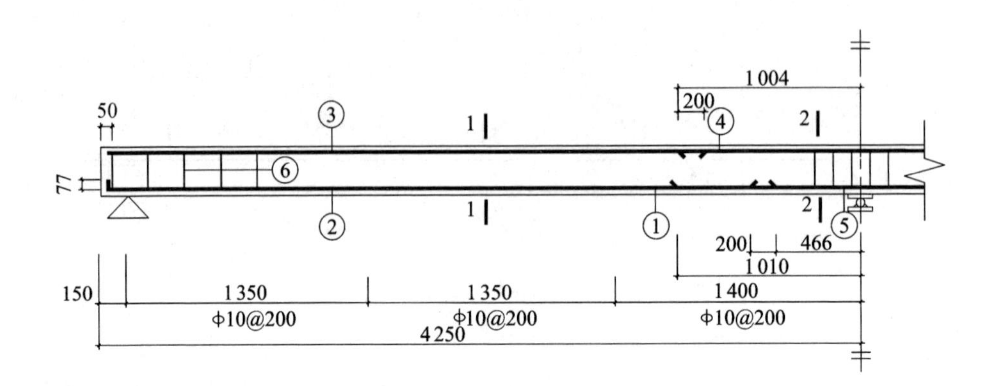

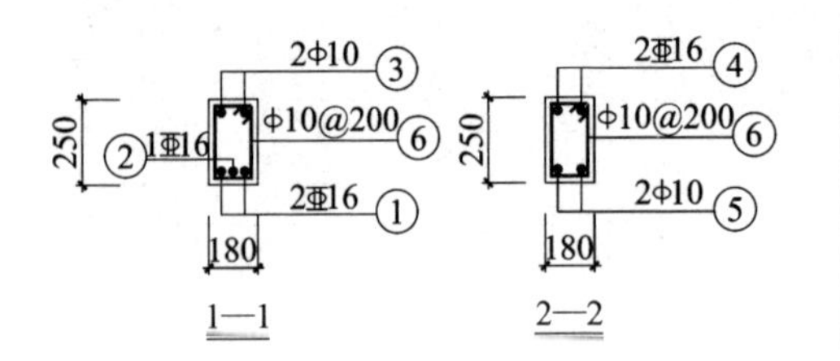

编号	钢筋简图	规格	长度	根数
①	77 3 734	Φ16	3 811	4
②	77 3 190	Φ16	3 267	2
③	3 396	ϕ10	3 396	4
④	2 008	Φ16	2 008	2
⑤	1 332	ϕ10	1 332	2
⑥	130 200	ϕ10	760	42

(u) L-B-9

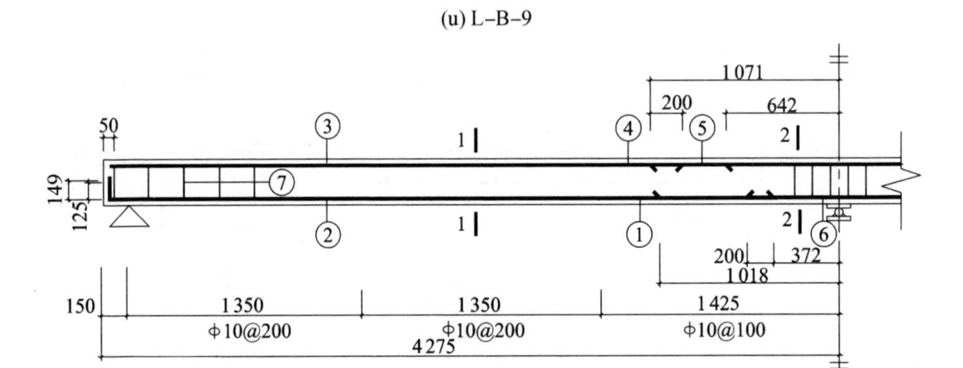

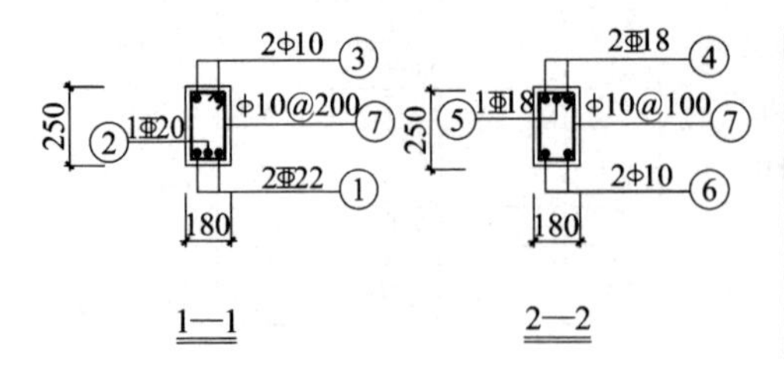

编号	钢筋简图	规格	长度	根数
①	149 3 853	Φ22	4 002	4
②	125 3 207	Φ20	3 332	2
③	3 354	ϕ10	3 354	4
④	2 142	Φ18	2 142	2
⑤	1 284	Φ18	1 284	1
⑥	1 144	ϕ10	1 144	2
⑦	130 200	ϕ10	760	59

(v) L-B-10

续图 1.1

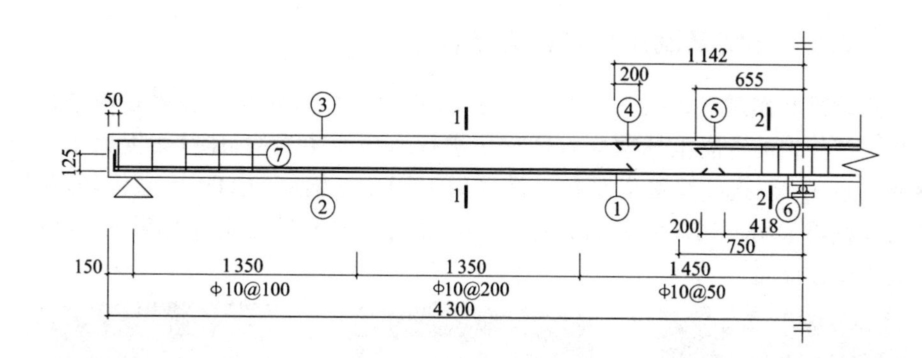

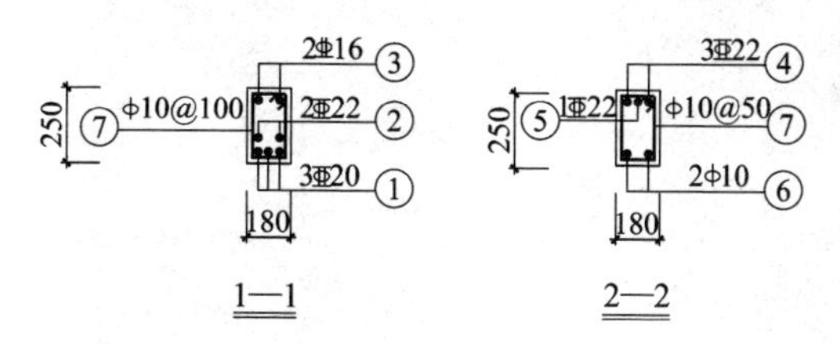

编号	钢筋简图	规格	长度	根数
①	125　3 832	Φ20	3 957	6
②	125　3 267	Φ22	3 392	4
③	3 308	Φ16	3 308	4
④	2 284	Φ22	2 284	2
⑤	1 310	Φ22	1 310	1
⑥	1 236	ϕ10	1 236	2
⑦	130　200	ϕ10	760	104

(w) L-B-11

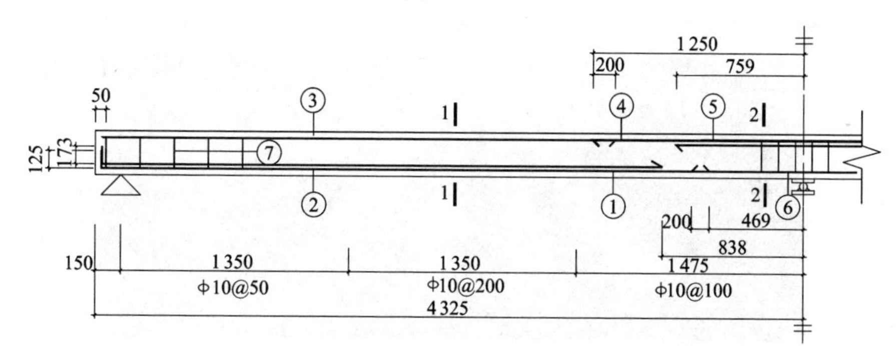

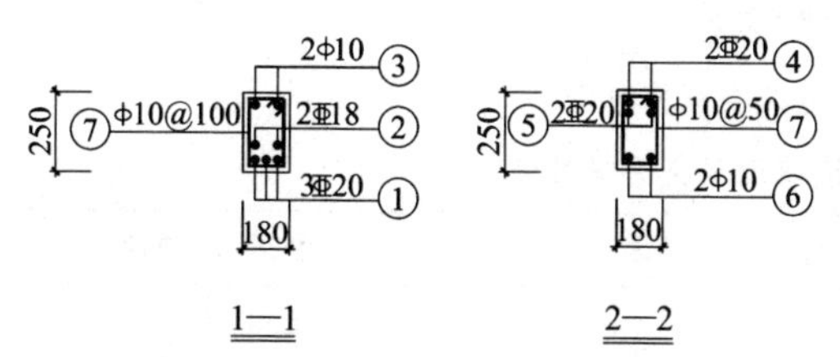

编号	钢筋简图	规格	长度	根数
①	125　3 806	Φ20	3 931	6
②	101　3 437	Φ18	3 538	4
③	3 225	ϕ10	3 225	4
④	2 500	Φ20	2 500	2
⑤	1 518	Φ20	1 518	2
⑥	1 338	ϕ10	1 338	2
⑦	130　200	ϕ10	760	104

(x) L-B-12

续图 1.1

1.2.2 连续梁制作与材料力学性能

连续梁制作过程如图 1.2 所示。各试验梁加载前，对与试验梁在同条件下进行浇筑养护的混凝土标准立方体试块进行力学性能测试，连续梁混凝土力学性能见表 1.2。连续梁纵向受拉钢筋采用 HRB500 钢筋和 HRB600 钢筋，箍筋和架立钢筋采用 HPB300 钢筋。对不同直径钢筋的力学性能进行测试，连续梁钢筋力学性能见表 1.3。

(a) 钢筋绑扎与支模

(b) 混凝土的浇筑与振捣

(c) 连续梁试件成型

(d) 洒水养护

图 1.2 连续梁制作过程

表 1.2 连续梁混凝土力学性能

混凝土设计强度等级	标准立方体抗压强度 f_{cu}/MPa	轴心抗压强度 f_c/MPa
C40	48.0	36.5
C50	55.2	41.8
C60	68.6	53.5

注：$f_c = \alpha_{c1} f_{cu}$，对于 C50 及以下普通混凝土，$\alpha_{c1} = 0.76$；对于 C80 混凝土，$\alpha_{c1} = 0.82$；中间按线性插值。

表 1.3　连续梁钢筋力学性能

钢筋牌号	直径 d/mm	屈服强度 f_y/MPa	抗拉强度 f_u/MPa	强屈比 f_u/f_y	屈服应变 $\varepsilon_y/\mu\varepsilon$	屈服平台末端应变 $\varepsilon_{uy}/\mu\varepsilon$	最大力下伸长率/%
HPB300	10	386	522	1.35	1 930	21 410	15.0
HRB500	14	547	703	1.29	2 737	18 117	12.7
HRB500	16	555	730	1.32	2 776	15 159	12.6
HRB500	18	534	706	1.32	2 668	12 698	11.4
HRB500	20	556	714	1.28	2 779	12 082	12.6
HRB500	22	555	706	1.27	2 777	11 007	11.4
HRB600	10	680	870	1.28	3 401	15 253	11.3
HRB600	14	651	862	1.32	3 258	14 269	11.6
HRB600	18	633	841	1.33	3 163	12 451	11.7
HRB600	20	633	825	1.30	3 166	13 022	10.2
HRB600	22	612	796	1.30	3 062	10 883	10.7

注：取钢筋弹性模量 E_s为 2.00×10^5 MPa。

对不同强度等级钢筋的应力一应变曲线进行对比，如图 1.3 所示。由图 1.4 可知，HPB300 钢筋、HRB500 钢筋和 HRB600 钢筋在弹性范围内的应力一应变关系基本一致；进入屈服平台之后，随着钢筋强度等级的提高，钢筋屈服平台段的长度变短，屈服平台末端对应的拉应变减小；当钢筋达到抗拉强度时，HRB500 钢筋和 HRB600 钢筋对应的最大力下拉应变较 HPB300 钢筋有所降低。

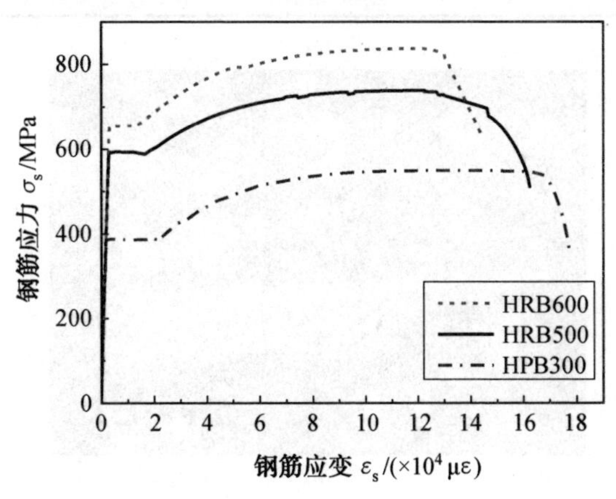

图 1.3　不同强度等级钢筋的应力一应变曲线对比

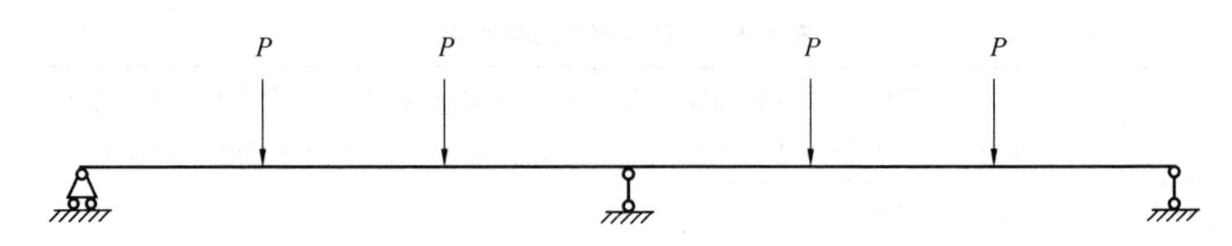

图 1.4　连续梁加载简图

1.3　试验方案

1.3.1　试验装置和加载方案

对 24 根两跨连续梁进行静力加载试验，每跨连续梁均为三分点对称加载（图 1.5）。连续梁试验装置如图 1.5 所示，为准确量测各级施加的荷载值，将图中加载传感器 2 设置于反力梁 1 与加载千斤顶 3 之间，进而确保两跨试验梁同步对称加载。试验过程中可通过千斤顶 6 随时调整中支座高度，以避免支座不均匀沉降带来的误差。

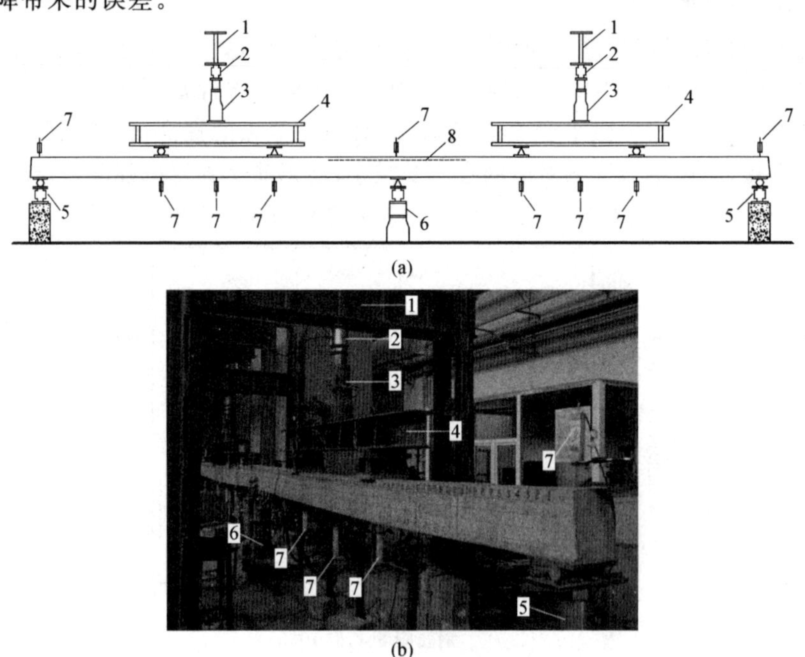

图 1.5　连续梁试验装置

1—反力梁；2—加载传感器；3—加载千斤顶；4—分配梁；5—支座传感器；6—调节支座高度用千斤顶；7—位移计；8—钢筋应变片

在试验梁正式加载前，须先对其进行预加载，以检验试验装置和测量仪器是否正常工作，确保试验达到预期目的。正式加载过程为：①为准确捕捉开裂荷载，试验梁出现裂缝前每级荷载为 0.3 kN；试验梁开裂后按每级 5 kN 进行加荷直至连续梁达到屈服。②在连续梁屈服后，按位移控制分级加载，每级施加位移为 5 mm。

1.3.2　量测内容及方法

本试验主要量测内容包括中支座控制截面及其附近区域钢筋应变、支座反力值、连续梁挠度及混凝土裂缝等。

1. 钢筋应变测量

为了考察中支座控制截面及其附近区域受拉纵筋的拉应变发展，在中支座附近区域的负弯矩筋上粘贴宽度为 1 mm、标距为 2 mm 的钢筋应变片，应变片布置区段为中支座宽度及中支座两侧边缘以外各 $1.5h_0$（h_0 为梁截面有效高度），相邻两应变片中心间距为 30 mm。为保证所粘贴应变片在试验梁加载过程中的存活率，对受拉纵筋进行开槽，并将应变片沿筋长粘贴在槽底，钢筋开槽粘贴应变片如图 1.6(a)所示。为不损伤钢筋横肋，尽量减少对纵筋黏结性能的影响，槽口应紧贴纵肋，槽宽×槽深=3 mm×4 mm，钢筋剖槽横截面如图 1.6(b)所示。应变片导线焊接完成后，在其表面均匀涂刷氯丁胶用于防水，并用植筋胶进行封槽处理，以防止混凝土浇筑时损坏应变片，保证其后续正常工作，焊接导线和封槽引线如图 1.6(c)、(d)所示。采用 JM3813 静态电阻应变采集系统对每级荷载下的钢筋应变进行采集，进而确定中支座塑性铰长度以及各截面的曲率分布等。

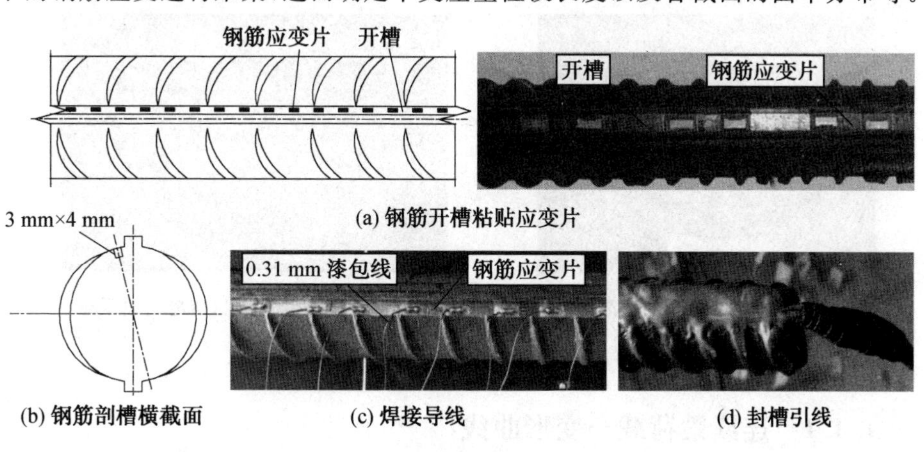

(a) 钢筋开槽粘贴应变片

(b) 钢筋剖槽横截面　(c) 焊接导线　(d) 封槽引线

图 1.6　钢筋剖槽贴应变片

2. 支座反力值测量

内力重分布过程中，支座反力会发生变化。为了考察连续梁在加载过程中实际支反力的变化，在各支座下设置压力传感器。结合外荷载值，可以确定加载过程中各控制截面的实际弯矩值。

3. 连续梁挠度测量

在支座、加载点及跨中均布置位移计，测量每级荷载作用下连续梁的位移以及支座的沉降，进而得到连续梁的荷载一变形曲线。

4. 混凝土裂缝测量

加载过程中，混凝土裂缝不断发展，裂缝宽度采用 HC－F800 裂缝观测仪进行测量，测量精度为 0.01 mm，同时记录各裂缝的出现顺序及发展高度等。

1.4 试验现象与试验结果

各连续梁在加载过程中均经历以下几个阶段：中支座控制截面开裂、跨中控制截面开裂、中支座控制截面受拉钢筋屈服即塑性铰形成、中支座控制截面受压边缘混凝土被压碎(图 1.7(a))、跨中控制截面受压区混凝土被压碎(图 1.7(b))、所加荷载达到峰值荷载，荷载随变形的增大而减小。当中支座两侧有一个控制截面受压边缘混凝土被压碎时，连续梁即到达设计用承载能力极限状态。而事实上，设计用承载能力极限状态下连续梁的作用荷载并未达到连续梁的极限荷载。

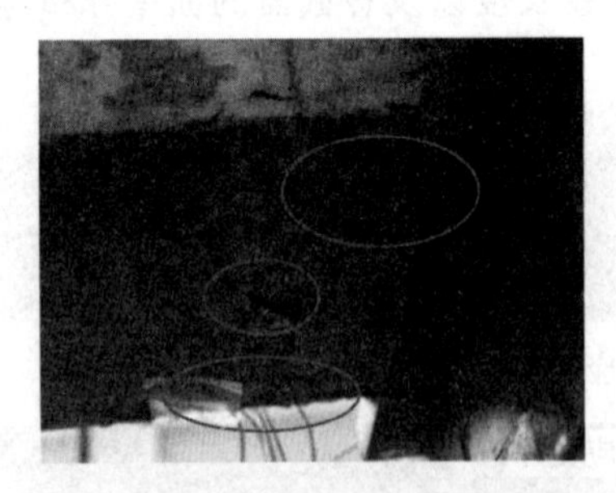

(a) 中支座控制截面受压边缘混凝土被压碎

(b) 跨中控制截面受压区混凝土被压碎

图 1.7 连续梁破坏现象

1.4.1 连续梁荷载一变形曲线

图 1.8 所示为 24 根连续梁荷载一变形曲线。图中，$A(A')$点为中支座控制截面开裂点，$B(B')$点为跨中控制截面开裂点，$C(C')$点为中支座控制截面纵向受

拉钢筋屈服点，$D(D')$点为中支座控制截面受压边缘混凝土被压碎点，$E(E')$点为跨中控制截面纵向受拉钢筋屈服点，$F(F')$点为所加荷载达到峰值荷载点。连续梁各特征点对应单点荷载值见表 1.4。

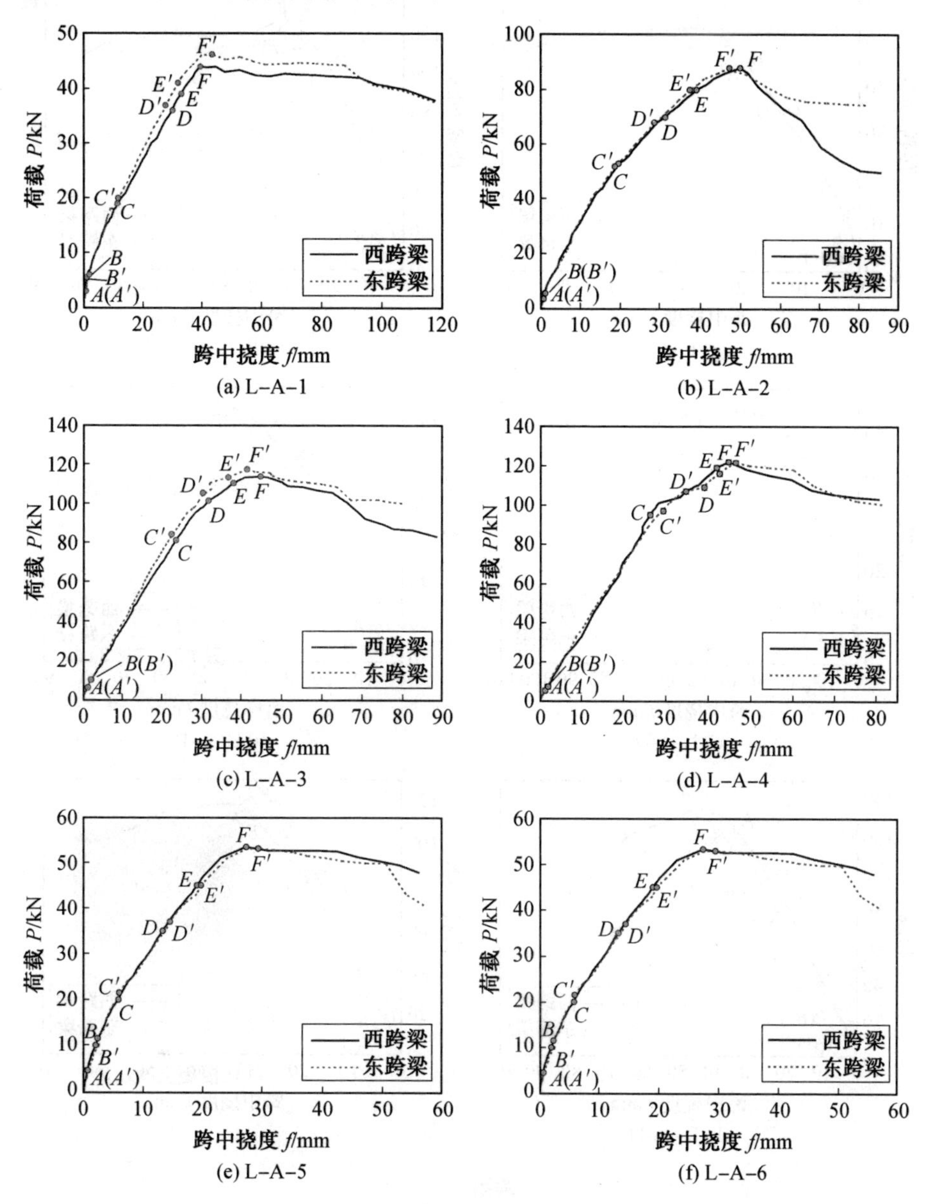

(a) L–A–1　(b) L–A–2
(c) L–A–3　(d) L–A–4
(e) L–A–5　(f) L–A–6

图 1.8　24 根连续梁荷载—变形曲线

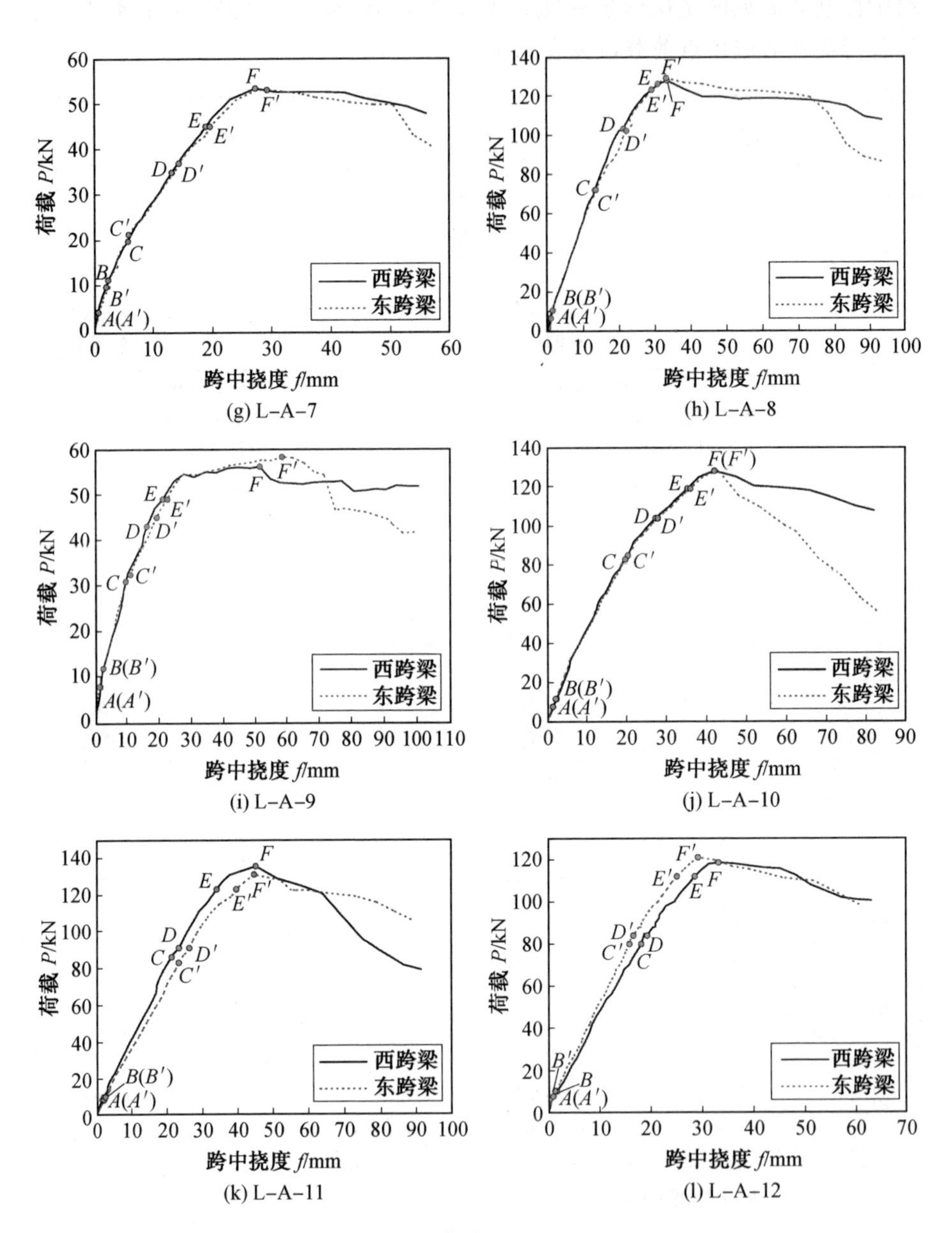

续图 1.8

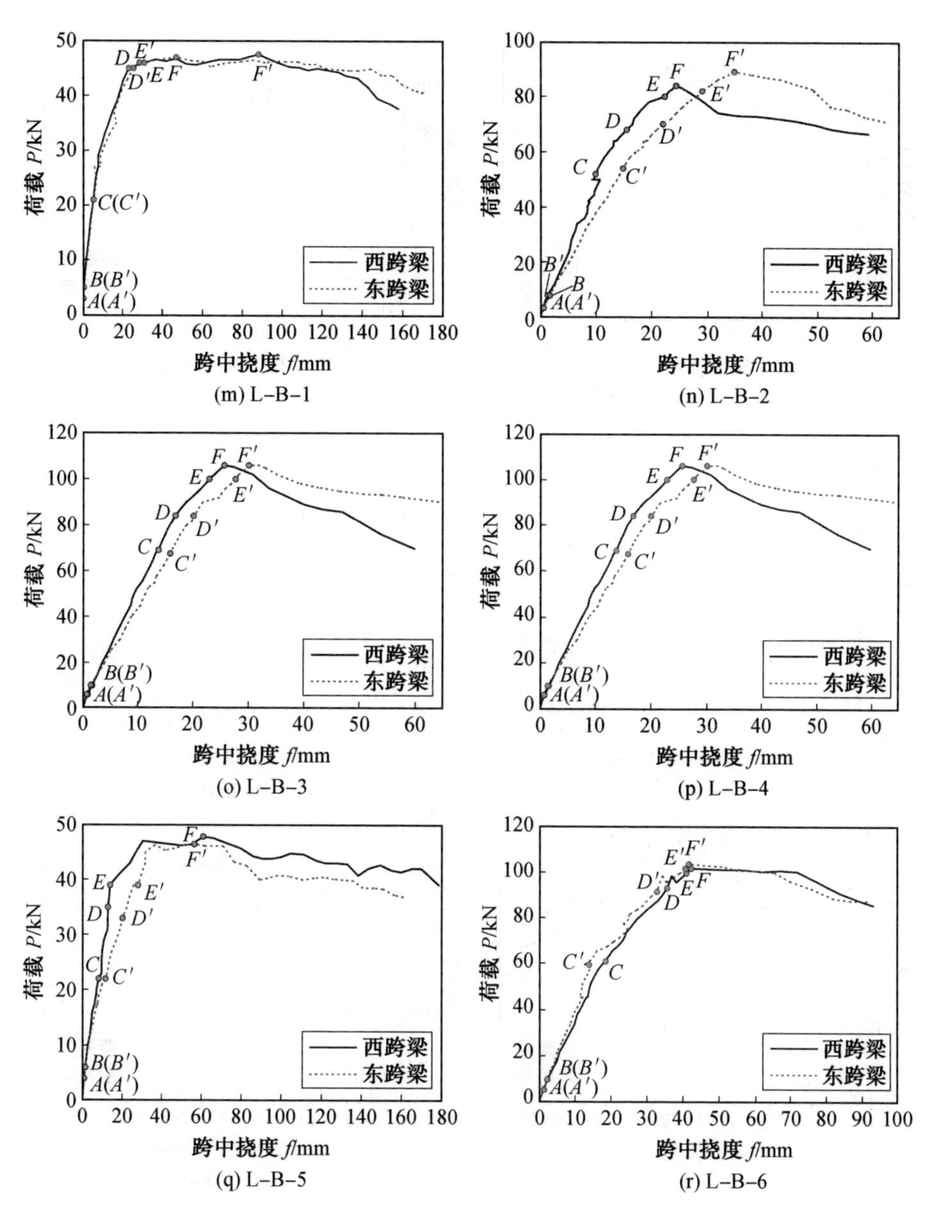

续图 1.8

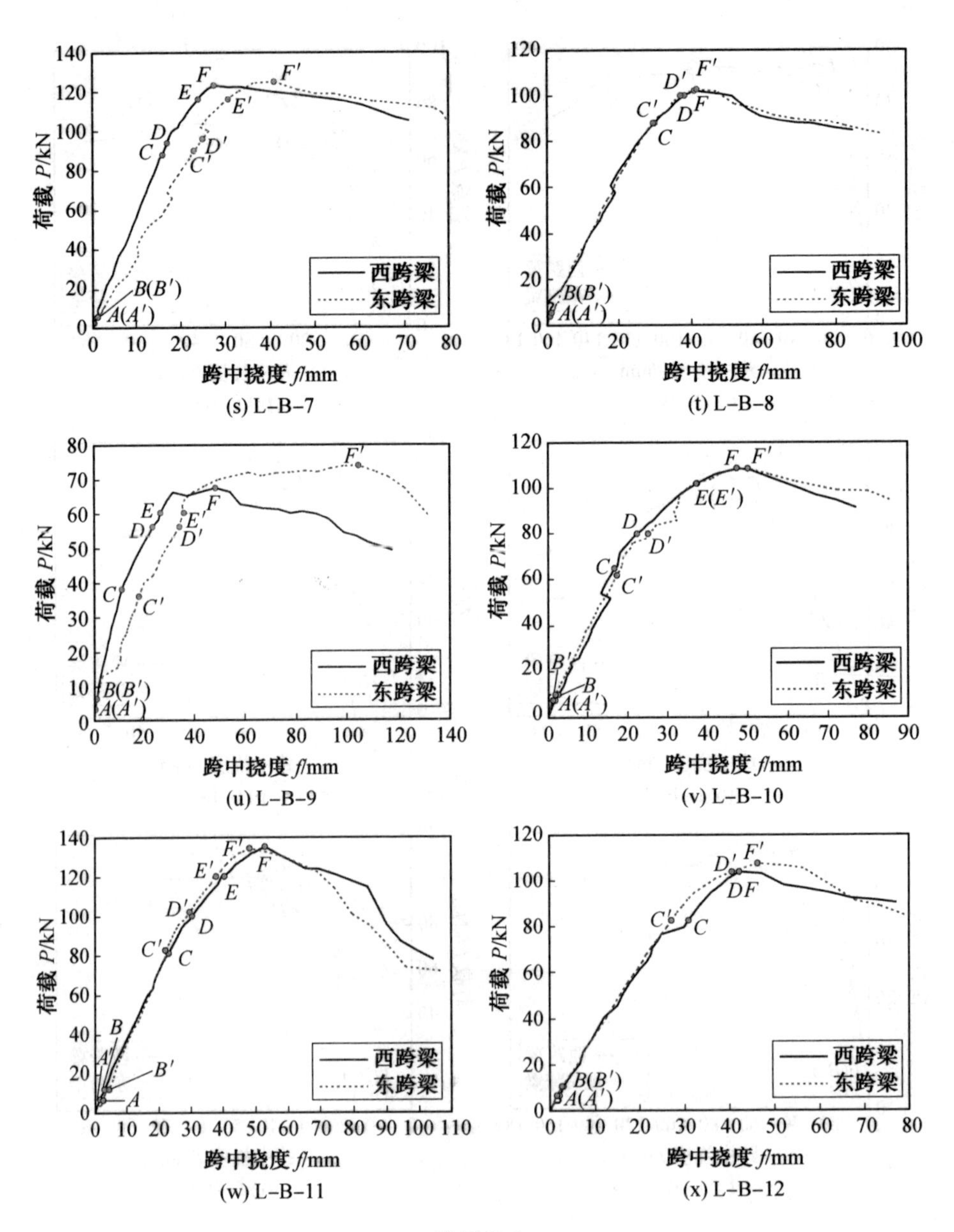

续图 1.8

表 1.4　连续梁各特征点对应单点荷载值

试件编号	西跨梁各特征点对应单点荷载值 P/kN						东跨梁各特征点对应单点荷载值 P/kN					
	A	B	C	D	E	F	A'	B'	C'	D'	E'	F'
L—A—1	3	6	20	36	39	44	3	5.5	19	37	41	46
L—A—2	3	5.5	53	70	80	88	3	5.5	52	68	80	88
L—A—3	6	10	81	101	110	113	6	10	84	105	113	117
L—A—4	5.5	7.5	95	107	116	122	5.5	7.5	97	109	119	122
L—A—5	4.5	20	20	35	45	53	4.5	11.5	21.5	37	45	53
L—A—6	6	8	55	81	91	100	6	8	57.5	79	91	100
L—A—7	5	8.5	91	114.5	122	127	5	8.5	89	112	122	124
L—A—8	6.5	10.5	72	103	123	129	6.5	10.5	72	102	126	129
L—A—9	8	12	31	43	49	56	8	10	32.5	45	49	58
L—A—10	8	12	85	104	119	128	8	12	83	104	119	128
L—A—11	5	8.5	91	114.5	122	127	5	8.5	89	112	122	124
L—A—12	7.5	10	80	84	112	118	7.5	10	80	84	112	121
L—B—1	3	5	21	45	46	47	3	5	22.5	45	46	47
L—B—2	3.5	8	54	70	80	84	3.5	8	52	68	82	89
L—B—3	6.5	10	67.5	84	100	106	6.5	10	69	84	100	106
L—B—4	3	6.5	60	84	86	88	3	6.5	62	84	86	88
L—B—5	4	6	22	33	39	47	4	6	22	35	39	47
L—B—6	6	10	60	93.5	100	104	6	10	60	92	102	104
L—B—7	3	6	88	94	116	125	3	6	90	96	116	123
L—B—8	4.5	6	88	100	0	102	4.5	6	88	100	0	102
L—B—9	3.5	6.5	38	56	60	67	3.5	6.5	36	56	60	73
L—B—10	7.5	10	65	80	102	108	7.5	10	62	80	102	108
L—B—11	6.5	12	81	100	120	135	6.5	12	82.5	102	120	135
L—B—12	7	11	83	104	0	104	7	11	83	104	0	104

注:表中各特征点与图 1.8 对应,对应荷载值为每跨三分点处所施加的单点荷载。

由图 1.8 可知,各连续梁荷载—挠度曲线按受力阶段总体上分为四个部分。

(1)混凝土开裂前阶段。此阶段构件表现为弹性变形特征,挠度增长近似为直线,在临近开裂荷载时,挠度有增长变快的趋势。

(2)混凝土开裂至受拉纵筋屈服阶段。荷载—挠度曲线在跨中控制截面开裂点会出现一个转折,混凝土开裂后,虽然构件变形具有曲线特征,但总体来看,挠度随荷载稳定增长，增长的速度比前一阶段快。

(3)受拉钢筋屈服至达到峰值荷载阶段。受拉纵筋屈服形成塑性铰后，裂缝宽度和裂缝高度发展较快，塑性铰随之发生转动，从荷载一挠度曲线上可以看出，随着荷载增加，连续梁挠度增长加快。

(4)达到峰值荷载后，荷载变形一曲线呈现出随变形的发展而荷载下降的现象。

1.4.2 连续梁支反力分析

在试验梁支座下设置压力传感器，可测量各级荷载作用下的支座支反力。根据外加荷载进行计算分析，可得到各级荷载下支反力的弹性计算值。各连续梁支反力实测值与弹性计算值对比如图 1.9 所示。其中，由于试验梁两跨为对称加载，两侧边支座支反力实测值相近，故取二者的平均值用于计算对比。图中从左到右各条平行于纵轴的虚线对应于图 1.8 中 A、B、C、D、E、F 各点。

由图 1.9 可知，在荷载较小阶段，支反力实测值与弹性计算值吻合相对较好；随着荷载增大，各支座支反力实测值逐渐偏离其弹性计算值。可以看出，边支座支反力实测值高于其弹性计算值且提高幅度越来越大，中支座支反力实测值低于其弹性计算值且降低幅度越来越大。在设计用承载能力极限状态下，各连续梁边支座支反力实测值与弹性计算值的比值为 1.08～1.32，中支座支反力实测值与弹性计算值的比值为 0.84～0.96。这一现象表明，连续梁内力发生了重新调整，中支座控制截面弯矩实测值低于其弹性计算值，且随着荷载的增加，降低幅度逐渐增大，即加载过程中各连续梁中支座控制截面弯矩调幅系数逐渐增大。

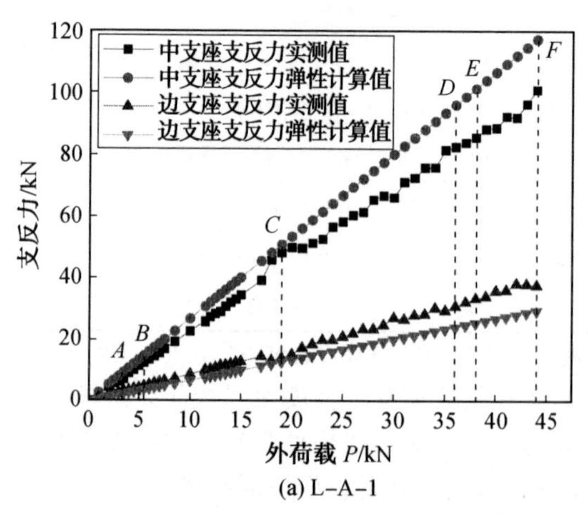

(a) L-A-1

图 1.9　各连续梁支反力实测值与弹性计算值对比

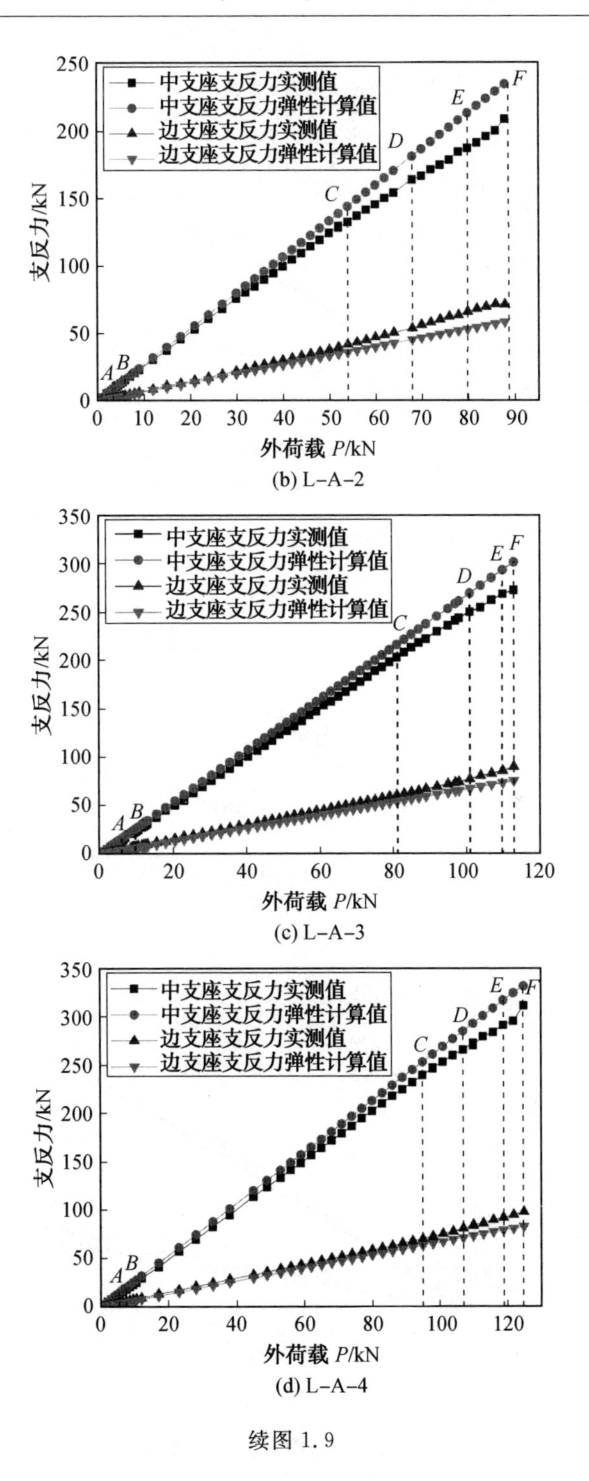

(b) L-A-2

(c) L-A-3

(d) L-A-4

续图 1.9

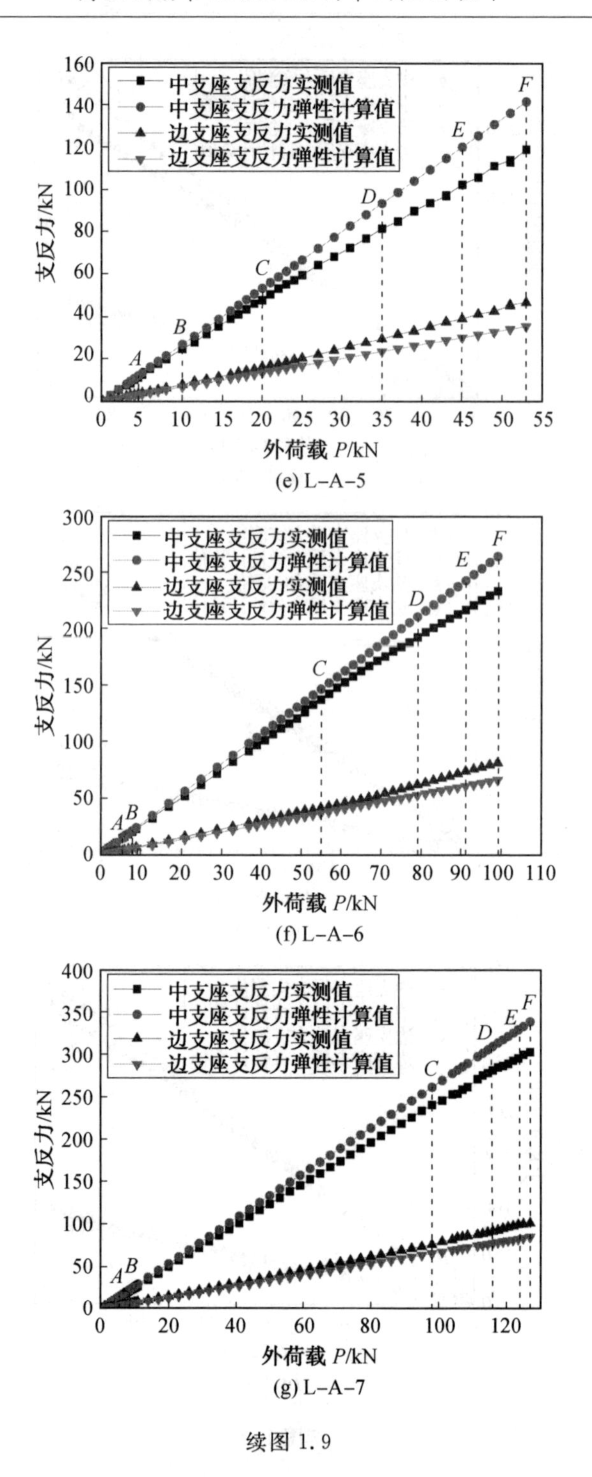

(e) L-A-5

(f) L-A-6

(g) L-A-7

续图 1.9

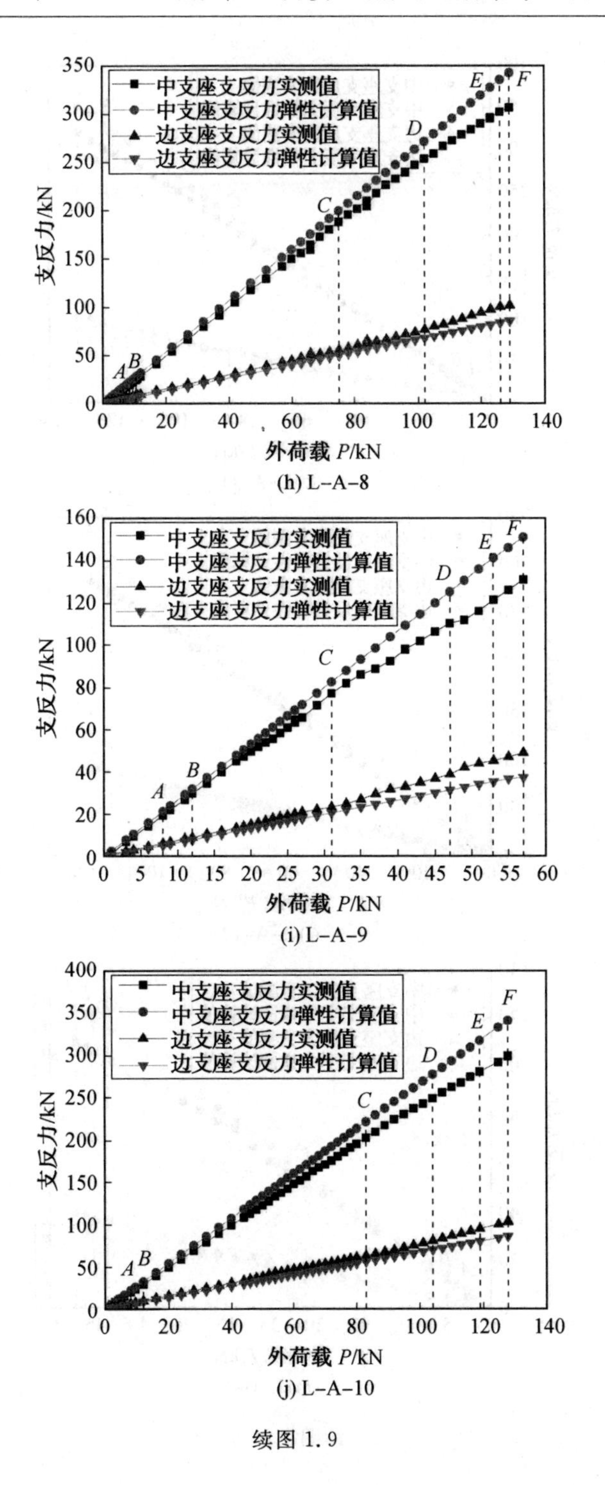

(h) L-A-8

(i) L-A-9

(j) L-A-10

续图 1.9

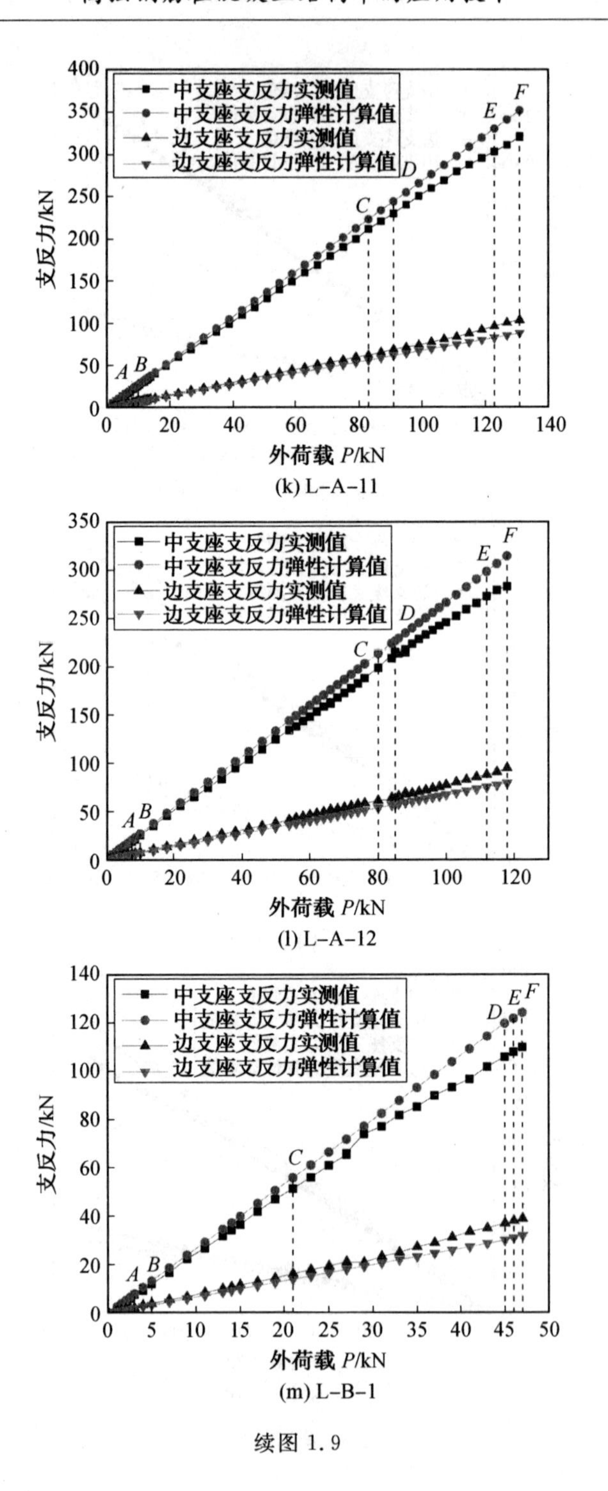

(k) L–A–11

(l) L–A–12

(m) L–B–1

续图 1.9

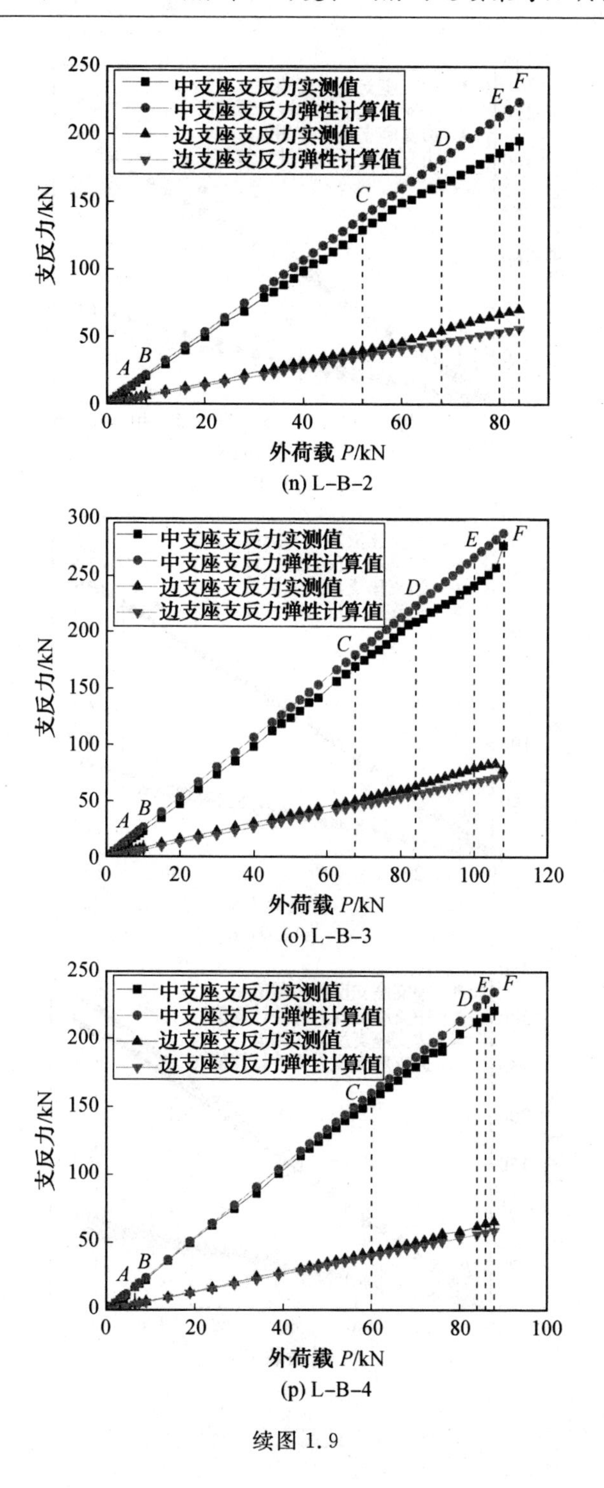

(n) L-B-2

(o) L-B-3

(p) L-B-4

续图 1.9

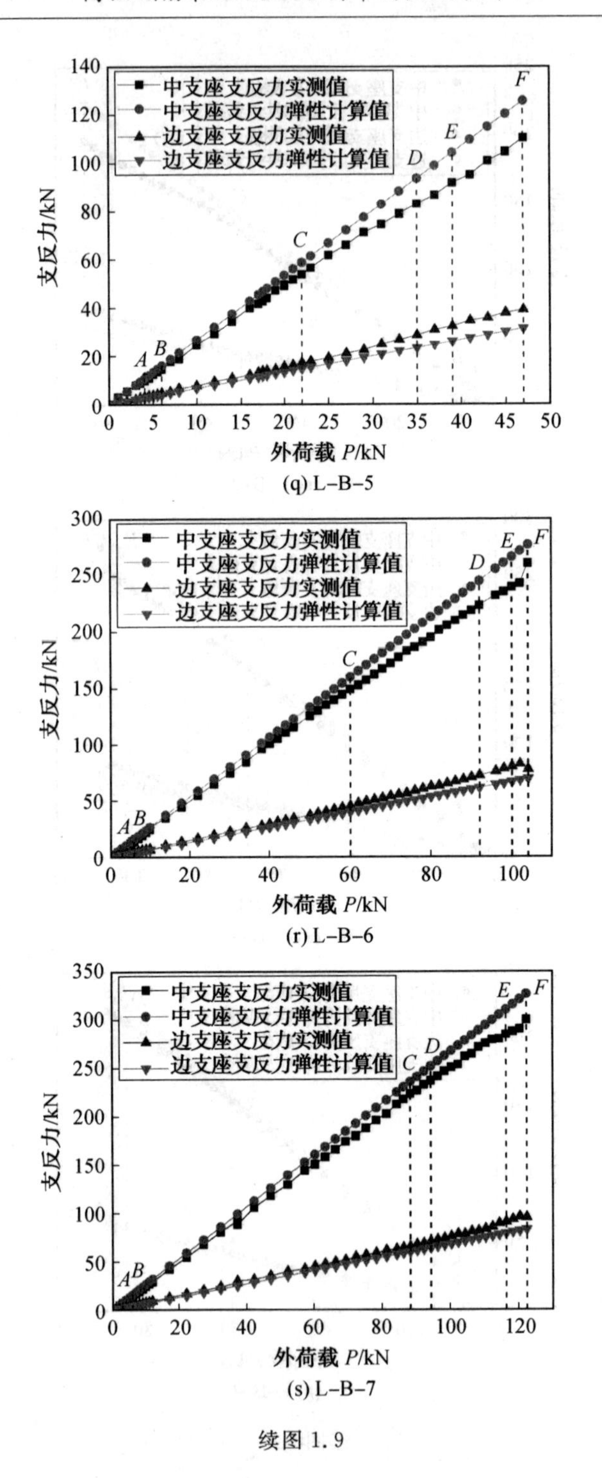

(q) L–B–5

(r) L–B–6

(s) L–B–7

续图 1.9

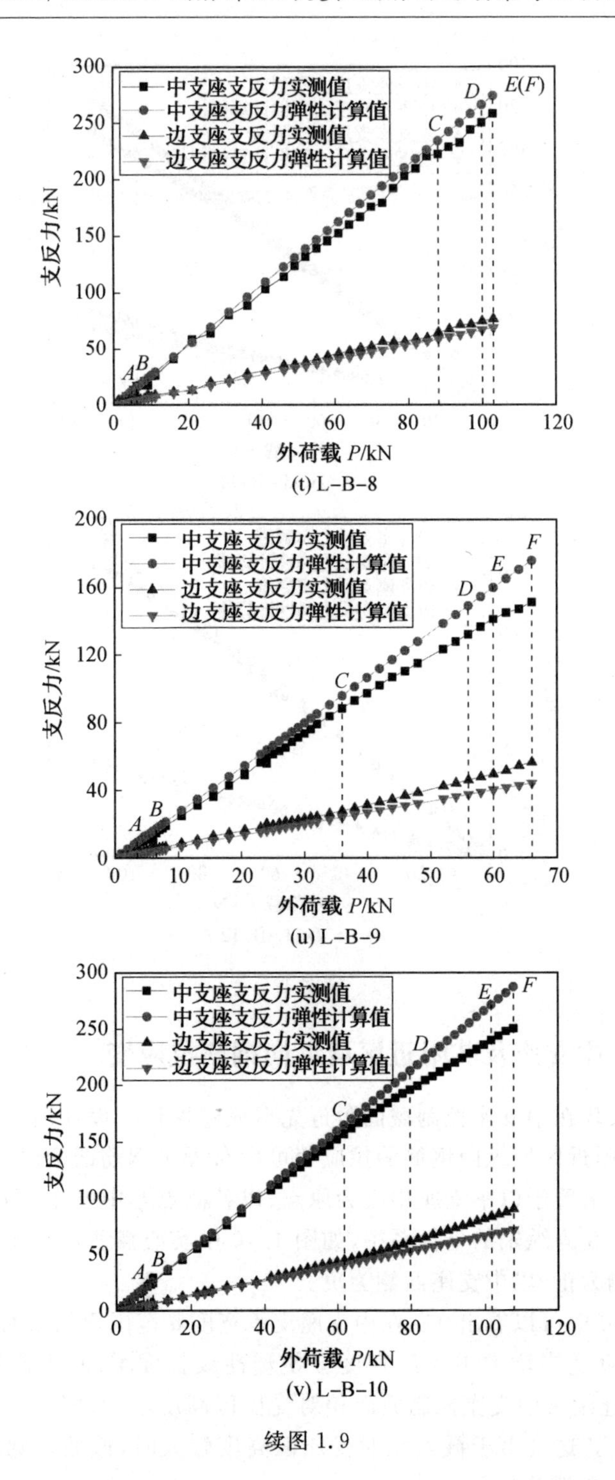

(t) L-B-8

(u) L-B-9

(v) L-B-10

续图 1.9

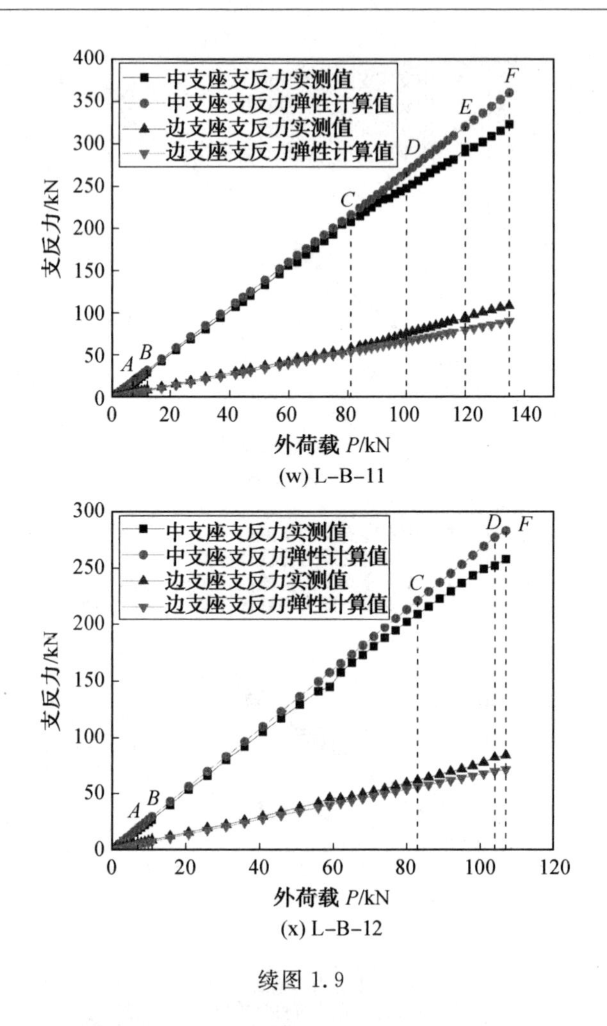

(w) L-B-11

(x) L-B-12

续图 1.9

1.4.3 中支座及其附近区域纵向钢筋拉应变

各试验梁均在中支座控制截面附近先形成塑性铰。设计用承载能力极限状态下，中支座附近区域纵向钢筋的拉应变可由布置于钢筋凹槽内的应变片测得。将各测点应变值置于以中支座中心为原点、以各测点至中支座中心距离为横轴、以受拉纵筋应变为纵轴的坐标系中，如图 1.10 中实心点所示。图中横坐标数值以中支座东侧为正，以中支座西侧为负。

由图 1.10 中可以看出，① 在中支座支承宽度 a 范围内的纵筋拉应变均大于屈服应变，因此适当增大中支座宽度会使塑性铰长度增加，进而增大塑性铰转角。② 随着连续梁中支座控制截面相对受压区高度增加，塑性铰位于支座宽度外的长度减小。这是由于截面相对受压区高度较大时，截面达到极限弯矩时刻受拉纵筋拉应变相对较小。

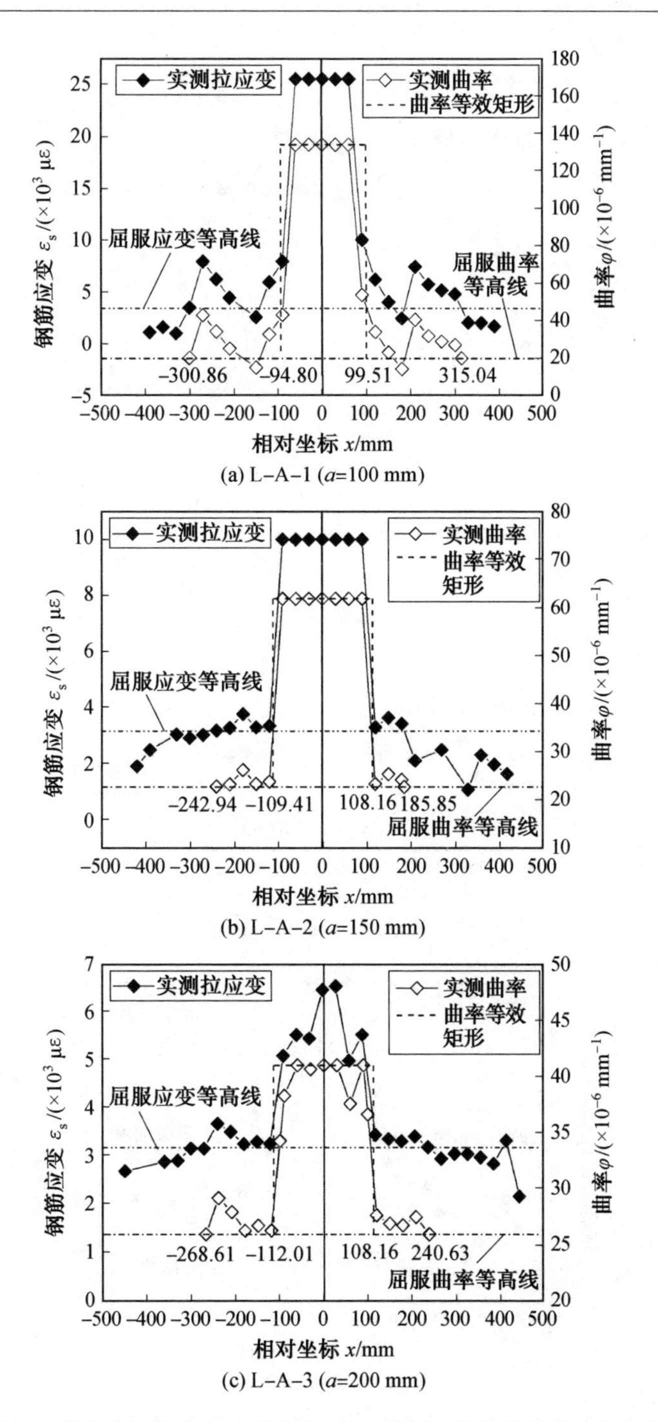

图 1.10　设计用承载能力极限状态下试验梁中支座附近区域受拉纵筋应变分布及曲率分布

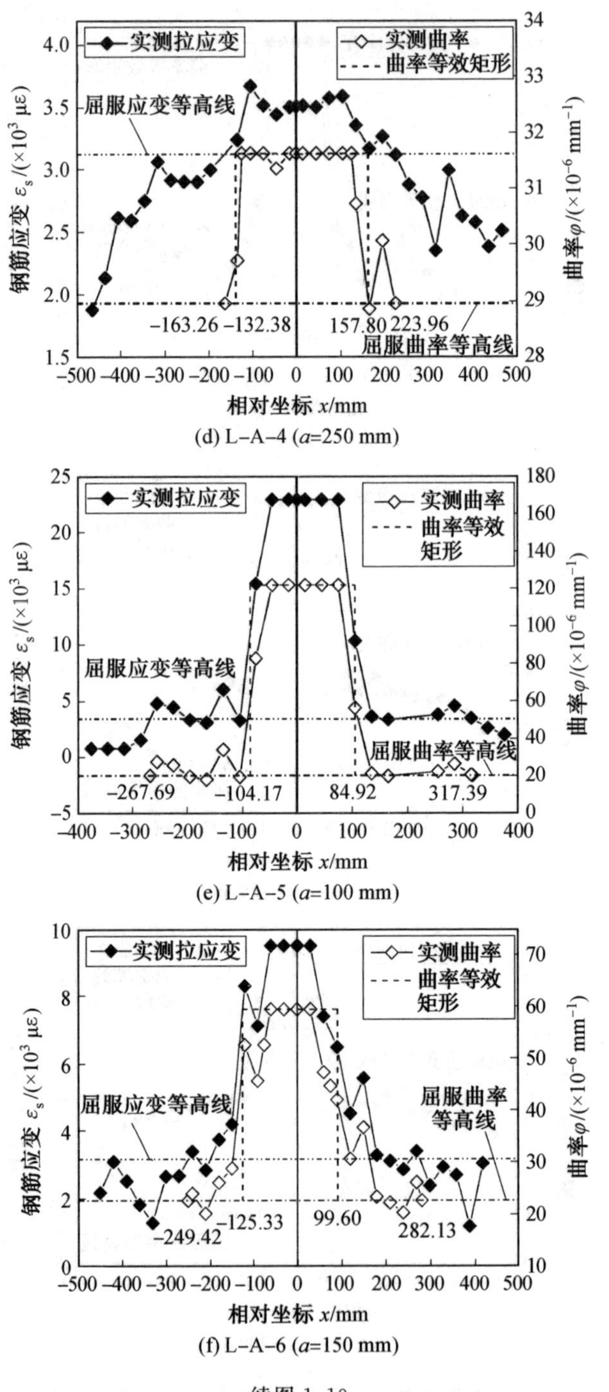

(d) L-A-4 (a=250 mm)

(e) L-A-5 (a=100 mm)

(f) L-A-6 (a=150 mm)

续图 1.10

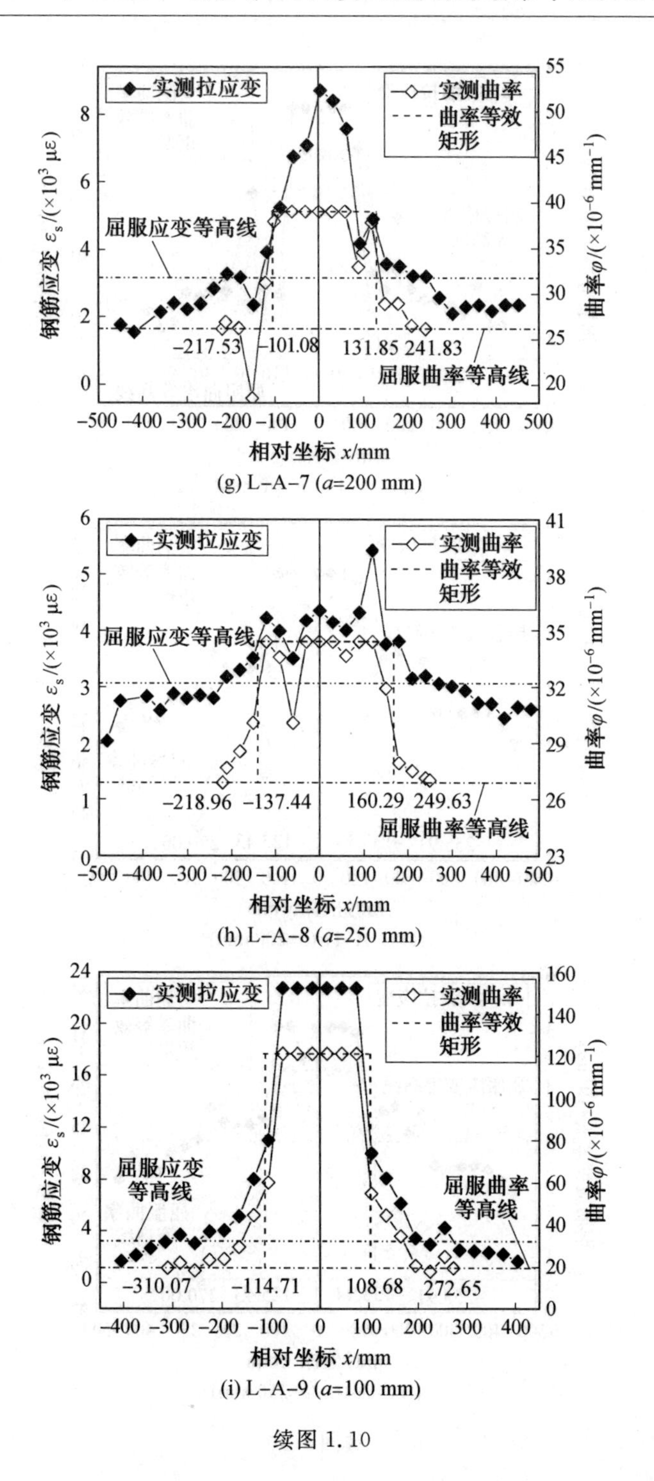

(g) L-A-7 (a=200 mm)

(h) L-A-8 (a=250 mm)

(i) L-A-9 (a=100 mm)

续图 1.10

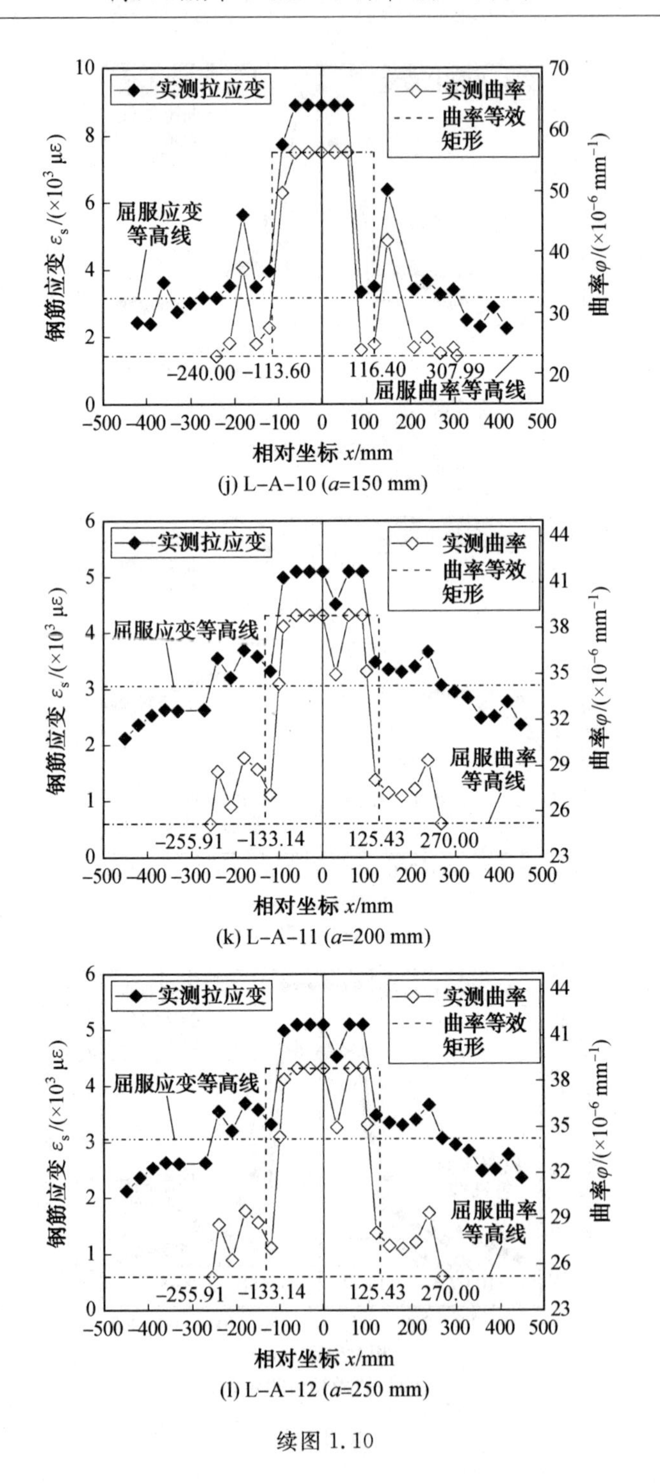

(j) L-A-10 (a=150 mm)

(k) L-A-11 (a=200 mm)

(l) L-A-12 (a=250 mm)

续图 1.10

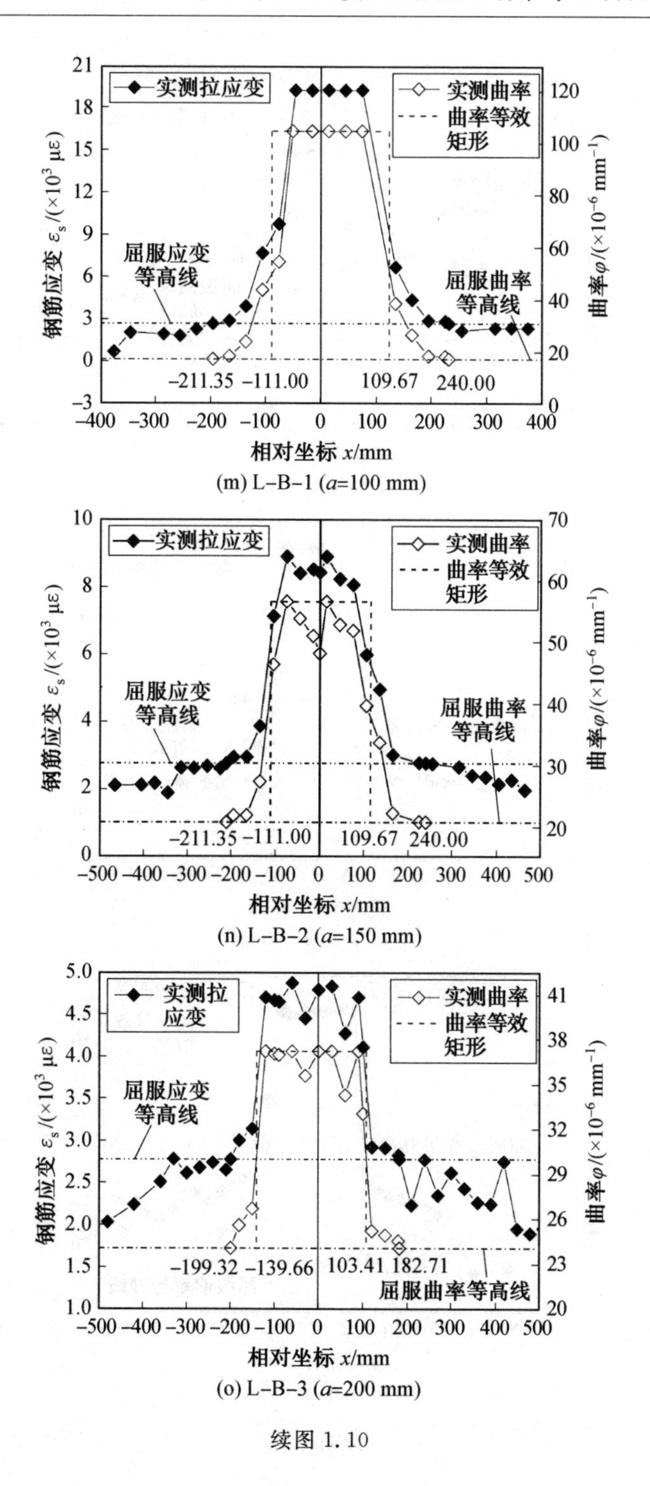

(m) L-B-1 (a=100 mm)

(n) L-B-2 (a=150 mm)

(o) L-B-3 (a=200 mm)

续图 1.10

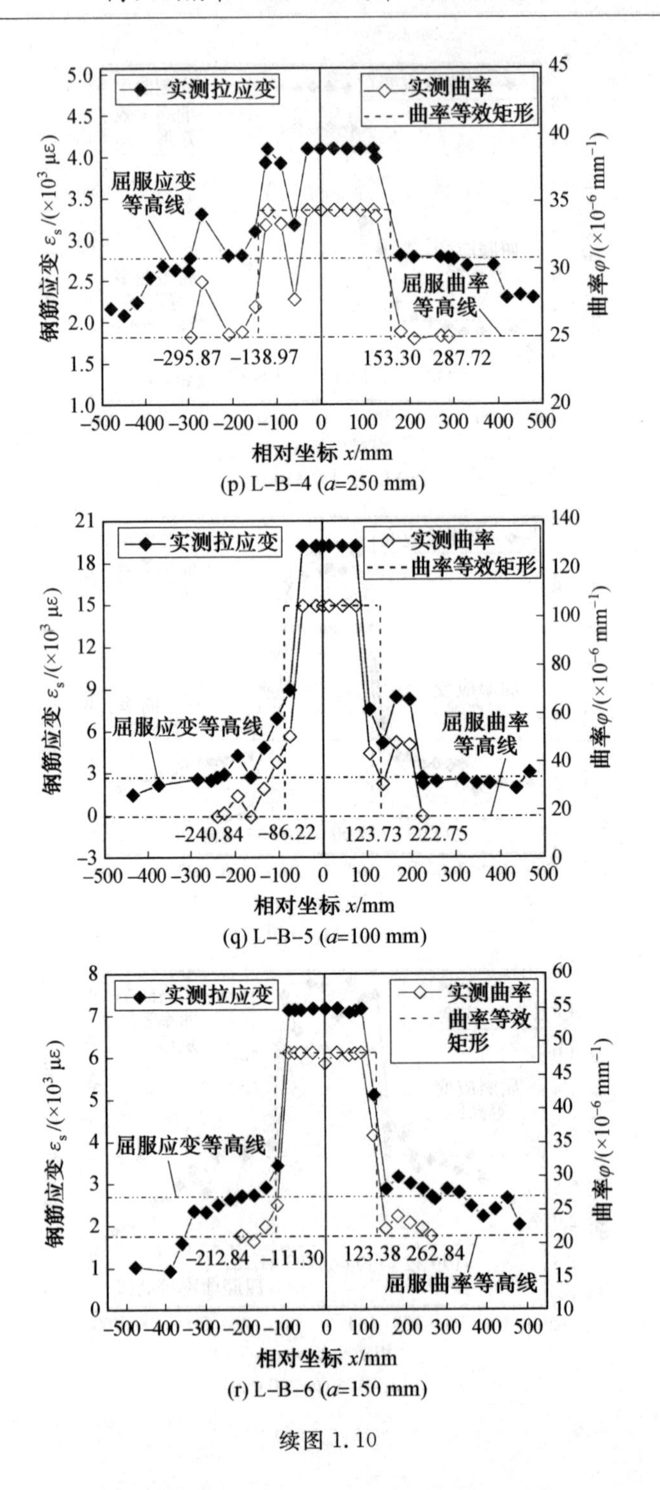

(p) L–B–4 (a=250 mm)

(q) L–B–5 (a=100 mm)

(r) L–B–6 (a=150 mm)

续图 1.10

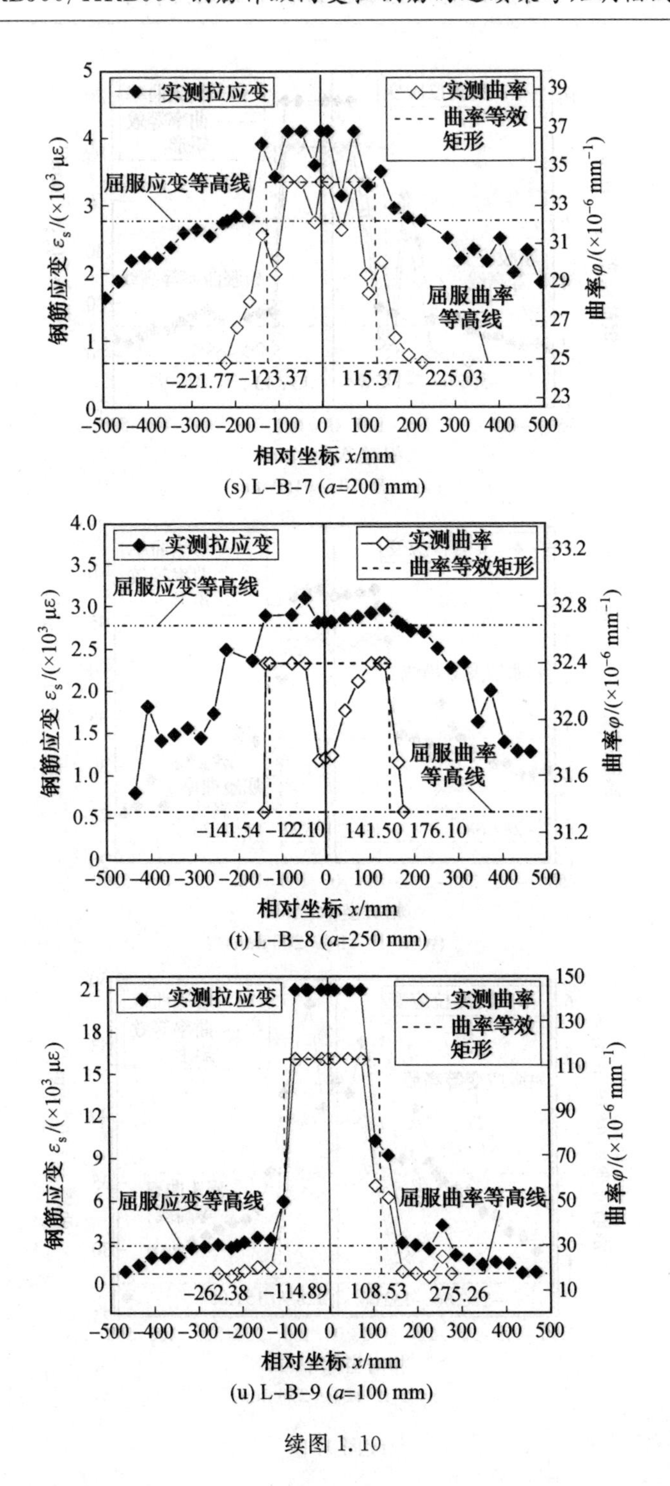

(s) L–B–7 (a=200 mm)

(t) L–B–8 (a=250 mm)

(u) L–B–9 (a=100 mm)

续图 1.10

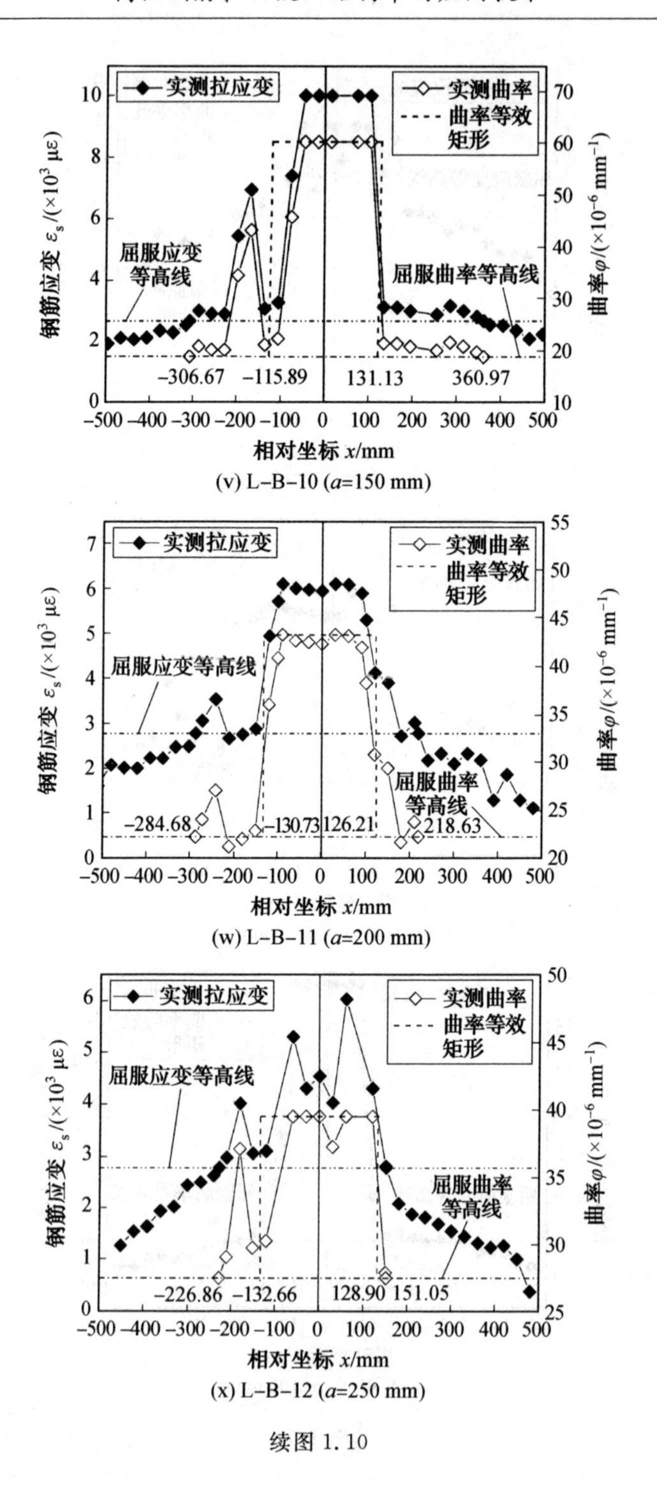

(v) L–B–10 (a=150 mm)

(w) L–B–11 (a=200 mm)

(x) L–B–12 (a=250 mm)

续图 1.10

1.4.4　中支座塑性铰转角计算

根据塑性铰的定义，塑性铰转角可按下式计算：

$$\theta_{p}=\int_{0}^{l_{p}}[\varphi(x)-\varphi_{y}]\mathrm{d}x=(\varphi_{u}-\varphi_{y})\bar{l}_{p} \tag{1.1}$$

式中　$\varphi(x)$——塑性铰区内任一截面的曲率；

φ_{y}——屈服曲率，即截面受拉钢筋屈服时刻曲率；

φ_{u}——极限曲率，即截面受压边缘混凝土被压碎时刻曲率；

l_{p}——塑性铰长度；

$\bar{l}_{p}$——等效塑性铰长度。

连续梁中支座两侧会形成转动方向相反的两个塑性铰。由于试验梁的中支座宽度仅为其跨度的2.43%～5.99%，支座宽度范围内的弯矩值与支座边缘弯矩值十分接近，故将试验梁中支座宽度计入中支座两侧的塑性铰长度。

基于各测点钢筋拉应变实测值，可确定塑性铰区内各测点对应截面的曲率值，如图1.10中空心点所示，图中原点为中支座中心点，横轴为各测点至中支座中心的距离，纵轴为截面曲率值。图1.10中虚线所示曲率等效矩形的高度为$\varphi_{u}-\varphi_{y}$，等效矩形的面积等于塑性铰区各实测曲率点连线与屈服曲率等高线所围面积，则该矩形区段长度即为两侧等效塑性铰长度之和(表1.5)。由图1.10可知，中支座东、西两侧塑性铰区范围并不对称相等，各连续梁混凝土材料的不均匀性使两跨梁的裂缝发展情况并不完全对称。因此，以中支座中心两侧等效塑性铰长度的平均值计算每侧的塑性铰转角，计算结果见表1.5。

等效塑性铰长度$\bar{l}_{p}$与中支座支承宽度a、中支座控制截面相对受压区高度ξ以及截面有效高度h_{0}有关。基于试验结果可得到等效塑性铰长度与截面有效高度之比$\bar{l}_{p}/h_{0}$的拟合曲面如图1.11所示，其关系式为

$$\frac{\bar{l}_{p}}{h_{0}}=\frac{\bar{l}_{p0}+\Delta\bar{l}_{p}}{h_{0}}=\frac{0.106}{\xi+0.284}+\frac{a}{2h_{0}} \tag{1.2}$$

式中　$\bar{l}_{p0}$——中支座宽度以外梁跨范围内等效塑性铰长度；

$\Delta\bar{l}_{p}$——中支座支承宽度对等效塑性铰长度的贡献值，试验梁中支座支承宽度介于100～250 mm之间。

表 1.5 中支座中心两侧区域相对塑性铰转角

试件编号	中支座中心两侧实际塑性铰长度之和/mm	中支座中心两侧等效塑性铰长度之和/mm	屈服曲率 φ_y /($\times10^{-6}\,mm^{-1}$)	极限曲率 φ_u /($\times10^{-6}\,mm^{-1}$)	每侧塑性铰转角 θ_p/($\times10^{-3}$ rad)
L—A—1	615.9	194.3	19.8	134.0	11.1
L—A—2	428.8	217.6	22.6	61.9	4.3
L—A—3	509.2	220.3	25.9	40.9	1.7
L—A—4	387.2	290.2	29.0	31.6	0.4
L—A—5	585.1	189.1	20.5	121.8	9.6
L—A—6	531.6	224.9	22.9	59.5	4.1
L—A—7	459.4	232.9	26.3	39.0	1.5
L—A—8	468.6	297.7	27.0	34.5	1.1
L—A—9	582.7	223.4	19.8	120.9	11.3
L—A—10	548.0	230.0	22.9	56.3	3.8
L—A—11	525.9	258.6	25.2	38.8	1.8
L—A—12	413.8	265.9	30.1	36.9	0.9
L—B—1	426.6	205.8	17.2	104.7	9.0
L—B—2	451.4	220.7	20.8	56.7	4.0
L—B—3	382.0	243.1	24.1	37.2	1.6
L—B—4	583.6	292.3	25.0	34.4	1.4
L—B—5	463.6	210.0	17.2	104.7	9.2
L—B—6	475.7	239.7	21.2	48.3	3.2
L—B—7	446.8	238.7	25.0	34.4	1.1
L—B—8	317.6	263.6	31.3	32.4	0.1
L—B—9	537.6	217.1	17.3	113.0	10.4
L—B—10	667.6	247.0	18.9	60.2	5.1
L—B—11	503.3	256.9	22.4	43.3	2.7
L—B—12	377.9	261.6	27.5	39.5	1.6

经计算,式(1.2)的计算结果与本试验连续梁等效塑性铰长度实测值之比的平均值为 1.003,标准差为 0.060,变异系数为 0.060,表明该公式可用于连续梁等效塑性铰长度的计算。这里需要指出,当连续梁支座宽度不大于 250 mm 时,

支座控制截面塑性铰转角可按式(1.2)考虑支座支承宽度的影响；当连续梁支座宽度大于 250 mm 时，支座控制截面塑性铰转角应考虑支座宽度内钢筋应变渗透引起的支座控制截面附加转角的影响。

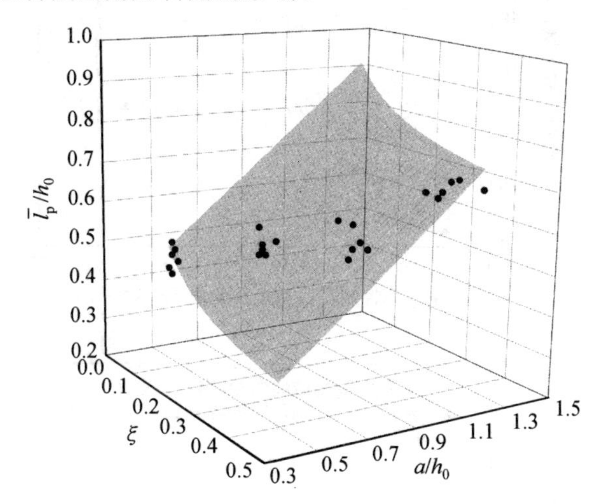

图 1.11　等效塑性铰长度与截面有效高度之比 $\bar{l}_p/h_0$ 的拟合曲面

1.5　连续梁弯矩调幅全过程分析

连续梁受拉区混凝土一旦进入受拉塑性即开始内力重分布，以中支座控制截面受弯破坏荷载对应的弹性弯矩计算值为弯矩调幅对象，则中支座控制截面弯矩调幅系数可按下式计算：

$$\beta_i=\frac{M_{e,i}-M_{t,i}}{M_{e,u}} \tag{1.3}$$

式中　$M_{e,i}$、$M_{t,i}$——加载至第 i 级荷载时，中支座控制截面弹性弯矩计算值和基于外荷载及支反力实测值确定的中支座控制截面弯矩实测值；

$M_{e,u}$——加载至中支座控制截面受弯破坏时，该截面的弹性弯矩计算值。

由式(1.3)可计算各试验梁加载过程中弯矩调幅系数随中支座控制截面弯矩实测值的变化全过程。

图 1.12 中 A、B、C、D 点同图 1.8。24 根试验梁中支座控制截面受拉纵筋屈服时刻和受弯破坏时刻对应弯矩调幅系数见表 1.6。各试验梁跨中均配置了足够的受拉纵筋，中支座控制截面受弯破坏时刻跨中受拉纵筋均未达到屈服。由图 1.12 中各连续梁中支座控制截面弯矩调幅全过程可得出如下结论。

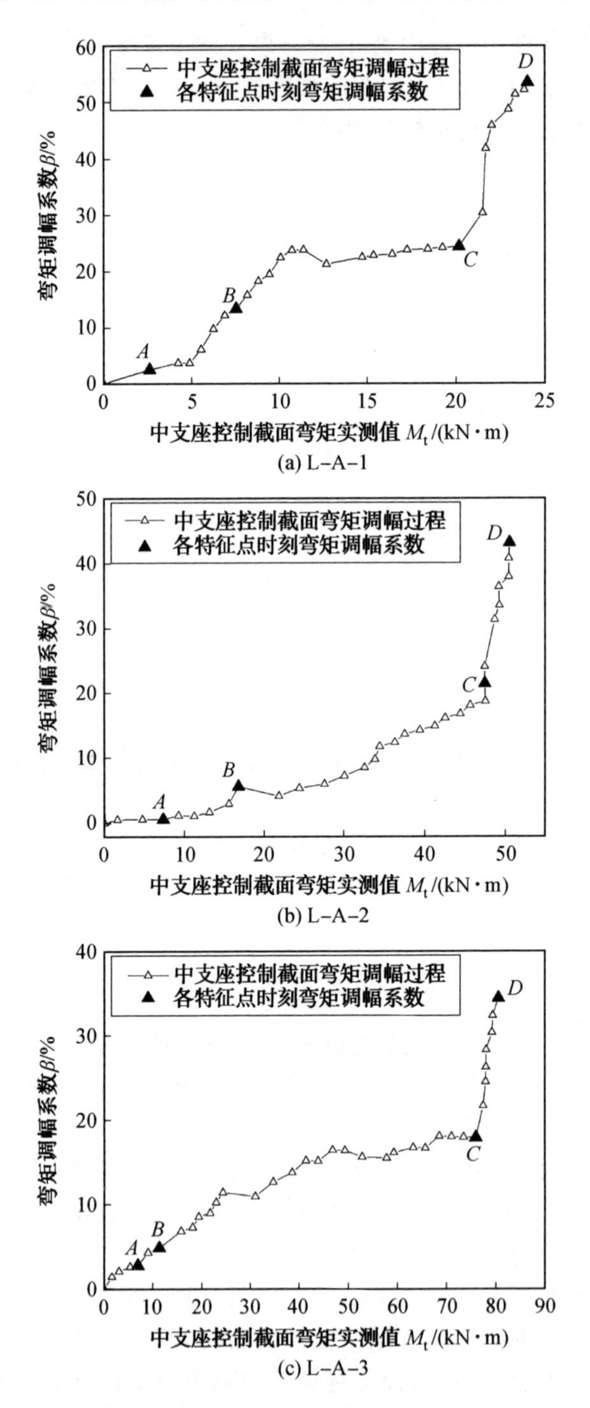

图 1.12 各连续梁中支座控制截面弯矩调幅全过程

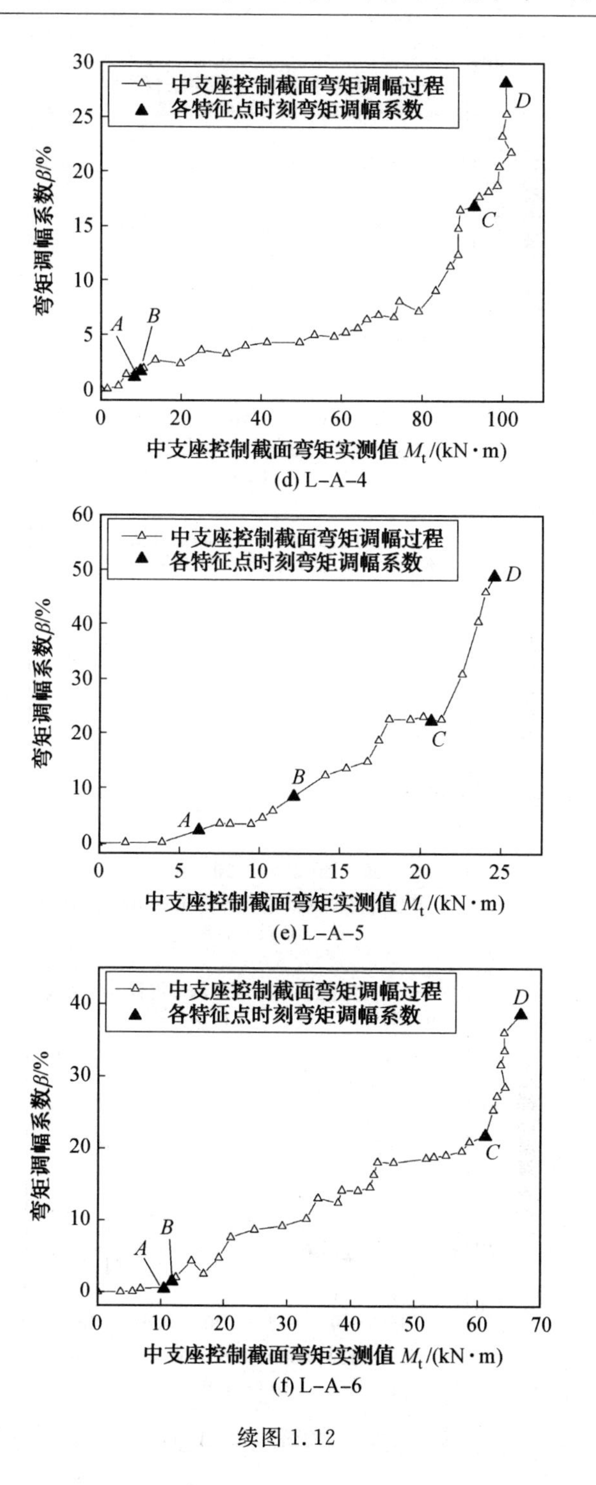

(d) L-A-4

(e) L-A-5

(f) L-A-6

续图 1.12

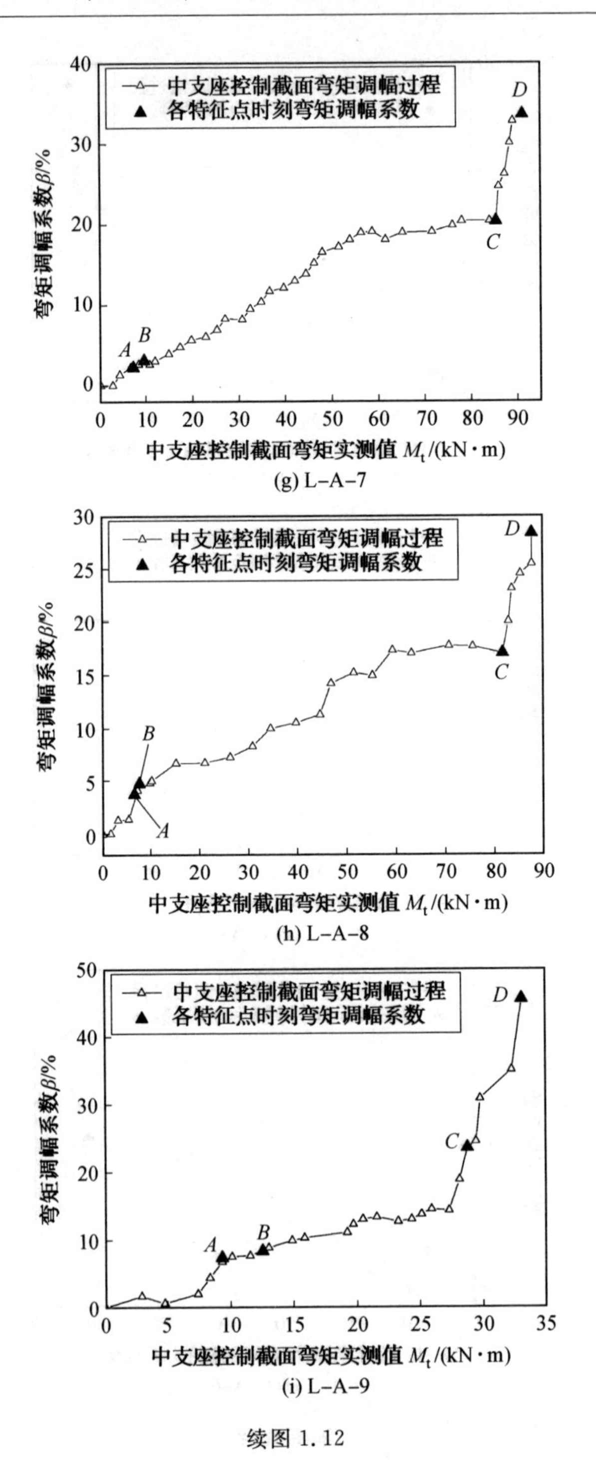

(g) L–A–7

(h) L–A–8

(i) L–A–9

续图 1.12

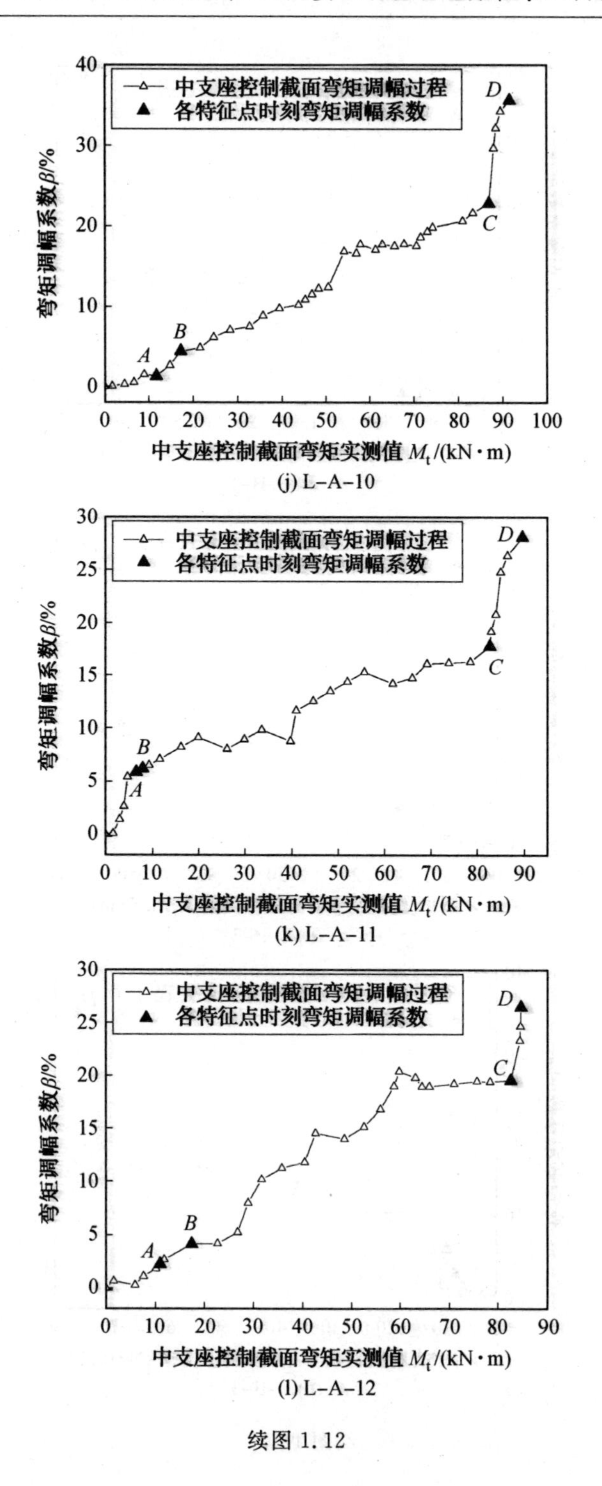

(j) L-A-10

(k) L-A-11

(l) L-A-12

续图 1.12

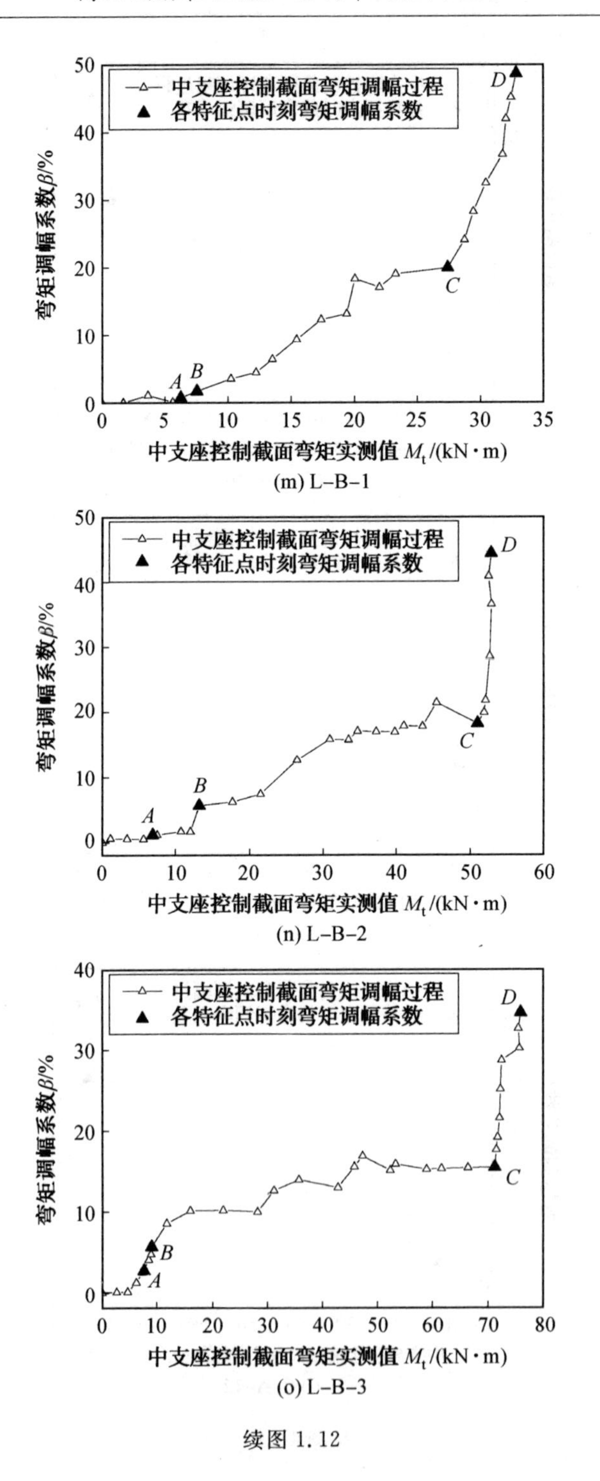

(m) L-B-1

(n) L-B-2

(o) L-B-3

续图 1.12

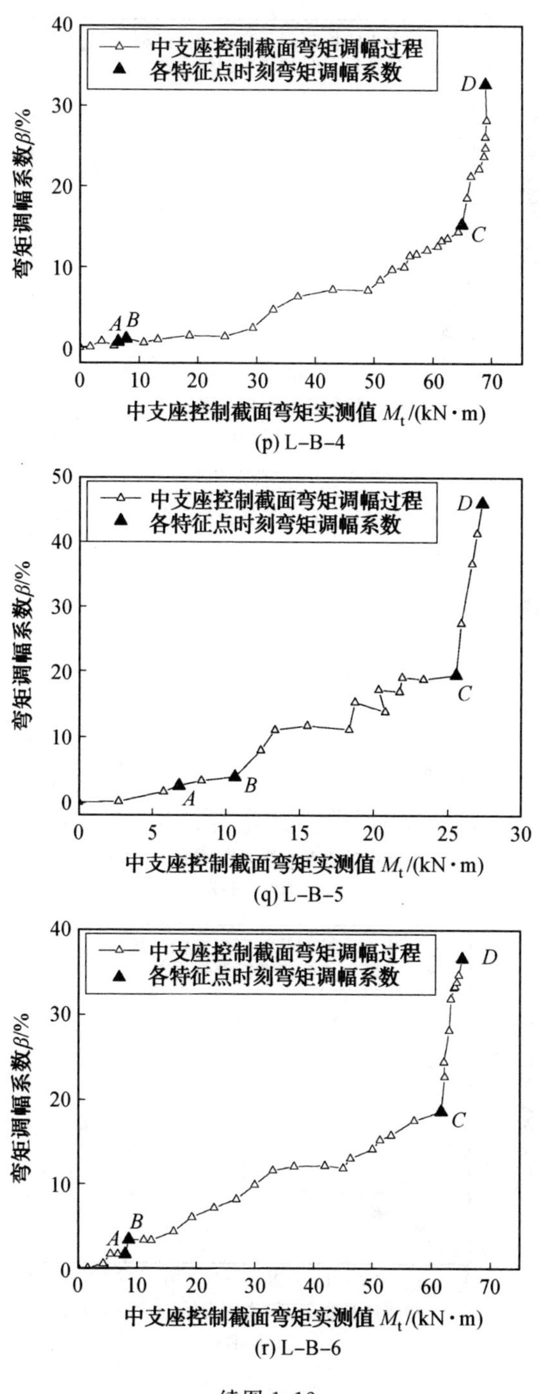

(p) L–B–4

(q) L–B–5

(r) L–B–6

续图 1.12

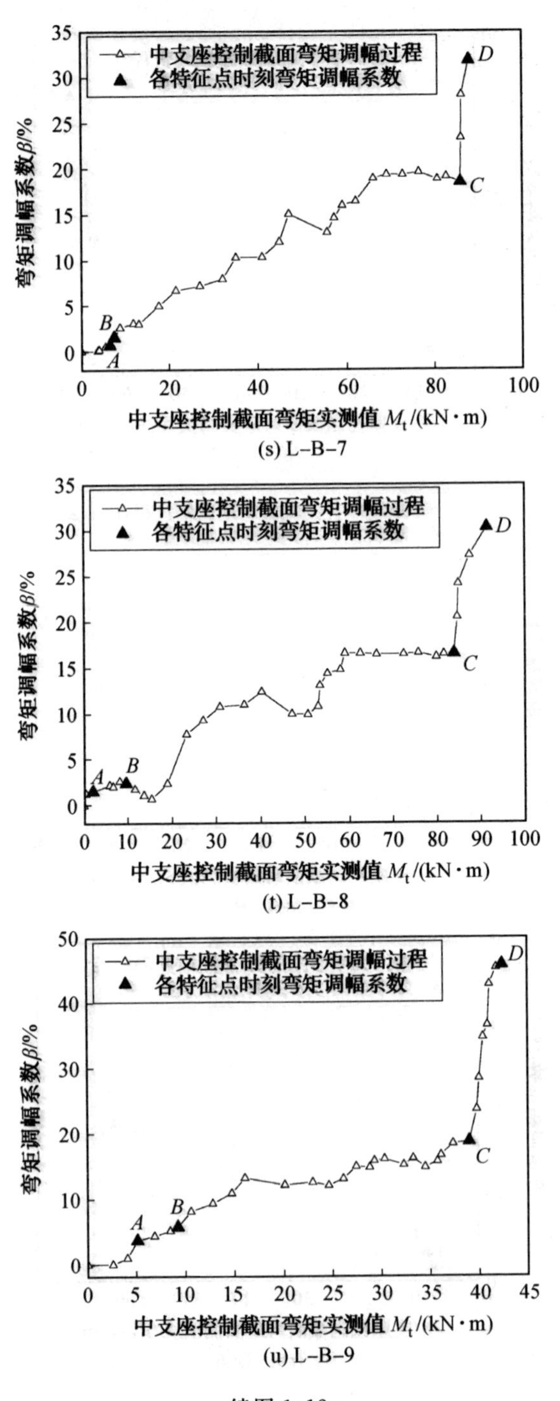

(s) L-B-7

(t) L-B-8

(u) L-B-9

续图 1.12

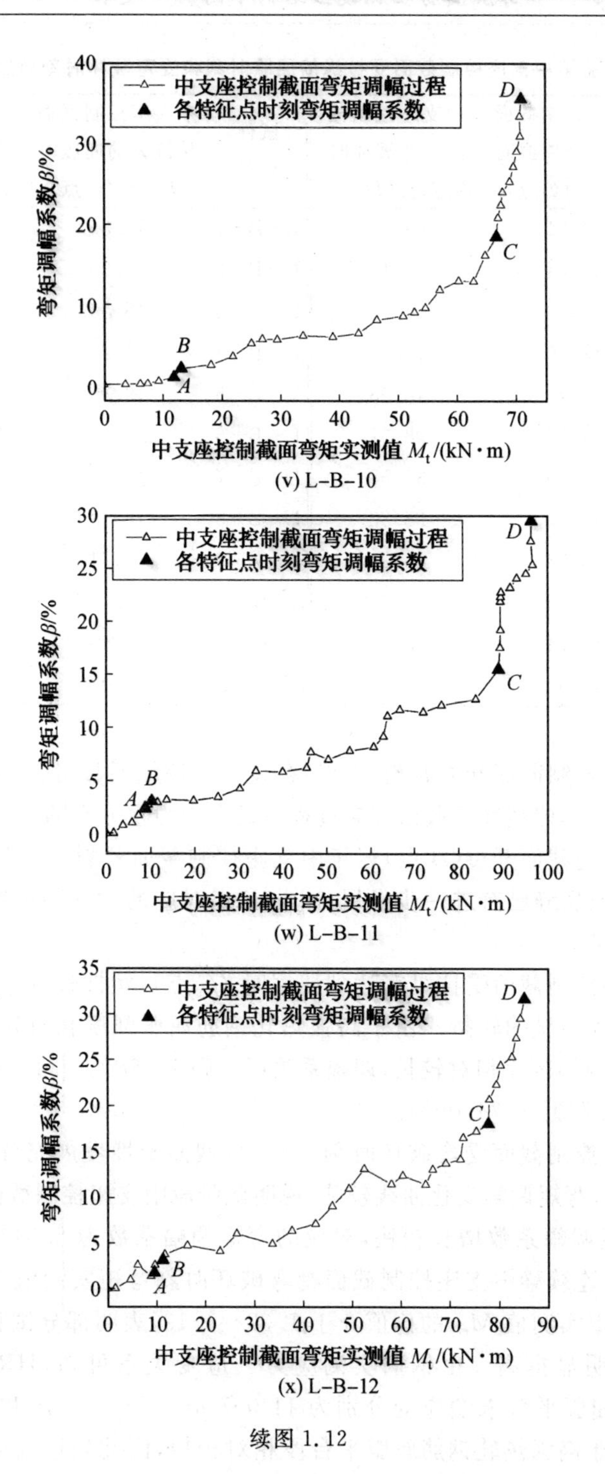

(v) L-B-10

(w) L-B-11

(x) L-B-12

续图 1.12

表 1.6 24 根试验梁中支座控制截面受拉纵筋屈服时刻和受弯破坏时刻对应弯矩调幅系数

试件编号	中支座控制截面受拉纵筋屈服时刻 β_y%(C 点)	中支座控制截面受弯破坏时刻 β_u%(D 点)	试件编号	中支座控制截面受拉纵筋屈服时刻 β_y%(C 点)	中支座控制截面受弯破坏时刻 β_u%(D 点)
L—A—1	24.21	53.33	L—B—1	18.35	48.65
L—A—2	21.44	43.15	L—B—2	18.25	44.39
L—A—3	17.88	34.42	L—B—3	15.46	34.61
L—A—4	15.80	28.31	L—B—4	15.28	32.67
L—A—5	22.79	48.98	L—B—5	19.26	45.99
L—A—6	21.77	38.57	L—B—6	19.00	36.60
L—A—7	20.30	33.58	L—B—7	18.47	31.79
L—A—8	17.72	28.32	L—B—8	16.48	30.55
L—A—9	23.58	45.57	L—B—9	18.74	45.76
L—A—10	22.76	35.57	L—B—10	18.44	35.61
L—A—11	17.74	28.03	L—B—11	15.50	29.50
L—A—12	19.62	26.53	L—B—12	18.03	31.68

(1)中支座控制截面开裂时刻(A 点)存在弯矩调幅系数,这说明由支座控制截面混凝土进入受拉塑性至截面开裂过程中是有内力重分布的。

(2)跨中控制截面开裂(B 点)迟于中支座控制截面开裂,达到 B 点时,中支座及其附近区域裂缝已有进一步发展,因此 B 点对应的中支座控制截面弯矩调幅系数高于 A 点。

(3)中支座控制截面受拉纵筋达到屈服时 (C 点),塑性铰开始形成,弯矩调幅曲线出现比较明显的转折。由于高强热轧钢筋屈服强度相对较高,各连续梁在 C 点前弯矩调幅区段相对较长,调幅系数可达到 15.28%~24.21%,占总弯矩调幅系数的 37.72%~ 74.00%。

(4)中支座控制截面受弯破坏时刻(D 点),截面塑性发展充分。可以看出,从 C 点至 D 点,弯矩调幅变化曲线较陡,说明此阶段中支座控制截面弯矩实测值增加很小,弯矩调幅系数增长较快,对应的弯矩调幅系数为 6.91%~30.30%。同时可以发现,连续梁中支座控制截面受弯破坏时刻弯矩实测值 $M_{t,u}$ 与受拉纵筋屈服时刻弯矩实测值 $M_{t,y}$ 的比值介于 1.02~1.19,表明部分试验梁破坏弯矩较屈服弯矩有明显提高。由钢筋实测应力—应变关系可知,HRB500 钢筋和 HRB600 钢筋屈服平台末端应变分别为 11 007 $\mu\varepsilon$~18 117 $\mu\varepsilon$ 和 10 883 $\mu\varepsilon$~15 253 $\mu\varepsilon$。由于高强热轧钢筋屈服平台段相对较短,因此当连续梁中支座控制截面相对受压区高度 $\xi \leqslant 0.1$ 时,纵向受拉钢筋在中支座控制截面受弯破坏时刻拉应变$\varepsilon_s \geqslant 23\ 100\ \mu\varepsilon$，表明受拉钢筋已进入强化阶段，故该时刻截面所承担弯矩值较受拉纵筋屈服时刻弯矩值有较大提升。

综上所述，连续梁中支座控制截面弯矩调幅可分为以下两个阶段：第一个阶段为中支座控制截面塑性铰形成前，由各截面塑性行为所引起的弯矩调幅；第二个阶段为塑性铰形成后，由塑性铰转动所引起的弯矩调幅。下面将着重探讨 HRB500 钢筋、HRB600 钢筋作纵筋的连续梁两阶段弯矩调幅的变化规律。

1.6　连续梁第一阶段弯矩调幅

连续梁中支座控制截面受拉纵筋达到屈服时对应的弯矩调幅系数 β_{I} 可按下式计算：

$$\beta_{\mathrm{I}}=\frac{M_{\mathrm{e,y}}-M_{\mathrm{t,y}}}{M_{\mathrm{e,u}}} \tag{1.4}$$

式中　$M_{\mathrm{e,y}}$、$M_{\mathrm{t,y}}$——加载至中支座控制截面受拉纵筋屈服时，该截面的弹性弯矩计算值和基于该截面屈服荷载及支反力实测值确定的中支座控制截面弯矩实测值；

$M_{\mathrm{e,u}}$——加载至中支座控制截面受弯破坏时，该截面的弹性弯矩计算值。

1.6.1　受拉纵筋屈服强度的影响

图 1.13 为连续梁中支座控制截面第一阶段弯矩调幅系数 β_{I} 与受拉纵筋屈服强度 f_y的关系。图中各连线上二点对应的连续梁试件中支座控制截面相对受压区高度 ξ、中支座支承宽度 a、混凝土抗压强度 f_c、截面尺寸（180 mm×250 mm）以及加载方式（每跨三分点处作用集中荷载）均相同。

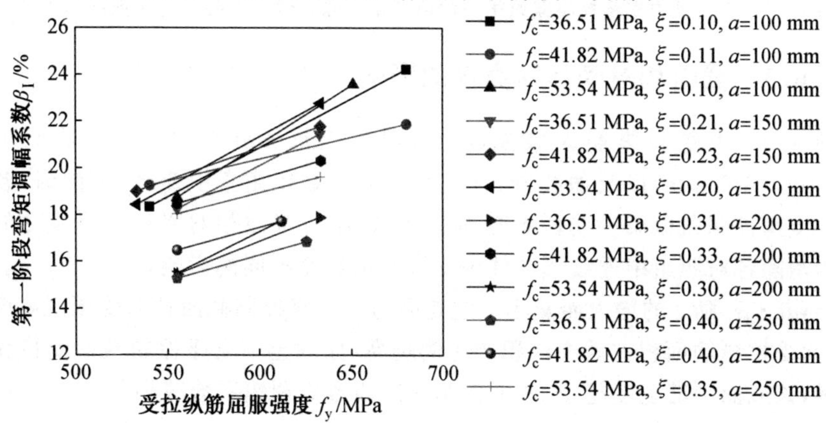

图 1.13　连续梁中支座控制截面第一阶段弯矩调幅系数与受拉纵筋屈服强度的关系

由图 1.13 可以看出，其他条件相同时，随着受拉纵筋屈服强度的提高，连续梁中支座控制截面第一阶段弯矩调幅系数增大。这是由于控制截面相对受压区高度相同时，受拉纵筋屈服强度的提高会使截面屈服曲率增大，控制截面出现塑性铰之前的区段变长，进而导致该阶段调幅系数增加。

1.6.2 混凝土抗压强度的影响

图 1.14 为中支座控制截面相对受压区高度 ξ、中支座支承宽度 a、受拉纵筋屈服强度 f_y、试件截面尺寸(180 mm×250 mm)以及加载方式(每跨三分点处作用集中荷载)相同时，各试验连续梁中支座控制截面第一阶段弯矩调幅系数 β_I 与混凝土抗压强度 f_c 的关系。可以看出，当 f_c 在 36.5～53.5 MPa 之间时，β_I 的变化规律并不明显。

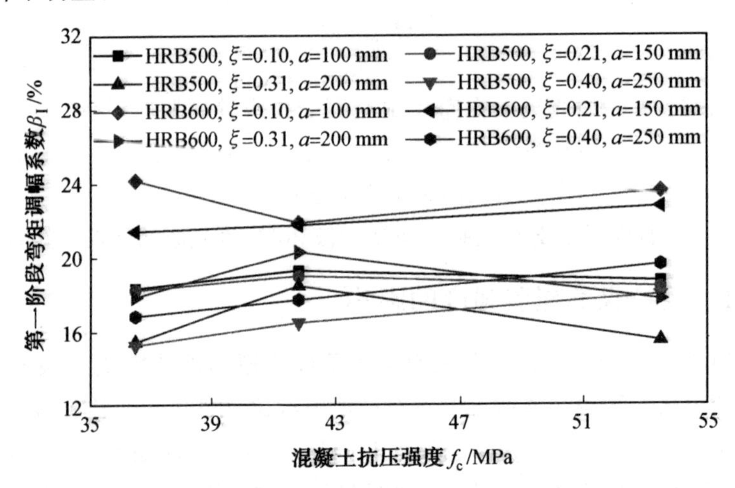

图 1.14 连续梁中支座控制截面第一阶段弯矩调幅系数与混凝土抗压强度的关系

1.6.3 截面相对受压区高度的影响

图 1.15 为受拉纵筋屈服强度 f_y、混凝土抗压强度 f_c、试件截面尺寸(180 mm×250 mm)以及加载方式(每跨三分点处作用集中荷载)相同时，各连续梁中支座控制截面第一阶段弯矩调幅系数 β_I 与截面相对受压区高度 ξ 的关系。为消除各对照组中连续梁试件中支座支承宽度不同的影响，令 $\alpha_1=1/a$。可以看出，$\alpha_1 \cdot \beta_I$ 随 ξ 的增大而减小。这是因为中支座控制截面相对受压区高度越大，截面受拉纵筋面积占截面面积的比例越高，加载至中支座控制截面受拉纵筋屈服时，该截面裂缝宽度越小，进而使第一阶段弯矩调幅系数减小。

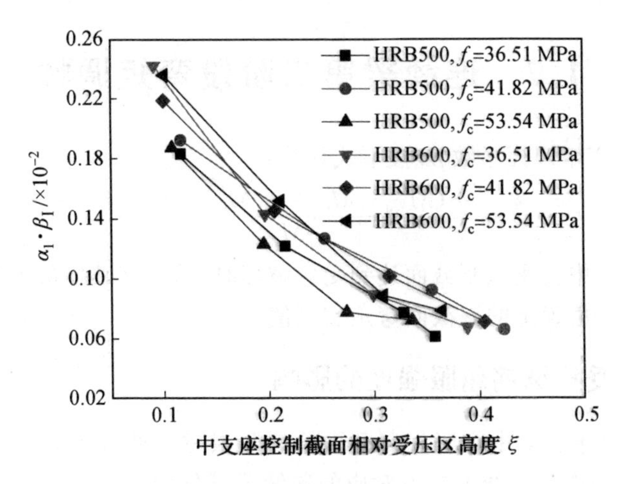

图 1.15　连续梁中支座控制截面第一阶段弯矩调幅系数与截面相对受压区高度的关系

1.6.4　连续梁中支座支承宽度的影响

当连续梁中支座控制截面受拉纵筋屈服强度 f_y、混凝土抗压强度 f_c、截面尺寸(180 mm×250 mm)以及加载方式(每跨三分点处作用集中荷载)相同时，令 $\alpha_2=0.1/\xi$，连续梁中支座控制截面第一阶段弯矩调幅系数与中支座支承宽度的关系如图 1.16 所示。由图 1.16 可知，当中支座支承宽度 a 介于 100～250 mm时，β_I/α_2 随 a 的增加而增大。这是因为中支座支承宽度范围内受拉纵筋的应变渗透效应会使支座边缘控制截面形成附加转角，助推了连续梁内力重分布的发展。

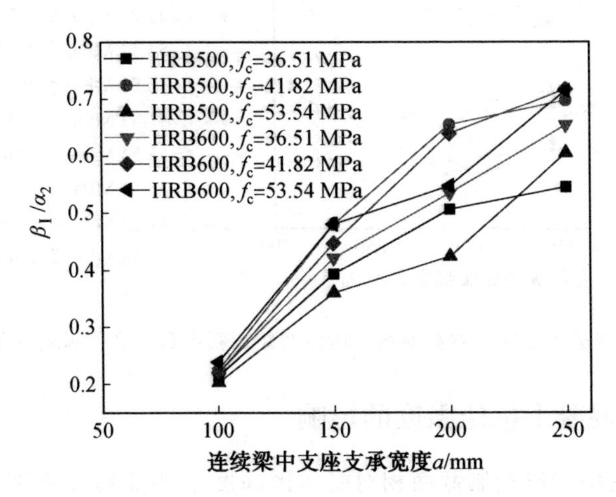

图 1.16　连续梁中支座控制截面第一阶段弯矩调幅系数与中支座支承宽度的关系

1.7 连续梁第二阶段弯矩调幅

第二阶段弯矩调幅系数 β_{II} 按下式计算：

$$\beta_{\mathrm{II}}=\frac{(M_{\mathrm{e,u}}-M_{\mathrm{t,u}})-(M_{\mathrm{e,y}}-M_{\mathrm{t,y}})}{M_{\mathrm{e,u}}} \tag{1.5}$$

式中 $M_{\mathrm{t,u}}$——中支座控制截面达到受弯破坏时，基于该破坏荷载及支反力实测值确定的该截面弯矩实测值。

1.7.1 受拉纵筋屈服强度的影响

图 1.17 为连续梁中支座控制截面第二阶段弯矩调幅系数与受拉纵筋屈服强度的关系。图中各连线上二点对应的连续梁试件中支座控制截面相对受压区高度 ξ、中支座支承宽度 a、混凝土抗压强度 f_c、截面尺寸(180 mm×250 mm)以及加载方式(每跨三分点处作用集中荷载)均相同。由图 1.17 可以看出，随着受拉纵筋屈服强度的提高，连续梁中支座控制截面第二阶段弯矩调幅系数减小。这是因为钢筋屈服强度提高使截面的屈服曲率增大，在 f_c和 ξ 相同的情况下，截面极限曲率与屈服曲率的差值 $\varphi_u-\varphi_y$减小，塑性铰的转动能力降低，导致第二阶段调幅系数减小。

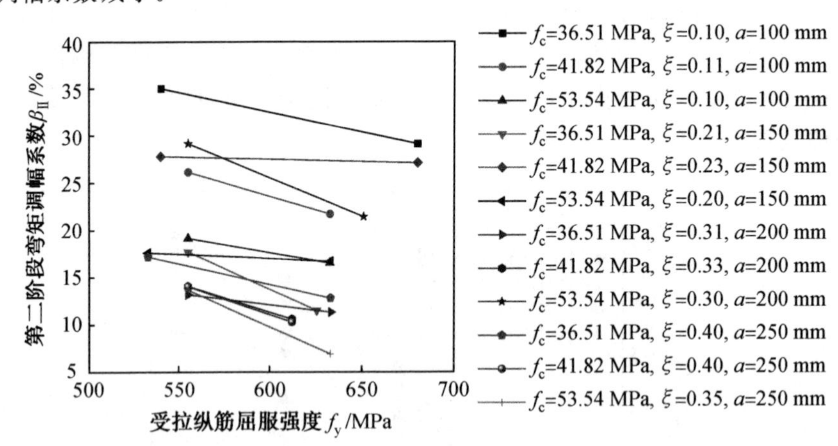

图 1.17 连续梁中支座控制截面第二阶段弯矩调幅系数与受拉纵筋屈服强度的关系

1.7.2 混凝土抗压强度的影响

图 1.18 为中支座控制截面相对受压区高度 ξ、中支座支承宽度 a、受拉纵筋屈服强度 f_y、试件截面尺寸(180 mm×250 mm)以及加载方式(每跨三分点处作用集中荷载)相同时，各试验连续梁中支座控制截面第二阶段弯矩调幅系数 β_{II} 与

混凝土抗压强度 f_c的关系。可以看出，当 f_c在 36.5～53.5 MPa 之间时，β_{II} 的变化规律不明显。

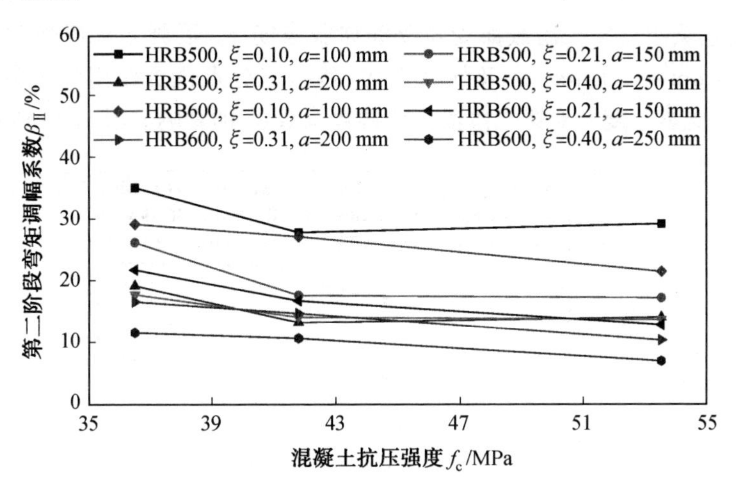

图 1.18　连续梁中支座控制截面第二阶段弯矩调幅系数与混凝土抗压强度的关系

1.7.3　截面相对受压区高度的影响

图 1.19 为受拉纵筋屈服强度 f_y、混凝土抗压强度 f_c、试件截面尺寸(180 mm×250 mm)以及加载方式(每跨三分点处作用集中荷载)相同时，各连续梁中支座控制截面第二阶段弯矩调幅系数 β_{II} 与截面相对受压区高度 ξ 的关系。令 $\alpha_1=1/a$，则 $\alpha_1\cdot\beta_{\text{II}}$ 随着 ξ 的增大而减小。这是由于在 f_y和 f_c相同的情况下，ξ 的增大会使中支座控制截面极限曲率减小、屈服曲率增大，从而使塑性铰的转动能力降低，对应的弯矩调幅系数减小。

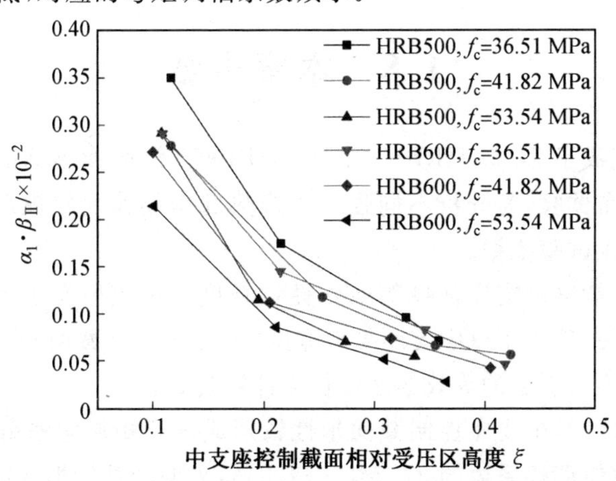

图 1.19　连续梁中支座控制截面第二阶段弯矩调幅系数与截面相对受压区高度的关系

1.7.4 连续梁中支座支承宽度的影响

当连续梁中支座控制截面受拉纵筋屈服强度 f_y、混凝土抗压强度 f_c、截面尺寸(180 mm×250 mm)以及加载方式(每跨三分点位置作用集中荷载)相同时，中支座支承宽度 a 对第二阶段弯矩调幅系数 β_{II} 的影响如图 1.20 所示。

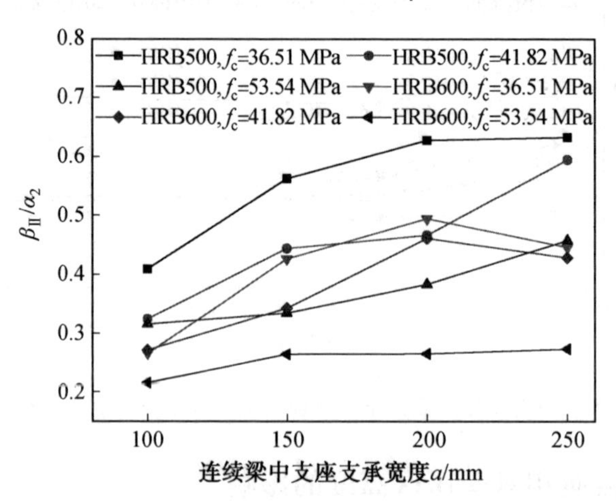

图 1.20 连续梁中支座控制截面第二阶段弯矩调幅系数与中支座支承宽度的关系

令 $\alpha_2=0.1/\xi$，当 a 介于 100～250 mm 时，$\beta_{\text{II}}/\alpha_2$ 随 a 的增加而增大。这是因为当中支座支承宽度较小时，支承宽度范围内弯矩与中支座边缘控制截面弯矩相差不多，故中支座支承宽度的增加会使塑性铰长度增大，塑性铰转动增强；当中支座支承宽度较大时，支承宽度范围内钢筋应变渗透所引起的中支座控制截面附加转角有利于弯矩调幅。

1.8 本章小结

(1)本章完成了 24 根 HRB500 钢筋、HRB600 钢筋作纵筋的两跨混凝土连续梁内力重分布试验，为分析不同强度等级热轧钢筋作受拉纵筋的连续梁弯矩调幅的差异提供试验依据。

(2)发现连续梁中支座区域等效塑性铰长度与中支座支承宽度和截面相对受压区高度有关，建立了以中支座支承宽度、中支座控制截面相对受压区高度和截面有效高度为自变量的等效塑性铰长度计算公式。

(3)发现连续梁中支座控制截面塑性铰形成前弯矩调幅系数介于 15.3%～24.2%，占总弯矩调幅系数的 37.7%～74.0%，表明塑性铰形成前的弯矩调幅系数不容忽视。提出了将弯矩调幅分为塑性铰形成前、后两阶段进行计算的思路和方法，获得受拉纵筋屈服强度、混凝土抗压强度、截面相对受压区高度及中支座支承宽度对两阶段弯矩调幅系数的变化规律。

第2章　HRB500/HRB600 钢筋作纵向受拉钢筋的连续梁弯矩调幅设计方法

2.1　概　述

《钢筋混凝土连续梁和框架考虑内力重分布设计规程》(CECS 51:93)适用于受力钢筋采用Ⅰ级、Ⅱ级或Ⅲ级热轧钢筋、混凝土强度等级介于C20～C45的连续梁和框架，未涉及以HRB500钢筋和HRB600钢筋作纵向受拉钢筋的情况；《混凝土结构设计规范》(GB 50010—2010)规定，当截面相对受压区高度介于0.1～0.35时，混凝土梁负弯矩调幅系数不宜大于25%，板负弯矩调幅系数不宜大于20%，未涉及以HRB600钢筋作纵向受拉钢筋的情况；同时，GB 50010—2010和CECS 51:93中均未考虑控制截面相对受压区高度对弯矩调幅的影响。为此，本章在试验研究基础上进行扩参数分析，把握高强热轧钢筋作纵向受拉钢筋的连续梁弯矩调幅规律，建立配置高强钢筋与配置普通强度钢筋的混凝土连续梁弯矩调幅统一计算方法。

2.2　连续梁两阶段弯矩调幅数值模拟分析

编制钢筋混凝土两跨连续梁非线性分析程序，基于共轭梁计算连续梁各截面内力，进而得到中支座控制截面弯矩调幅系数。

2.2.1　材料本构关系

1. 混凝土本构关系

混凝土受压应力－应变关系采用《混凝土结构设计规范》(GB 50010—2010)中的关系曲线，如图2.1所示，相应的表达式为

$$\sigma_c=\begin{cases} f_c\left[1-\left(1-\dfrac{\varepsilon_c}{\varepsilon_0}\right)^n\right] & (\varepsilon_c\leqslant\varepsilon_0) \\ f_c & (\varepsilon_0<\varepsilon_c\leqslant\varepsilon_{cu}) \end{cases} \tag{2.1}$$

$$\varepsilon_0=0.002+0.5(f_{cu}-50)\times10^{-5} \tag{2.2}$$

$$\varepsilon_{cu}=0.0033-(f_{cu}-50)\times10^{-5} \tag{2.3}$$

$$n=2-\frac{1}{60}(f_{cu}-50) \tag{2.4}$$

式中　f_c——混凝土轴心抗压强度；

ε_0——混凝土压应力达到 f_c时的压应变，按式(2.2)计算，当计算的ε_0值小于 0.002 时，应取为 0.002；

ε_{cu}——混凝土受压边缘极限压应变，按式(2.3)计算，当计算的ε_{cu}值大于 0.003 3 时，应取为 0.003 3；

f_{cu}——混凝土标准立方体抗压强度；

n——系数，按式(2.4)计算，当计算的 n 值大于 2.0 时，应取为 2.0。

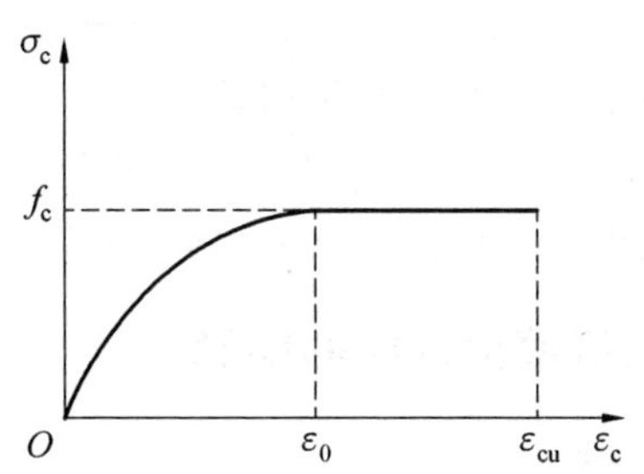

图 2.1　混凝土受压应力—应变关系曲线

混凝土受拉应力—应变关系曲线如图 2.2 所示，其表达式为

$$\sigma_t=\begin{cases}\varepsilon_t E_c & (\varepsilon_t \leqslant \varepsilon_{t0})\\ f_t & (\varepsilon_{t0}<\varepsilon_t \leqslant \varepsilon_{tu})\end{cases} \tag{2.5}$$

$$\varepsilon_{t0}=f_t/E_c \tag{2.6}$$

$$\varepsilon_{tu}=2f_t/E_c \tag{2.7}$$

式中　f_t——混凝土轴心抗拉强度；

ε_{t0}——混凝土拉应力达到 f_t时的拉应变，按式(2.6)计算；

ε_{tu}——混凝土极限拉应变，按式(2.7)计算；

E_c——混凝土弹性模量。

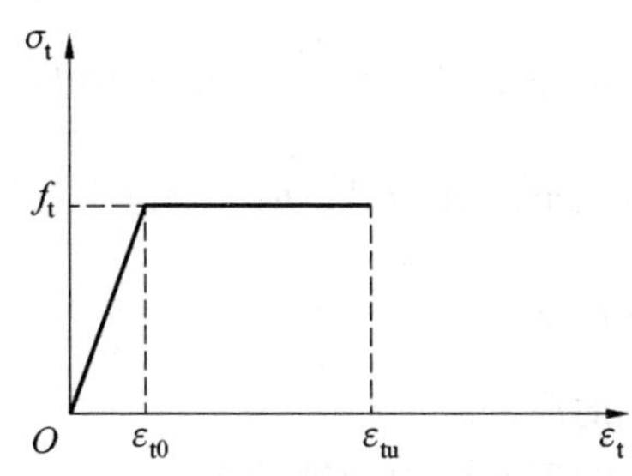

图 2.2　混凝土受拉应力—应变关系曲线

2. 钢筋本构关系

按图 2.3 所示双线性模型模拟钢筋应力—应变关系曲线，钢筋受拉、受压应力—应变表达式为

$$\sigma_s=\begin{cases}E_s\varepsilon_s & (\varepsilon_s\leqslant\varepsilon_y)\\ f_y & (\varepsilon_s>\varepsilon_y)\end{cases}\tag{2.8}$$

$$\sigma_s'=\begin{cases}E_s\varepsilon_s' & (\varepsilon_s'\leqslant\varepsilon_y')\\ f_y' & (\varepsilon_s'>\varepsilon_y')\end{cases}\tag{2.9}$$

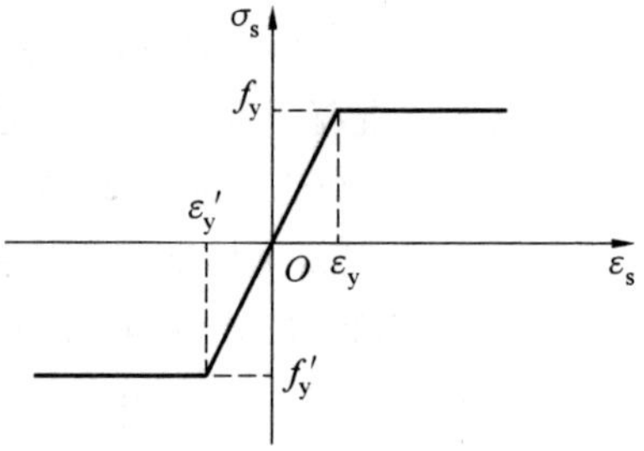

式中 f_y、f_y'——钢筋受拉、受压时的屈服强度；

ε_y、ε_y'——钢筋受拉、受压时的屈服应变，$\varepsilon_y=f_y/E_s$，$\varepsilon_y'=f_y'/E_s$；

E_s——钢筋弹性模量，取为 2.0×10^5 N/mm^2。

图 2.3 钢筋应力—应变关系曲线

2.2.2 连续梁数值模拟程序的编制

1. 弯矩—曲率曲线计算

截面单元划分及应力、应变分布如图 2.4 所示，连续梁截面沿梁高度方向存在应变梯度，故本书采用条带积分法对截面进行计算分析。将截面沿梁高方向划分成若干条带单元，认为每一条带单元上应力分布均匀，则条带形心即为合力作用点。

基于平截面假定以及截面内力平衡条件，可得到下列关系式：

$$\varepsilon_{ci}=\varphi x_i=\frac{\varepsilon_c}{x_0}x_i\tag{2.10}$$

$$\varepsilon_s=\varphi x_s=\frac{\varepsilon_c}{x_0}(h_0-x_0)\tag{2.11}$$

$$\varepsilon'_s=\varphi x'_s=\frac{\varepsilon_c}{x_0}(h_0-a'_s)\tag{2.12}$$

$$\int_0^{x_0}\sigma_c(\varepsilon_i)b\mathrm{d}x+\sigma'_s(\varepsilon'_s)A'_s-\int_0^{h_0-x_0}\sigma_c(\varepsilon_i)b\mathrm{d}x-\sigma_s(\varepsilon_s)A_s=0\tag{2.13}$$

$$M=\int_0^{x_0}\sigma_c(\varepsilon_i)x_ib\mathrm{d}x+\sigma'_s(\varepsilon'_s)A'_s(h_0-a'_s)+\sigma_s(\varepsilon_s)A_s(h_0-x_0)+\int_0^{h_0-x_0}\sigma_t(\varepsilon_i)x_ib\mathrm{d}x\tag{2.14}$$

式中 ε_{ci}——条带单元 i 的应变；

x_i——条带单元 i 的形心到中和轴的距离；

φ——截面曲率；

ε_c——截面受压边缘混凝土压应变；

x_0——中和轴高度；

ε_s——受拉钢筋形心应变；

x_s——受拉钢筋形心到中和轴的距离；

ε'_s——受压钢筋形心应变；

x'_s——受压钢筋形心到中和轴的距离；

h_0——截面有效高度；

A_s、A'_s——受拉钢筋和受压钢筋的面积；

b——截面宽度；

a'_s——受拉区混凝土保护层厚度；

$\sigma_c(x)$、$\sigma_t(x)$、$\sigma_s(x)$、$\sigma'_s(x)$——分别为混凝土和钢筋的本构关系函数；

M——截面弯矩值。

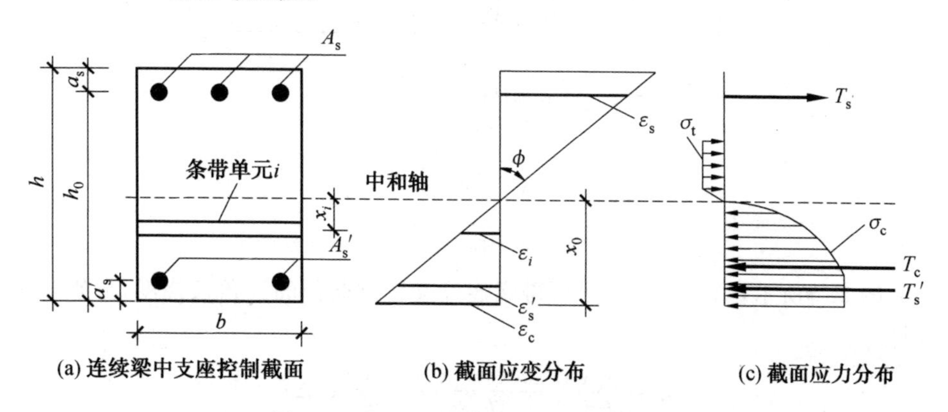

图 2.4　截面单元划分及应力、应变分布

根据上述条件，可采用迭代计算方法确定混凝土截面弯矩一曲率关系，其计算程序框图如图 2.5 所示。

2. 连续梁中支座控制截面弯矩调幅系数计算

由于钢筋混凝土连续梁为超静定结构，受力过程中各混凝土截面刚度会发生非线性变化，因此连续梁内力不能直接求解。本书基于连续梁变形协调条件，采用共轭梁编制模拟分析程序计算各截面内力，结合由外荷载计算所得的弹性弯矩值，确定连续梁弯矩调幅系数。

为模拟连续梁中支座支承宽度范围内钢筋应变渗透的影响，连续梁计算简图中考虑中支座具有一定的支承宽度。在外荷载作用下，连续梁中支座支承宽度范围内弯矩值与支座边缘弯矩值接近，支座支承宽度范围内受拉纵筋的应变渗透会使支座边缘控制截面形成附加转角，有利于连续梁内力重分布的发展。为便于计算，将中支座支承作用简化为施加在支座边缘的两个集中力作用，力的大小为支反力的一半，间距为支承宽度。连续梁及共轭梁计算简图分别如图

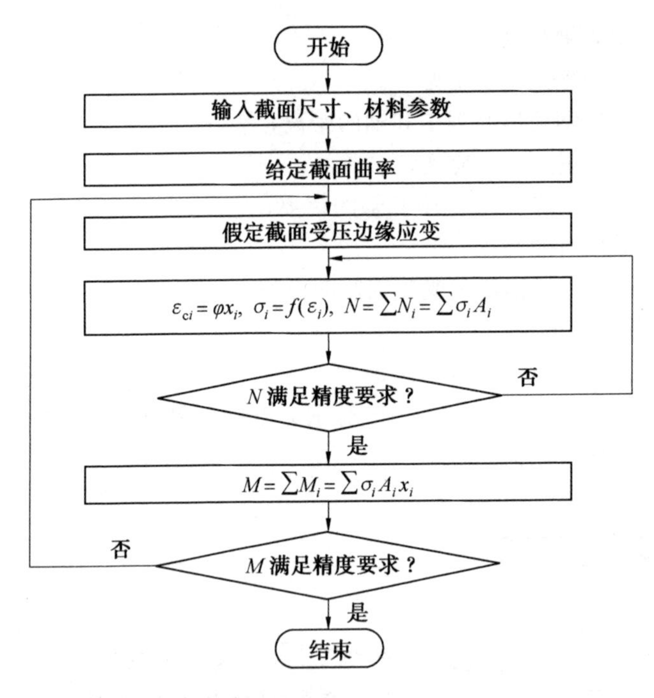

图 2.5　截面弯矩—曲率曲线计算程序框图

2.6、图 2.7 所示，则基于共轭梁可得到连续梁任意截面的转角及挠度，分别按下式计算：

$$\theta_m=\sum_{i=1}^{m}\frac{\varphi_i\Delta x(l-x_i)}{l}+\sum_{i=1}^{m}\varphi_i\Delta x \tag{2.15}$$

$$f_m=\sum_{i=1}^{m}\varphi_i\Delta x\frac{l-x_i}{l}x+\sum_{i=1}^{m}\varphi_i\Delta x(x-x_i) \tag{2.16}$$

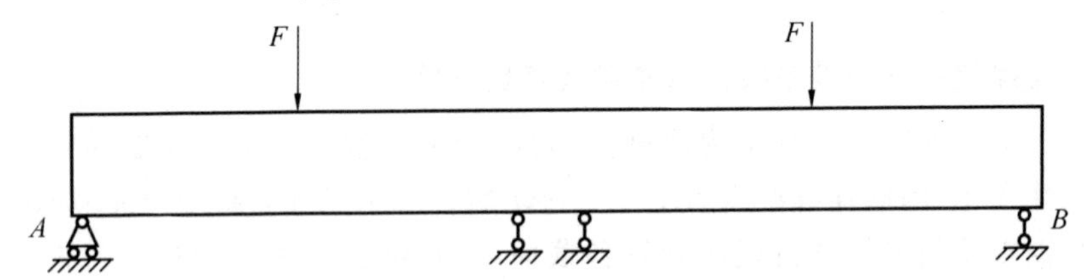

图 2.6　考虑中支座支承宽度的连续梁计算简图

基于连续梁的变形协调条件，可得到支座支反力数值，进而确定各截面内力及中支座控制截面弯矩调幅系数，其计算程序框图如图 2.8 所示。

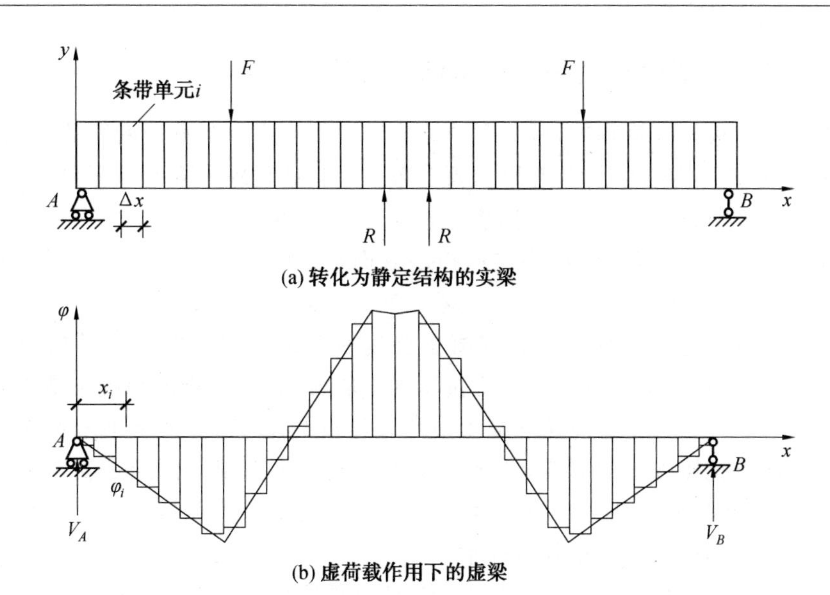

图 2.7　共轭梁计算简图

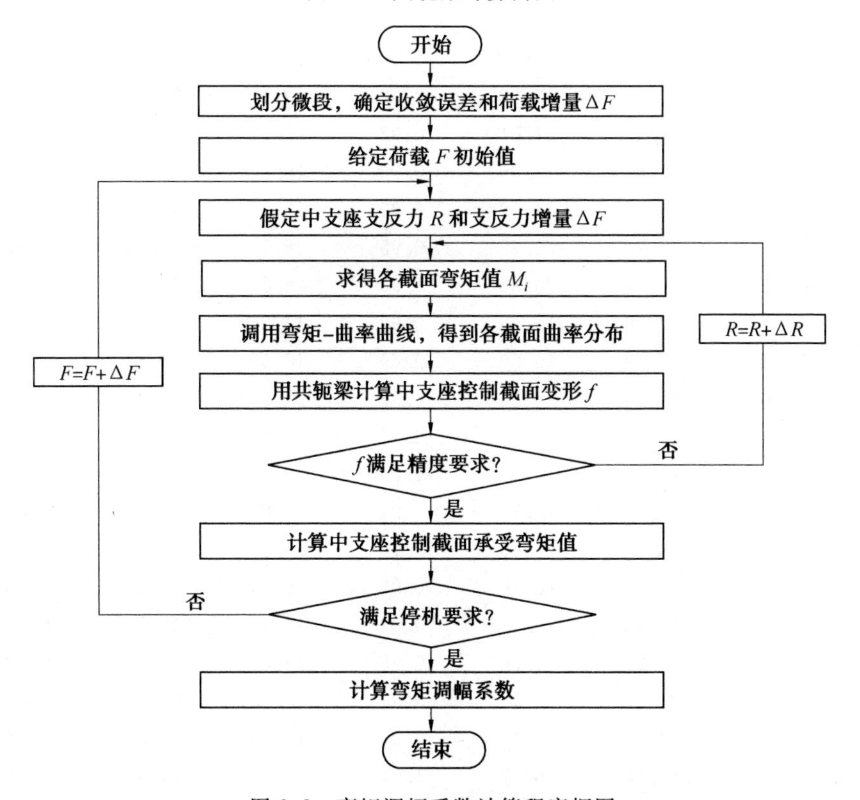

图 2.8　弯矩调幅系数计算程序框图

2.2.3 数值模拟结果与试验结果对比

基于上述模拟计算程序，可分别计算连续梁中支座控制截面两阶段（受拉纵筋屈服时刻和受弯破坏时刻）弯矩调幅系数。为验证程序的准确性，将程序计算结果与本书 24 根两跨连续梁试验结果进行对比（表 2.1）。

由表 2.1 可知，各连续梁中支座控制截面第二阶段弯矩调幅系数试验值与模拟计算值的比值介于 0.87～1.23，这或许是由以下两个原因引起的：①连续梁截面应变梯度的存在会使受压区混凝土强度有所提高，如《混凝土结构设计规范》（GBJ 10—89）中受弯构件混凝土抗压强度取为 $1.1f_c$，《钢筋混凝土结构设计规范》（TJ 10—74）中受弯构件混凝土抗压强度取为 $1.25f_c$，而本书未考虑应变梯度对混凝土抗压强度的影响；②连续梁中支座边缘控制截面既是受弯承载力控制截面，也是受剪承载力控制截面，而本书未考虑截面剪压区的压一剪相关作用对中支座控制截面受弯承载力的影响。

表 2.1 各连续梁中支座控制截面两阶段弯矩调幅系数模拟值与试验值对比

试件编号	第一阶段			第二阶段		
	β^t_{I} /%	β^s_{I} /%	$\beta^s_{\mathrm{I}}/\beta^t_{\mathrm{I}}$	β^t_{II} /%	β^s_{II} /%	$\beta^s_{\mathrm{II}}/\beta^t_{\mathrm{II}}$
L—A—1	24.21	22.38	0.92	29.12	28.11	0.97
L—A—2	21.44	21.01	0.98	21.71	20.22	0.93
L—A—3	17.88	17.09	0.96	16.54	17.25	1.04
L—A—4	15.80	14.09	0.89	12.51	13.73	1.10
L—A—5	22.79	21.73	0.95	26.19	30.64	1.17
L—A—6	21.77	20.83	0.96	16.80	18.48	1.10
L—A—7	20.30	18.93	0.93	13.28	14.87	1.12
L—A—8	17.72	15.69	0.89	10.60	12.84	1.21
L—A—9	23.58	21.83	0.93	21.99	25.46	1.16
L—A—10	22.76	22.16	0.97	12.81	15.75	1.23
L—A—11	17.74	18.59	1.05	10.29	8.28	0.80
L—A—12	19.62	18.50	0.94	6.91	6.14	0.89
L—B—1	18.35	17.95	0.98	30.30	33.60	1.11
L—B—2	18.25	18.10	0.99	26.14	24.43	0.93
L—B—3	15.46	15.38	0.99	19.15	17.75	0.93
L—B—4	15.28	15.05	0.98	17.39	16.07	0.92
L—B—5	19.26	19.14	0.94	26.73	27.41	1.03
L—B—6	19.00	18.19	0.96	17.60	20.00	1.14
L—B—7	18.47	18.57	1.01	13.32	11.64	0.87
L—B—8	16.48	15.98	0.97	14.07	13.22	0.94

续表 2.1

试件编号	第一阶段			第二阶段		
	β^{t}_{I}/%	β^{s}_{I}/%	$\beta^{s}_{\mathrm{I}}/\beta^{t}_{\mathrm{I}}$	β^{t}_{II}/%	β^{s}_{II}/%	$\beta^{s}_{\mathrm{II}}/\beta^{t}_{\mathrm{II}}$
L—B—9	18.74	18.10	0.97	27.02	29.09	1.08
L—B—10	18.44	17.62	0.96	17.17	19.74	1.15
L—B—11	15.50	14.88	0.96	14.00	15.42	1.10
L—B—12	18.03	16.52	0.92	13.65	13.37	0.98

注：表中β^{t}_{I}、β^{s}_{I}分别为连续梁中支座控制截面第一阶段弯矩调幅系数试验值及模拟值；β^{t}_{II}、β^{s}_{II}分别为连续梁中支座控制截面第二阶段弯矩调幅系数试验值及模拟值。

2.3　连续梁两阶段弯矩调幅系数计算方法

2.3.1　模拟梁设计

本节设计了 336 根两跨钢筋混凝土模拟梁，混凝土强度等级分别为 C20、C30、C40、C50、C60、C70、C80，混凝土材料力学性能见表 2.2；纵向受拉钢筋强度等级分别为 400 MPa 级、500 MPa 级和 600 MPa 级，钢筋材料力学性能见表 2.3；中支座支承宽度分别取 100 mm、200 mm、300 mm 和 400 mm；中支座控制截面相对受压区高度分别为 0.1、0.2、0.3 和 0.4；连续梁跨高比分别为 8、12、16、20 和 24。各模拟梁均分别承受两跨跨中单点荷载、三分点荷载以及满跨均布荷载三种形式的荷载。考虑到实际工程中连续梁多应用于结构的次梁，故模拟梁截面尺寸取为 250 mm×500 mm，纵向受力钢筋合力作用点至截面受拉边缘的距离取为 35 mm。同时，为了保证支座控制截面能实现弯矩的充分调幅，跨中配置了足够的受拉纵筋。

表 2.2　混凝土材料力学性能

设计强度等级	标准立方体抗压强度 f_{cu}/MPa	轴心抗压强度 f_c/MPa	轴心抗拉强度 f_t/MPa
C20	28.41	21.59	2.49
C30	38.98	29.62	2.96
C40	49.84	37.88	3.39
C50	61.05	46.40	3.79
C60	71.81	56.01	4.14
C70	83.78	67.03	4.51
C80	95.75	78.52	4.86

注：$f_c=\alpha_{c1}f_{cu}$，$f_t=0.395f_{cu}^{0.55}$。对 C50 及以下混凝土，$\alpha_{c1}=0.76$；对 C80 混凝土，$\alpha_{c1}=0.82$；中间按线性插值。

表 2.3　钢筋材料力学性能

钢筋牌号	屈服强度 f_y/MPa	抗拉强度 f_u/MPa	屈服应变 $\varepsilon_y/\mu\varepsilon$
HRB400	470	583	2 300
HRB500	555	695	2 775
HRB600	680	852	3 400

注：钢筋弹性模量 E_s取为 2.00×10^5 MPa。

2.3.2　模拟梁弯矩调幅结果与分析

对三种不同加载方式下的 336 根模拟梁进行非线性分析，采用单变量控制法考察受拉纵筋屈服强度、中支座控制截面相对受压区高度、中支座支承宽度、混凝土抗压强度、跨高比和加载方式对两阶段弯矩调幅系数的影响规律，分别如图 2.9～2.18 所示。其中，当考察某一关键参数影响时，其余各参数均保持不变。由图中结果可知，在各控制变量考察范围增大的情况下，根据模拟计算程序所得连续梁两阶段弯矩调幅系数变化规律与本书试验结果分析相一致，具体如下。

(1)由图 2.9、图 2.10 可知，在跨中单点加载、三分点加载及均布加载作用下，当中支座控制截面受拉纵筋屈服强度由 470 MPa 增加至 680 MPa 时，不同设计参数下的连续梁第一阶段弯矩调幅系数 β_{I} 平均增大了 37.4%、38.0%、37.3%，第二阶段弯矩调幅系数 β_{II} 平均减小了 30.9%、32.3%、39.1%，表明提高钢筋屈服强度对塑性铰形成前弯矩调幅有增大作用，对塑性铰形成后弯矩调幅有减小作用。

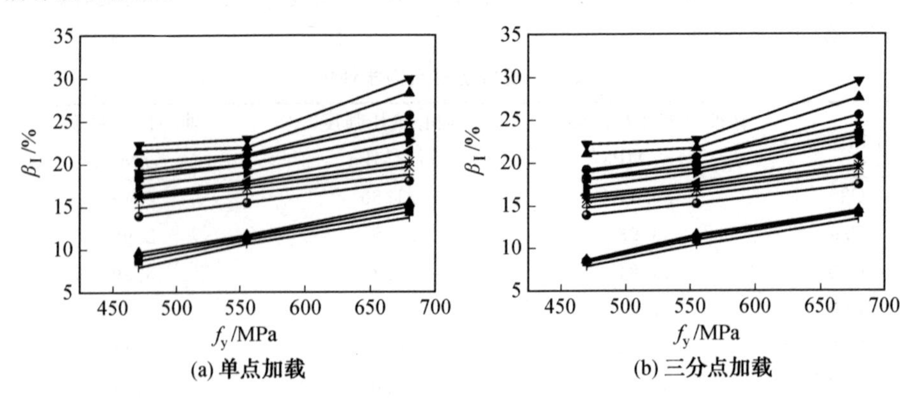

图 2.9　钢筋屈服强度 f_y对中支座控制截面第一阶段弯矩调幅系数 β_{I} 的影响

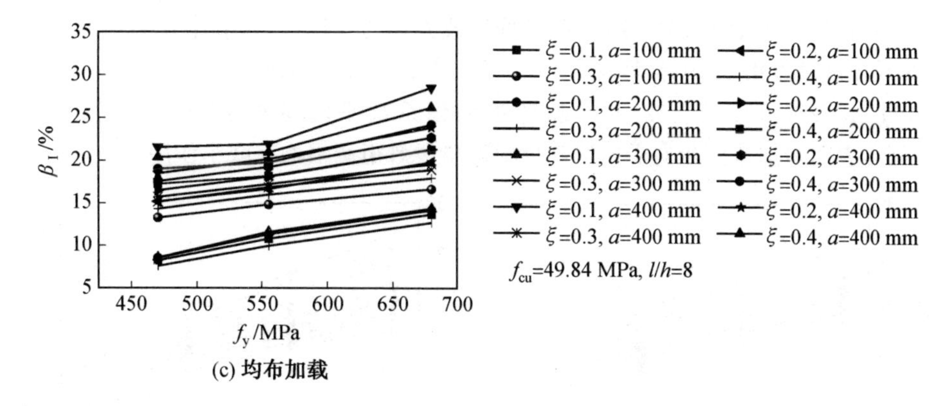

(c) 均布加载

续图 2.9

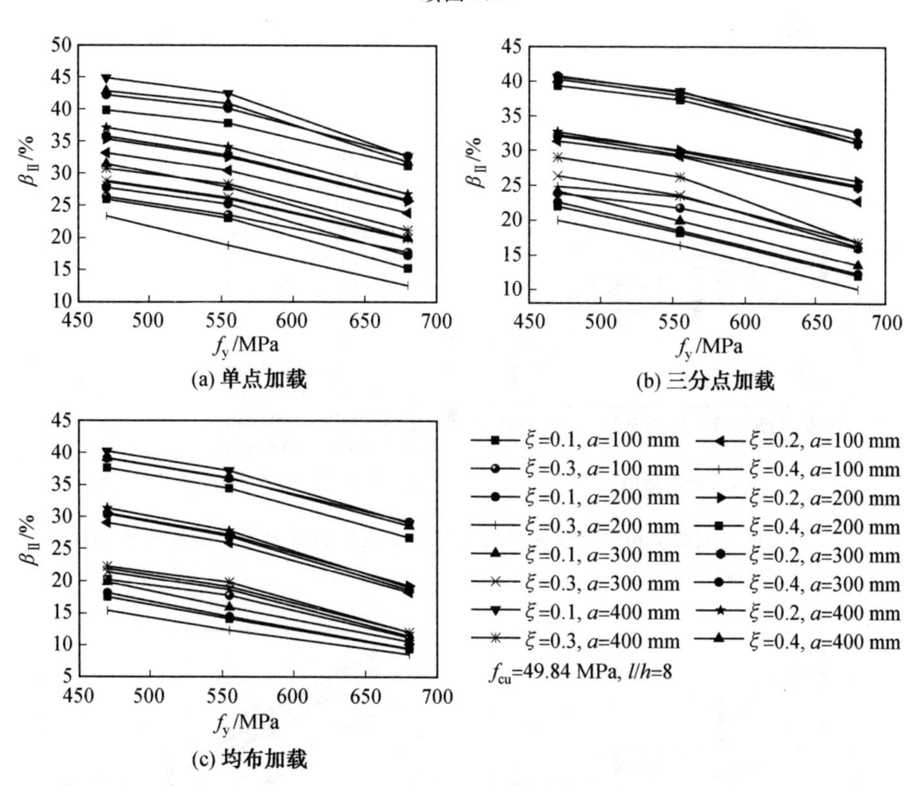

图 2.10　钢筋屈服强度 f_y 对中支座控制截面第二阶段弯矩调幅系数 β_{II} 的影响

(2)由图 2.11、图 2.12 可知，在三种加载方式的作用下，随着中支座控制截面相对受压区高度由 0.10 增大至 0.40，β_{I}平均减小了 49.0%、49.7%、48.6%，β_{II}平均减小了 45.2%、54.6%、62.2%，总弯矩调幅系数平均减小了 46.4%、52.3%、56.6%，表明增加截面相对受压区高度对两阶段弯矩调幅均有减小作用。

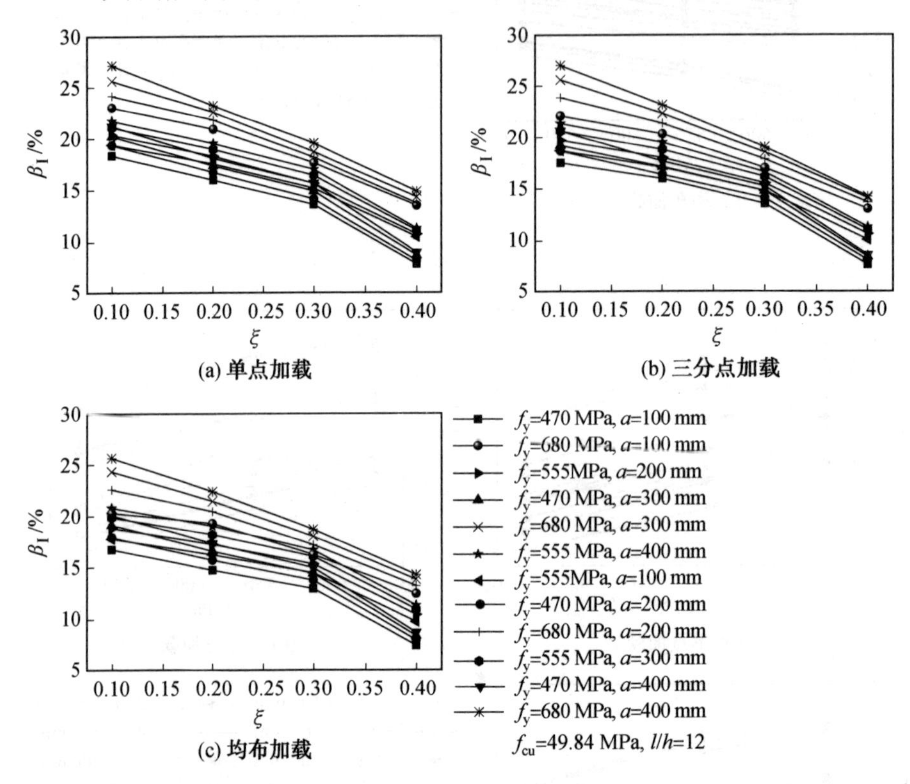

图 2.11　中支座控制截面相对受压区高度 ξ 对中支座控制截面第一阶段弯矩调幅系数 β_{I} 的影响

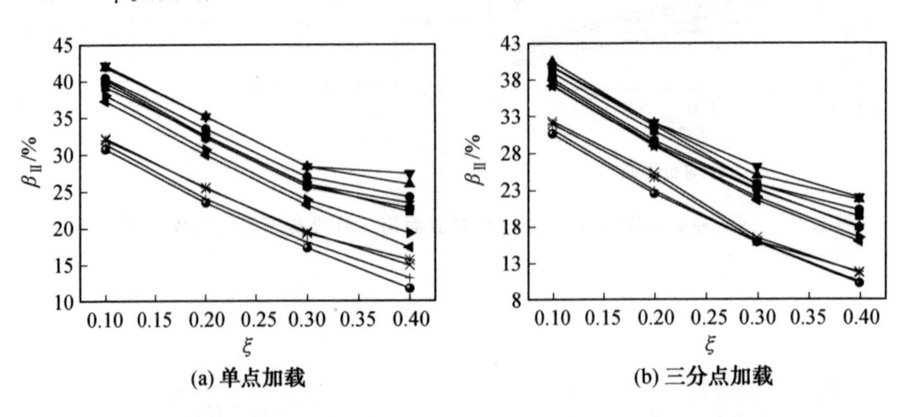

图 2.12　中支座控制截面相对受压区高度 ξ 对中支座控制截面第二阶段弯矩调幅系数 β_{II} 的影响

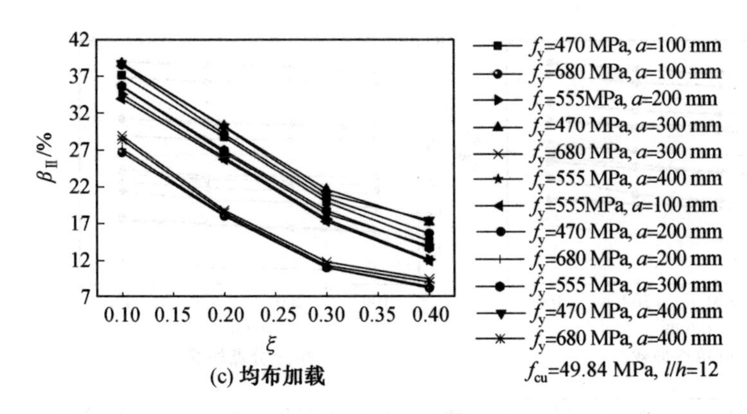

(c) 均布加载

续图 2.12

(3)由图 2.13、图 2.14 可知，在三种加载方式的作用下，随着中支座支承宽度由 100 mm 增加至 400 mm，β_I 平均增加 12.6%、14.6%、18.5%，β_{II} 平均增加 16.3%、11.2%、10.7%，总弯矩调幅系数平均增加 14.5%、12.3%、13.7%，表明增加中支座支承宽度对两阶段弯矩调幅均有增大作用。

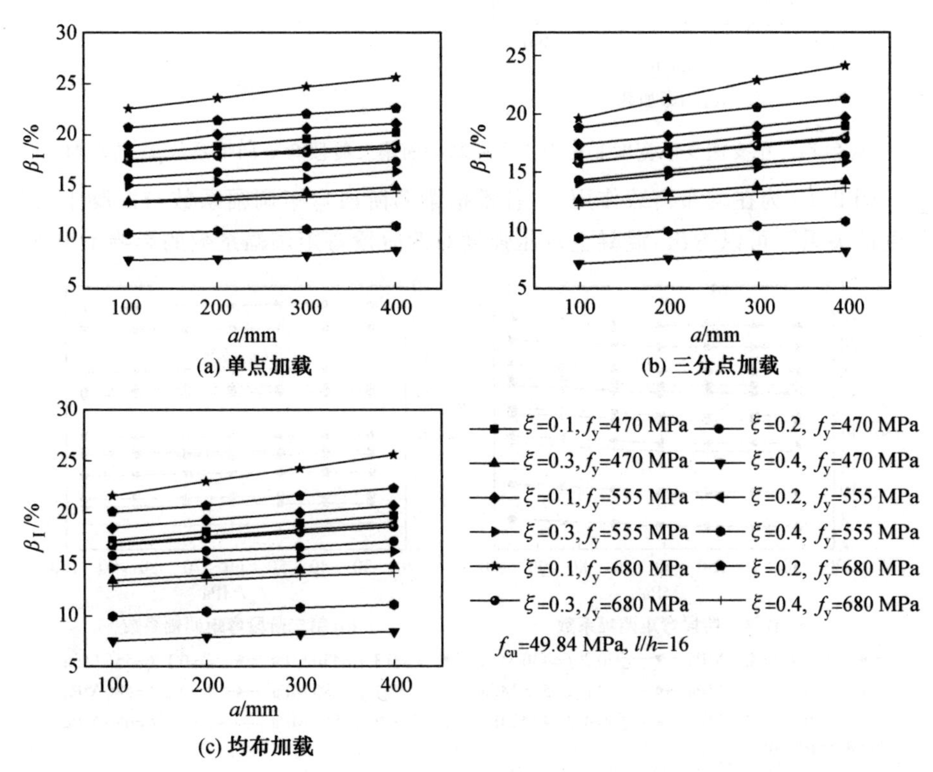

(c) 均布加载

图 2.13　中支座支承宽度 a 对中支座控制截面第一阶段弯矩调幅系数 β_I 的影响

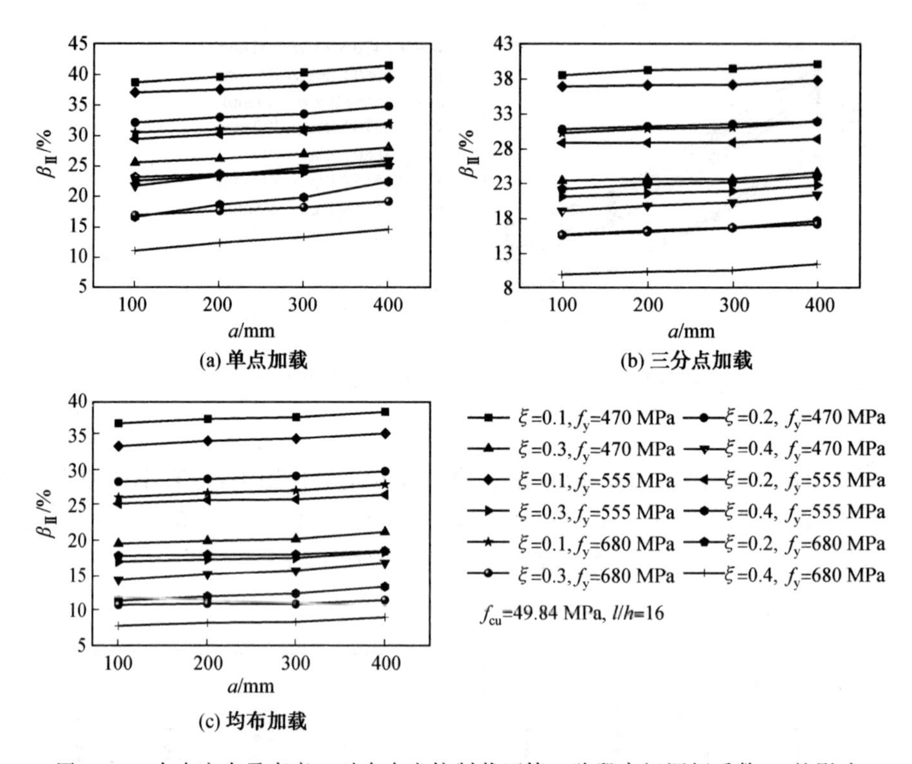

图 2.14　中支座支承宽度 a 对中支座控制截面第二阶段弯矩调幅系数 β_{II} 的影响

图 2.15 为在均布荷载作用下，各模拟梁两阶段弯矩调幅系数与混凝土抗压强度的关系。可以看出，混凝土抗压强度对两阶段弯矩调幅系数的影响不显著。

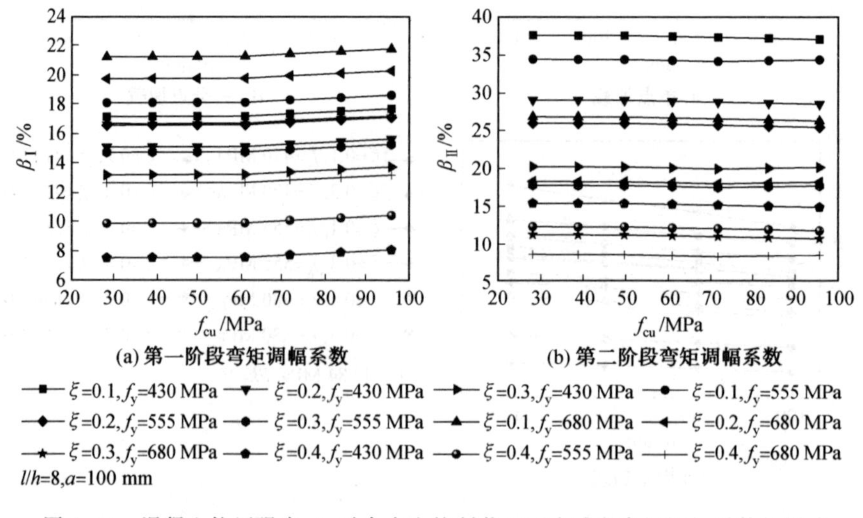

图 2.15　混凝土抗压强度 f_{cu} 对中支座控制截面两个阶段弯矩调幅系数的影响

选取混凝土强度等级为 C40，中支座支承宽度 a 为 300 mm，受拉纵筋采用 HRB400、HRB500、HRB600 钢筋，截面相对受压区高度 ξ 为 0.1～0.4 的 12 组(60 根)模拟梁，则在三种加载方式的作用下，连续梁跨高比 l/h 与弯矩调幅系数 β_{I}、β_{II} 的关系如图 2.16、图 2.17 所示。由图 2.16、图 2.17 结果可知，两阶段弯矩调幅系数均随着连续梁跨高比的增大而减小。当连续梁跨高比由 8 增大到 24，三种加载方式下各模拟梁第一阶段弯矩调幅系数平均减小 10.7%、10.6%、13.4%，第二阶段弯矩调幅系数平均减小 10.0%、8.9%、11.4%，表明跨高比增加对两阶段弯矩调幅均有减小作用。

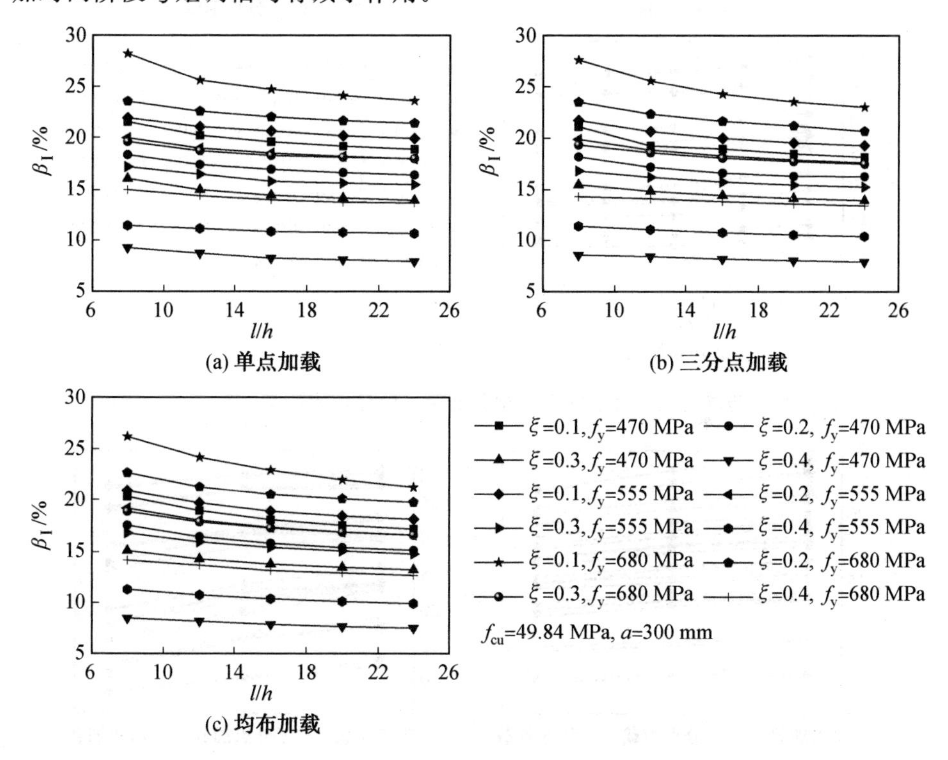

图 2.16　跨高比 l/h 对中支座控制截面第一阶段弯矩调幅系数 β_{I} 的影响

选取混凝土强度等级为 C40，跨高比 $l/h=20$，受拉纵筋采用 HRB400、HRB500、HRB600 钢筋，中支座控制截面相对受压区高度 ξ 为 0.1～0.4，中支座支承宽度 a 为 200 mm 和 300 mm 的 24 根模拟梁，得到了各模拟梁在两跨跨中单点加载、三分点加载及均布加载作用下的弯矩调幅系数 β_{I}、β_{II}，如图 2.18 所示。

由图 2.18 可知，相同模拟梁的两阶段弯矩调幅系数在不同加载方式作用下略有不同：两跨跨中单点加载作用下的弯矩调幅系数最大、三分点加载次之、均布加载作用下弯矩调幅系数最小。这是由于连续梁塑性铰长度与加载方式有

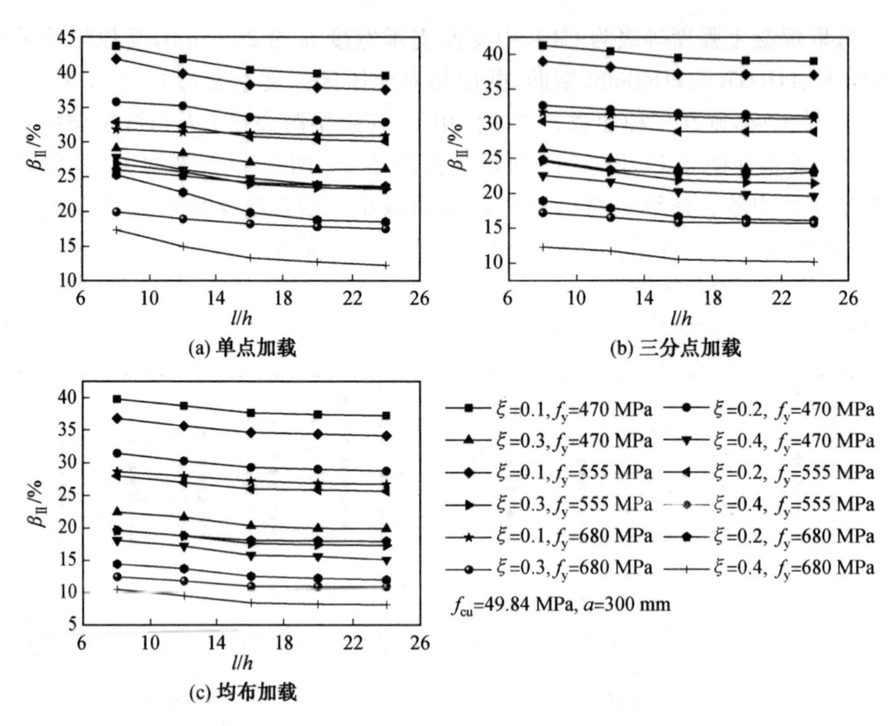

图 2.17　跨高比 l/h 对中支座控制截面第二阶段弯矩调幅系数 β_{II} 的影响

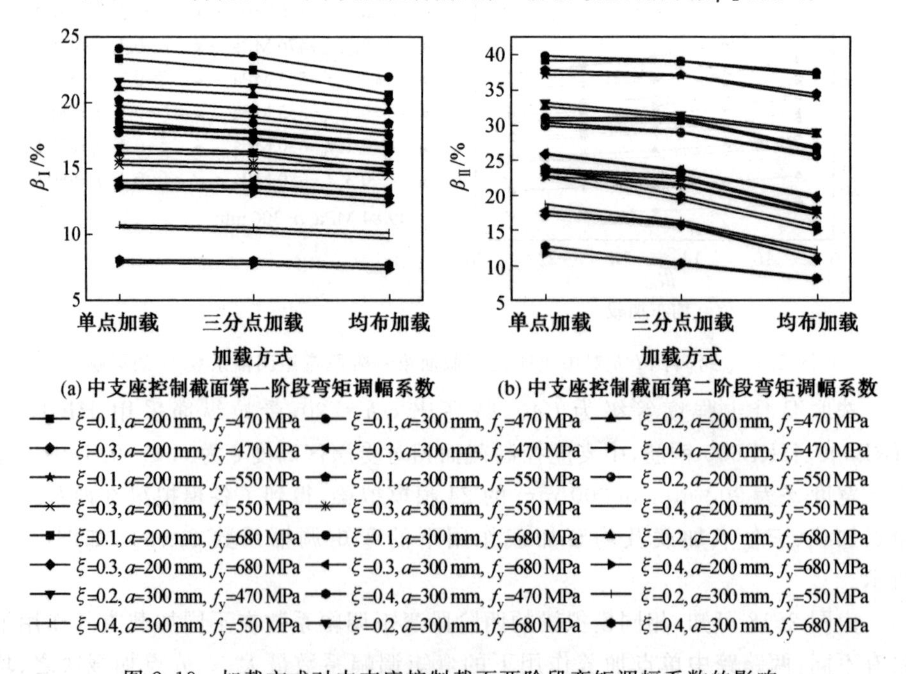

图 2.18　加载方式对中支座控制截面两阶段弯矩调幅系数的影响

关，当其他控制变量相同时，不同加载方式作用下的连续梁塑性铰转动能力不同；同时，不同加载方式作用下连续梁负弯矩变化梯度不同，钢筋应变渗透对弯矩调幅的影响不同，导致两阶段的弯矩调幅系数并不相同。

2.3.3　连续梁两阶段的弯矩调幅系数统一计算公式

基于上述336根两跨钢筋混凝土连续梁模拟结果，可建立考虑各关键参数影响的两阶段的弯矩调幅系数计算公式。以钢筋屈服强度 f_y、中支座控制截面相对受压区高度 ξ、跨高比 l/h、中支座支承宽度 a 为自变量，则两跨跨中单点加载、三分点加载及均布加载作用下混凝土连续梁中支座控制截面第一阶段弯矩调幅系数 β_{I} 和第二阶段弯矩调幅系数 β_{II} 分别按下式计算：

$$\beta_{\mathrm{I}}=\alpha_{\mathrm{sI}}\alpha_{\mathrm{pI}}\left(-3.37\xi^2+\frac{1.40}{l/h}+3.01\times10^{-4}a+1.00\right)\times10^{-2} \tag{2.17}$$

$$\beta_{\mathrm{II}}=\alpha_{\mathrm{sII}}\alpha_{\mathrm{pII}}\left[6.56(\xi-0.55)^2+\frac{1.41}{l/h}+4.02\times10^{-4}a+0.50\right]\times10^{-2} \tag{2.18}$$

式中　α_{sI}、α_{sII}——钢筋屈服强度对两阶段弯矩调幅的影响系数，其表达式分别为

$$\alpha_{\mathrm{sI}}=4.21+\frac{f_y}{100} \tag{2.19}$$

$$\alpha_{\mathrm{sII}}=11.51-\frac{f_y}{100} \tag{2.20}$$

α_{pI}、α_{pII}——加载方式对两阶段弯矩调幅的影响系数，单点加载作用下分别取为2.06和2.78，三分点加载作用下分别取为2.02和2.59，均布加载作用下分别取为1.93和2.30，当采用混合加载时，按不同加载方式对中支座控制截面弹性弯矩的贡献对上述影响系数取加权平均值。

图2.19为式(2.17)、式(2.18)计算值与本书试验梁两阶段调幅系数试验值的对比。

经计算，第一阶段弯矩调幅系数式(2.17)计算值β_{I}^{c}与试验值β_{I}^{t}之比的平均值为0.921，标准差为0.136，变异系数为0.148；第二阶段弯矩调幅系数式(2.18)计算值β_{II}^{c}与试验值β_{II}^{t}之比的平均值为0.999，标准差为0.201，变异系数为0.201，表明上述公式可用于连续梁两阶段弯矩调幅系数的计算。至此，本书实现了配置高强钢筋与配置普通强度钢筋的混凝土连续梁弯矩调幅计算方法的统一。

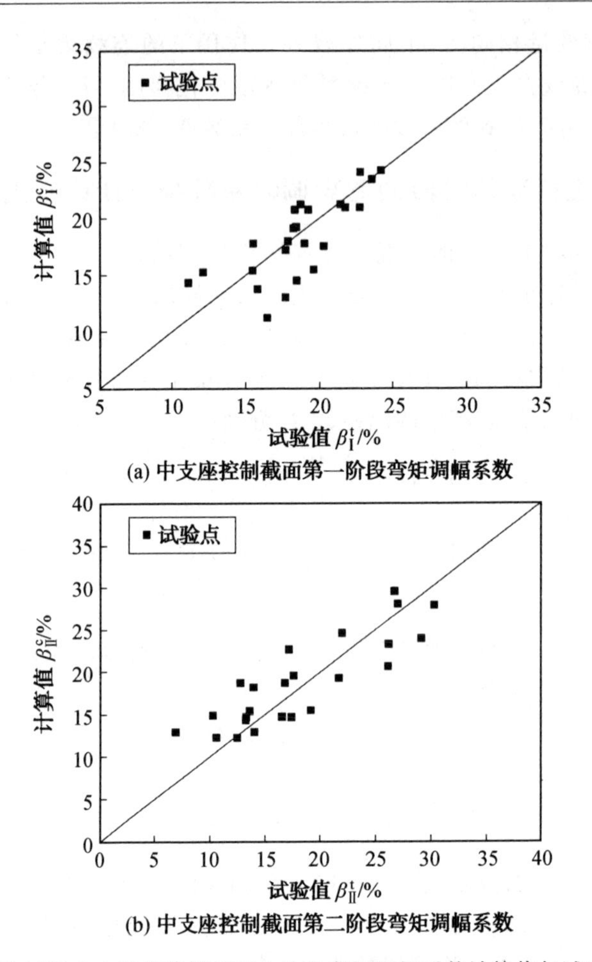

(a) 中支座控制截面第一阶段弯矩调幅系数

(b) 中支座控制截面第二阶段弯矩调幅系数

图 2.19　连续梁中支座控制截面两个阶段弯矩调幅系数计算值与试验值对比

2.4　配置高强热轧钢筋与配置普通强度钢筋的混凝土连续梁弯矩调幅对比

基于式(2.17)和式(2.18),可对配置高强热轧钢筋与配置普通强度钢筋的混凝土连续梁弯矩调幅系数进行对比,如图 2.20 所示。考虑到实际工程应用中连续梁跨高比 l/h 范围为 15～25,支座支承宽度 a 的范围为 100～370 mm,故图中所选取连续梁的跨高比 l/h 为 18、中支座支承宽度 a 为 250 mm、控制截面相对受压区高度 ξ 介于 0.1～0.35、受拉纵筋屈服强度为 270～660 MPa。各连续梁截面尺寸为 250 mm×500 mm,作用加载方式为均布荷载。

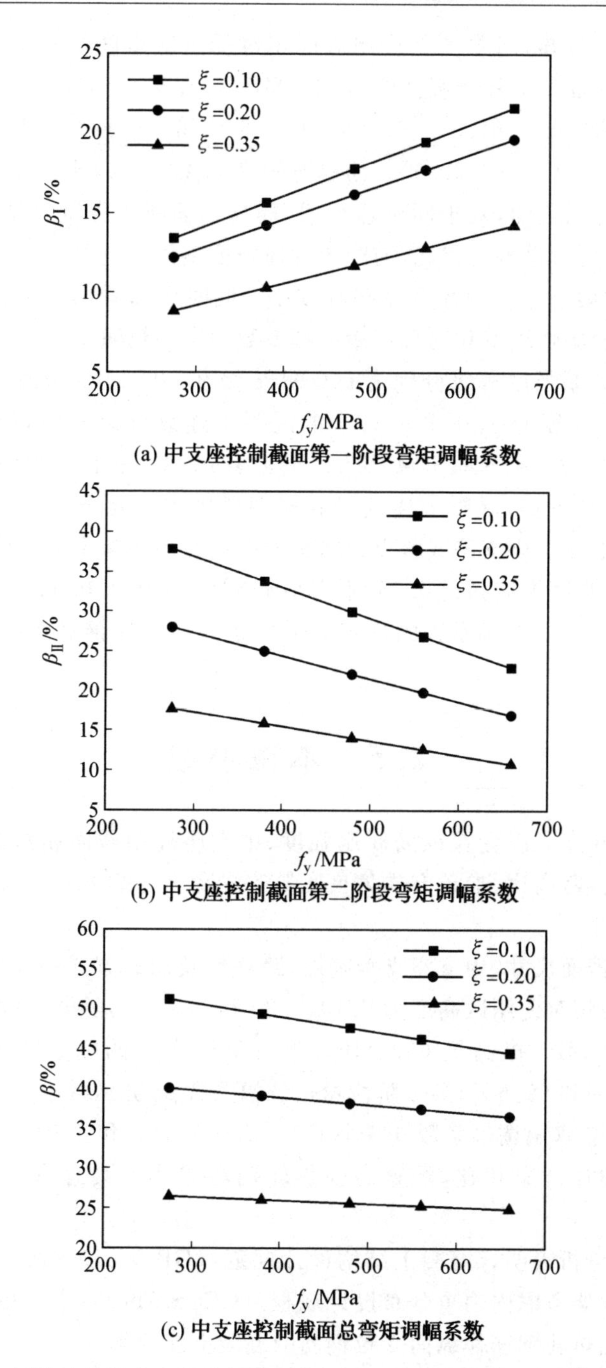

图 2.20　两跨连续梁中支座控制截面弯矩调幅系数随钢筋屈服强度的变化

由图2.20可知，当中支座控制截面相对受压区高度为0.10、0.20和0.35时，随着连续梁受拉纵筋屈服强度由270 MPa提高至660 MPa，第一阶段弯矩调幅系数β_{I}分别增加了61.5%、60.8%和59.6%，第二阶段弯矩调幅系数β_{II}分别减小了40.2%、39.4%和38.6%，而总弯矩调幅系数β减小了13.0%、8.8%和5.9%。上述结果表明，对于同一连续梁，提高钢筋屈服强度对塑性铰形成后的弯矩调幅影响更为显著。因此，与配置普通强度钢筋的连续梁相比，配置高强热轧钢筋的连续梁总弯矩调幅系数略有减小。同时可以看出，截面相对受压区高度越小，钢筋屈服强度变化对总弯矩调幅系数的影响越明显。

此外，当钢筋强度等级分别为500 MPa级和600 MPa级时，中支座控制截面相对受压区高度介于0.1～0.35的混凝土连续梁总弯矩调幅系数分别为25.3%～46.2%和24.9%～44.5%。根据我国《混凝土结构设计规范》(GB 50010—2010)和《钢筋混凝土连续梁和框架考虑内力重分布设计规程》(CECS 51:93)，钢筋混凝土梁支座或节点边缘截面的负弯矩调幅系数限值为25%，且截面相对受压区高度不应超过0.35、不宜小于0.1。由此可知，GB 50010—2010和CECS 51:93中弯矩调幅系数的规定亦适用于高强热轧钢筋作纵向受拉钢筋的混凝土连续梁。

2.5 本章小结

(1)本章建立了以受拉纵筋屈服强度、中支座控制截面相对受压区高度、中支座支承宽度、跨高比、加载方式为自变量的混凝土连续梁两阶段弯矩调幅系数的计算方法。

(2)对于截面尺寸、中支座支承宽度、跨高比及加载方式相同的连续梁，当中支座控制截面相对受压区高度为0.10、0.20和0.35时，随着连续梁受拉纵筋屈服强度由270 MPa提高至660 MPa，第一阶段弯矩调幅系数β_{I}分别增大了61.5%、60.8%和59.6%，第二阶段弯矩调幅系数β_{II}分别减小了40.2%、39.4%和38.6%，而总弯矩调幅系数β减小了13.0%、8.81%和5.94%，表明与配置普通强度钢筋的连续梁相比，配置高强热轧钢筋的连续梁总弯矩调幅系数有所降低。

(3)对比分析表明，《混凝土结构设计规范》(GB 50010—2010)和《钢筋混凝土连续梁和框架考虑内力重分布设计规程》(CECS 51:93)中弯矩调幅系数的规定适用于高强热轧钢筋作纵向受拉钢筋的混凝土连续梁。

第3章　应变渗透引起的框架梁端控制截面附加转角试验与分析

3.1　概　述

在外荷载作用下，锚固于框架梁柱节点内的梁端控制截面受拉纵筋在不大于临界锚固长度的区段会存在一定的拉伸应变，此现象称为钢筋的应变渗透。钢筋应变渗透会使框架梁端控制截面产生附加转角，当其他设计参数相同时，受拉纵筋屈服强度越高，应变渗透引起的框架梁端附加转角越大。由于高强热轧钢筋锚固长度相对较长，对于边跨梁和相邻两跨梁顶标高不同的框架梁，梁端受拉纵筋在框架柱内可能存在弯折，弯折段钢筋对应变渗透引起的梁端控制截面附加转角的影响尚不明确；钢筋屈服强度明显提高后，控制截面附近纵向受拉钢筋与混凝土间黏结性能的退化是人们所关注的又一个问题。

为此，本书完成了 30 个分别配置 HRB500 钢筋和 HRB600 钢筋的梁柱组合体静力加载试验。18 个组合体试件由柱与两侧梁顶标高相同的悬臂梁组成，用以考察相邻两跨梁顶标高相同时高强热轧钢筋应变渗透引起的梁端控制截面附加转角；12 个组合体试件由柱与两侧梁顶标高不同的悬臂梁组成，用以考察框架边跨或相邻两跨梁顶标高不同时高强热轧钢筋应变渗透引起的梁端控制截面附加转角。

3.2　试件设计与制作

3.2.1　试件设计

本章共设计制作了 30 个分别以 HRB500 钢筋、HRB600 钢筋作受拉纵筋的梁柱组合体试件。其中，18 个组合体试件由柱与两侧梁顶标高相同的悬臂梁组成，两悬臂梁配筋相同且贯穿柱，如图 3.1 所示，试件编号以符号“士”开头（简称士型试件）；12 个组合体试件由柱与两侧梁顶标高不同的悬臂梁组成，由于两侧悬臂梁配筋不同，故每个组合体可按两个试件对待，如图 3.2 所示，试件编号以符号“士”开头（简称士型试件）。各试件悬臂梁截面尺寸均为 200 mm ×

350 mm,跨度为 1 000 mm。各试件满足“强柱弱梁”设计原则,且试验过程中柱不开裂,满足承载力要求。

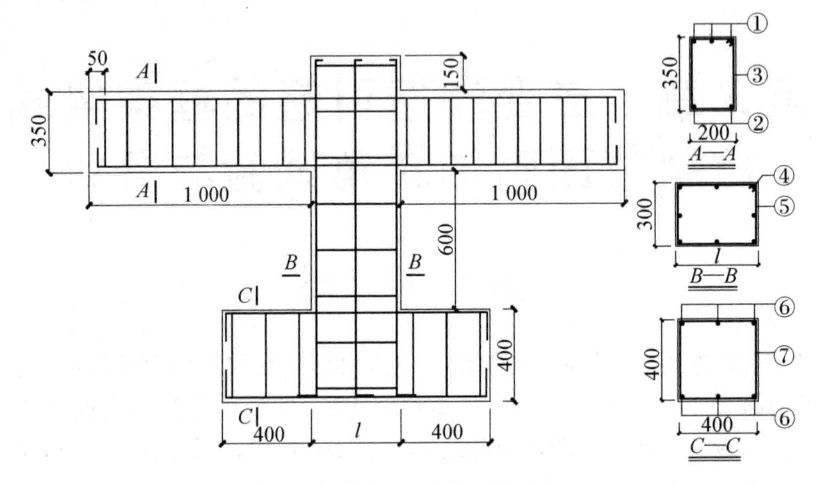

图 3.1　士型试件配筋图

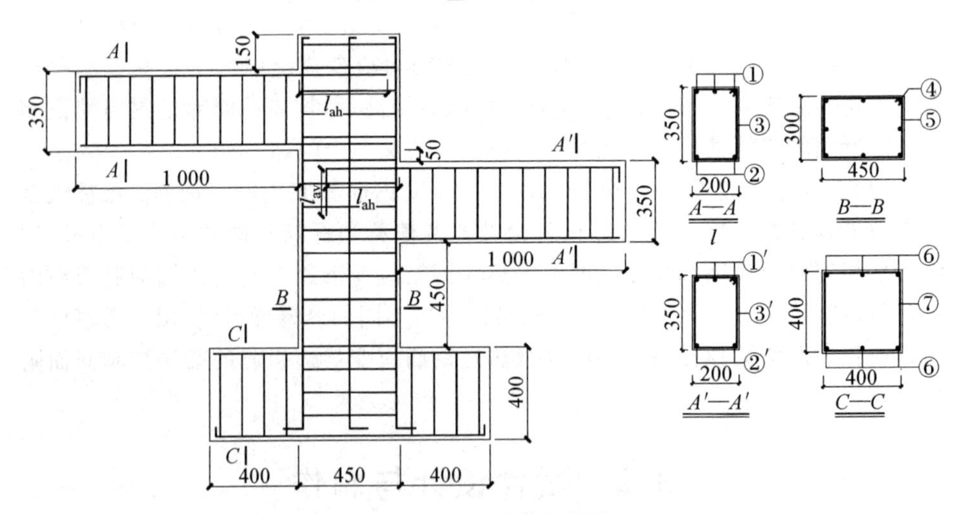

图 3.2　士型试件配筋图

对于士型试件,柱高为 1 100 mm,截面宽度为 300 mm,为考察梁端控制截面受拉纵筋锚固于梁柱节点内的水平段长度对应变渗透引起的梁端控制截面附加转角的影响,柱截面高度分为 400 mm、600 mm 和 800 mm 三种,18 个士型试件设计参数及配筋见表 3.1。

表 3.1　18 个十型试件设计参数及配筋

试件编号	混凝土设计强度等级	悬臂梁			柱		柱截面高度 l /mm
		受拉纵筋牌号	受拉纵筋①	箍筋③	受拉纵筋④	箍筋⑤	
十—A—1			3Φ18	ϕ10@100	8Φ18	ϕ10@100	400
十—A—2	C40		2Φ20	ϕ10@100	8Φ18	ϕ10@100	600
十—A—3			2Φ22	ϕ10@80	10Φ18	ϕ10@100	800
十—A—4			3Φ18	ϕ10@100	8Φ18	ϕ10@100	400
十—A—5	C50	HRB600	2Φ20	ϕ10@100	8Φ18	ϕ10@100	600
十—A—6			2Φ22	ϕ10@80	10Φ18	ϕ10@100	800
十—A—7			3Φ18	ϕ10@100	8Φ18	ϕ10@100	400
十—A—8	C60		3Φ20	ϕ10@100	8Φ18	ϕ10@100	600
十—A—9			2Φ22	ϕ10@80	10Φ18	ϕ10@100	800
十—B—1			3Φ18	ϕ10@100	8Φ18	ϕ10@100	400
十—B—2	C40		2Φ20	ϕ10@100	8Φ18	ϕ10@100	600
十—B—3			2Φ22	ϕ10@80	10Φ18	ϕ10@100	800
十—B—4			3Φ18	ϕ10@100	8Φ18	ϕ10@100	400
十—B—5	C50	HRB500	3Φ20	ϕ10@100	8Φ18	ϕ10@100	600
十—B—6			2Φ22	ϕ10@80	10Φ18	ϕ10@100	800
十—B—7			3Φ18	ϕ10@100	8Φ18	ϕ10@100	400
十—B—8	C60		3Φ20	ϕ10@100	8Φ18	ϕ10@100	600
十—B—9			3Φ22	ϕ10@80	10Φ18	ϕ10@100	800

注：1. 本表中配筋编号参见图 3.1，架立钢筋②采用直径为 10 mm 的 HPB300 钢筋。

2. 各试件悬臂梁配置了足够的箍筋，以满足“强剪弱弯”设计原则。

3. 各试件底梁截面尺寸均为 400 mm×400 mm，纵筋⑥均为 6Φ18，箍筋⑦均为ϕ10@100。

对于士型试件，柱高为 1 350 mm，截面尺寸均为 300 mm × 450 mm。基于白绍良等对框架边跨梁端直角弯折钢筋在柱内锚固性能的研究结果，发现当直角弯折锚固钢筋水平段长度大于 $0.4l_a$（l_a为钢筋基本锚固长度）、垂直段长度大于 $10d$（d 为钢筋直径）时，垂直段钢筋应变已很小，弯折点处钢筋滑移量对梁端控制截面受拉钢筋滑移值的贡献可忽略不计。因此，本书士型试件梁端控制截面受拉纵筋在梁柱节点内的直锚段长度取为 $0.4l_a$、$0.6l_a$ 和 l_a，垂直段长度为 $15d$。24 个士型试件设计参数及配筋见表 3.2。

表 3.2　24 个╋型试件设计参数及配筋

试件编号	混凝土设计强度等级	悬臂梁			柱		梁端受拉纵筋在梁柱节点内水平锚固段长度 l_{ah}/mm
		受拉纵筋牌号	受拉纵筋①/①′	箍筋③/③′	受拉纵筋④	箍筋⑤	
╋－A－1	C40	HRB600	3Φ18	φ10@100	8Φ18	φ10@100	420
╋－A－2			2Φ22	φ10@100	8Φ18		230
╋－A－3			2Φ20	φ10@150	8Φ18	φ10@100	380
╋－A－4			2Φ20	φ10@150	8Φ18		220
╋－A－5	C50		3Φ18	φ10@100	8Φ18	φ10@100	420
╋－A－6			2Φ22	φ10@100	8Φ18		210
╋－A－7			2Φ20	φ10@150	8Φ18	φ10@100	340
╋－A－8			2Φ20	φ10@150	8Φ18		420
╋－A－9	C60		3Φ18	φ10@100	8Φ18	φ10@100	400
╋－A－10			2Φ22	φ10@150	8Φ18		340
╋－A－11			3Φ20	φ10@80	8Φ18	φ10@80	310
╋－A－12			3Φ20	φ10@80	8Φ18		180
╋－B－1	C40	HRB500	3Φ18	φ10@100	8Φ18	φ10@100	430
╋－B－2			2Φ22	φ10@100	8Φ18		210
╋－B－3			2Φ20	φ10@150	8Φ18	φ10@100	330
╋－B－4			2Φ20	φ10@150	8Φ18		190
╋－B－5	C50		3Φ18	φ10@150	8Φ18	φ10@100	380
╋－B－6			2Φ22	φ10@150	8Φ18		190
╋－B－7			3Φ20	φ10@100	8Φ18	φ10@80	300
╋－B－8			3Φ20	φ10@100	8Φ18		420
╋－B－9	C60		3Φ18	φ10@150	8Φ18	φ10@100	350
╋－B－10			2Φ22	φ10@150	8Φ18		300
╋－B－11			3Φ20	φ10@100	8Φ18	φ10@80	270
╋－B－12			3Φ20	φ10@100	8Φ18		160

注：1. 本表中配筋编号参见图 3.2，架立钢筋②/②′采用直径为 10 mm 的 HPB300 钢筋。
2. 各试件悬臂梁配置了足够的箍筋，以满足“强剪弱弯”设计原则。
3. 各试件底梁截面尺寸均为 400 mm×400 mm，纵筋⑥均为 6Φ18，箍筋⑦均为φ10@100。
4. 试件╋－A－4、╋－A－12、╋－B－4、╋－B－12 柱内钢筋锚固形式为端板锚固；试件╋－A－1、╋－A－5、╋－A－8、╋－A－9、╋－B－1、╋－B－5、╋－B－8、╋－B－9柱内为直筋锚固；其他╋型试件柱内为直角弯折钢筋锚固，弯折段长度 l_{av} 为 15d（d 为锚固钢筋直径）。

3.2.2　试件制作与材料力学性能

图 3.3 为梁柱组合体试件制作过程，混凝土浇筑完成后采用常温洒水养护。

(a) 钢筋绑扎与支模

(b) 洒水养护

(c) 成形后梁柱组合体试件

图 3.3　梁柱组合体试件制作过程

正式加载前，对与试验试件同批浇筑养护的混凝土标准立方体试块进行力学性能测试，混凝土力学性能见表 3.3。各试件中悬臂梁受拉纵筋采用 HRB500 钢筋和 HRB600 钢筋，钢筋直径包括 18 mm、20 mm 和 22 mm；架立钢筋和箍筋采用直径为 10 mm 的 HPB300 钢筋。不同直径钢筋各取 3 根进行拉拔试验，得到钢筋力学性能见表 3.4。

表 3.3　混凝土力学性能

混凝土设计强度等级	标准立方体抗压强度 f_{cu}/MPa	轴心抗压强度 f_c/MPa
C40	50.6	40.5
C50	59.2	47.4
C60	74.3	61.9

注：$f_c=\alpha_{c1}f_{cu}$，对于 C50 及以下普通混凝土，$\alpha_{c1}=0.76$；对于 C80 混凝土，$\alpha_{c1}=0.82$；中间按线性插值。

表 3.4 钢筋力学性能

钢筋牌号	直径 d/mm	屈服强度 f_y/MPa	抗拉强度 f_u/MPa	强屈比 f_u/f_y	屈服应变 $\varepsilon_y/\mu\varepsilon$	屈服平台末端应变 $\varepsilon_{uy}/\mu\varepsilon$	最大力下伸长率/%
HPB300	10	381	513	1.35	1 910	21 410	14.7
HRB500	18	590	760	1.29	2 950	13 831	11.2
HRB500	20	581	732	1.26	2 910	13 633	12.2
HRB500	22	543	713	1.31	2 720	16 939	11.3
HRB600	18	631	825	1.31	3 160	12 573	10.8
HRB600	20	654	837	1.28	3 270	12 374	10.4
HRB600	22	628	801	1.28	3 140	11 996	10.7

3.3 试验方案

3.3.1 试验装置和加载方案

在试件两侧悬臂梁端施加对称的单点静力荷载，梁柱组合体试件加载装置如图 3.4 所示。为保证加载过程中外荷载方向始终保持竖直向下，在加载千斤顶上端与反力梁接触面间设置刀口铰，千斤顶下端与试件接触面间设置滚动铰支座。在加载千斤顶与反力梁之间设置压力传感器，以准确测量加荷值并保证两跨加载同步；在加载点下设置位移计，以保证梁自由端变形基本相同。对于士型试件，由于中柱两侧悬臂梁高度不同，因此中柱产生一定弯矩。为防止中柱侧面产生混凝土裂缝而影响柱内的锚固钢筋的应变渗透，在中柱上方施加偏心轴力以避免中柱开裂。加载制度采用荷载一位移混合控制的分级加载制度。

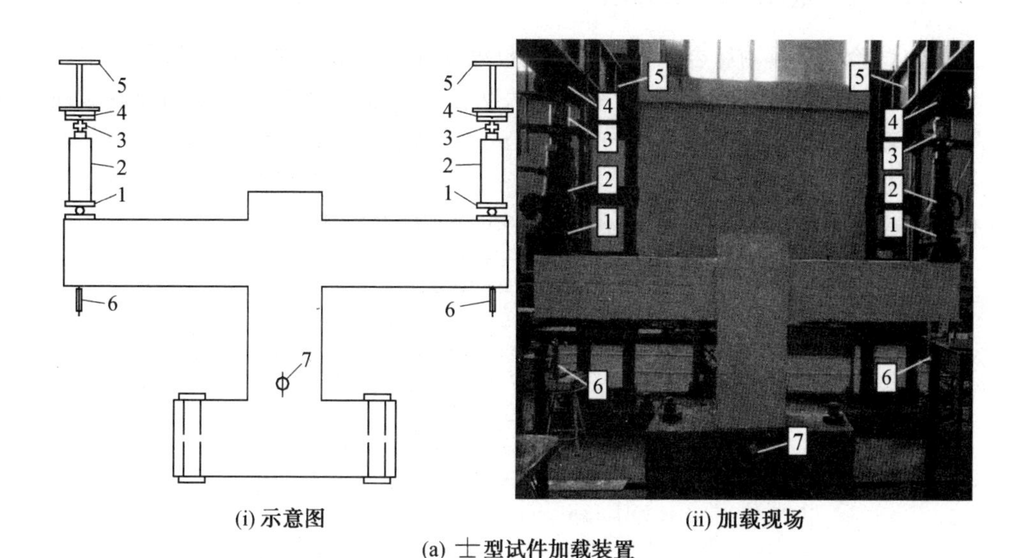

(i) 示意图　　(ii) 加载现场

(a) 士型试件加载装置

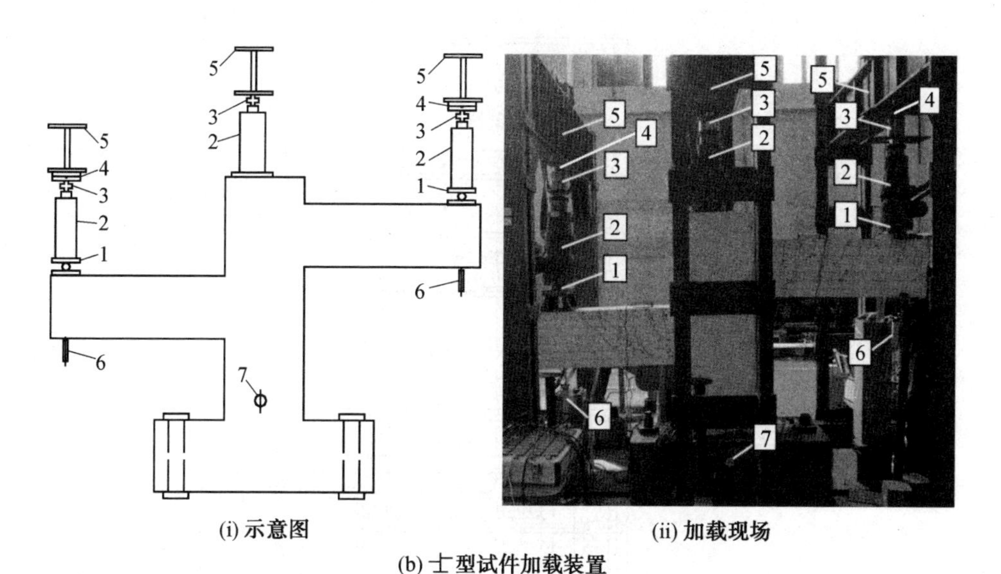

(i) 示意图　　(ii) 加载现场

(b) 士型试件加载装置

图 3.4　梁柱组合体试件加载装置

1—铰支座；2—加载千斤顶；3—压力传感器；4—刀口铰支座；

5—反力梁；6—位移计；7—千分表

3.3.2 量测内容及方法

本试验主要量测组合体试件梁端受拉纵筋在梁柱节点内锚固区段的拉应变值，进而考察高强热轧钢筋的应变渗透发展规律。在梁柱节点内梁端控制截面受拉纵筋的水平锚固区段上密布宽度 1 mm、标距 2 mm 的钢筋应变片，相邻应变片中心间距为 40 mm，应变片布置如图 3.5 所示。为确保测量精度及应变片的存活率，对受拉纵筋沿纵肋一侧开槽并在槽底粘贴应变片。

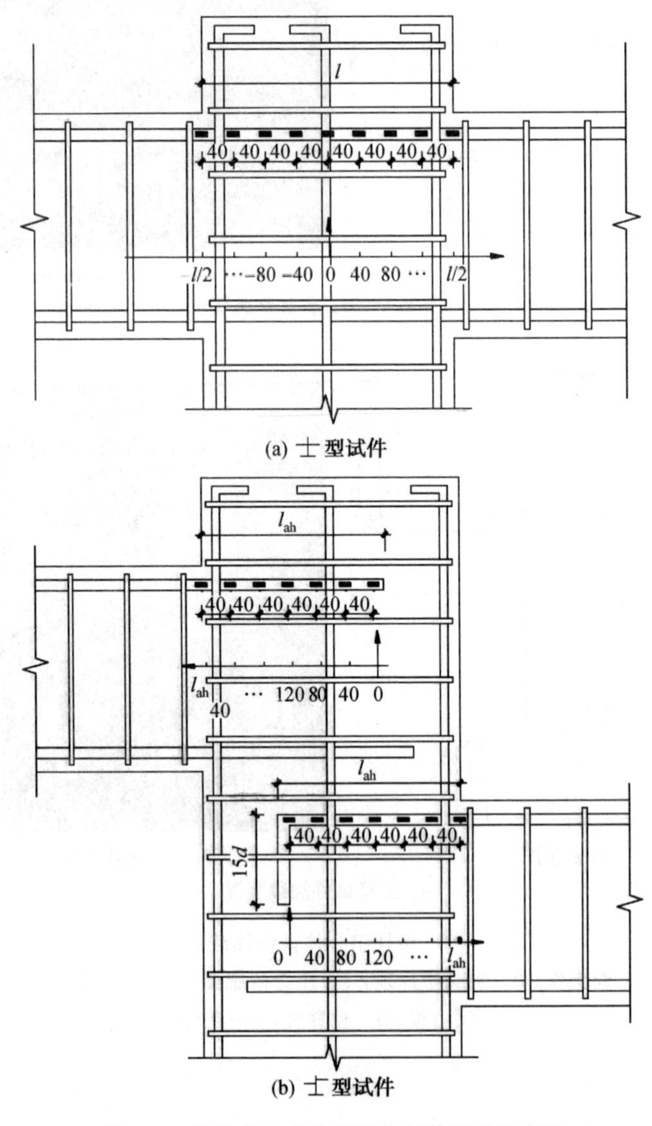

图 3.5 梁柱节点内梁端受拉钢筋应变片布置

3.4　试验现象及试验结果

3.4.1　荷载—变形曲线

对于各组合体试件，柱两侧悬臂梁分别表示为西跨梁和东跨梁。在各试件加载点下布置位移计，测量每级荷载作用下的位移，进而得到各士型试件与士型试件悬臂梁荷载—变形曲线，分别如图 3.6 和图 3.7 所示。图中，$A(A')$点为梁端控制截面开裂点，$B(B')$点为梁端控制截面受拉纵筋屈服点，$C(C')$点为梁端控制截面受弯破坏点。士型试件、士型试件各特征点对应荷载值见表 3.5 和表3.6。

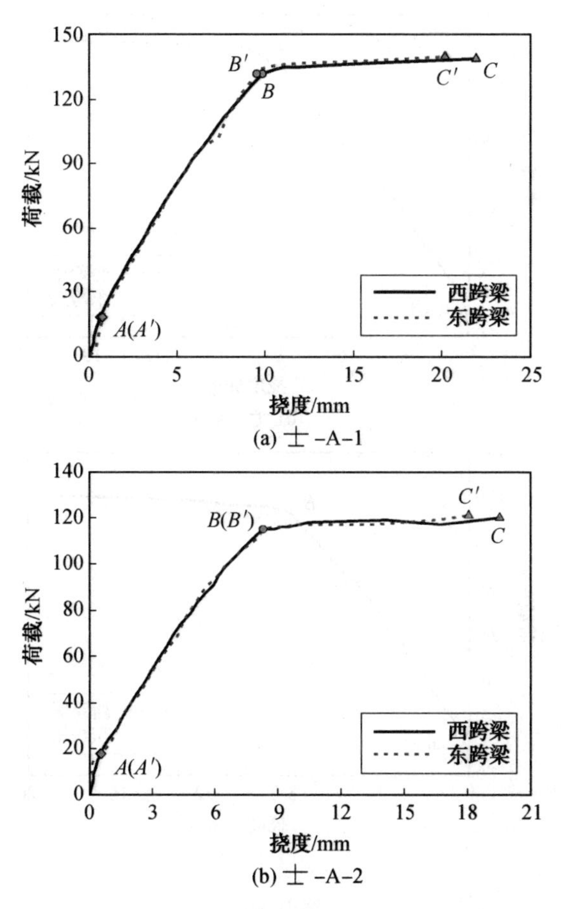

图 3.6　士型试件悬臂梁荷载—变形曲线

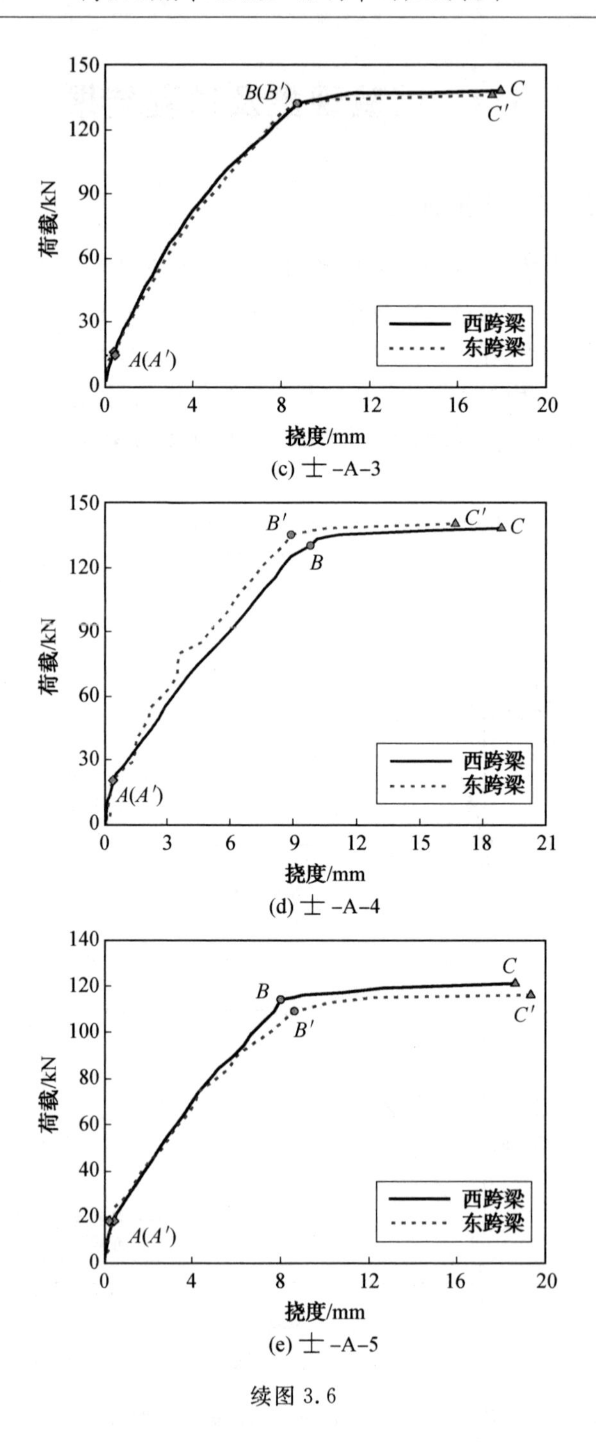

(c) 士-A-3

(d) 士-A-4

(e) 士-A-5

续图 3.6

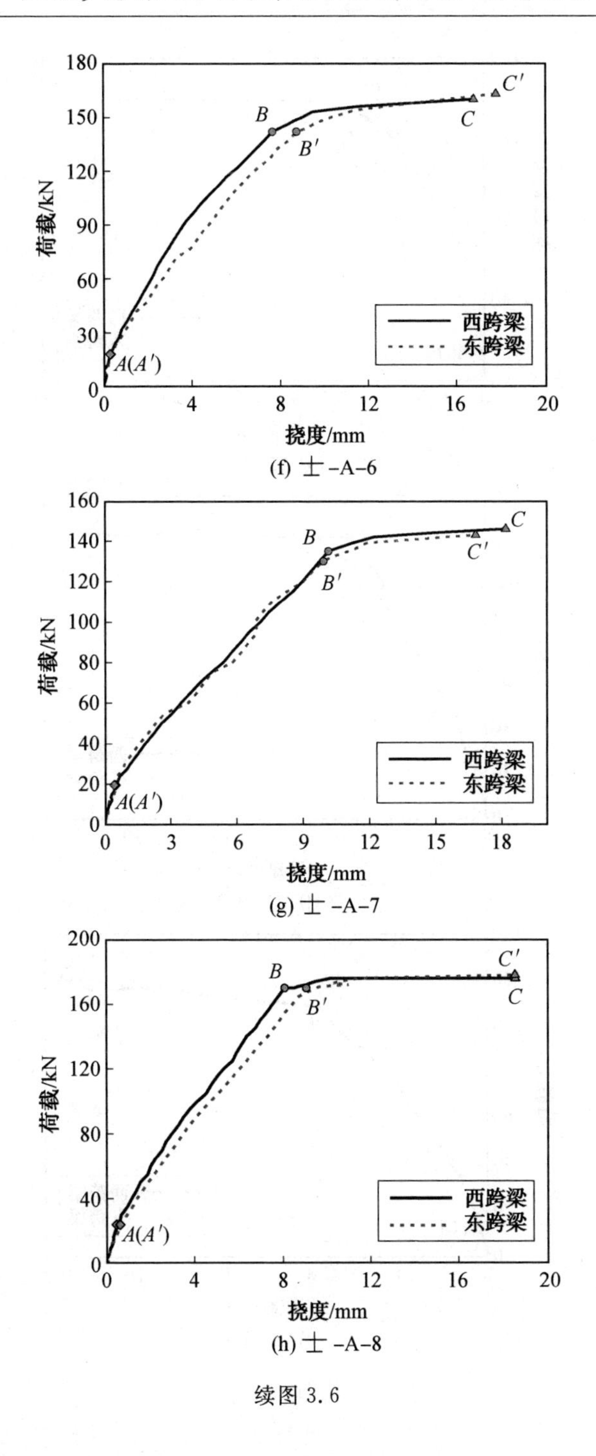

(f) 十-A-6

(g) 十-A-7

(h) 十-A-8

续图 3.6

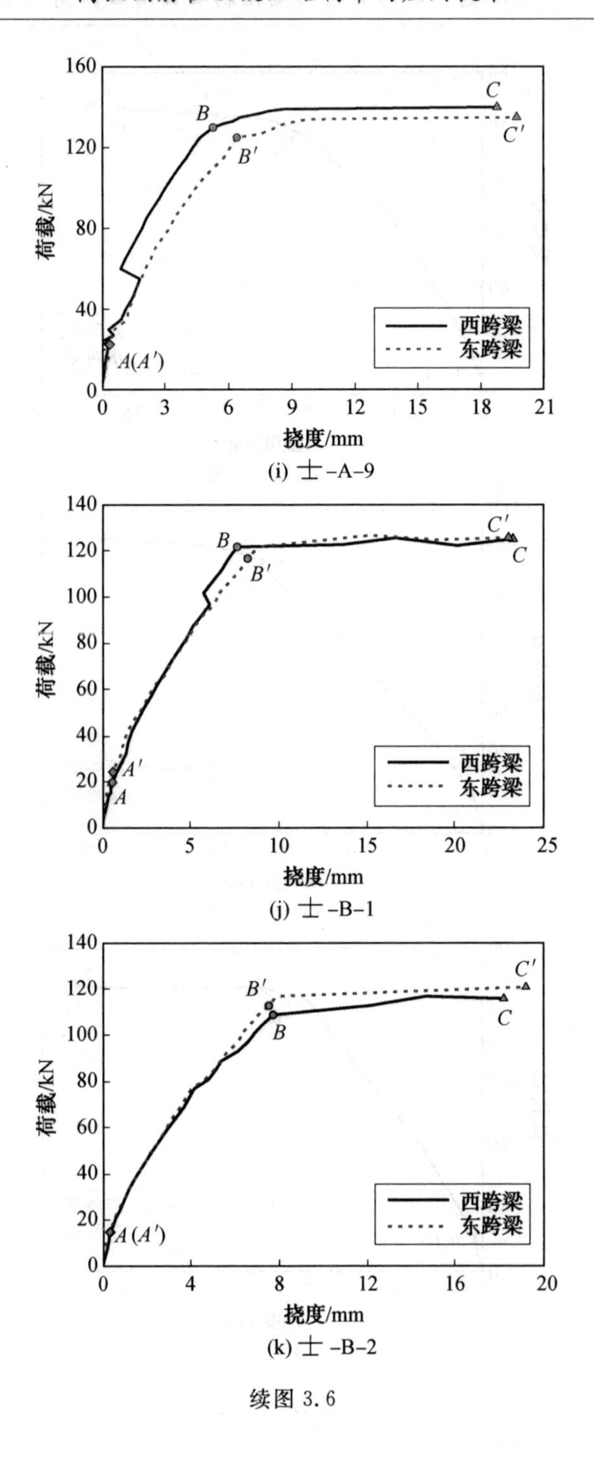

(i) 士–A–9

(j) 士–B–1

(k) 士–B–2

续图 3.6

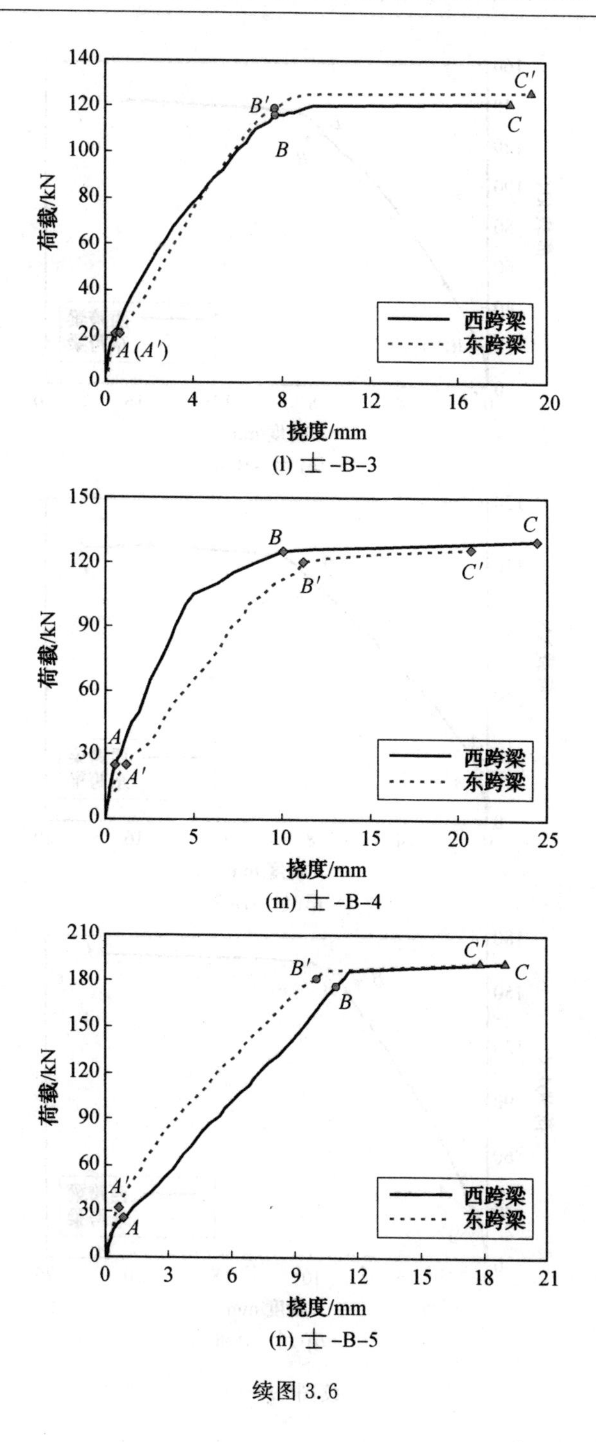

(l) 士-B-3

(m) 士-B-4

(n) 士-B-5

续图 3.6

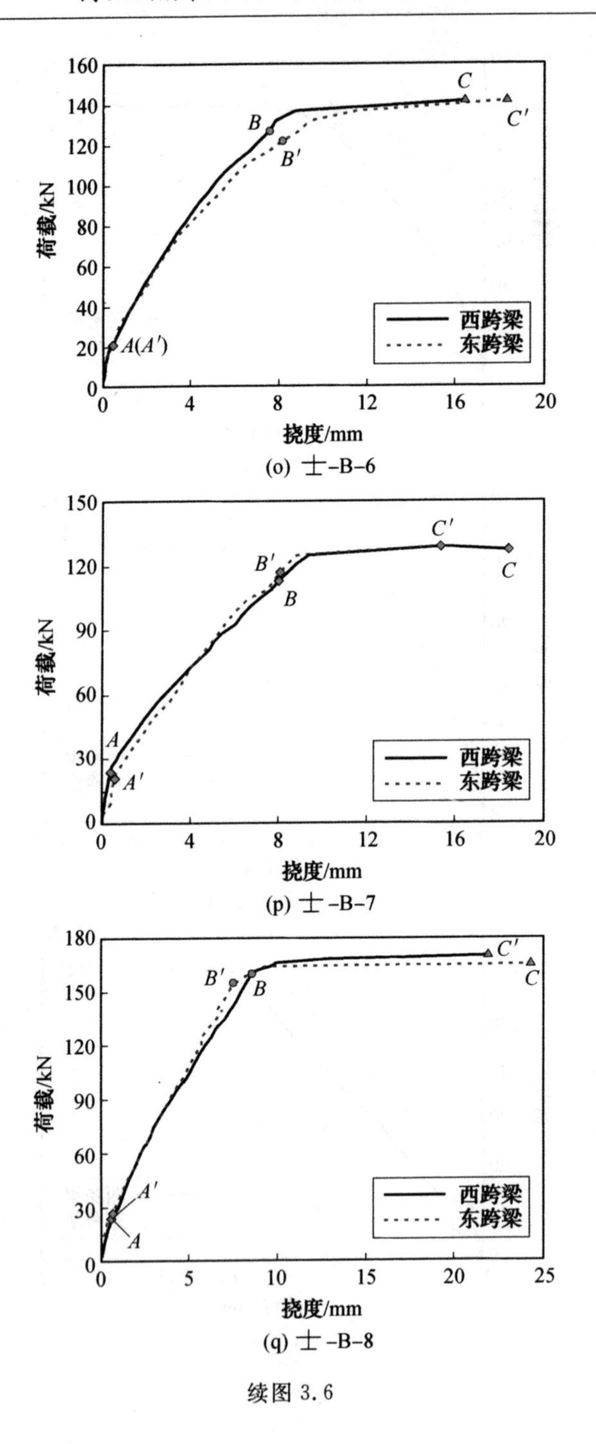

(o) 士-B-6

(p) 士-B-7

(q) 士-B-8

续图 3.6

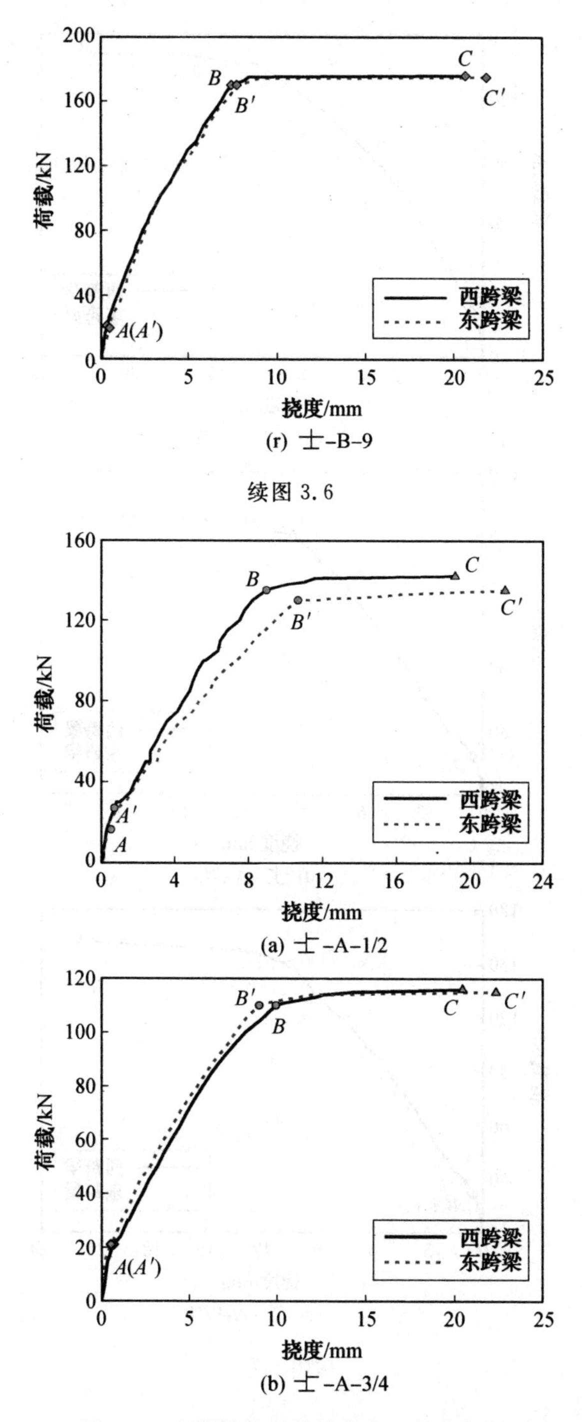

(r) 十-B-9

续图 3.6

(a) 十-A-1/2

(b) 十-A-3/4

图 3.7　十型试件悬臂梁荷载—变形曲线

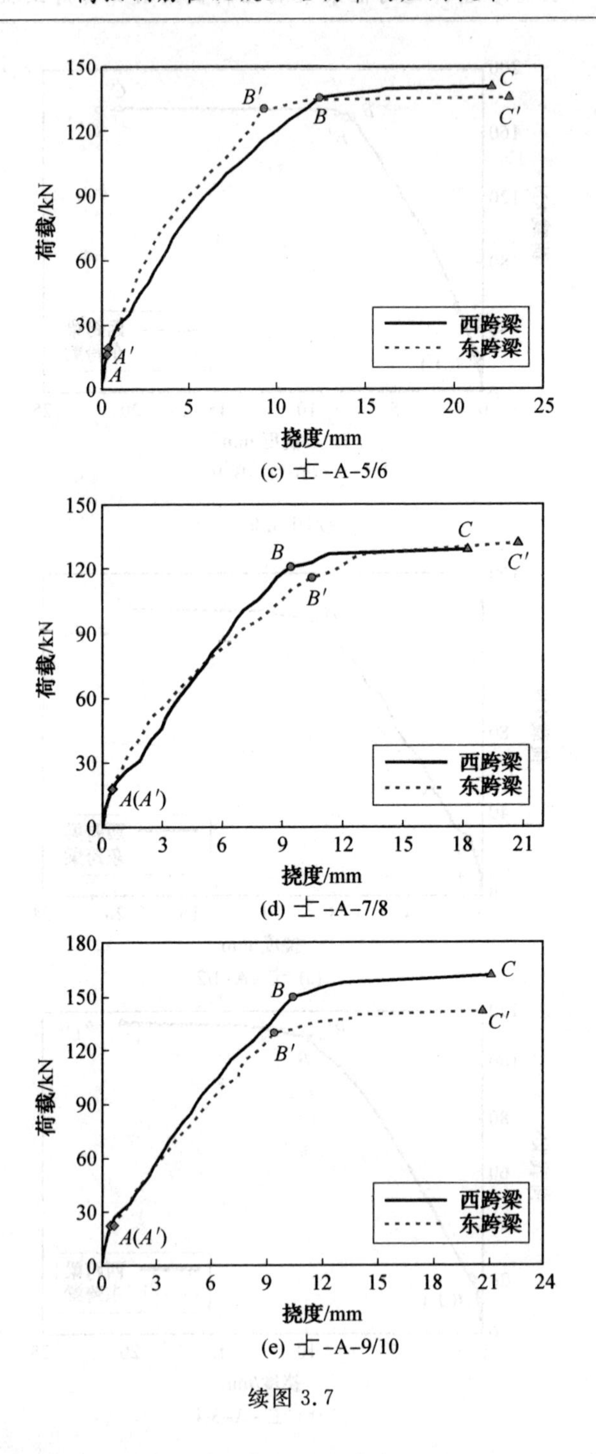

(c) 士-A-5/6

(d) 士-A-7/8

(e) 士-A-9/10

续图 3.7

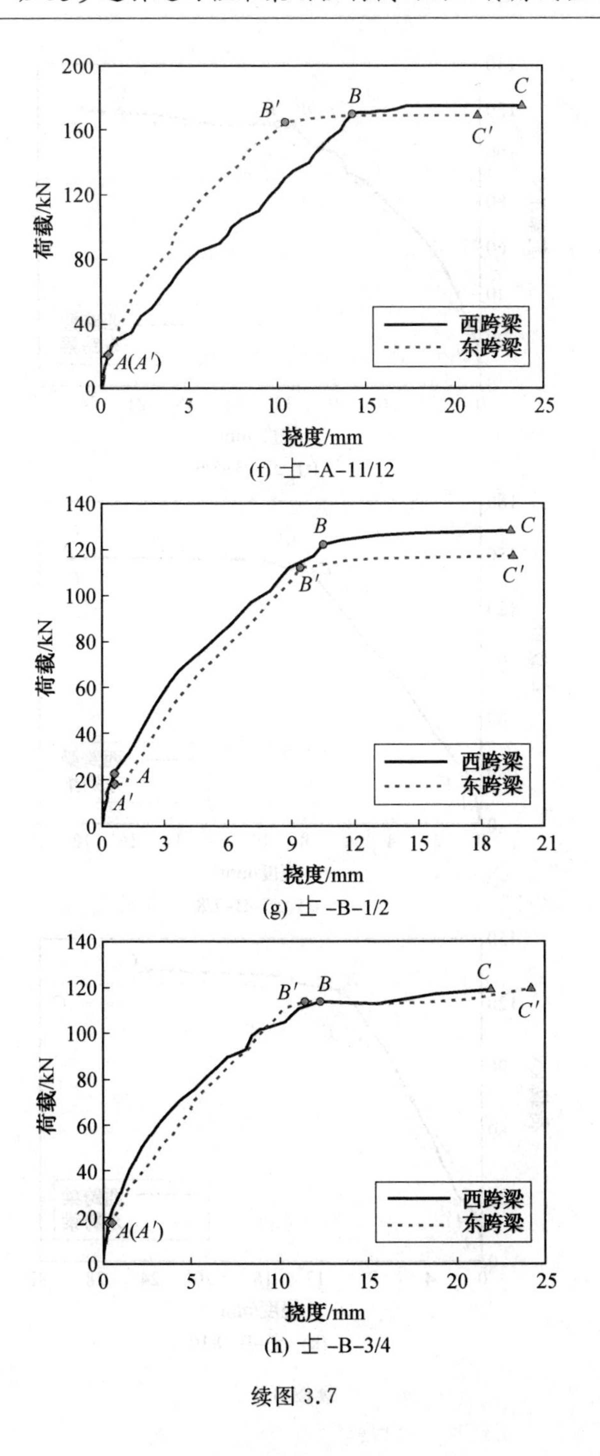

(f) 士-A-11/12

(g) 士-B-1/2

(h) 士-B-3/4

续图 3.7

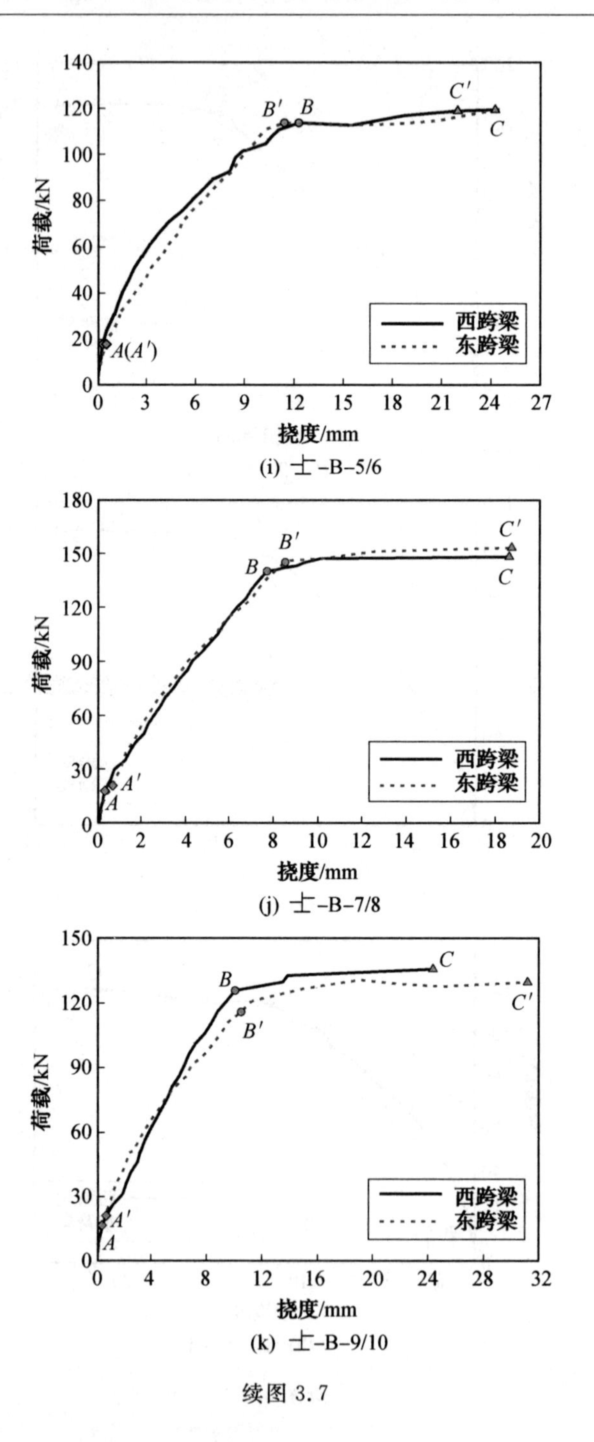

(i) 㐀-B-5/6

(j) 㐀-B-7/8

(k) 㐀-B-9/10

续图 3.7

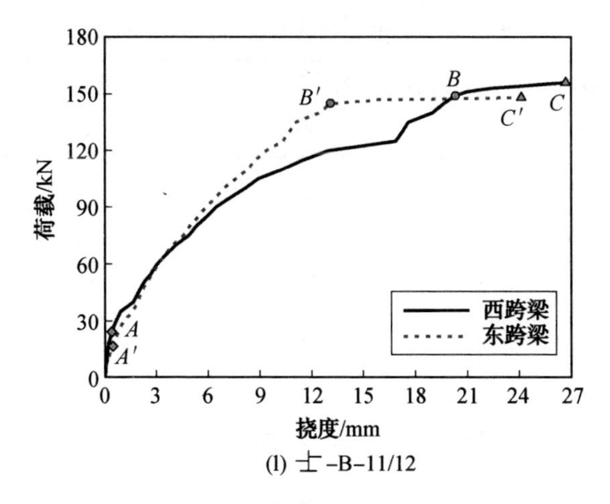

(l) 十-B-11/12

续图 3.7

表 3.5　十型试件各特征点对应荷载值

试件编号	西跨梁各特征点对应荷载值/kN			东跨梁各特征点对应荷载值/kN		
	A	B	C	A'	B'	C'
十－A－1	18	132	139	18	132	140
十－A－2	18	115	120	18	115	121
十－A－3	16.5	132	138	15	132	136
十－A－4	21	130	138	21	135	140
十－A－5	18	114	121	18	109	116
十－A－6	18	142	160	18	142	163
十－A－7	19.5	135	146	19.5	130	143
十－A－8	24	170	176	24	170	178
十－A－9	22.5	130	140	22.5	125	135
十－B－1	19.5	122	125	24	117	126
十－B－2	116	109	116	15	113	121
十－B－3	21	116	121	21	119	126
十－B－4	25.5	125	130	25.5	120	126
十－B－5	25.5	157	165	32	147	155
十－B－6	21	117	126	21	122	132
十－B－7	24	113	127	21	117	129
十－B－8	24	160	170	27	155	165
十－B－9	21	170	176	19.5	170	175

注：本表中各特征点与图 3.6 相对应。

表 3.6　士型试件各特征点对应荷载值

试件编号	各特征点对应荷载值/kN			试件编号	各特征点对应荷载值/kN		
	A	B	C		A'	B'	C'
士—A—1	27	135	142	士—B—1	22.5	122	128
士—A—2	16.5	130	135	士—B—2	18	112	117
士—A—3	21	110	116	士—B—3	18	114	119
士—A—4	21	110	115	士—B—4	18	114	120
士—A—5	19.5	135	140	士—B—5	18	124	129
士—A—6	16.5	130	135	士—B—6	18	119	124
士—A—7	18	121	129	士—B—7	18	140	148
士—A—8	18	116	126	士—B—8	21	145	153
士—A—9	22.5	150	162	士—B—9	21	126	136
士—A—10	22.5	130	142	士—B—10	16.5	116	130
士—A—11	21	170	175	士—B—11	24	149	156
士—A—12	21	165	169	士—B—12	16.5	145	148

注：本表中各特征点与图 3.7 相对应。

由图 3.6 和图 3.7 可以看出，由于各组合体试件为对称加载，故东、西两跨悬臂梁荷载—变形曲线吻合程度较好。各试件梁端控制截面受拉纵筋屈服时刻荷载与受弯破坏荷载的比值介于 0.87～0.98，说明部分试件受弯破坏荷载值与屈服荷载值的差值较大。通过与各试件受拉纵筋的应力—应变关系相对应，发现由于高强热轧钢筋屈服平台段较短，部分试件梁端控制截面受拉钢筋在截面受弯破坏时刻已进入强化阶段，故相应荷载提高幅度较大。当悬臂梁与柱相交的梁端控制截面受压边缘混凝土被压碎时，该试件即达到设计用承载能力极限状态，该状态下试件破坏现象如图 3.8 所示。

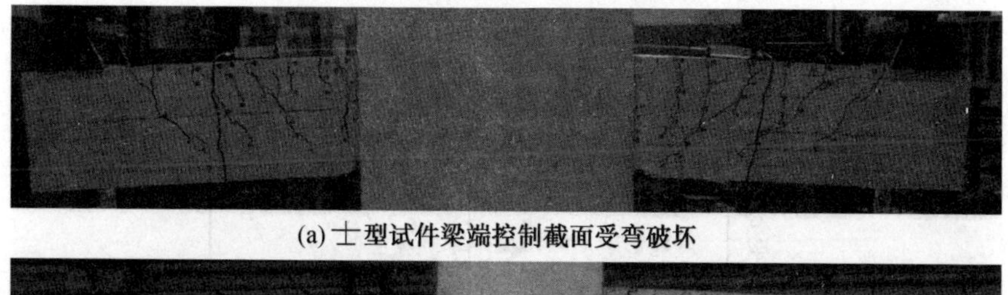

(a) 士型试件梁端控制截面受弯破坏

(b) 士型试件梁端控制截面受弯破坏

图 3.8　设计用承载能力极限状态下试件破坏现象

3.4.2　梁端受拉纵筋在梁柱节点内的应变渗透

这里的应变渗透是指在外荷载作用下，锚固于框架梁柱节点内的梁端控制截面受拉纵筋在不大于临界锚固长度的区段存在拉伸应变的现象。在梁端控制截面受拉纵筋屈服时刻及受弯破坏时刻，18 个士型试件梁端控制截面受拉纵筋屈服时刻、受弯破坏时刻梁柱节点内纵向受拉钢筋应变分布分别如图 3.9、图 3.10所示，图中原点为柱截面中心；12 个士型试件梁端控制截面受拉纵筋屈服时刻、受弯破坏时刻梁柱节点内纵向受拉钢筋应变分布分别如图 3.11、图 3.12 所示，图中原点为柱内直锚钢筋的自由端或直角弯折钢筋的弯折点(图 3.5)。

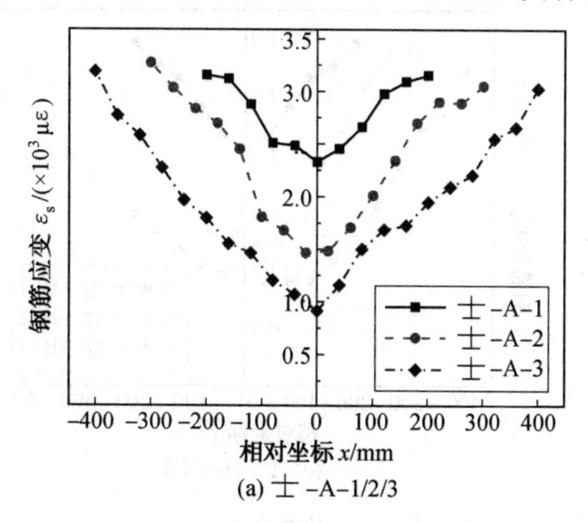

(a) 士 -A-1/2/3

图 3.9　士型试件梁端控制截面受拉纵筋屈服时刻梁柱节点内纵向受拉钢筋应变分布

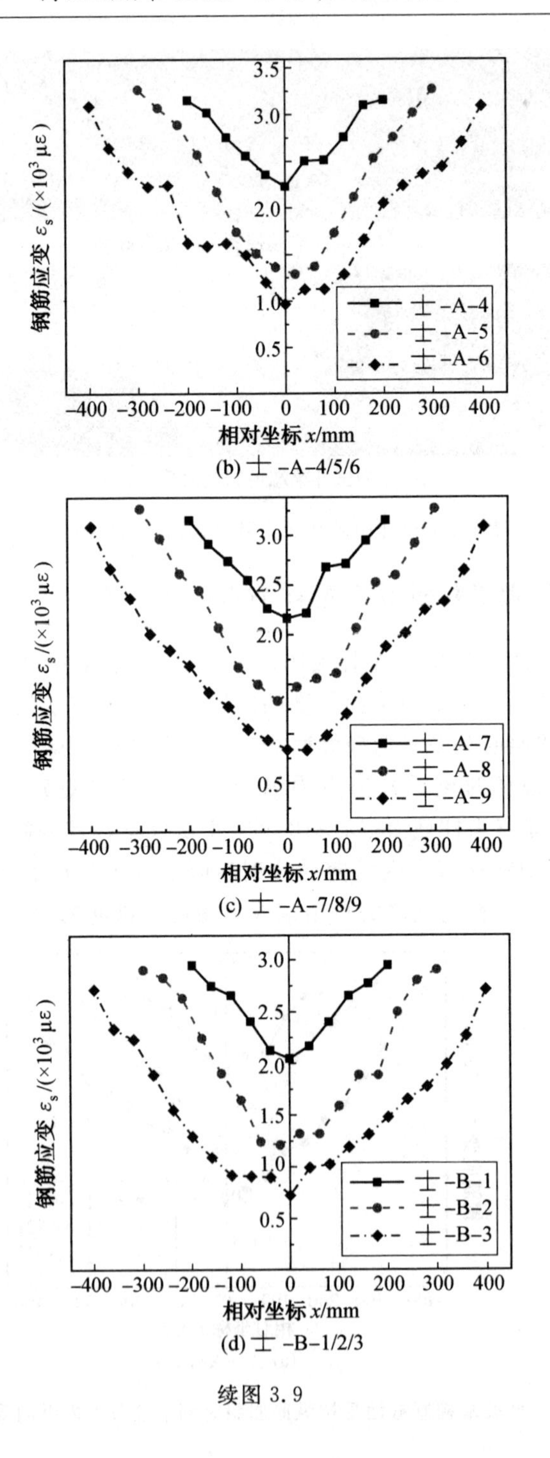

(b) 士 -A-4/5/6

(c) 士 -A-7/8/9

(d) 士 -B-1/2/3

续图 3.9

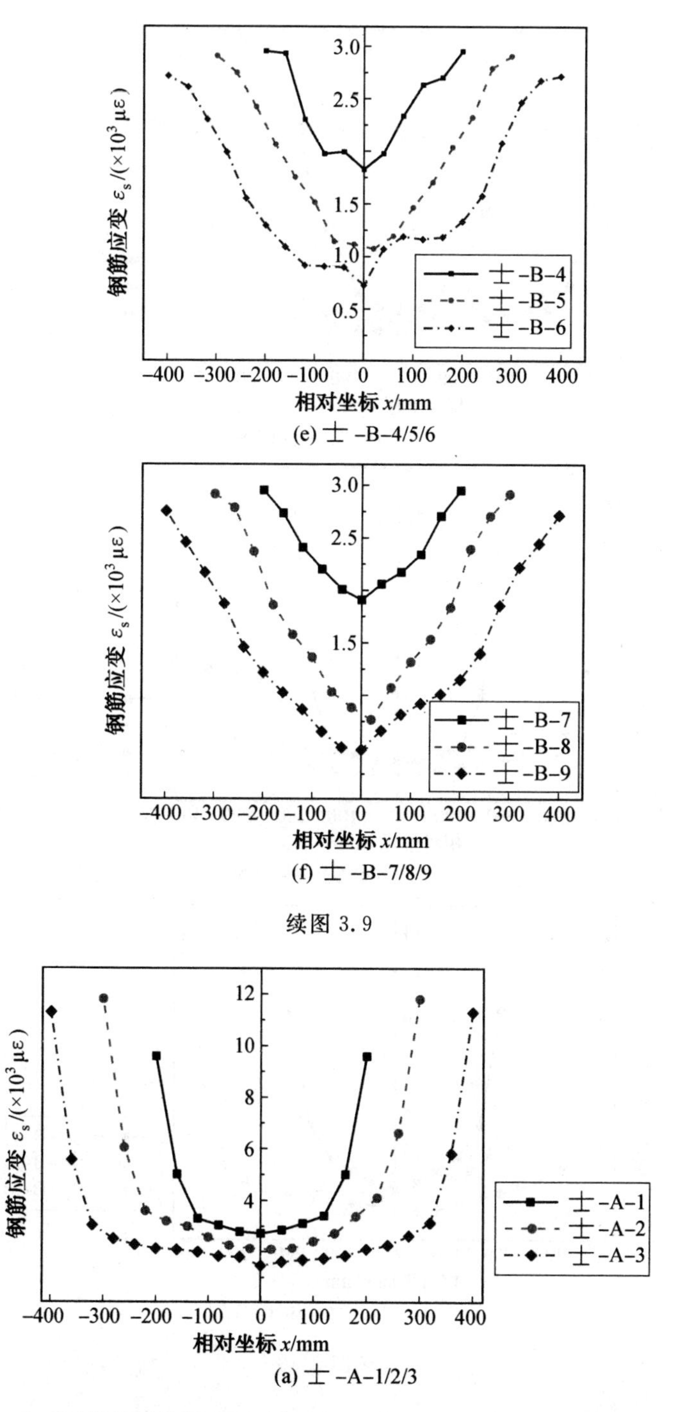

(e) 士 -B-4/5/6

(f) 士 -B-7/8/9

续图 3.9

(a) 士 -A-1/2/3

图 3.10　士型试件梁端控制截面受弯破坏时刻梁柱节点内纵向受拉钢筋应变分布

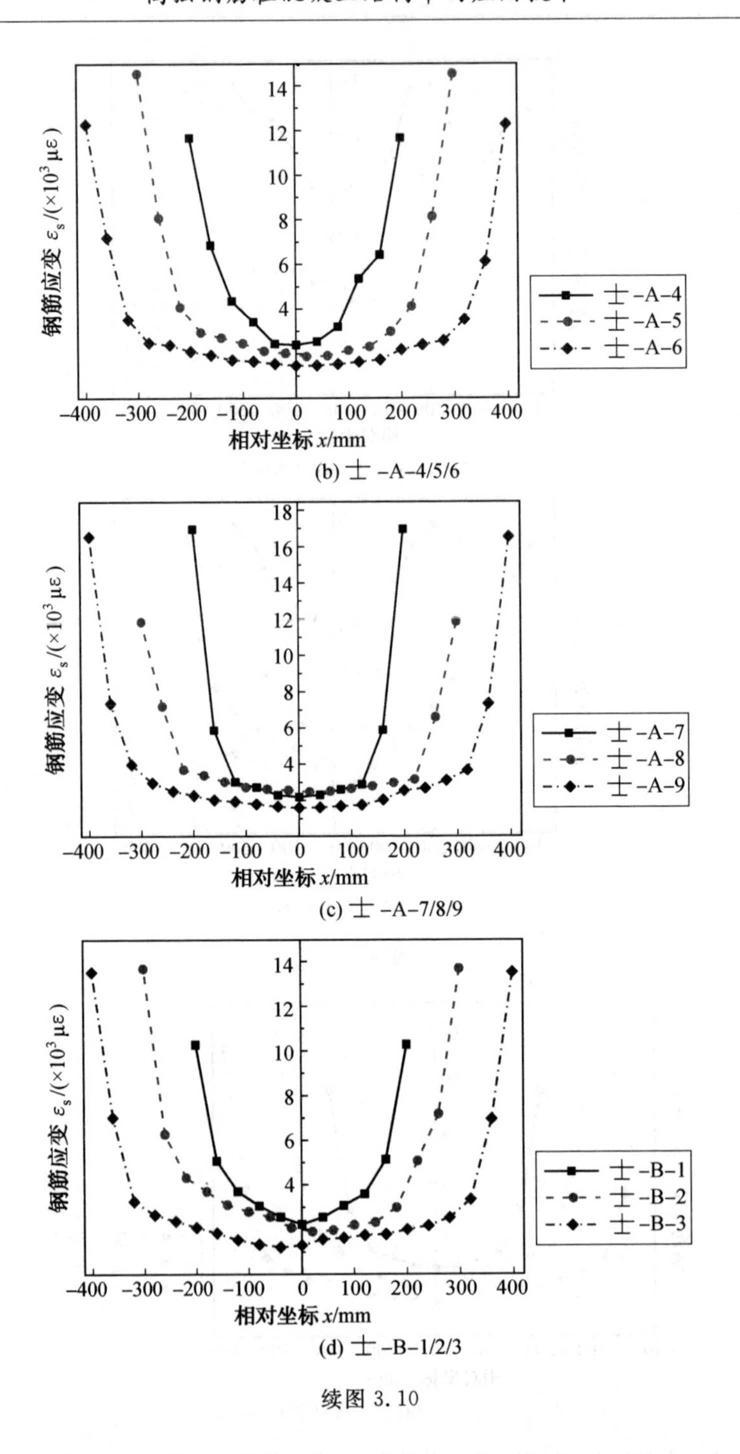

钢筋应变 ε_s/($\times10^3$ με)
相对坐标 x/mm
士-A-4
士-A-5
士-A-6
(b) 士-A-4/5/6
士-A-7
士-A-8
士-A-9
(c) 士-A-7/8/9
士-B-1
士-B-2
士-B-3
(d) 士-B-1/2/3

续图 3.10

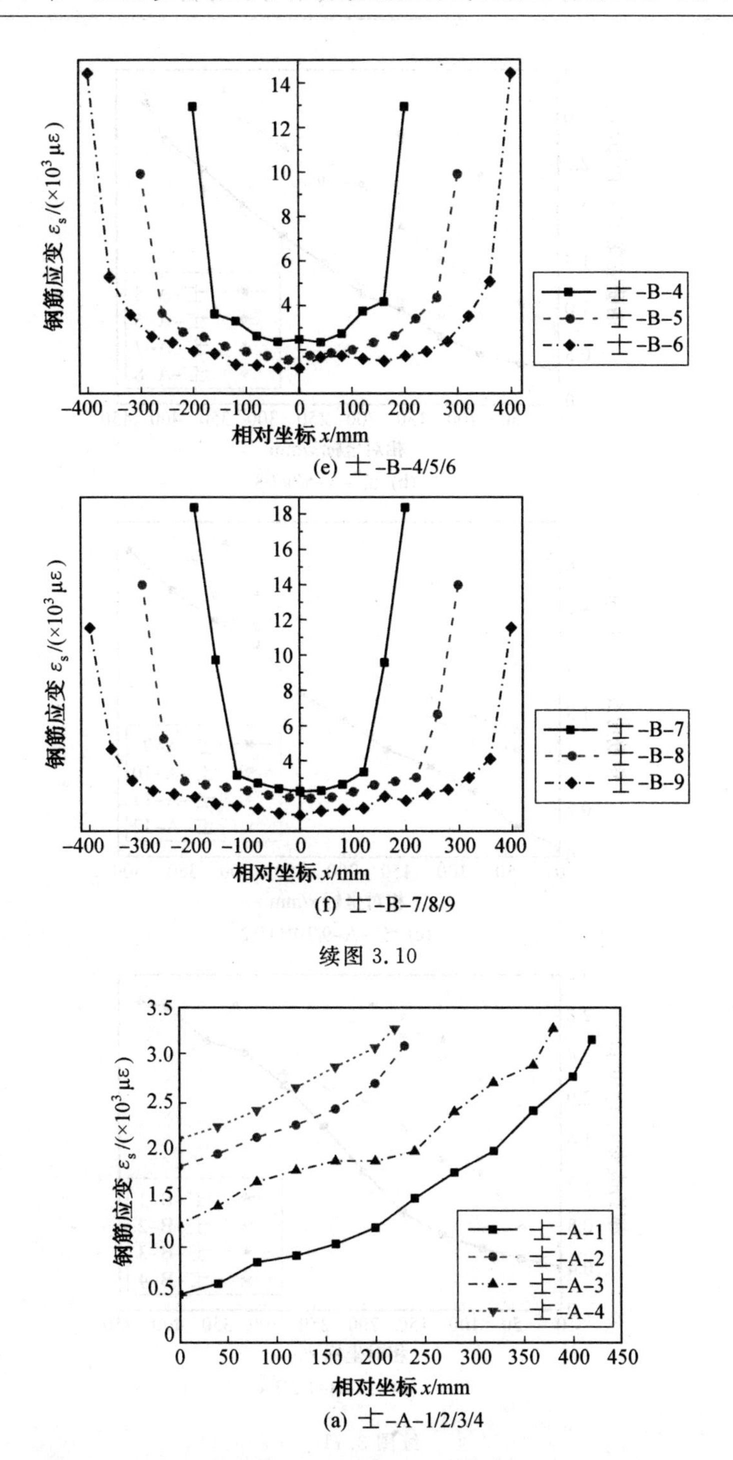

(e) 士-B-4/5/6

(f) 士-B-7/8/9

续图 3.10

(a) 士-A-1/2/3/4

图 3.11　士型试件梁端控制截面受拉纵筋屈服时刻梁柱节点内纵向受拉钢筋应变分布

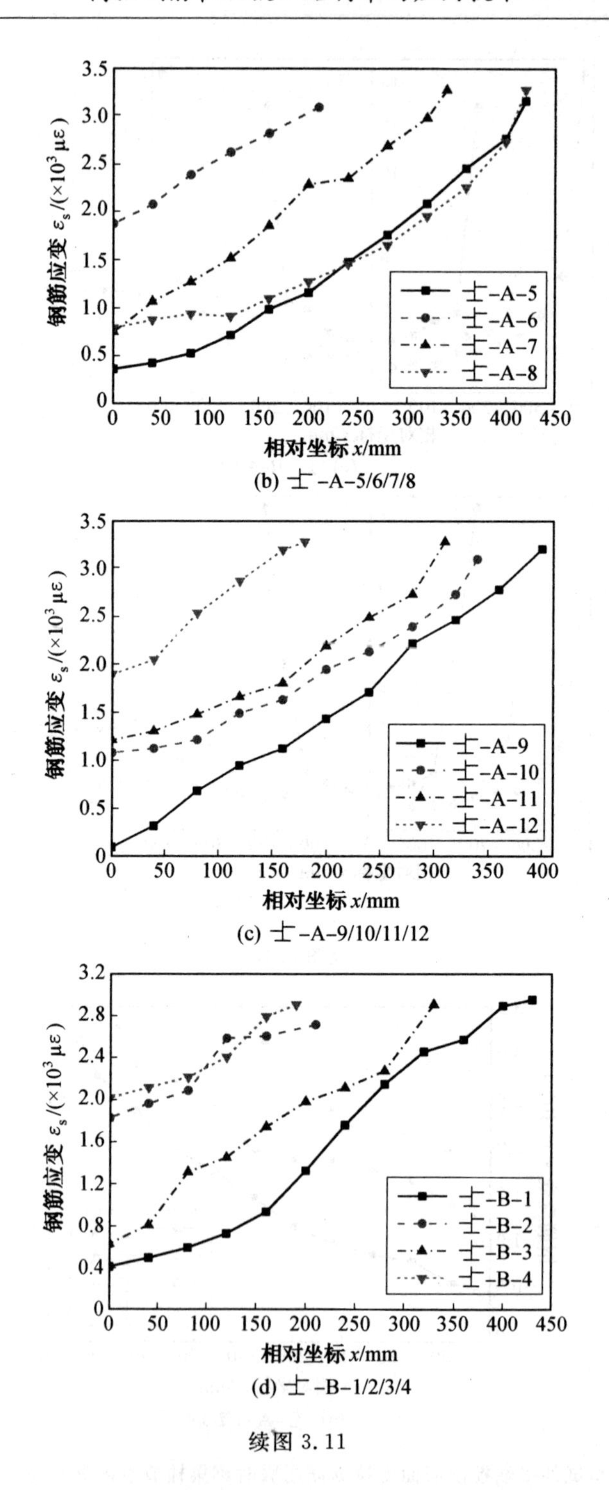

钢筋应变 $\varepsilon_s/(\times 10^3\ \mu\varepsilon)$
相对坐标 x/mm
土-A-5
土-A-6
土-A-7
土-A-8
(b) 土-A-5/6/7/8
钢筋应变 $\varepsilon_s/(\times 10^3\ \mu\varepsilon)$
相对坐标 x/mm
土-A-9
土-A-10
土-A-11
土-A-12
(c) 土-A-9/10/11/12
钢筋应变 $\varepsilon_s/(\times 10^3\ \mu\varepsilon)$
相对坐标 x/mm
土-B-1
土-B-2
土-B-3
土-B-4
(d) 土-B-1/2/3/4

续图 3.11

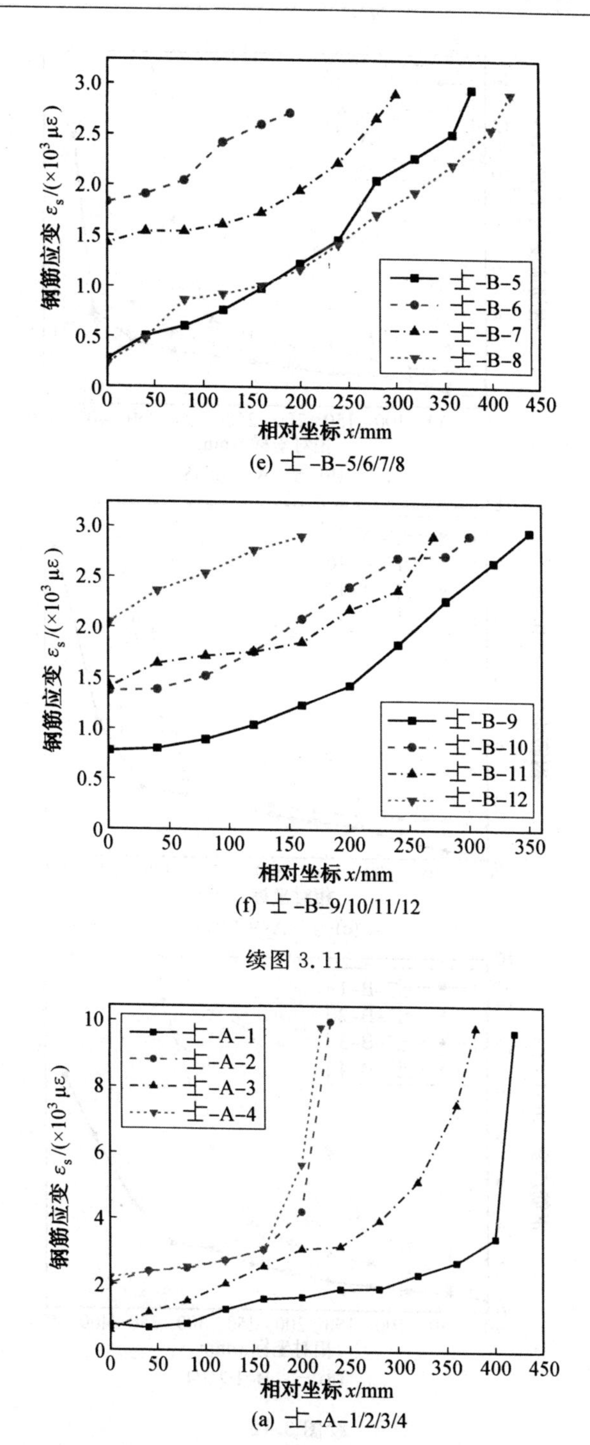

(e) 士-B-5/6/7/8

(f) 士-B-9/10/11/12

续图 3.11

(a) 士-A-1/2/3/4

图 3.12　士型试件梁端控制截面受弯破坏时刻梁柱节点内纵向受拉钢筋应变分布

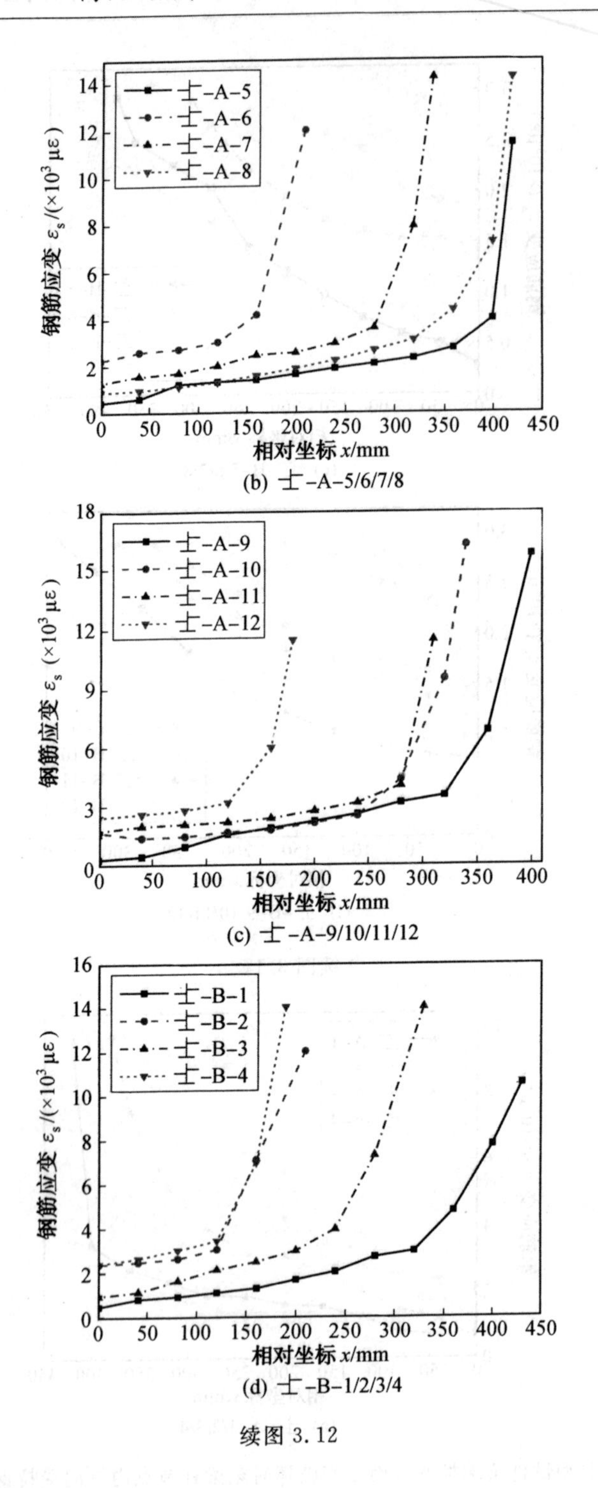

(b) ⼟-A-5/6/7/8

(c) ⼟-A-9/10/11/12

(d) ⼟-B-1/2/3/4

续图 3.12

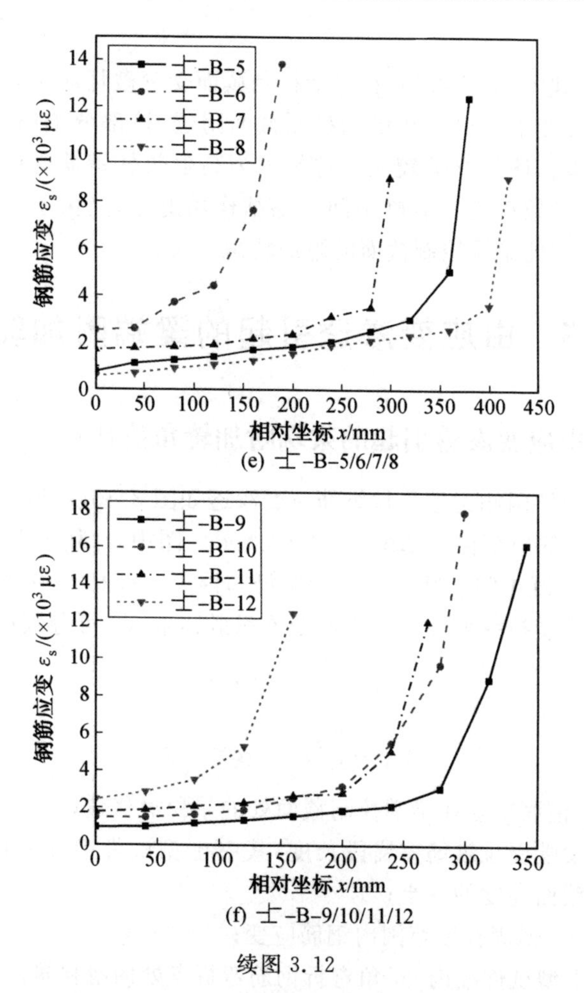

(e) 士-B-5/6/7/8

(f) 士-B-9/10/11/12

续图 3.12

由图 3.9～3.12 可以看出，各试件锚固区段钢筋拉应变由梁端控制截面处的最大值逐渐向原点方向递减。对于士型试件，由于柱内配置通长钢筋且两侧为对称加载，因此柱截面高度范围内钢筋应变关于原点呈对称分布。

为考察锚固长度对钢筋应变渗透的影响，将柱内锚固钢筋屈服强度相同但直锚段长度不同的试件作为一组进行对比。以图 3.9(a)为例，图中士－A－1、士－A－2 和士－A－3 试件均配置 HRB600 钢筋，梁柱节点内纵向受拉钢筋直锚段长度分别为 200 mm、300 mm 和 400 mm。梁端控制截面受拉纵筋屈服时刻，各试件控制截面处钢筋应变大致相同，平均值为 3 063 με，钢筋应变由梁端控制截面逐渐向原点方向递减，原点处应变分别为 2 330 με、1 480 με 和 912 με。上述结果表明，对于相同屈服强度的钢筋，梁柱节点内钢筋直锚段长度越长，原点处钢筋拉应变值越小，钢筋拉应变降低幅度越大。这是因为随着钢筋直锚段长度的增加，钢筋与混凝土之间黏结作用累积增加，所以原点处钢筋应变衰减较多。

由图 3.10 和图 3.12 可知，在梁端控制截面受弯破坏时刻，梁柱节点内纵向受拉钢筋的拉应变主要集中在梁端控制截面附近，该部分钢筋变形对梁端控制截面受拉纵筋滑移量的贡献较大。这是因为高强热轧钢筋受拉屈服后，钢筋拉应力水平较高，导致钢筋与混凝土间的黏结作用退化，又由于钢筋变形增大，钢筋滑移量增加，因此梁端控制截面的附加转角增大。

3.5 由应变渗透引起的梁端附加转角

3.5.1 由应变渗透引起的梁端附加转角值计算

十型试件中柱两侧梁端受拉纵筋应变渗透如图 3.13(a)所示，士型试件边柱侧面梁端受拉纵筋应变渗透如图 3.13(b)所示。图中，ε_s为梁柱节点内钢筋拉应变，τ_s为钢筋与混凝土间黏结应力，s 为钢筋与混凝土间相对滑移量，则十型试件和士型试件梁端受拉纵筋在控制截面处累积滑移量 Δ_{slip}可分别按下式计算：

$$\Delta_{slip}=\int_0^{l_{ah}}\varepsilon_s(x)\mathrm{d}x \tag{3.1}$$

$$\Delta_{slip}=\int_0^{l_{ah}}\varepsilon_s(x)\mathrm{d}x+\delta_h \tag{3.2}$$

式中 Δ_{slip}——锚固钢筋在梁端控制截面处的累积滑移量；

l_{ah}——梁端受拉纵筋直锚段长度，其中十型试件中柱内直锚段长度为柱截面高度的一半；

$\varepsilon_s(x)$ ——锚固长度范围内钢筋应变；

δ_h——士型试件柱内 90°角弯折钢筋弯折点处的滑移量。

图 3.14 为白绍良等对梁柱节点内 90°弯折锚固钢筋的应变分布，由图 3.14 可知，① 当节点内锚固钢筋水平段长度 l_{ah}分别为 $0.6l_a$（l_a为钢筋基本锚固长度）和 $0.4l_a$、垂直段长度 l_{av}均为 $5d$（d 为钢筋直径）时，水平锚固段末端钢筋拉应变与梁端控制截面钢筋拉应变的比值分别为 0.057 和 0.116，且钢筋拉应变沿垂直段长度方向逐渐衰减至零，这一结果表明，当锚固钢筋水平段具有一定长度时（大于 $0.4l_a$），垂直段钢筋拉应变很小；② 当节点内锚固钢筋水平段长度均为 $0.6l_a$时，随着垂直段长度由 $5d$ 增加至 $10d$，水平锚固段末端钢筋拉应变与梁端控制截面拉应变的比值由 0.057 减小至 0.029，这一结果表明，当 l_{av}大于 $10d$ 时，垂直段钢筋对水平段钢筋拉应变的影响并不显著。

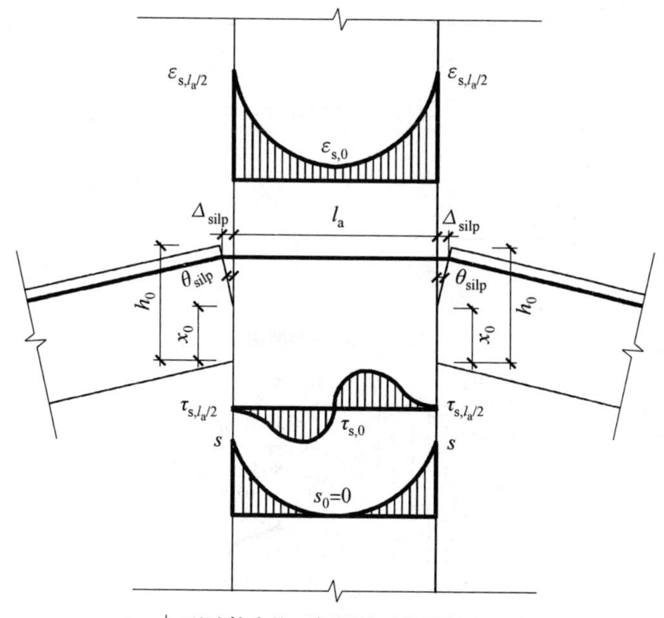

(a) 士 型试件中柱两侧梁端受拉纵筋应变渗透

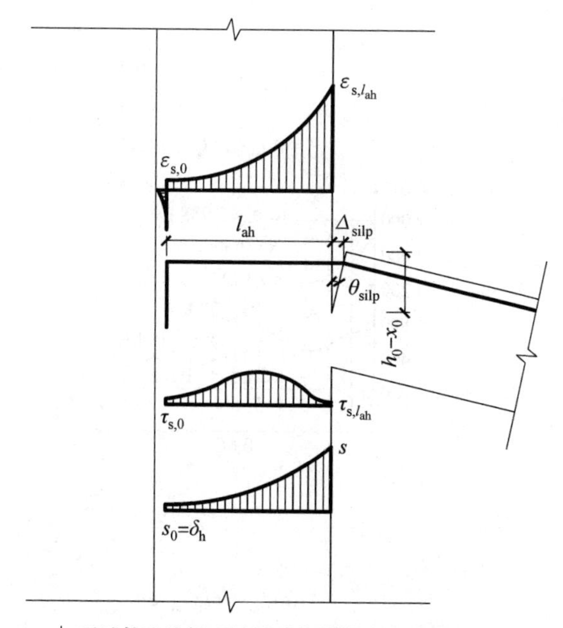

(b) 士 型试件边柱侧面梁端受拉纵筋应变渗透

图 3.13　梁端受拉纵筋在梁柱节点内的应变渗透

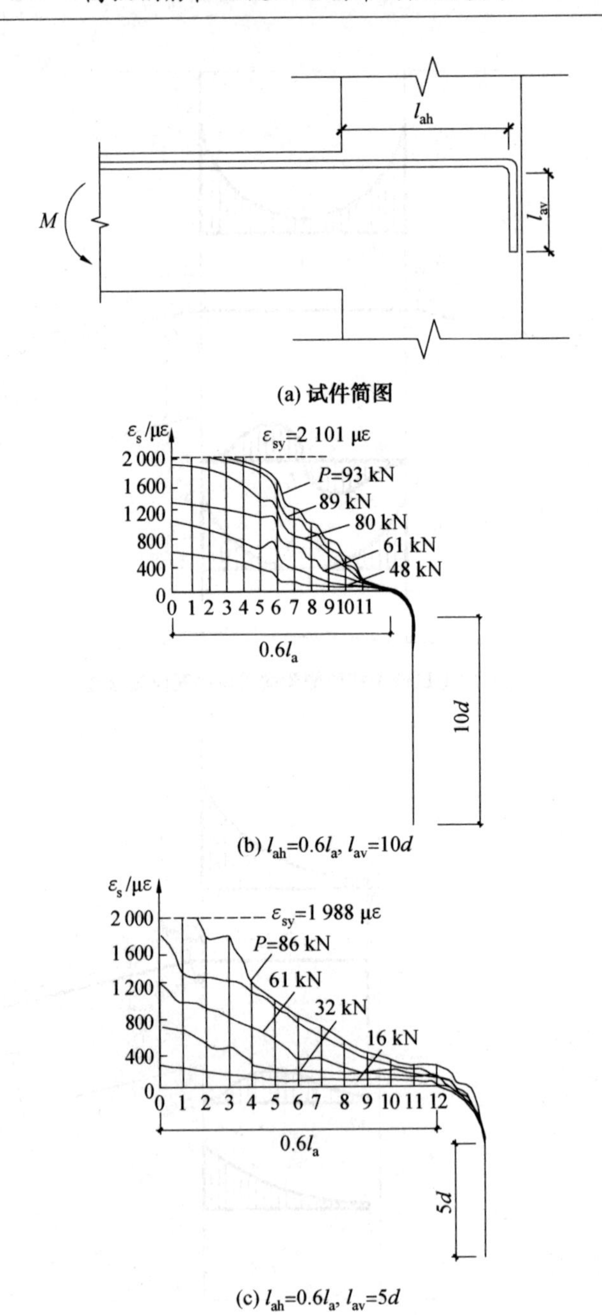

(b) $l_{ah}=0.6l_a$, $l_{av}=10d$

(c) $l_{ah}=0.6l_a$, $l_{av}=5d$

图 3.14　梁柱节点内 90°弯折锚固钢筋的应变分布

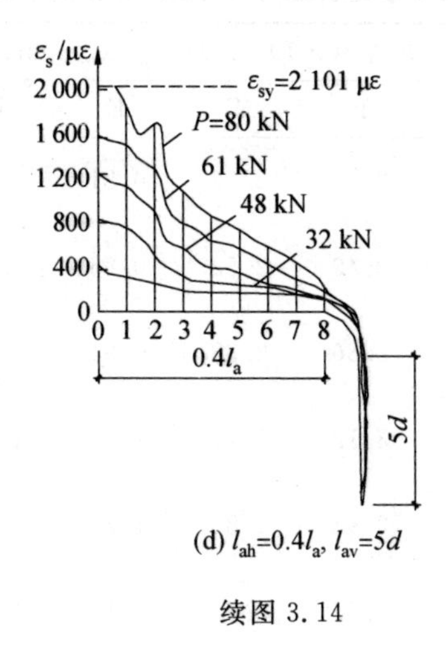

(d) $l_{ah}=0.4l_a$, $l_{av}=5d$

续图 3.14

综上所述，当 90°弯折锚固钢筋水平段长度大于 $0.4l_a$、垂直段长度大于 $10d$ 时，垂直段钢筋应变已很小，弯折点处钢筋滑移量对梁端控制截面受拉钢筋滑移值的贡献可忽略不计。由于本书士型试件内 90°弯折锚固钢筋直锚段长度为 $0.4l_a$～$1.0l_a$、垂直段长度为 $15d$，为便于计算，可近似认为本书试验中士型试件内 90°弯折锚固钢筋弯折点处的钢筋滑移量 δ_h 为 0。

梁柱节点内锚固钢筋在梁端控制截面处累积滑移量 Δ_{slip} 与梁端控制截面中和轴至纵向受拉钢筋形心距离的比值即为应变渗透引起的附加转角，可按下式计算：

$$\theta_{slip}=\frac{\Delta_{slip}}{h_0-x_0} \tag{3.3}$$

式中　h_0——截面有效高度；

x_0——截面实际受压区高度；

θ_{slip}——应变渗透引起的梁端附加转角。

基于各试件梁柱节点内钢筋拉应变实测值，可分别计算梁端控制截面受拉纵筋屈服时刻和受弯破坏时刻由应变渗透产生的梁端附加转角 $\theta_{y,slip}$、$\theta_{u,slip}$（简称两特征时刻梁端控制截面附加转角）。士型试件钢筋应变渗透引起的两特征时刻梁端控制截面附加转角见表 3.7，士型试件钢筋应变渗透引起的两特征时刻梁端控制截面附加转角见表 3.8。

表 3.7 十型试件钢筋应变渗透引起的两特征时刻梁端控制截面附加转角

试件编号	$\Delta_{y,slip}$/mm		$\theta_{y,slip}$/($\times10^{-3}$ rad)		$\Delta_{u,slip}$/mm		$\theta_{u,slip}$/($\times10^{-3}$ rad)	
	E	W	E	W	E	W	E	W
十—A—1	0.55	0.56	2.72	2.76	0.81	0.82	3.44	3.48
十—A—2	0.54	0.54	2.49	2.52	0.96	0.98	3.91	3.98
十—A—3	0.53	0.53	2.36	2.38	0.94	0.93	3.55	3.52
十—A—4	0.67	0.67	3.12	3.11	1.10	1.13	4.46	4.58
十—A—5	0.65	0.63	2.92	2.83	1.23	1.19	4.76	4.63
十—A—6	0.62	0.63	2.88	2.90	1.19	1.11	4.82	4.50
十—A—7	0.75	0.78	3.55	3.69	1.18	1.16	4.83	4.75
十—A—8	0.76	0.76	3.61	3.61	1.26	1.17	5.04	4.70
十—A—9	0.69	0.71	3.05	3.13	1.42	1.42	5.40	5.39
十—B—1	0.50	0.50	2.41	2.40	0.82	0.82	3.44	3.43
十—B—2	0.46	0.48	2.15	2.25	0.78	0.83	3.11	3.29
十—B—3	0.48	0.47	2.13	2.09	1.08	1.06	4.03	3.96
十—B—4	0.58	0.56	2.74	2.66	1.23	1.18	4.81	4.64
十—B—5	0.55	0.54	2.66	2.63	0.82	0.89	3.46	3.77
十—B—6	0.52	0.51	2.42	2.39	1.02	1.09	3.99	4.25
十—B—7	0.65	0.62	3.05	2.88	1.23	1.26	4.84	4.95
十—B—8	0.58	0.63	2.73	2.95	1.17	1.16	4.53	4.49
十—B—9	0.55	0.56	2.68	2.73	1.01	1.01	4.11	4.10

注:表中 E 代表东跨梁梁端,W 代表西跨梁梁端。

表 3.8　十型试件钢筋应变渗透引起的两特征时刻梁端控制截面附加转角

试件编号	$\Delta_{y,slip}$ /mm	$\theta_{y,slip}$ /($\times 10^{-3}$ rad)	$\Delta_{u,slip}$ /mm	$\theta_{u,slip}$ /($\times 10^{-3}$ rad)
十—A—1	0.80	3.84	1.25	5.28
十—A—2	0.77	3.60	1.25	5.10
十—A—3	0.80	3.80	1.28	5.00
十—A—4	0.71	3.17	1.26	4.81
十—A—5	0.82	3.92	1.40	5.91
十—A—6	0.70	3.15	1.20	4.67
十—A—7	0.67	3.11	1.22	4.95
十—A—8	0.75	3.34	1.26	4.78
十—A—9	0.59	2.81	1.09	4.61
十—A—10	0.58	2.86	0.96	4.03
十—A—11	0.54	2.55	0.97	3.89
十—A—12	0.50	2.30	0.80	3.24
十—B—1	0.70	3.37	1.16	4.83
十—B—2	0.68	3.28	1.23	4.94
十—B—3	0.78	3.90	1.26	5.43
十—B—4	0.67	2.98	1.23	4.68
十—B—5	0.69	3.24	1.27	4.95
十—B—6	0.67	3.36	1.09	4.70
十—B—7	0.58	2.72	1.03	4.11
十—B—8	0.62	2.77	1.09	4.09
十—B—9	0.46	2.14	0.88	3.45
十—B—10	0.43	2.10	0.80	3.22
十—B—11	0.43	2.00	0.95	3.74
十—B—12	0.43	2.00	0.77	3.08

3.5.2 关键参数对应变渗透引起的梁端控制截面附加转角的影响

由式(3.3)可知,应变渗透引起的梁端控制截面附加转角的主要计算参数为梁端控制截面钢筋累积滑移量 Δ_{slip} 和截面的实际受压区高度 x_0。影响 Δ_{slip} 和 x_0 的主要因素有:钢筋屈服强度 f_y、混凝土抗压强度 f_c、截面相对受压区高度 ξ、受拉钢筋在梁柱节点内的相对锚固长度 l_{ah}/d(钢筋直锚段长度与钢筋直径的比值)以及钢筋直径 d 等。

1. 梁端控制截面相对受压区高度的影响

在其他关键参数相同时,梁端控制截面相对受压区高度 ξ 对梁端控制截面受拉钢筋累积滑移量 Δ_{slip} 和截面的实际受压区高度 x_0 均会产生影响。

结合材料本构关系和条带积分法,可计算试件梁端控制截面受拉纵筋屈服时刻控制截面实际受压区高度 $x_{0,y}$,则各试件梁端控制截面相对受压区高度 ξ 与 $x_{0,y}$ 的关系如图 3.15 所示,经拟合可按下列公式计算:

$$x_{0,y}=h_0(0.756\xi+0.2) \tag{3.4}$$

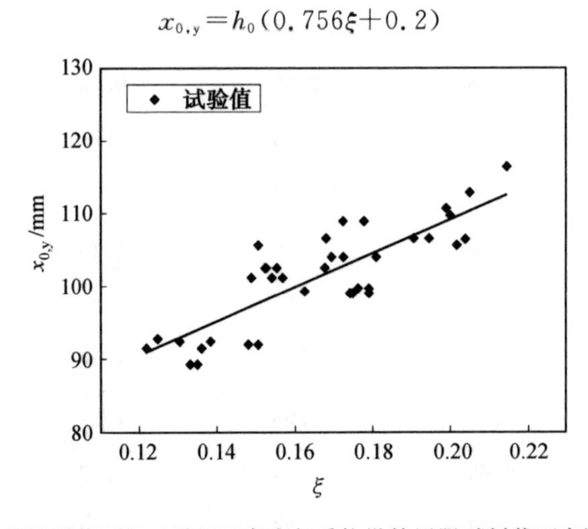

图 3.15 各试件梁端控制截面相对受压区高度与受拉纵筋屈服时刻截面实际受压区高度的关系

令 $\eta_1=df_y/\sqrt{f_c}$,则可得到钢筋相对锚固长度 l_{ah}/d 分别为 9～11、15～16.5、21～23 时,$\Delta_{y,slip}/\eta_1$ 与梁端控制截面相对受压区高度 ξ 的关系,如图 3.16(a)所示。可以看出,随着 ξ 的增加,$\Delta_{y,slip}/\eta_1$ 基本保持不变。这是因为对于屈服强度相同的钢筋,梁端控制截面受拉纵筋屈服时刻该截面的钢筋拉应变相同,由应变渗透引起的梁柱节点内锚固钢筋拉应变分布变化不大,故此时可以忽略 ξ 对梁端控制截面钢筋滑移量 $\Delta_{y,slip}$ 的影响。基于式(3.3)和式(3.4)可以得出,梁端控制截面受拉纵筋屈服时刻应变渗透引起的梁端附加转角 $\theta_{y,slip}$ 随着 ξ 的增加而增大。

图 3.16(b)为钢筋相对锚固长度 l_{ah}/d 分别为 9～11、15～16.5、21～23 时，$\Delta_{u,slip}/\eta_1$ 与梁端控制截面相对受压区高度 ξ 的关系。可以看出，$\Delta_{u,slip}/\eta_1$ 随 ξ 的增加呈幂函数减小趋势，经拟合，可得到截面相对受压区高度对梁端控制截面受弯破坏时刻锚固钢筋滑移量 $\Delta_{u,slip}$ 的影响系数 η_2 的表达式：

$$\eta_2 = \xi^{-0.68} \tag{3.5}$$

这是因为在梁端控制截面受弯破坏时刻，该截面受拉纵筋的拉应变值会随 ξ 的增加而减小，进而使锚固于梁柱节点内的梁端控制截面纵向受拉钢筋的拉应变水平降低，导致此时梁端控制截面钢筋滑移量 $\Delta_{u,slip}$ 减小。

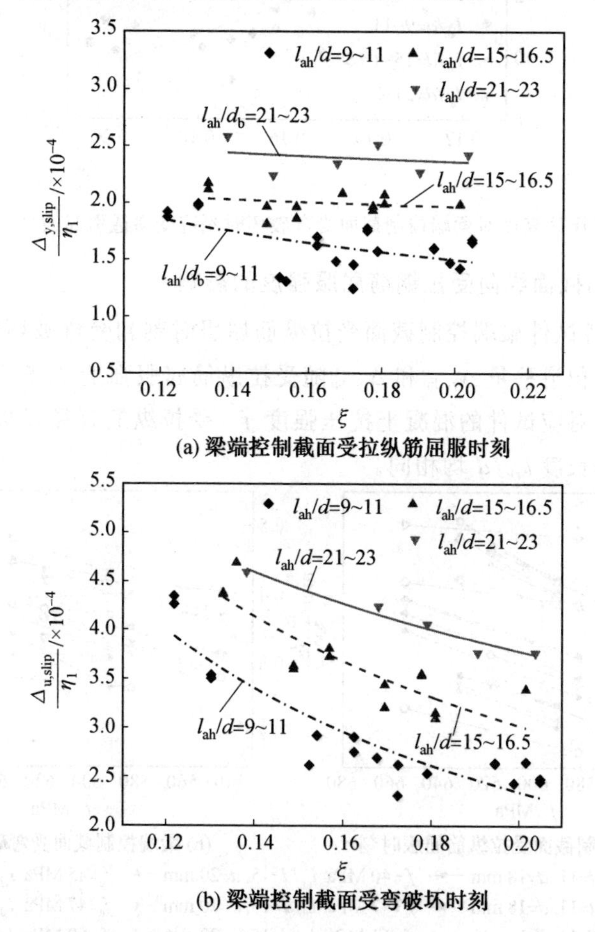

图 3.16　截面相对受压区高度对应变渗透引起的钢筋在梁端控制截面滑移量的影响

梁端控制截面在受弯破坏时刻的实际受压区高度 $x_{0,u}$ 与截面相对受压区高度 ξ 呈正比，基于式(3.3)和式(3.5)可发现，梁端控制截面相对受压区高度 ξ 对锚固钢筋滑移量 $\Delta_{u,slip}$ 的影响比对截面实际受压区高度的影响更加明显，因此梁端控制截面受弯破坏时刻附加转角 $\theta_{u,slip}$ 会随着 ξ 的增大而减小，如图 3.17 所示。

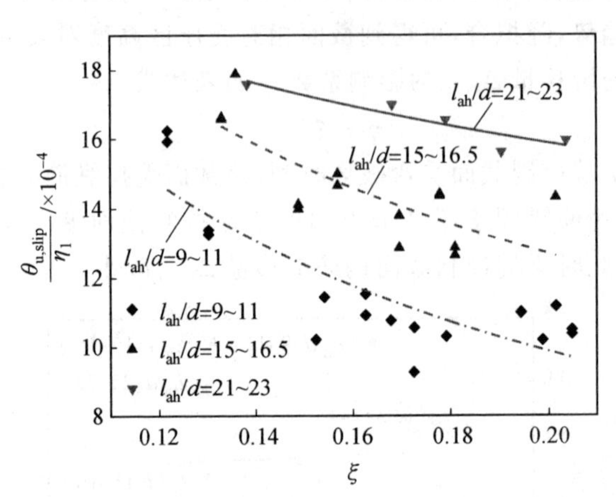

图 3.17　截面相对受压区高度对梁端控制截面受弯破坏时刻应变渗透引起的梁端附加转角的影响

2. 梁端控制截面纵向受拉钢筋屈服强度的影响

图 3.18 为各试件梁端控制截面受拉纵筋屈服时刻和受弯破坏时刻，应变渗透引起的钢筋累积滑移量 $\Delta_{y,slip}$ 和 $\Delta_{u,slip}$ 随受拉纵筋屈服强度 f_y 的变化情况。图中各连线上二点对应试件的混凝土抗压强度 f_c、受拉纵筋直径 d 以及梁柱节点内钢筋相对锚固长度 l_{ah}/d 均相同。

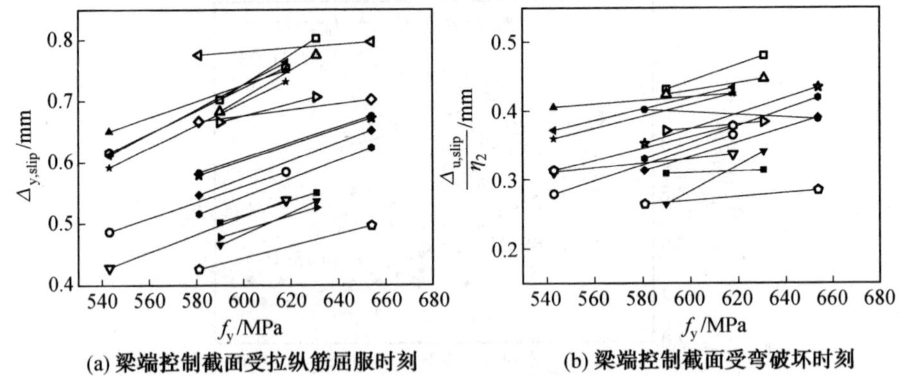

f_c=40 MPa, l_{ah}/d=11, d=18 mm　f_c=40 MPa, l_{ah}/d=15, d=20 mm　f_c=45 MPa, l_{ah}/d=18, d=22 mm

f_c=47 MPa, l_{ah}/d=11, d=18 mm　f_c=47 MPa, l_{ah}/d=15, d=20 mm　f_c=47 MPa, l_{ah}/d=18, d=22 mm

f_c=62 MPa, l_{ah}/d=11, d=18 mm　f_c=61 MPa, l_{ah}/d=15, d=20 mm　f_c=60 MPa, l_{ah}/d=18, d=22 mm

f_c=41 MPa, l_{ah}/d=23, d=18 mm　f_c=41 MPa, l_{ah}/d=10, d=22 mm　f_c=45 MPa, l_{ah}/d=22, d=18 mm

f_c=45 MPa, l_{ah}/d=9, d=22 mm　f_c=45 MPa, l_{ah}/d=16, d=20 mm　f_c=45 MPa, l_{ah}/d=21, d=20 mm

f_c=58 MPa, l_{ah}/d=21, d=18 mm　f_c=58 MPa, l_{ah}/d=14, d=22 mm　f_c=48 MPa, l_{ah}/d=14, d=20 mm

f_c=58 MPa, l_{ah}/d=8.5, d=20 mm

图 3.18　受拉纵筋屈服强度对应变渗透引起的钢筋在梁端控制截面滑移量的影响

可以看出，随着受拉纵筋屈服强度平均值由 570.8 MPa 提高至 640.4 MPa，两特征时刻梁端控制截面受拉纵筋滑移量分别平均增大了 15.6%和 14.2%，表明钢筋屈服强度的提高对应变渗透引起的梁端附加转角有有利作用。这是因为钢筋屈服强度越高，锚固于梁柱节点内的梁端纵向受拉钢筋由应变渗透引起的拉应变水平越高，从而导致梁端附加转角增大。同时，对比图 3.18(a)和图 3.18(b)可知，钢筋屈服强度的提高对受拉纵筋屈服时刻梁端附加转角的增大作用更加显著。

3. 混凝土抗压强度的影响

当试件梁端控制截面纵向受拉钢筋屈服强度 f_y、纵向受拉钢筋直径 d 以及纵向受拉钢筋在梁柱节点内的相对锚固长度 l_{ah}/d 均相同时，混凝土抗压强度 f_c 与 $\Delta_{y,slip}$ 和 $\Delta_{u,slip}/\eta_2$ 的关系如图 3.19 所示。从图中可以看出，随着各试件 f_c 平均值由 38.3 MPa 增大至 55.2 MPa，两特征时刻梁端控制截面受拉纵筋滑移量平均值分别减小 12.5%和 17.0%。这是因为钢筋与混凝土之间黏结作用随混凝土抗压强度的提高而增大，使锚固于梁柱节点内的梁端纵向受拉钢筋拉应变水平降低，进而导致两阶段梁端附加转角均减小。

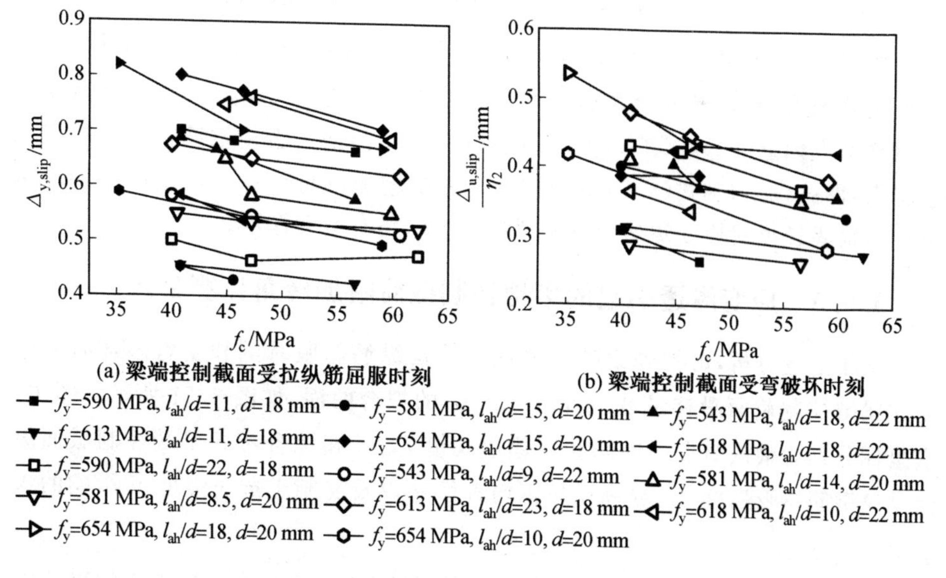

(a) 梁端控制截面受拉纵筋屈服时刻　　(b) 梁端控制截面受弯破坏时刻

图 3.19　混凝土抗压强度对应变渗透引起的钢筋在梁端控制截面滑移量的影响

4. 梁柱节点内梁端控制截面纵向受拉钢筋相对锚固长度的影响

图 3.20 为各试件梁端控制截面受拉纵筋屈服时刻和受弯破坏时刻，应变渗透引起的钢筋在梁端控制截面滑移量 $\Delta_{y,slip}/d$ 和 $\Delta_{u,slip}/(\eta_2 \cdot d)$ 随梁柱节点内锚固钢筋直锚段相对锚固长度 l_{ah}/d 的变化情况。图中各连线上试验点对应试件

的混凝土抗压强度 f_c 和受拉纵筋屈服强度 f_y 均相同。

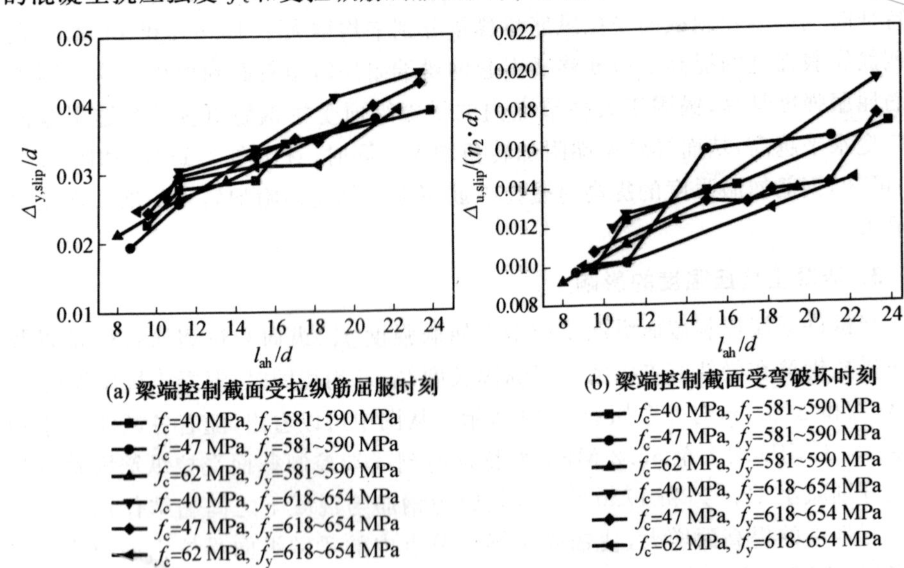

图 3.20　相对锚固长度对应变渗透引起的钢筋在梁端控制截面滑移量的影响

由图 3.20 可以看出，当 l_{ah}/d 介于 8～24 时，两特征时刻梁端控制截面受拉纵筋滑移量均随 l_{ah}/d 的增大而增大。虽然受拉纵筋应变会由梁端控制截面处向梁柱节点内逐渐递减(图 3.9～3.12)，但 l_{ah}/d 的增大会使钢筋拉应变的累积量增大，即式(3.1)和式(3.2)中的积分上限值增加，因此，在一定范围内增加钢筋相对锚固长度对应变渗透引起的梁端附加转角有增大作用。

3.5.3　应变渗透引起的梁端控制截面附加转角计算公式

基于上述分析，可得到梁端控制截面受拉纵筋屈服时刻和受弯破坏时刻钢筋在梁端控制截面滑移量 $\Delta_{y,slip}$ 和 $\Delta_{u,slip}/\eta_2$ 的拟合曲面，如图 3.21 所示。图中，横坐标分别为梁柱节点内钢筋相对锚固长度 l_{ah}/d 和综合考虑梁端控制截面纵向受拉钢筋屈服强度 f_y、纵向受拉钢筋直径 d 以及混凝土抗压强度 f_c 影响的参数 $df_y/\sqrt{f_c}$。

结合式(3.3)～(3.5)，则 HRB500 钢筋、HRB600 钢筋作受拉纵筋的梁柱组合体试件在梁端控制截面受拉纵筋屈服时刻和受弯破坏时刻由应变渗透引起的梁端控制截面附加转角可分别按下列公式计算：

$$\theta_{y,slip}=\frac{\Delta_{y,slip}}{h_0-x_{0,y}}=9.466\times10^{-5}\left(\frac{l_{ah}}{d}\right)^{0.485}\frac{df_y}{0.8h_0(1-0.95\xi)\sqrt{f_c}}\quad\left(9\leqslant\frac{l_{ah}}{d}\leqslant23\right)\tag{3.6}$$

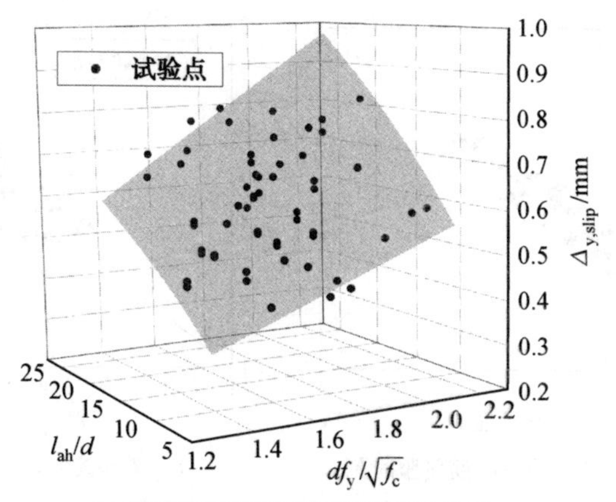

(a) 梁端控制截面受拉纵筋屈服时刻

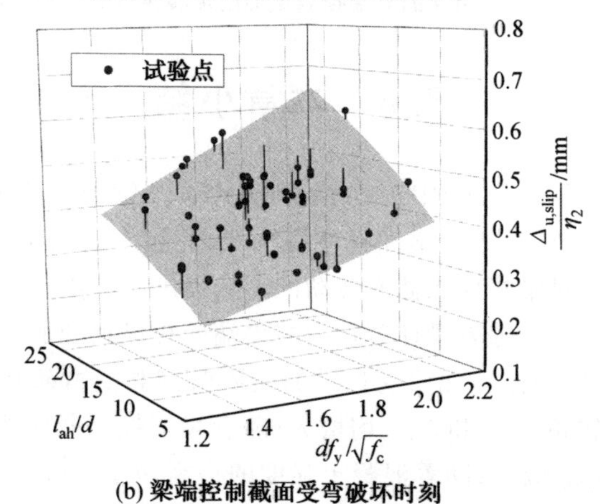

(b) 梁端控制截面受弯破坏时刻

图 3.21　受拉钢筋在梁端控制截面滑移量拟合曲面

$$\theta_{u,slip}=\frac{\Delta_{u,slip}}{h_0-x_{0,u}}=6.587\times10^{-5}\left(\frac{l_{ah}}{d}\right)^{0.433}\frac{df_y}{\xi^{0.68}h_0(1-1.25\xi)\sqrt{f_c}}\quad\left(9\leqslant\frac{l_{ah}}{d}\leqslant23\right)\tag{3.7}$$

图 3.22(a)、(b)分别为式(3.6)、式(3.7)计算值$\theta^c_{y,slip}$、$\theta^c_{u,slip}$与各试件梁端附加转角试验值$\theta^t_{y,slip}$、$\theta^t_{u,slip}$的对比。经计算，$\theta^c_{y,slip}/\theta^t_{y,slip}$的平均值为 1.008，标准差为 0.086，变异系数为 0.086；$\theta^c_{u,slip}/\theta^t_{u,slip}$的平均值为 1.006，标准差为 0.088，变异系数为 0.087，表明上述公式可用于计算梁端控制截面受拉纵筋屈服时刻及受弯破坏时刻应变渗透引起的梁端控制截面附加转角。

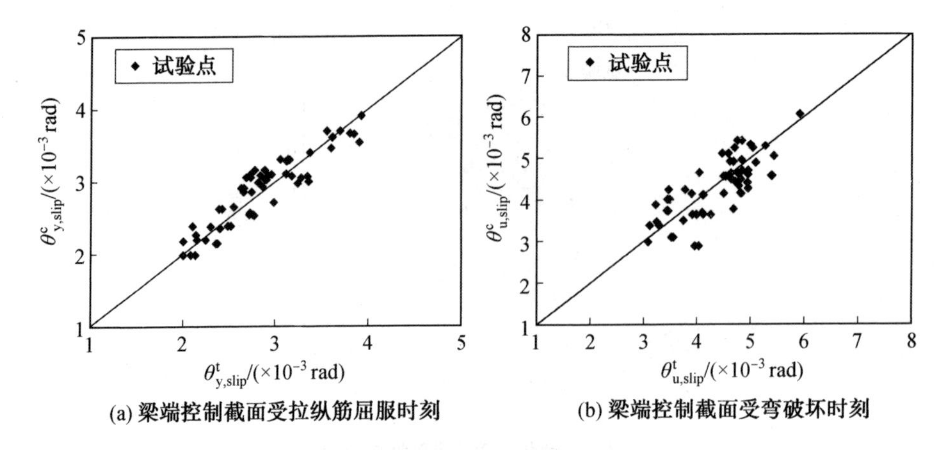

(a) 梁端控制截面受拉纵筋屈服时刻　　(b) 梁端控制截面受弯破坏时刻

图 3.22　应变渗透引起的梁端控制截面附加转角计算值与试验值对比

3.6　本章小结

(1)本章完成了 30 个 HRB500 钢筋和 HRB600 钢筋作纵向受拉钢筋的梁柱组合体静力加载试验,为考察梁端控制截面纵向受拉高强热轧钢筋在框架梁柱节点内的应变渗透对梁端控制截面转动的影响提供试验依据。

(2)试验结果表明,随着梁柱节点内的梁端受拉纵筋屈服强度的提高和相对锚固长度的增加,梁端控制截面受拉纵筋屈服时刻和受弯破坏时刻由应变渗透引起的梁端附加转角 $\theta_{y,slip}$ 和 $\theta_{u,slip}$ 均增大;随着梁端控制截面相对受压区高度的增大,$\theta_{y,slip}$ 增大,$\theta_{u,slip}$ 减小;随着混凝土强度的提高,$\theta_{y,slip}$ 和 $\theta_{u,slip}$ 均减小。基于试验数据,建立了与上述各参数影响规律一致的两特征时刻应变渗透引起的梁端控制截面附加转角计算公式。

第4章　HRB500/HRB600钢筋作纵向受拉钢筋的框架梁端弯矩调幅试验与分析

4.1　概　述

针对高强热轧钢筋屈服强度较HPB235、HRB335和HRB400钢筋有所提高这一情况，在考察框架从加载至塑性铰形成这一区段变长、从塑性铰形成至梁端控制截面受弯破坏这一区段变短对梁端弯矩调幅影响的同时，还须考察高强热轧钢筋应变渗透引起的框架梁端控制截面附加转角对该截面弯矩调幅的影响。为此，进行了12榀HRB500钢筋、HRB600钢筋作纵向受拉钢筋的混凝土两跨框架静力加载试验。在合理分析框架梁端弯矩调幅对象的基础上，将框架梁端弯矩调幅分为塑性铰形成前、后两个阶段进行考察。基于试验结果，获得了HRB500/ HRB600钢筋作受拉纵筋的框架梁端弯矩调幅变化规律。

4.2　框架设计与制作

4.2.1　框架试件设计

本试验共设计制作了12榀混凝土框架，设计参数包括梁端控制截面相对受压区高度、受拉纵筋屈服强度、混凝土抗压强度和柱截面高度。每榀框架均为单层两跨，KJ－A－1～KJ－A－6框架梁受拉纵筋采用HRB600钢筋，KJ－B－1～KJ－B－6框架梁受拉纵筋采用HRB500钢筋，具体设计参数及配筋见表4.1。试验框架试件尺寸及配筋如图4.1所示。

表 4.1　12 榀框架设计参数及配筋

试件编号	混凝土设计强度等级	与边柱相交梁端区域			与中柱相交梁端区域			跨中纵向受拉钢筋	柱截面高度/mm
		ξ	纵向受拉钢筋	箍筋	ξ	纵向受拉钢筋	箍筋		
KJ－A－1	C40	0.10	2**Φ**12	ф12@100	0.29	2**Φ**18＋1**Φ**20	ф12@80	3**Φ**22	250
KJ－A－2	C40	0.17	3**Φ**14	ф12@80	0.38	3**Φ**22	ф12@50	4**Φ**20 2/2	350
KJ－A－3	C50	0.12	2**Φ**14	ф12@80	0.25	2**Φ**20＋1**Φ**22	ф12@50	3**Φ**22	350
KJ－A－4	C50	0.16	3**Φ**14	ф12@50	0.36	4**Φ**20 2/2	ф12@50	4**Φ**22 2/2	450
KJ－A－5	C60	0.12	2**Φ**14	ф12@80	0.28	3**Φ**22	ф12@50	5**Φ**20 2/3	450
KJ－A－6	C60	0.15	2**Φ**18	ф12@50	0.39	4**Φ**22 2/2	ф12@50	5**Φ**20 2/3	250
KJ－B－1	C40	0.10	2Φ14	ф12@100	0.31	3Φ20	ф12@80	3Φ20	250
KJ－B－2	C40	0.17	2Φ18	ф12@80	0.41	4Φ20 2/2	ф12@50	2Φ20＋2Φ22	350
KJ－B－3	C50	0.10	2Φ16	ф12@80	0.25	3Φ22	ф12@50	2Φ20＋2Φ22	350
KJ－B－4	C50	0.15	2Φ18	ф12@50	0.40	4Φ22 2/2	ф12@50	4Φ22 2/2	450
KJ－B－5	C60	0.10	2Φ14	ф12@80	0.38	2Φ20＋2Φ22	ф12@50	3Φ20＋2Φ22	450
KJ－B－6	C60	0.15	2Φ18	ф12@50	0.40	3Φ20＋2Φ22	ф12@50	6Φ22 3/3	250

注：1. 表中 ξ 为所考察区域控制截面相对受压区高度；HRB500 钢筋用Φ表示，HRB600 钢筋用**Φ**表示，HRB400 钢筋用ф表示。

2. 框架梁截面尺寸为 $b\times h=180\ \text{mm}\times 300\ \text{mm}$；箍筋混凝土保护层厚度为 25 mm。

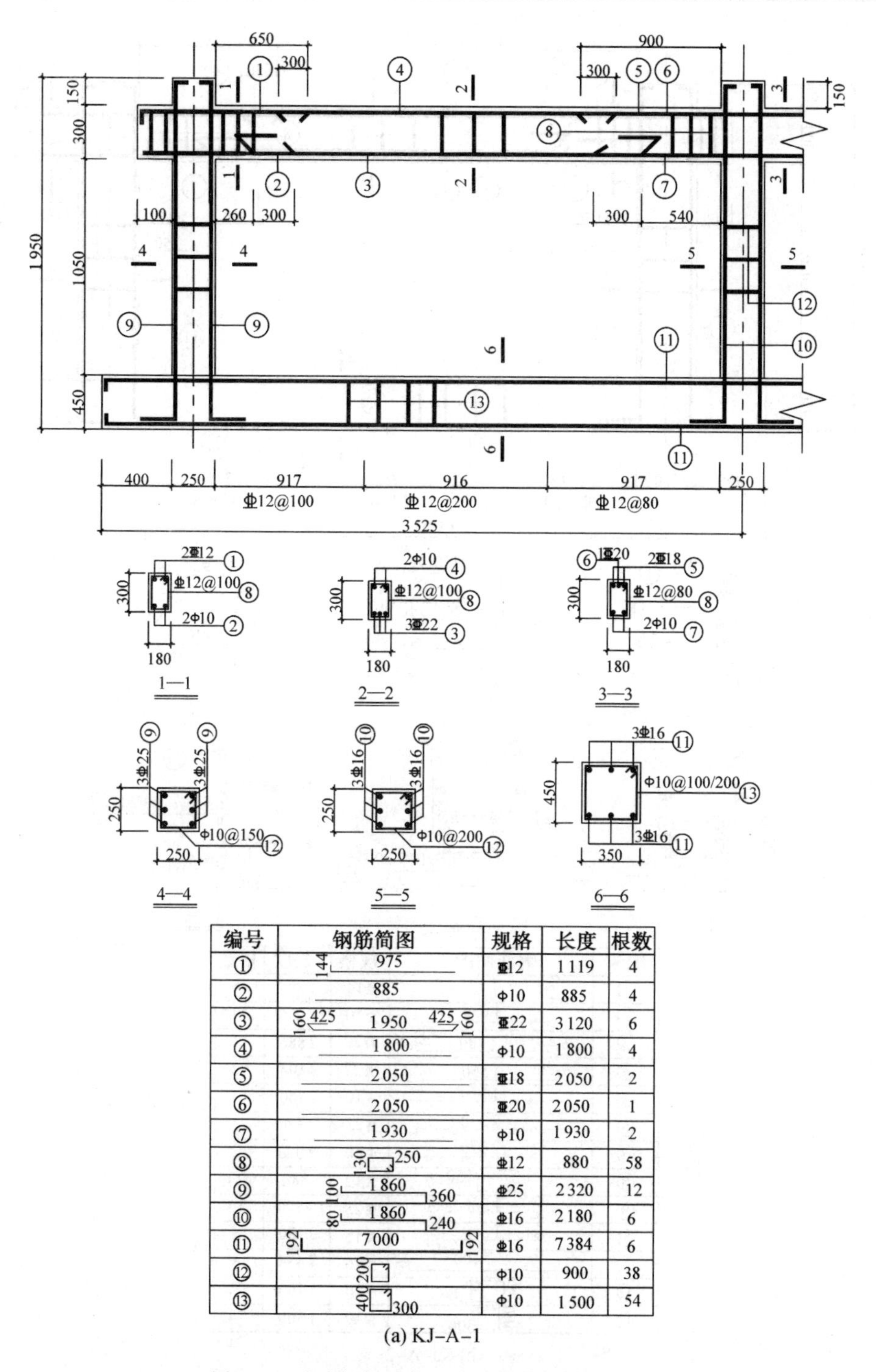

编号	钢筋简图	规格	长度	根数
①	144, 975	Φ12	1 119	4
②	885	Φ10	885	4
③	160, 425, 1 950, 425, 160	Φ22	3 120	6
④	1 800	Φ10	1 800	4
⑤	2 050	Φ18	2 050	2
⑥	2 050	Φ20	2 050	1
⑦	1 930	Φ10	1 930	2
⑧	130, 250	Φ12	880	58
⑨	100, 1 860, 360	Φ25	2 320	12
⑩	80, 1 860, 240	Φ16	2 180	6
⑪	192, 7 000, 192	Φ16	7 384	6
⑫	200	Φ10	900	38
⑬	400, 300	Φ10	1 500	54

(a) KJ-A-1

图 4.1　试验框架试件尺寸及配筋(单位:mm)

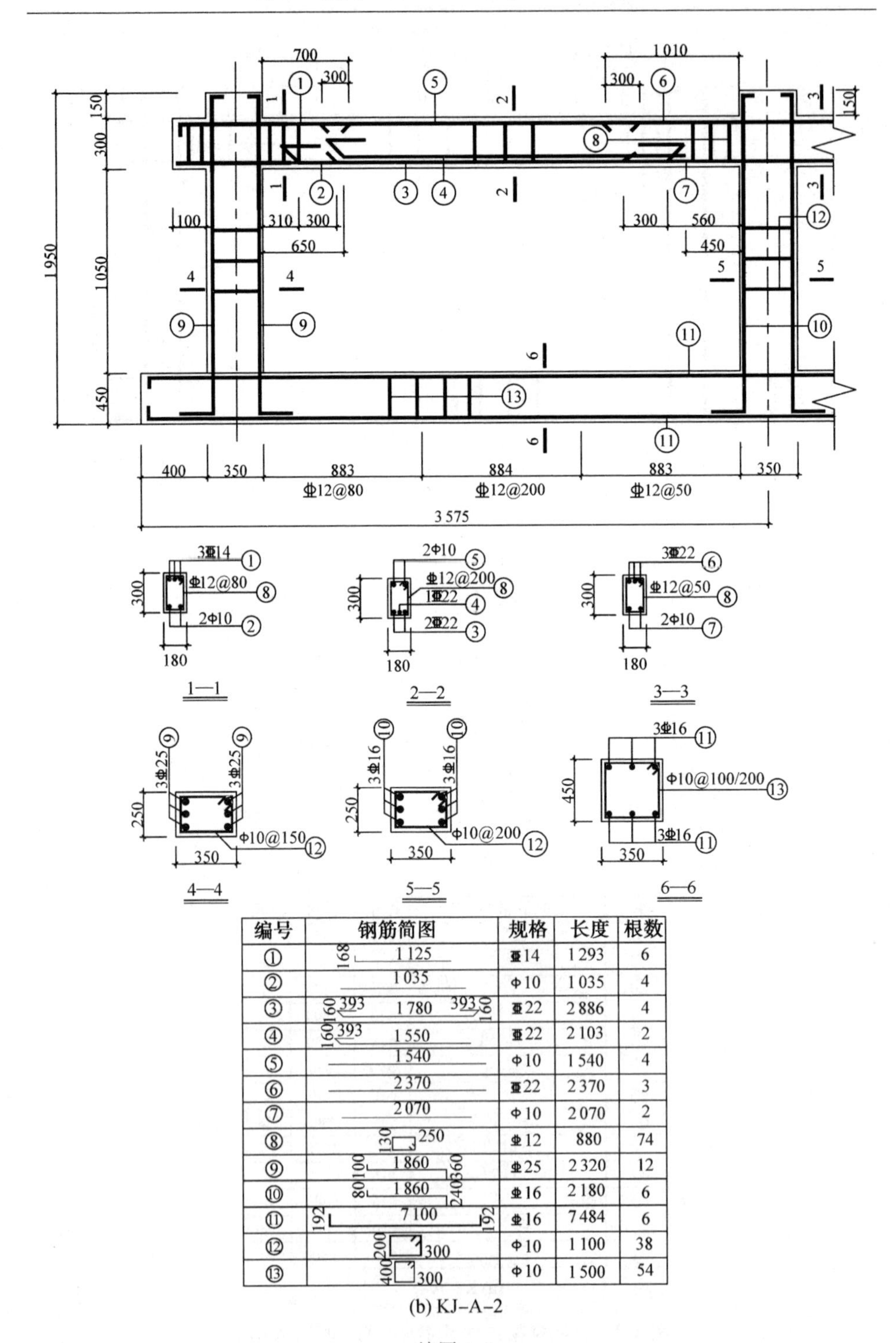

编号	钢筋简图	规格	长度	根数
①	168 1125	Φ14	1293	6
②	1035	Φ10	1035	4
③	160 393 1780 393 160	Φ22	2886	4
④	160 393 1550	Φ22	2103	2
⑤	1540	Φ10	1540	4
⑥	2370	Φ22	2370	3
⑦	2070	Φ10	2070	2
⑧	130 250	Φ12	880	74
⑨	100 1860 360	Φ25	2320	12
⑩	80 1860 240	Φ16	2180	6
⑪	192 7100 192	Φ16	7484	6
⑫	200 300	Φ10	1100	38
⑬	400 300	Φ10	1500	54

(b) KJ-A-2

续图 4.1

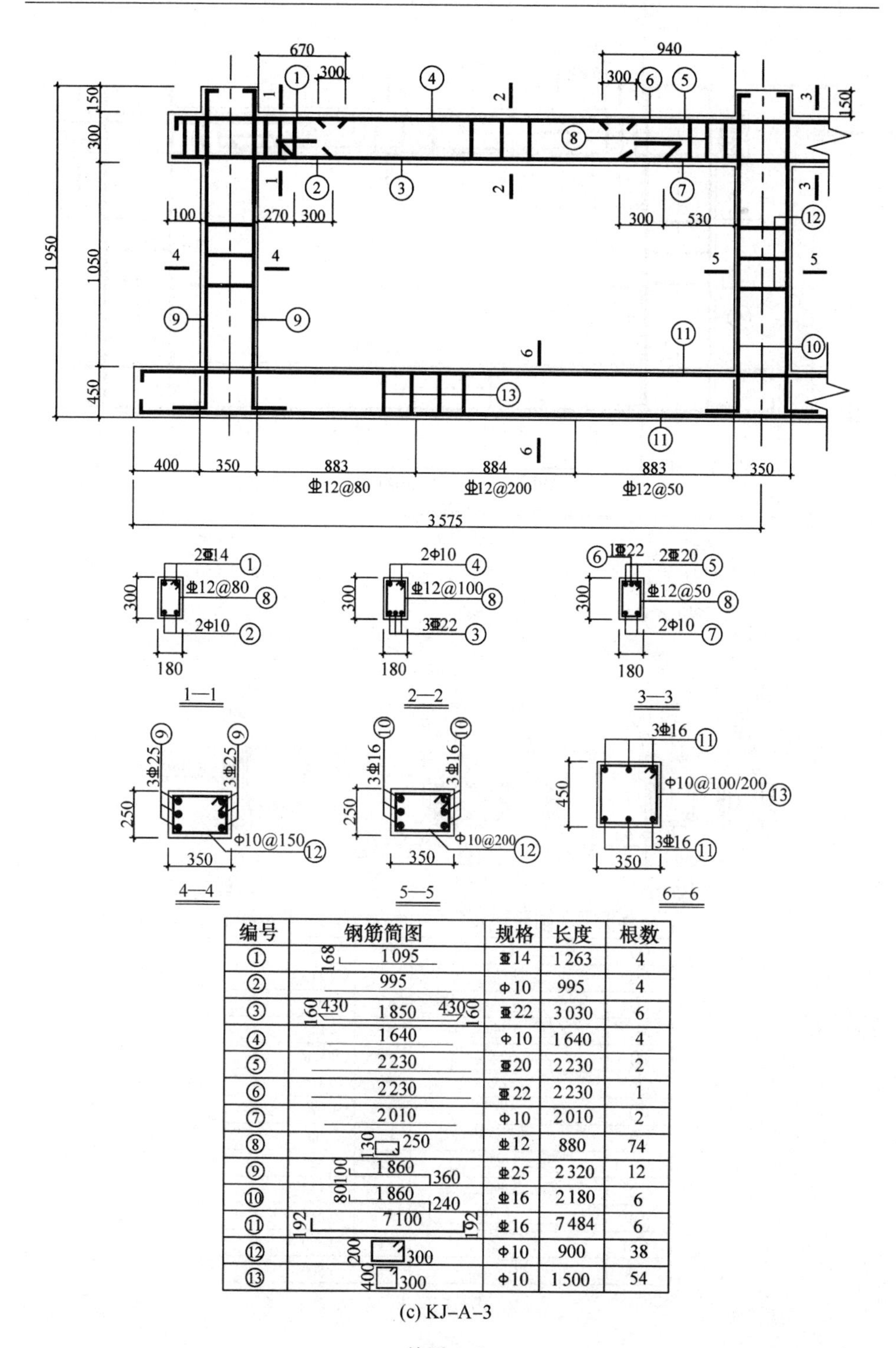

编号	钢筋简图	规格	长度	根数
①	168　1 095	Φ14	1 263	4
②	995	Φ10	995	4
③	160　430　1 850　430　160	Φ22	3 030	6
④	1 640	Φ10	1 640	4
⑤	2 230	Φ20	2 230	2
⑥	2 230	Φ22	2 230	1
⑦	2 010	Φ10	2 010	2
⑧	130　250	Φ12	880	74
⑨	100　1 860　360	Φ25	2 320	12
⑩	80　1 860　240	Φ16	2 180	6
⑪	192　7 100　192	Φ16	7 484	6
⑫	200　300	Φ10	900	38
⑬	400　300	Φ10	1 500	54

(c) KJ-A-3

续图 4.1

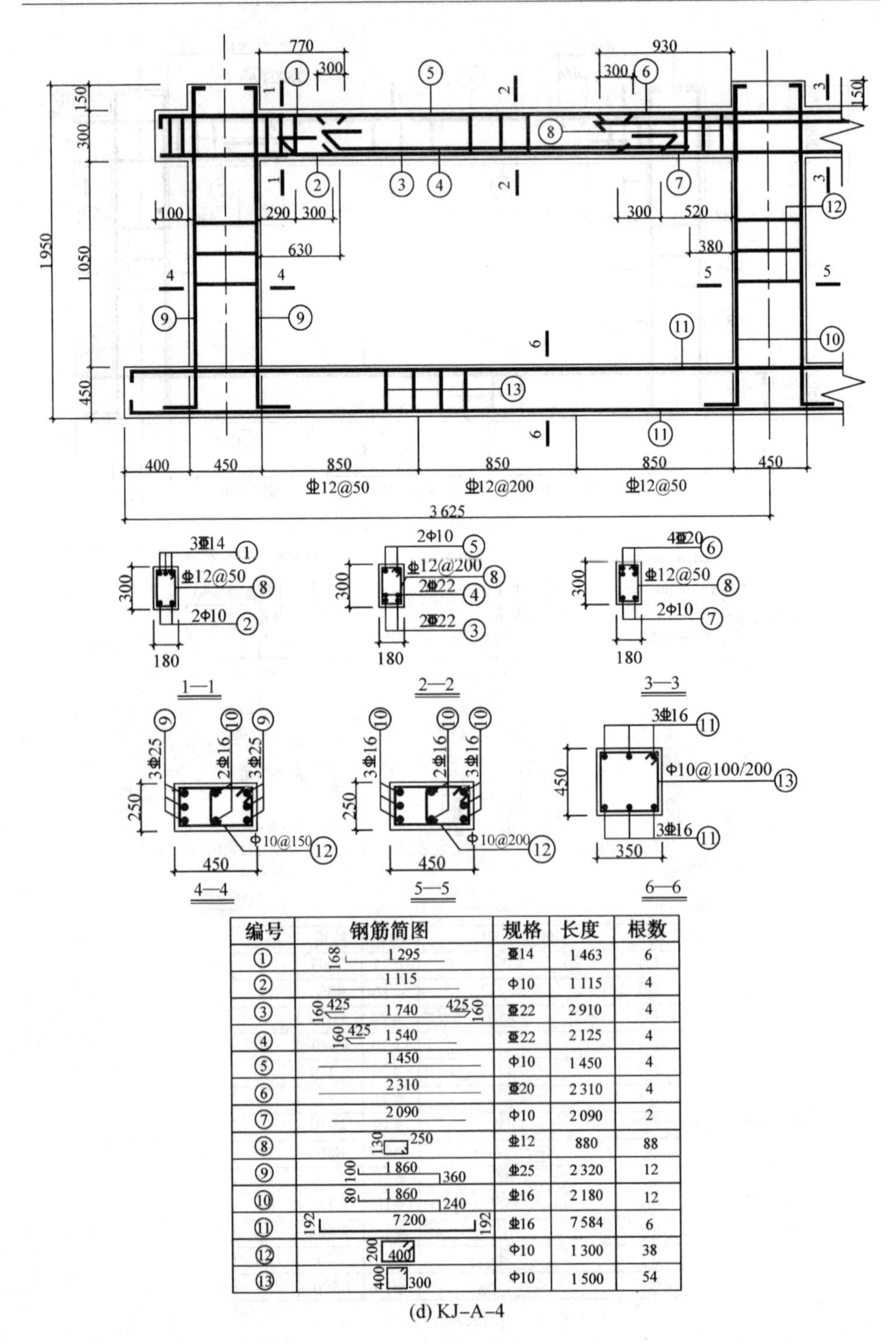

编号	钢筋简图	规格	长度	根数
①	168 1 295	Φ14	1 463	6
②	1 115	Φ10	1 115	4
③	160 425 1 740 425 160	Φ22	2 910	4
④	160 425 1 540	Φ22	2 125	4
⑤	1 450	Φ10	1 450	4
⑥	2 310	Φ20	2 310	4
⑦	2 090	Φ10	2 090	2
⑧	130 250	Φ12	880	88
⑨	100 1 860 360	Φ25	2 320	12
⑩	80 1 860 240	Φ16	2 180	12
⑪	192 7 200 192	Φ16	7 584	6
⑫	200 400	Φ10	1 300	38
⑬	400 300	Φ10	1 500	54

(d) KJ-A-4

续图 4.1

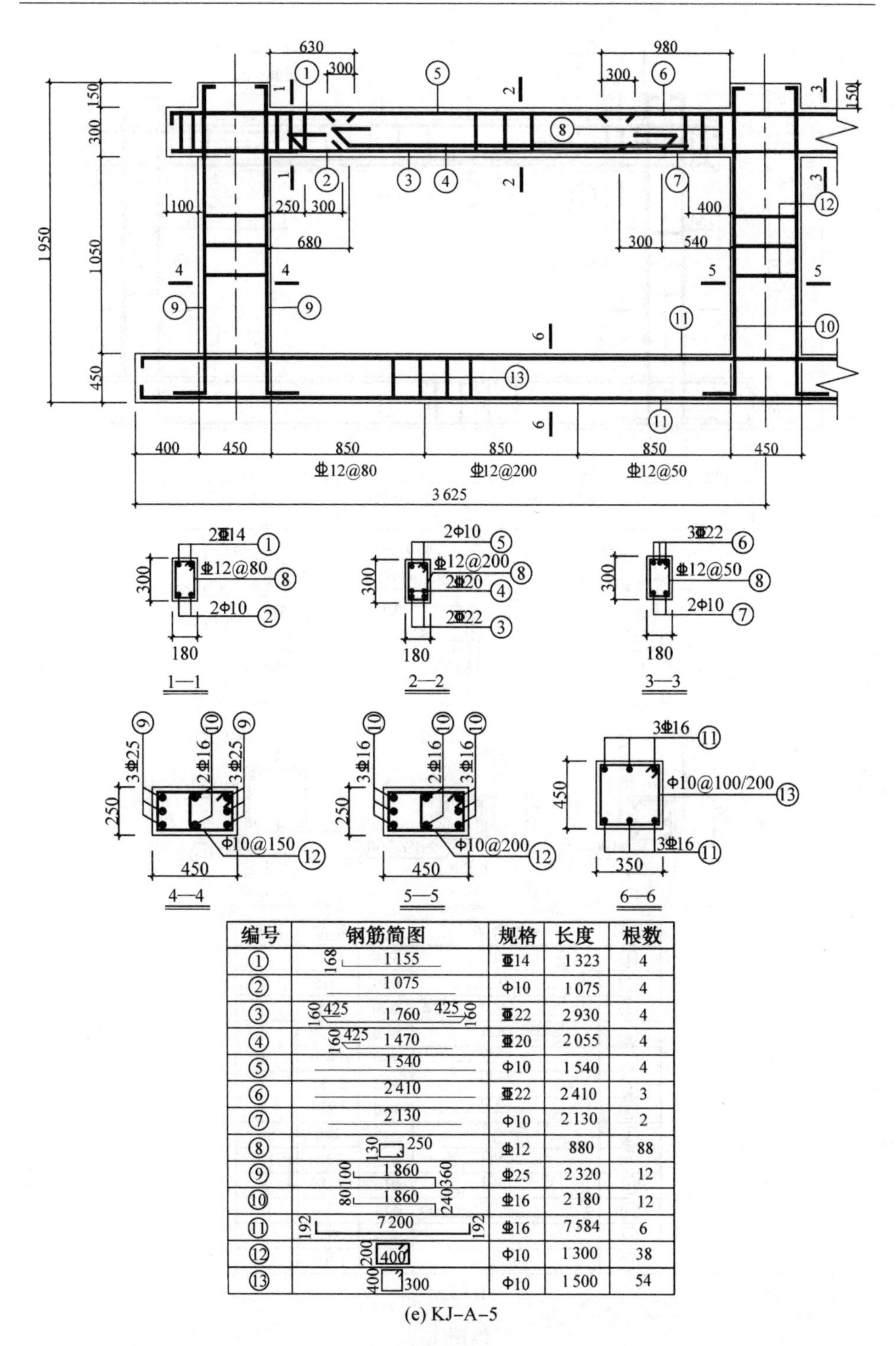

编号	钢筋简图	规格	长度	根数
①	168 / 1 155	Φ14	1 323	4
②	1 075	Φ10	1 075	4
③	160 425 1 760 425 160	Φ22	2 930	4
④	160 425 1 470	Φ20	2 055	4
⑤	1 540	Φ10	1 540	4
⑥	2 410	Φ22	2 410	3
⑦	2 130	Φ10	2 130	2
⑧	130 250	Φ12	880	88
⑨	100 1 860 360	Φ25	2 320	12
⑩	80 1 860 240	Φ16	2 180	12
⑪	192 7 200 192	Φ16	7 584	6
⑫	200 400	Φ10	1 300	38
⑬	400 300	Φ10	1 500	54

(e) KJ-A-5

续图 4.1

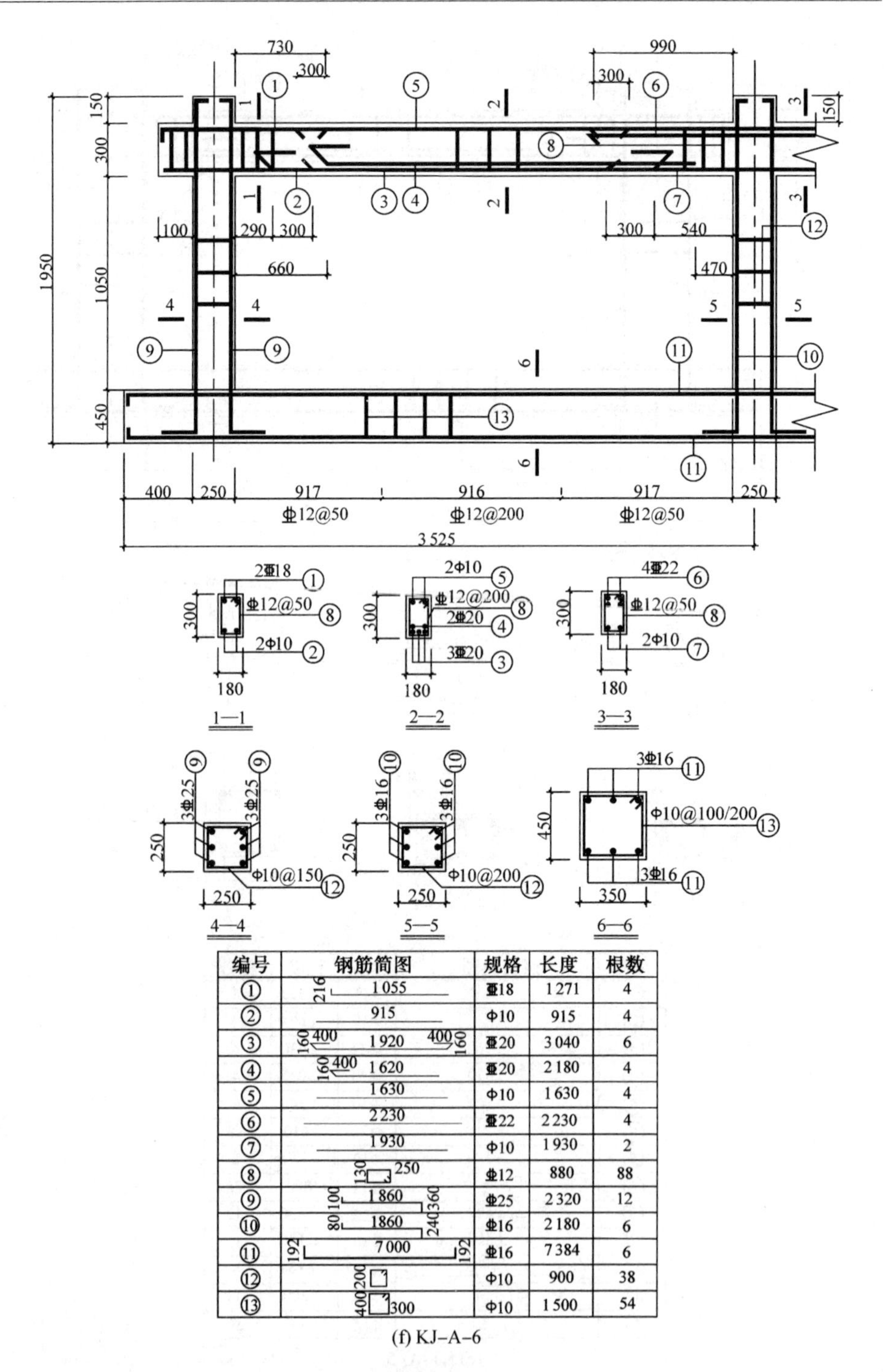

编号	钢筋简图	规格	长度	根数
①	216 1055	亟18	1271	4
②	915	Φ10	915	4
③	160 400 1920 400 160	亟20	3040	6
④	160 400 1620	亟20	2180	4
⑤	1630	Φ10	1630	4
⑥	2230	亟22	2230	4
⑦	1930	Φ10	1930	2
⑧	130 250	⊈12	880	88
⑨	100 1860 360	⊈25	2320	12
⑩	80 1860 240	⊈16	2180	6
⑪	192 7000 192	⊈16	7384	6
⑫	200	Φ10	900	38
⑬	400 300	Φ10	1500	54

(f) KJ-A-6

续图 4.1

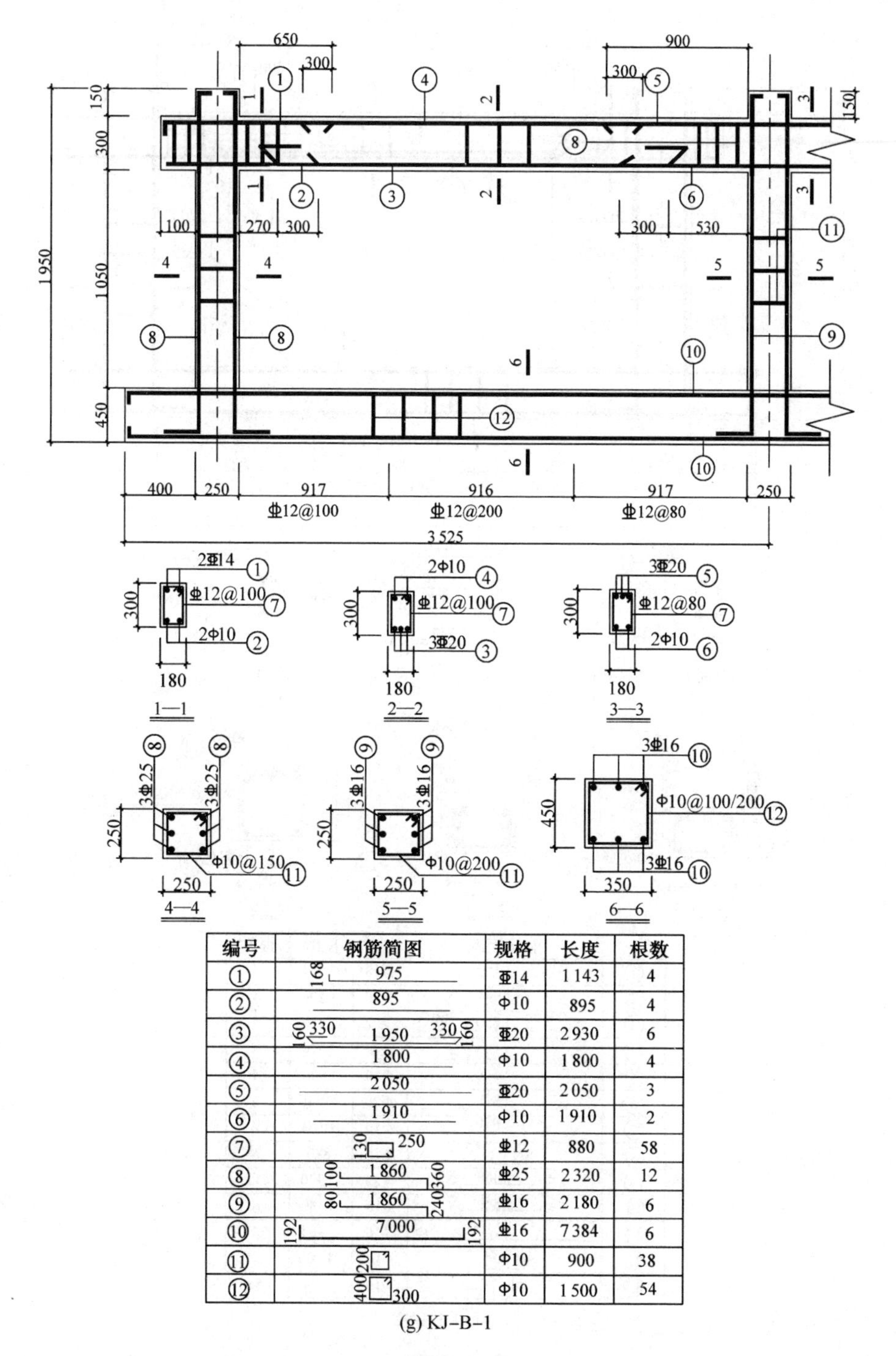

编号	钢筋简图	规格	长度	根数
①	168 975	Φ14	1 143	4
②	895	Φ10	895	4
③	160 330 1 950 330 160	Φ20	2 930	6
④	1 800	Φ10	1 800	4
⑤	2 050	Φ20	2 050	3
⑥	1 910	Φ10	1 910	2
⑦	130 250	Φ12	880	58
⑧	100 1 860 360	Φ25	2 320	12
⑨	80 1 860 240	Φ16	2 180	6
⑩	192 7 000 192	Φ16	7 384	6
⑪	200	Φ10	900	38
⑫	400 300	Φ10	1 500	54

(g) KJ-B-1

续图 4.1

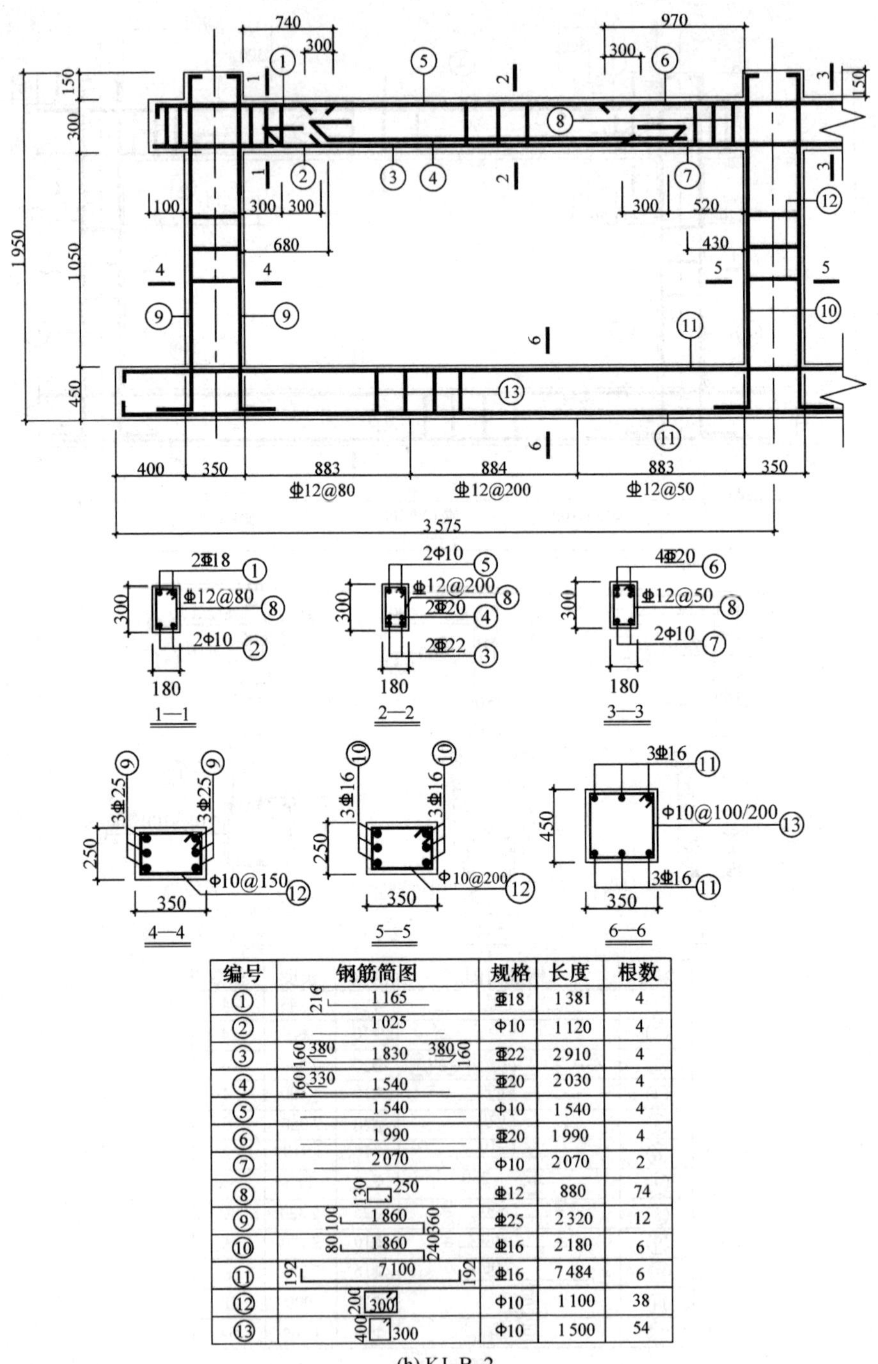

编号	钢筋简图	规格	长度	根数
①	216 1 165	Φ18	1 381	4
②	1 025	Φ10	1 120	4
③	160 380 1 830 380 160	Φ22	2 910	4
④	160 330 1 540	Φ20	2 030	4
⑤	1 540	Φ10	1 540	4
⑥	1 990	Φ20	1 990	4
⑦	2 070	Φ10	2 070	2
⑧	130 250	Φ12	880	74
⑨	100 1 860 360	Φ25	2 320	12
⑩	80 1 860 240	Φ16	2 180	6
⑪	192 7 100 192	Φ16	7 484	6
⑫	200 300	Φ10	1 100	38
⑬	400 300	Φ10	1 500	54

(h) KJ–B–2

续图 4.1

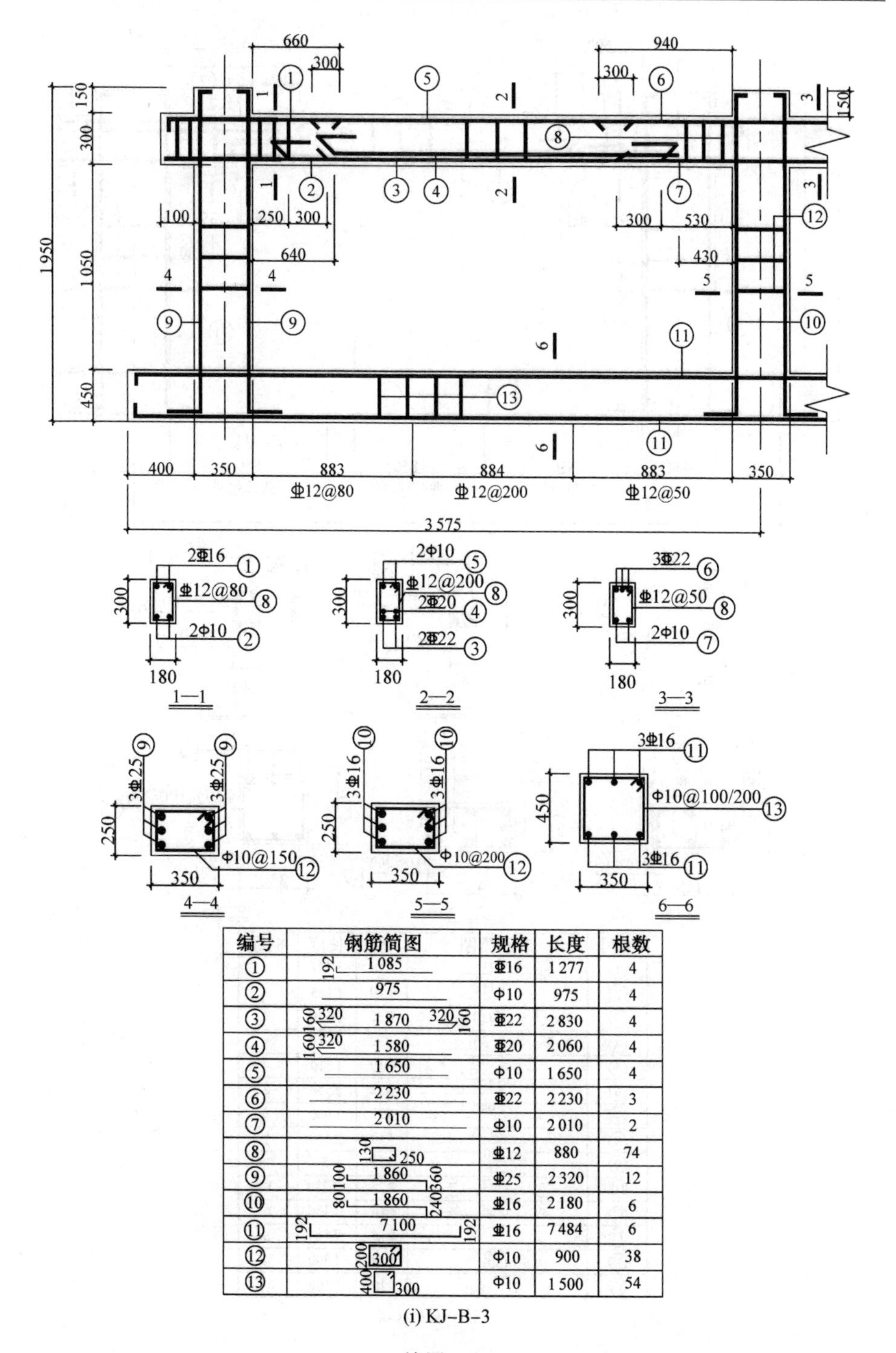

编号	钢筋简图	规格	长度	根数
①	192 1 085	Φ16	1 277	4
②	975	Φ10	975	4
③	160 320 1 870 320 160	Φ22	2 830	4
④	160 320 1 580	Φ20	2 060	4
⑤	1 650	Φ10	1 650	4
⑥	2 230	Φ22	2 230	3
⑦	2 010	Φ10	2 010	2
⑧	130 250	Φ12	880	74
⑨	100 1 860 360	Φ25	2 320	12
⑩	80 1 860 240	Φ16	2 180	6
⑪	192 7 100 192	Φ16	7 484	6
⑫	200 300	Φ10	900	38
⑬	400 300	Φ10	1 500	54

(i) KJ-B-3

续图 4.1

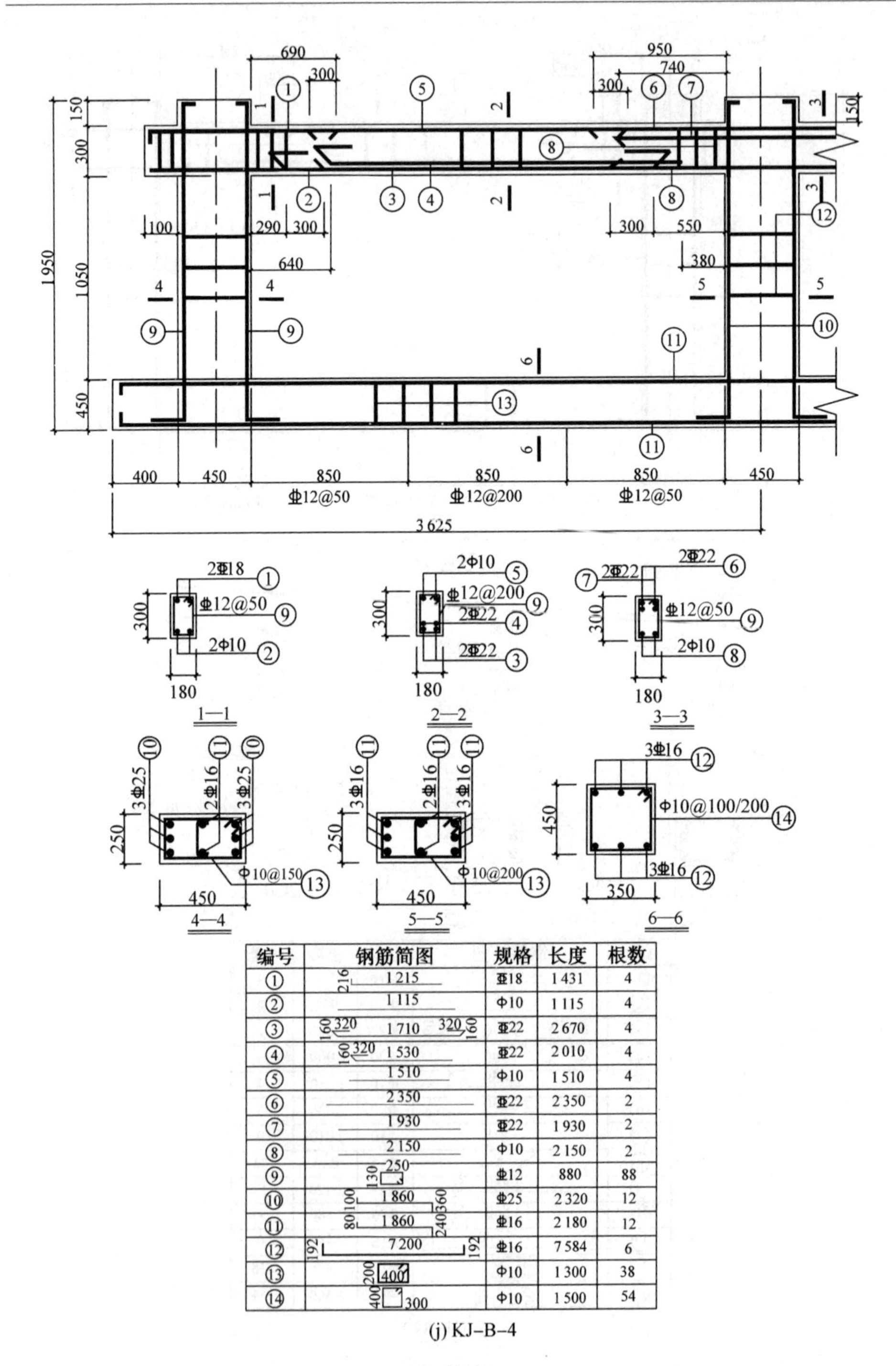

编号	钢筋简图	规格	长度	根数
①	216 1 215	Φ18	1 431	4
②	1 115	Φ10	1 115	4
③	160 320 1 710 320 160	Φ22	2 670	4
④	160 320 1 530	Φ22	2 010	4
⑤	1 510	Φ10	1 510	4
⑥	2 350	Φ22	2 350	2
⑦	1 930	Φ22	1 930	2
⑧	2 150	Φ10	2 150	2
⑨	130 250	Φ12	880	88
⑩	100 1 860 360	Φ25	2 320	12
⑪	80 1 860 240	Φ16	2 180	12
⑫	192 7 200 192	Φ16	7 584	6
⑬	200 400	Φ10	1 300	38
⑭	400 300	Φ10	1 500	54

(j) KJ-B-4

续图 4.1

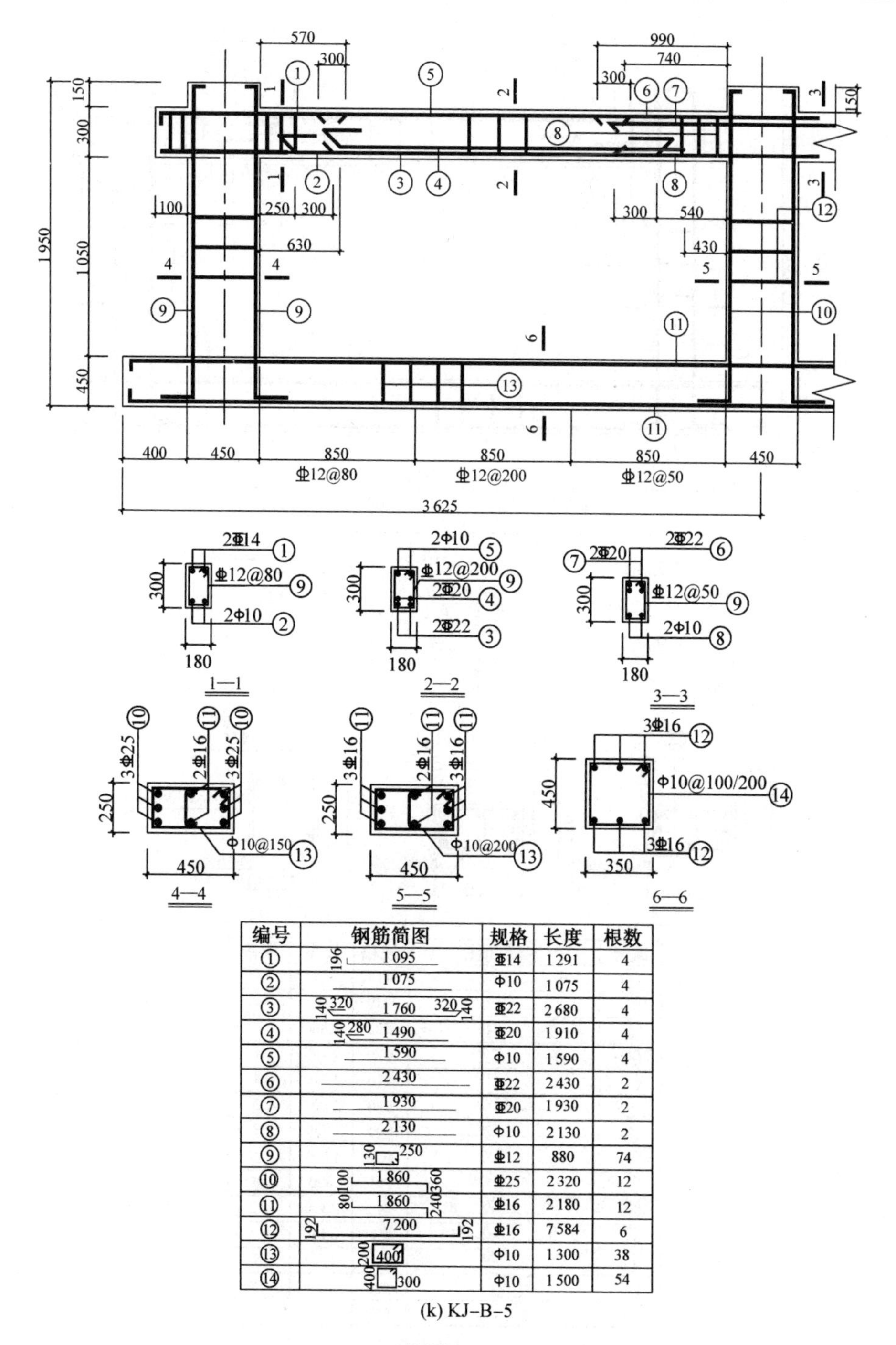

编号	钢筋简图	规格	长度	根数
①	196 1 095	Φ14	1 291	4
②	1 075	Φ10	1 075	4
③	140 320 1 760 320 140	Φ22	2 680	4
④	140 280 1 490	Φ20	1 910	4
⑤	1 590	Φ10	1 590	4
⑥	2 430	Φ22	2 430	2
⑦	1 930	Φ20	1 930	2
⑧	2 130	Φ10	2 130	2
⑨	130 250	Φ12	880	74
⑩	100 1 860 360	Φ25	2 320	12
⑪	80 1 860 240	Φ16	2 180	12
⑫	192 7 200 192	Φ16	7 584	6
⑬	200 400	Φ10	1 300	38
⑭	400 300	Φ10	1 500	54

(k) KJ-B-5

续图 4.1

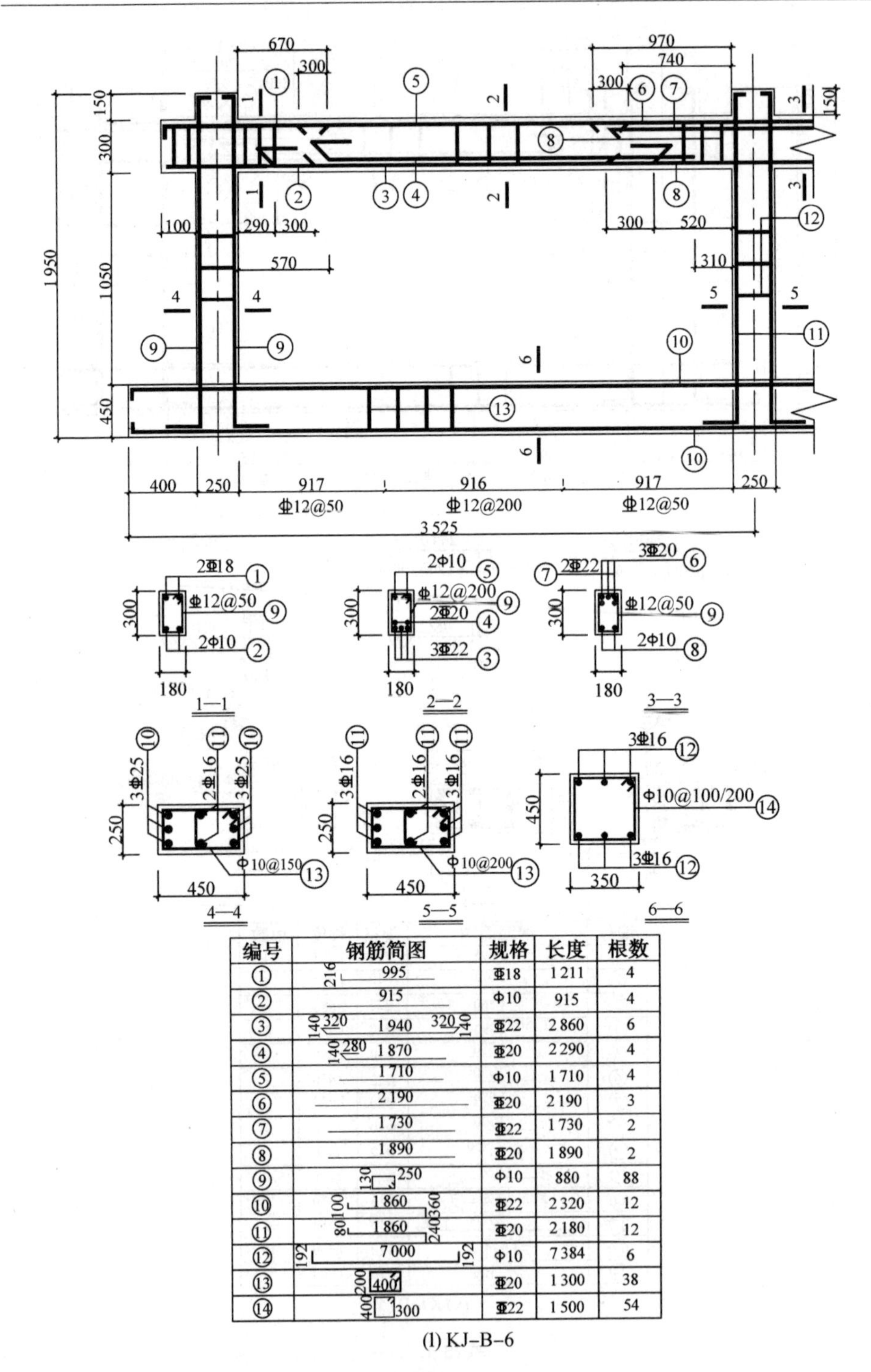

编号	钢筋简图	规格	长度	根数
①	216 995	Φ18	1 211	4
②	915	Φ10	915	4
③	140 320 1 940 320 140	Φ22	2 860	6
④	140 280 1 870	Φ20	2 290	4
⑤	1 710	Φ10	1 710	4
⑥	2 190	Φ20	2 190	3
⑦	1 730	Φ22	1 730	2
⑧	1 890	Φ20	1 890	2
⑨	130 250	Φ10	880	88
⑩	100 1 860 360	Φ22	2 320	12
⑪	80 1 860 240	Φ20	2 180	12
⑫	192 7 000 192	Φ10	7 384	6
⑬	200 400	Φ20	1 300	38
⑭	400 300	Φ22	1 500	54

(l) KJ–B–6

续图 4.1

框架设计过程遵循“强柱弱梁”原则，且试验过程中框架柱及节点核心区不开裂。为保证框架梁端控制截面实现预定的截面相对受压区高度，在距梁端控制截面 1.5h_0（h_0为截面有效高度）以外对各框架梁跨中受拉纵筋进行分批弯起或截断，同时须保证跨中受拉纵筋的锚固长度符合规范要求；在梁端控制截面受压区内仅配置架立钢筋（2 Φ 10），与跨中受拉纵筋搭接长度为 200 mm；同理，对梁端控制截面受拉钢筋也进行了合理截断。为保证试验过程中不发生斜截面受剪破坏，试件配置了足够多的箍筋。为实现梁端控制截面弯矩充分调幅，跨中配置了足够的受拉纵筋。

4.2.2　框架制作与材料力学性能

图 4.2 所示为框架试件的制作，框架梁纵向受拉钢筋采用 HRB500 钢筋和 HRB600 钢筋，架立钢筋采用 HPB300 钢筋，箍筋采用 HRB400 钢筋，框架钢筋力学性能见表 4.2。每榀框架浇筑混凝土时均会预留同一批次的混凝土标准立方体试块，与框架同期同条件养护。试验前测量各混凝土试块抗压强度，框架混凝土力学性能见表 4.3。

(a) 钢筋绑扎与支模

(b) 混凝土浇筑完成

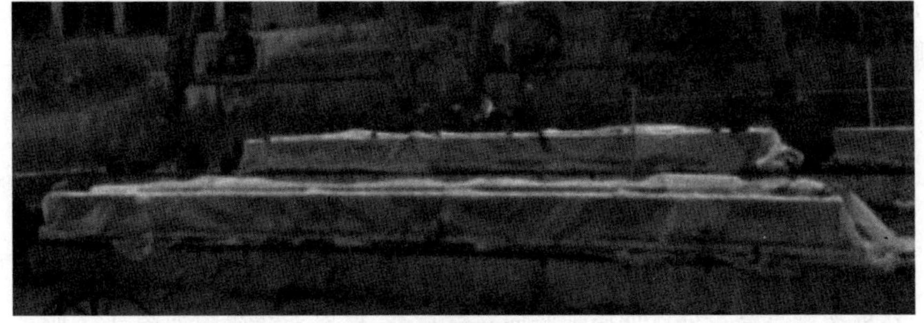

(c) 洒水养护

图 4.2　框架试件的制作

表 4.2 框架钢筋力学性能

钢筋牌号	直径 d/mm	屈服强度 f_y/MPa	极限强度 f_u/MPa	强屈比 f_u/f_y	屈服应变 $\varepsilon_y/\mu\varepsilon$	屈服平台末端应变 $\varepsilon_{uy}/\mu\varepsilon$	最大力下伸长率/%
HPB300	10	380	471	1.24	1 900	21 410	14.7
HRB400	12	460	570	1.24	2 300	21 035	13.6
HRB500	14	569	700	1.23	2 845	18 062	11.7
HRB500	16	555	715	1.29	2 775	18 153	12.7
HRB500	18	590	686	1.16	2 950	13 294	11.2
HRB500	20	581	692	1.19	2 905	13 831	12.3
HRB500	22	543	712	1.31	2 715	13 633	11.3
HRB600	12	704	798	1.13	3 520	16 939	11.5
HRB600	14	714	804	1.13	3 570	14 295	11.7
HRB600	18	631	772	1.22	3 155	12 573	10.8
HRB600	20	654	778	1.19	3 270	12 374	10.4
HRB600	22	618	777	1.26	3 090	11 996	10.7

注：钢筋弹性模量取 E_s 为 2.00×10^5 MPa。

表 4.3 框架混凝土力学性能

混凝土设计强度等级	标准立方体抗压强度 f_{cu}/MPa	轴心抗压强度 f_c/MPa
C40	45.5	34.6
C50	60.4	45.9
C60	64.1	50.0

注：$f_c=\alpha_{c1}f_{cu}$，对于 C50 及以下普通混凝土，$\alpha_{c1}=0.76$；对于 C80 混凝土，$\alpha_{c1}=0.82$；中间按线性插值。

4.3 试验方案

4.3.1 试验装置和加载方案

在框架梁每跨三分点处施加竖向对称荷载，框架加载简图如图 4.3 所示，试验框架加载装置如图 4.4 所示。为确保加载装置和测量仪器正常工作，正式加载前须对框架进行预加载。正式加载按荷载一位移混合控制的方法采用分级加载制度，每级所加荷载值为各阶段预估最大荷载的 10%，在预估开裂荷载和屈服荷载附近，适当减小荷载分级，以便准确捕捉开裂荷载和屈服荷载。框架梁屈服之后调整为位移控制加载，每级位移增量为 3 mm。

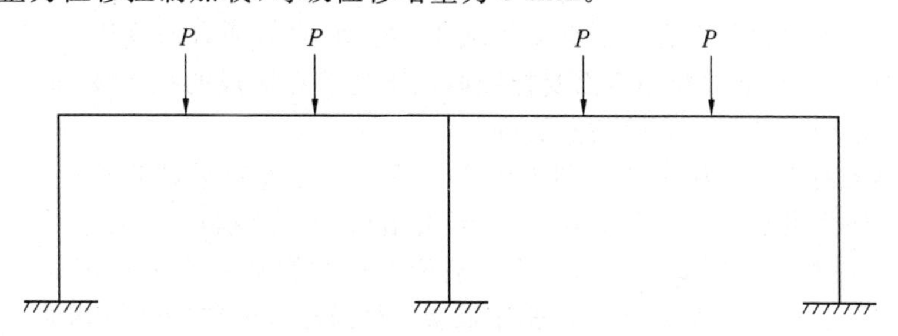

图 4.3　框架加载简图

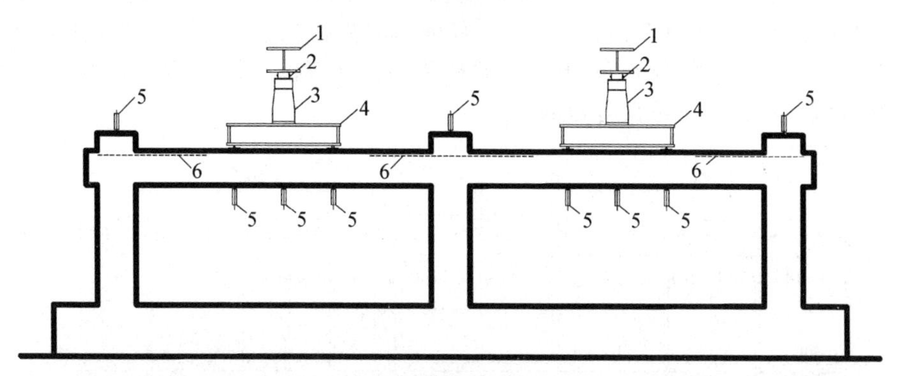

(a) 加载装置示意图

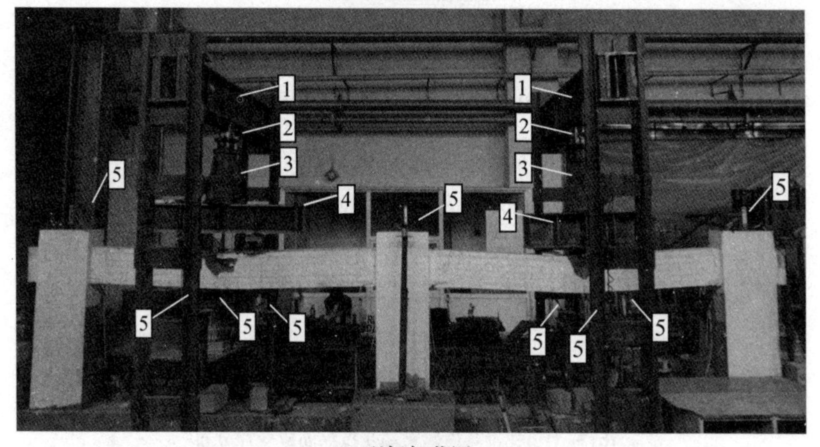

(b) 现场加载图

图 4.4　试验框架加载装置

1—反力梁；2—加载传感器；3—加载千斤顶；4—分配梁；

5—位移计；6—钢筋应变片

4.3.2 量测内容及方法

本试验主要量测内容包括框架梁端 1.5h_0(h_0为截面有效高度)范围内纵向受拉钢筋拉应变、梁端控制截面受拉纵筋在梁柱节点区段的拉应变、框架梁挠度以及加载过程中混凝土裂缝的发展等。

框架梁钢筋应变片布置范围如图 4.5 所示。与连续梁试验相同,对所测量的受拉纵筋开设宽×深=3 mm×4 mm 的槽口,并将钢筋应变片沿筋长方向粘贴在槽底,贴片方式同 2.3.2 节。钢筋应变片尺寸为宽度 1 mm、标距2 mm,相邻两应变片中心间距为 40 mm。基于框架中柱及边柱内梁端受拉钢筋实测拉应变,可计算出钢筋在柱边的累积滑移量,进而得到相应的梁端控制截面附加转角;基于框架梁端控制截面以外 1.5h_0范围内的受拉纵筋应变实测值,可得到梁端塑性铰长度及塑性铰转角;基于框架柱顶端控制截面受拉钢筋应变实测值,可计算各级荷载作用下框架各截面内力。

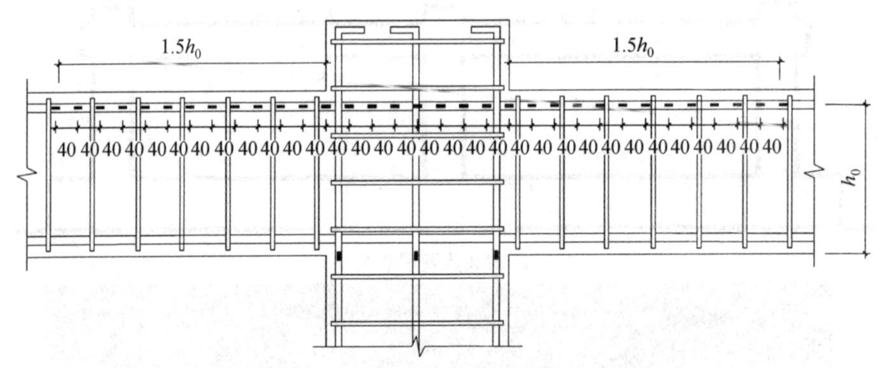

(a) 框架中柱及其两侧梁端受拉纵筋应变片分布

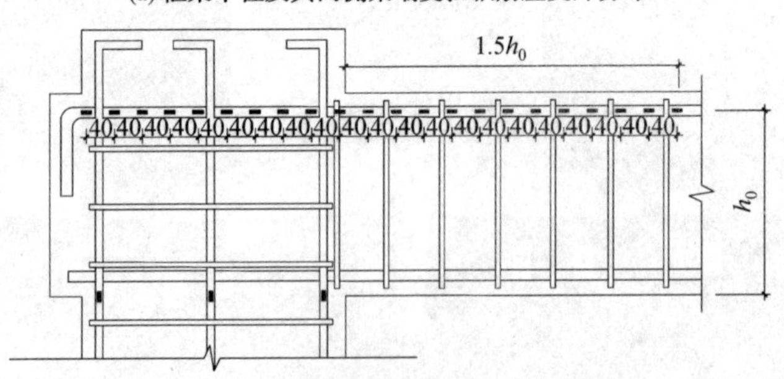

(b) 框架边柱及其内侧梁端受拉纵筋应变片分布

图 4.5 框架梁钢筋应变片布置范围

在柱顶、加载点及跨中位置布置位移计,测量每级荷载下框架梁挠度的变化情况,获得荷载一位移曲线。为观察加载过程中混凝土裂缝的发展情况,在框架梁侧面绘制边长为 50 mm 的正方形网格,便于记录裂缝发展高度;采用 HC-F800 裂缝观测仪观察裂缝宽度的变化,测量精度为 0.01 mm。

4.4　试验现象及试验结果

4.4.1　框架梁荷载一变形曲线

图 4.6 为 12 榀框架的框架梁荷载一变形曲线。各榀框架在加载过程中均经历以下几个阶段:与中柱相交的框架梁端控制截面开裂(东跨梁对应 A 点、西跨梁对应 A'点,余同)、跨中控制截面开裂(B/B'点)、与边柱相交的框架梁端控制截面开裂(C/C'点)、与中柱相交的框架梁端控制截面受拉纵筋屈服(D/D'点)、与边柱相交的框架梁端控制截面受拉纵筋屈服(E/E'点)、与中柱相交的框架梁端控制截面受弯破坏(F/F'点)、与边柱相交的框架梁端控制截面受弯破坏(G/G'点)、跨中控制截面受拉纵筋屈服(H/H'点)、所加荷载达到峰值荷载(I/I'点)及作用荷载随变形的增大而减小。12 榀框架各特征点对应单点荷载值见表 4.4。

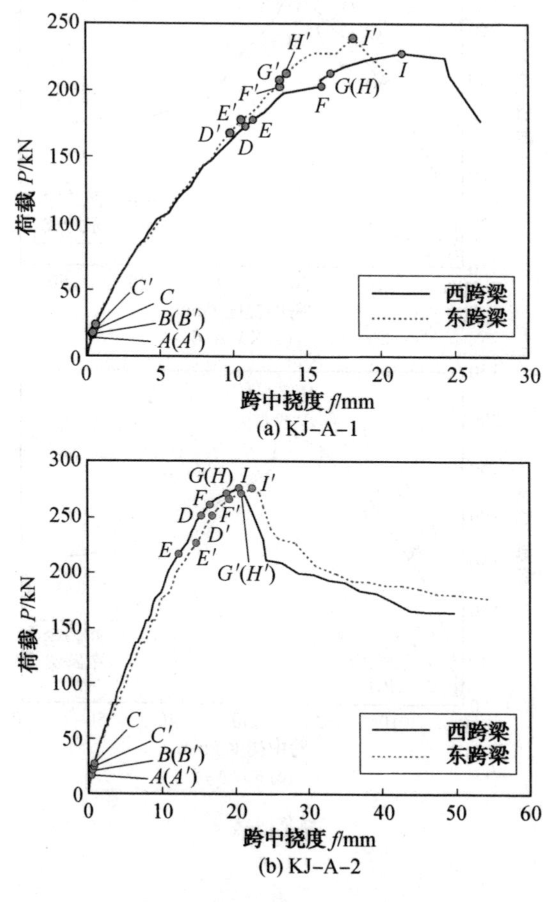

图 4.6　框架梁荷载一变形曲线

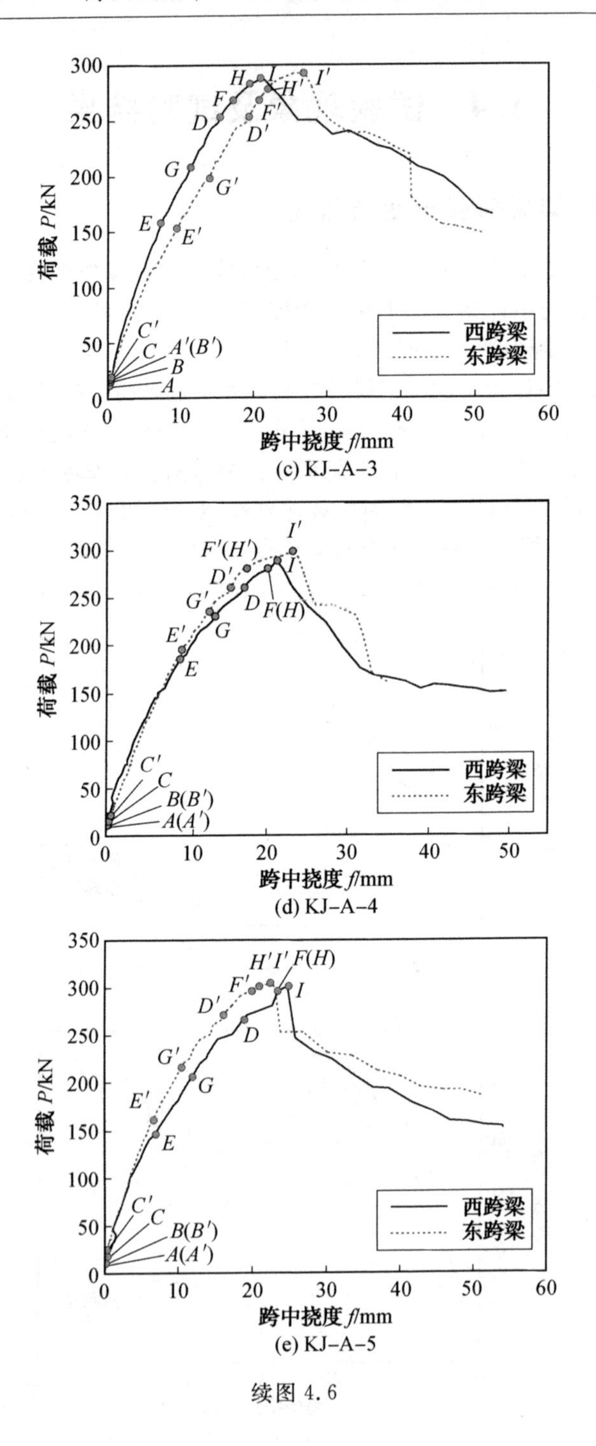

(c) KJ-A-3

(d) KJ-A-4

(e) KJ-A-5

续图 4.6

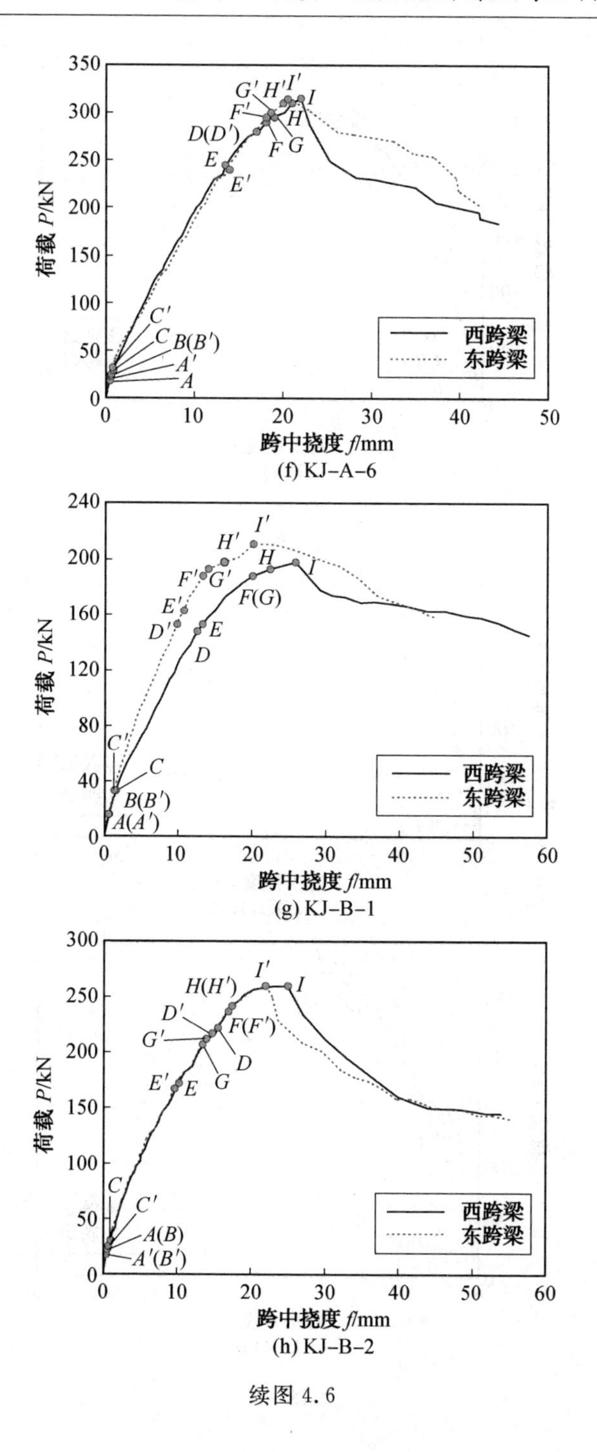

(f) KJ–A–6

(g) KJ–B–1

(h) KJ–B–2

续图 4.6

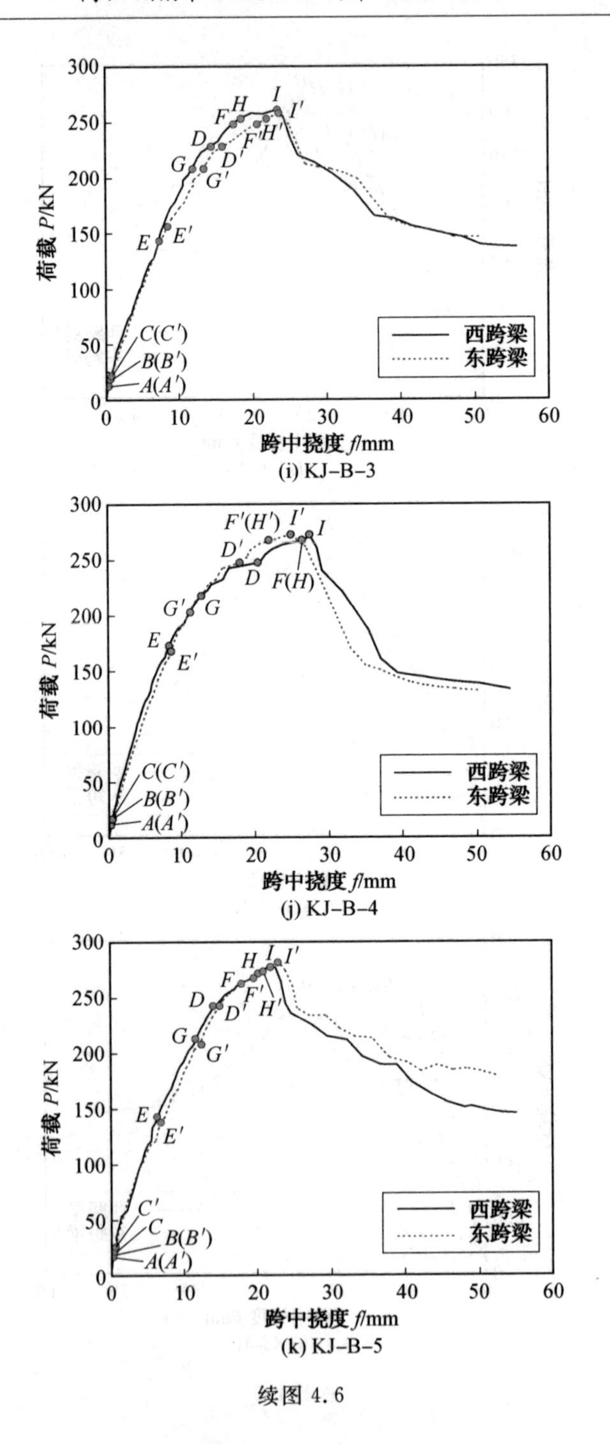

(i) KJ-B-3

(j) KJ-B-4

(k) KJ-B-5

续图 4.6

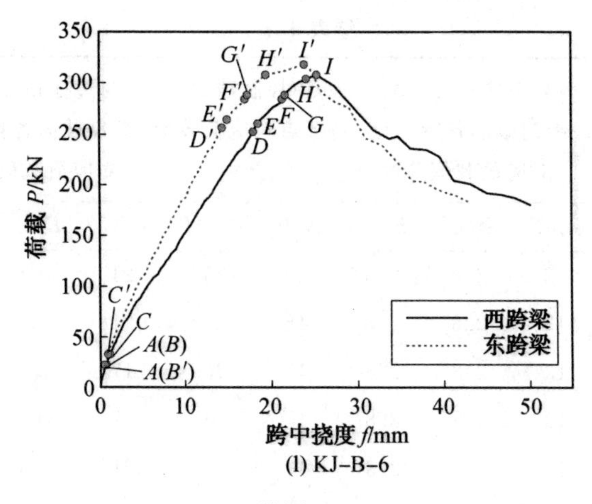

(l) KJ–B–6

续图 4.6

表 4.4　12 榀框架各特征点对应单点荷载值

试件编号	梁跨	与中柱相交梁端控制截面各特征点对应荷载值/kN			跨中控制截面各特征点对应荷载值/kN		与边柱相交梁端控制截面各特征点对应荷载值/kN			峰值荷载/kN
		A/A'	D/D'	F/F'	B/B'	H/H'	C/C'	E/E'	G/G'	I/I'
KJ－A－1	西跨梁	16	173	203	18	213	20	178	213	228
	东跨梁	17	168	203	18	213	24	178	208	240
KJ－A－2	西跨梁	17	252	262	21	272	27	217	272	277
	东跨梁	17	252	267	21	272	24	227	272	277
KJ－A－3	西跨梁	12	253	268	15	283	18	158	208	288
	东跨梁	17	253	268	17	278	20	153	198	292
KJ－A－4	西跨梁	12	261	281	12	281	15	186	231	289
	东跨梁	12	261	281	12	281	21	196	236	299
KJ－A－5	西跨梁	9	266	296	9	296	18	146	206	301
	东跨梁	9	271	296	9	301	24	161	216	305
KJ－A－6	西跨梁	18	280	290	24	310	29	245	295	315
	东跨梁	23	280	295	24	310	32	240	300	314
KJ－B－1	西跨梁	16	148	188	16	193	33	154	188	198
	东跨梁	16	153	188	16	198	33	160	193	231
KJ－B－2	西跨梁	21	222	237	21	242	27	172	207	260
	东跨梁	18	217	237	18	242	24	167	212	260

续表 4.4

试件编号	梁跨	与中柱相交梁端控制截面各特征点对应荷载值/kN			跨中控制截面各特征点对应荷载值/kN		与边柱相交梁端控制截面各特征点对应荷载值/kN			峰值荷载/kN
		A/A'	D/D'	F/F'	B/B'	H/H'	C/C'	E/E'	G/G'	I/I'
KJ－B－3	西跨梁	12	228	248	18	253	21	143	208	261
	东跨梁	12	228	248	18	253	21	156	208	258
KJ－B－4	西跨梁	12	248	268	17	268	17	173	218	273
	东跨梁	12	248	268	17	268	17	168	203	273
KJ－B－5	西跨梁	17	243	263	17	272	21	143	213	278
	东跨梁	17	243	268	17	274	26	138	208	282
KJ－B－6	西跨梁	23	252	284	23	303	30	258	288	308
	东跨梁	23	256	284	23	308	30	264	288	318

注：本表中各特征点与图 4.6 相对应。

这里需要指出，由于框架梁两端负弯矩区塑性铰形成并不完全同步，故图 4.6中各榀框架梁两端控制截面受拉纵筋屈服（D/D'点和 E/E'点）及受弯破坏（F/F'点和G/G'点）顺序并不相同。在位移加载阶段，受压区混凝土被逐层压碎退出工作，由于混凝土被压碎的区域大小及压碎厚度具有随机性，因而荷载一变形曲线下降段变化不同步。框架梁破坏现象如图 4.7 所示。

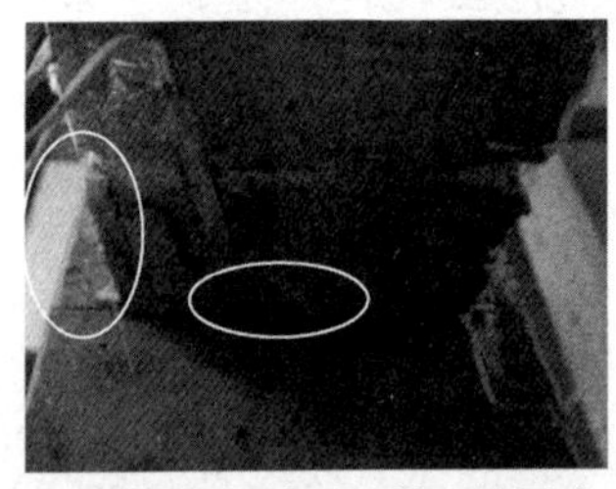

(a) 梁端底部受压混凝土被压碎

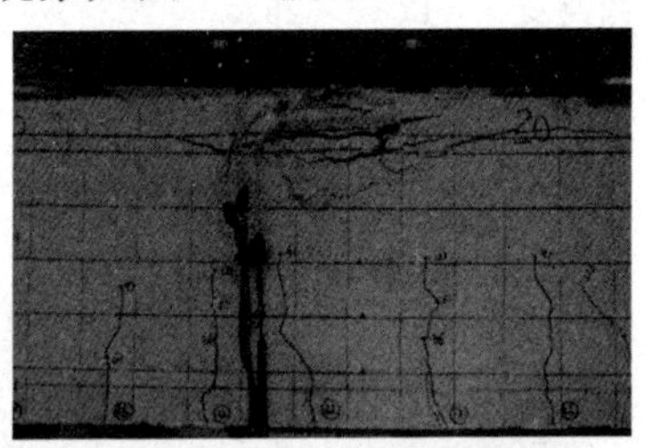

(b) 跨中混凝土被逐层压碎

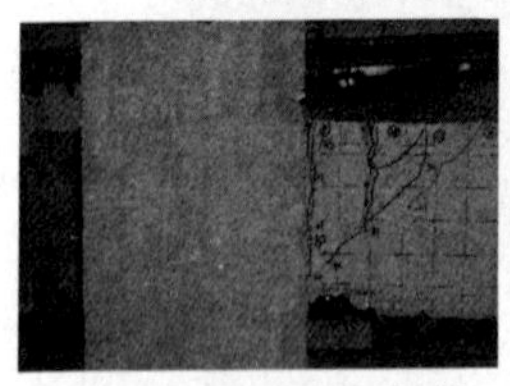

(c) 与西边柱相交梁端破坏

(d) 与中柱相交梁端破坏

(e) 与东边柱相交梁端破坏

图 4.7　框架梁破坏现象

4.4.2　框架梁端受拉纵筋应变

在框架梁端控制截面受拉纵筋屈服时刻和受弯破坏时刻，梁端附近区域纵向受拉钢筋的拉应变可由布置于钢筋凹槽内的应变片测得。将各测点应变值置于以中柱截面中心为原点、以各测点至中柱截面中心距离为横轴、以受拉纵筋应变为纵轴的坐标系中，则与框架中柱相交梁端受拉纵筋拉应变分布如图 4.8 中实心点所示。图中，横坐标数值以中柱东侧为正，以中柱西侧为负。

将各测点应变值置于以边柱外边缘为原点、以各测点至边柱外边缘距离为横轴、以受拉纵筋应变为纵轴的坐标系中，则与框架边柱相交梁端受拉纵筋拉应变分布如图 4.9 中实心点所示。

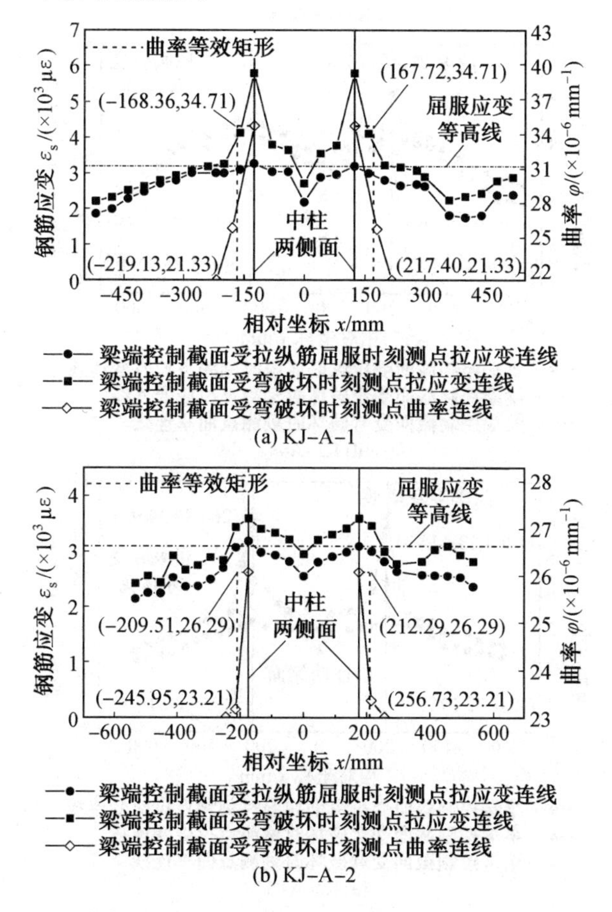

图 4.8　与框架中柱相交梁端受拉纵筋拉应变分布及曲率分布

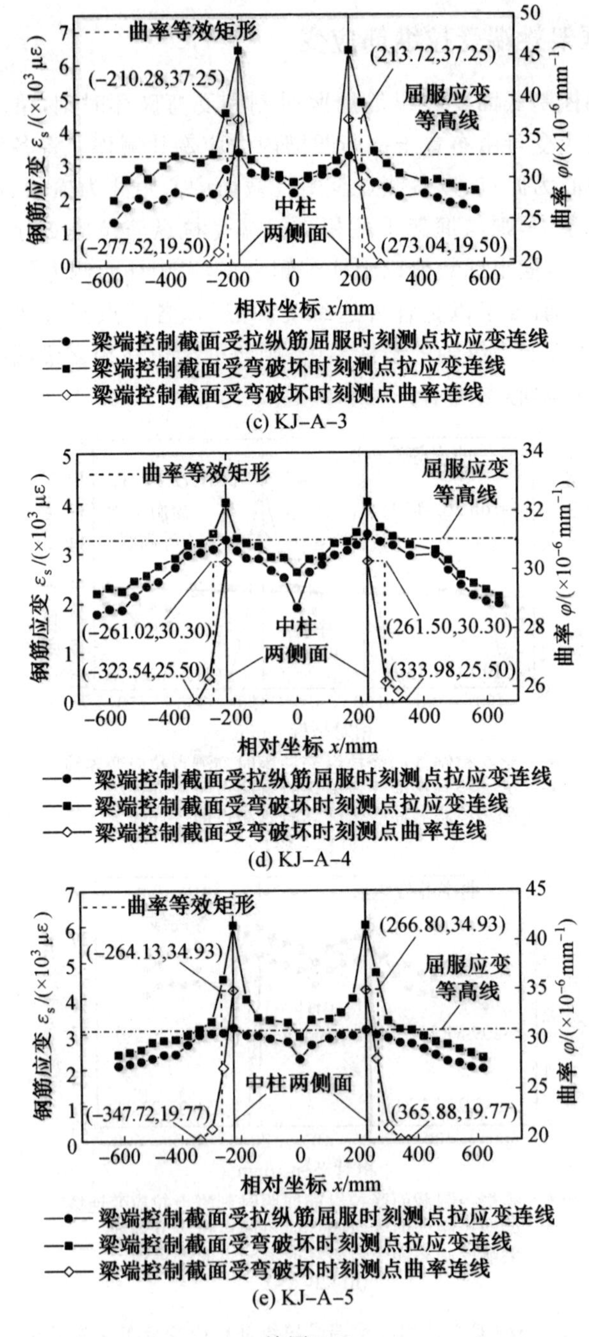

(c) KJ-A-3

(d) KJ-A-4

(e) KJ-A-5

续图 4.8

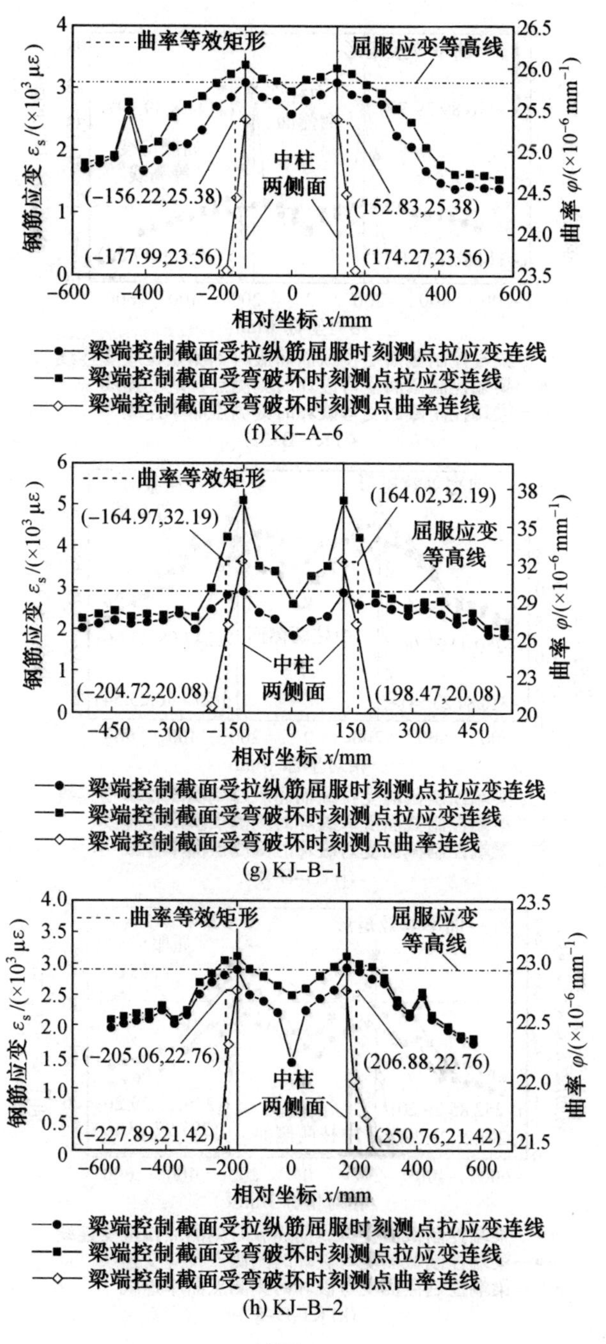

(f) KJ-A-6

(g) KJ-B-1

(h) KJ-B-2

续图 4.8

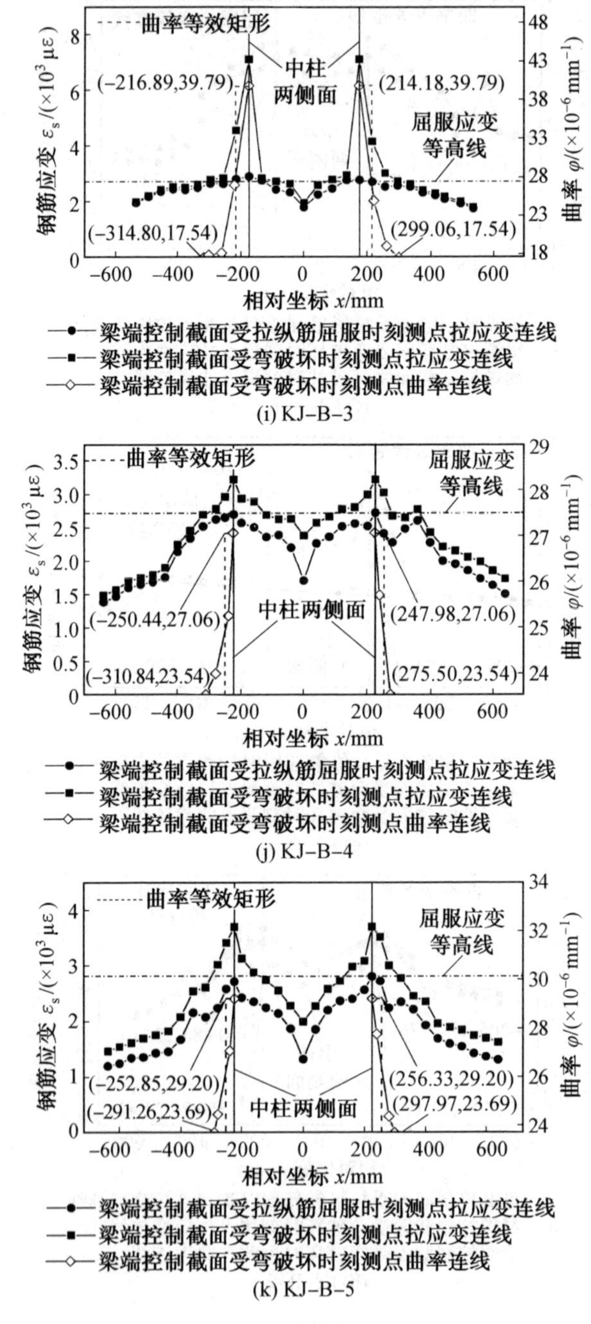

(i) KJ-B-3

(j) KJ-B-4

(k) KJ-B-5

续图 4.8

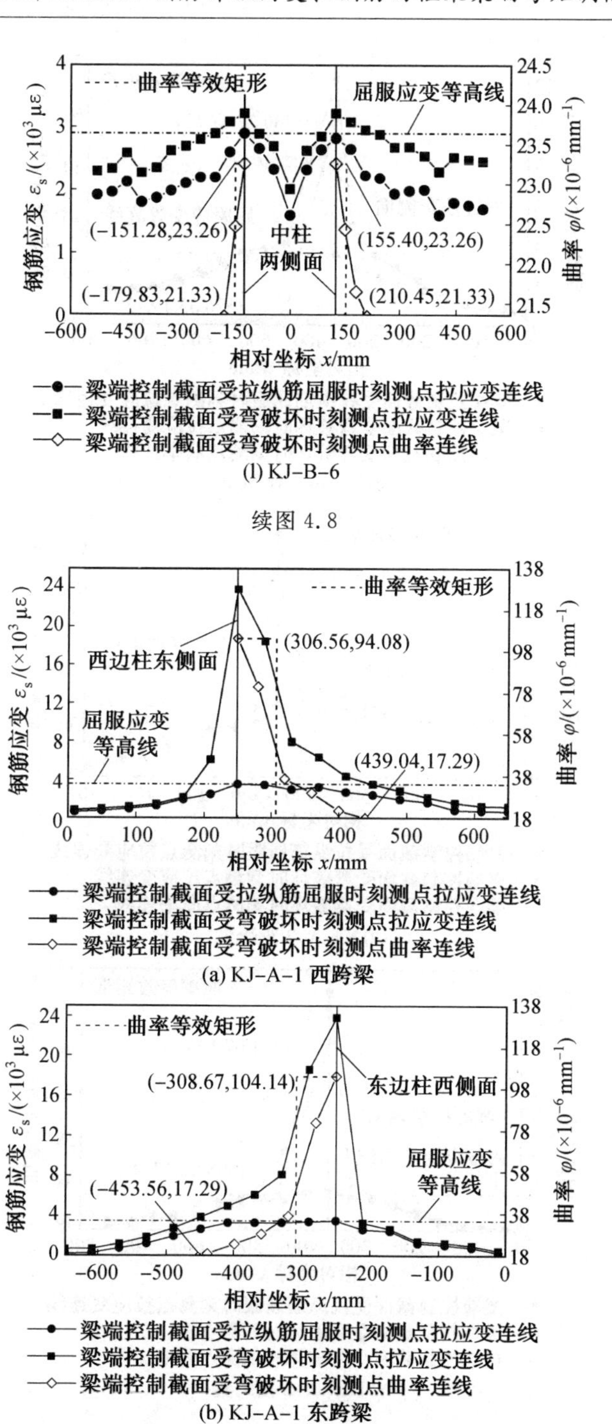

续图 4.8

图 4.9　与框架边柱相交梁端受拉纵筋拉应变分布及曲率分布

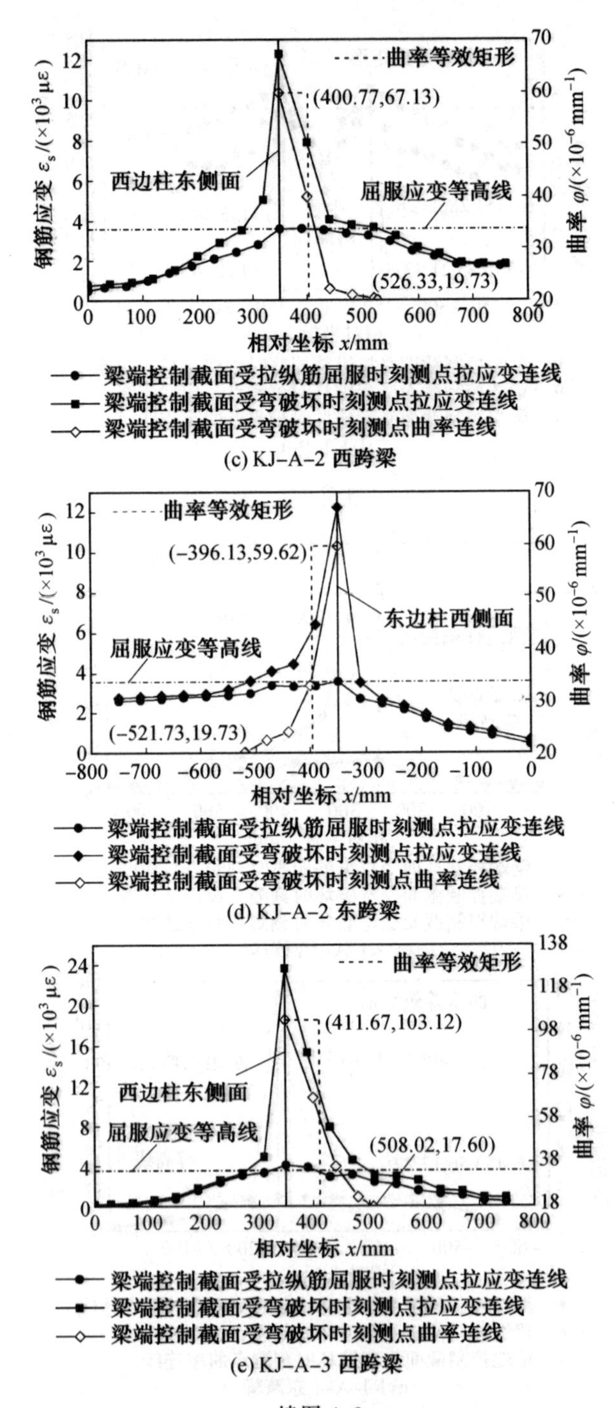

曲率等效矩形
(400.77,67.13)
西边柱东侧面
屈服应变等高线
(526.33,19.73)
钢筋应变 $\varepsilon_s/(\times 10^3\ \mu\varepsilon)$
曲率 $\varphi/(\times 10^{-6}\ mm^{-1})$
相对坐标 x/mm
梁端控制截面受拉纵筋屈服时刻测点拉应变连线
梁端控制截面受弯破坏时刻测点拉应变连线
梁端控制截面受弯破坏时刻测点曲率连线
(c) KJ-A-2 西跨梁
曲率等效矩形
(−396.13,59.62)
东边柱西侧面
屈服应变等高线
(−521.73,19.73)
钢筋应变 $\varepsilon_s/(\times 10^3\ \mu\varepsilon)$
曲率 $\varphi/(\times 10^{-6}\ mm^{-1})$
相对坐标 x/mm
梁端控制截面受拉纵筋屈服时刻测点拉应变连线
梁端控制截面受弯破坏时刻测点拉应变连线
梁端控制截面受弯破坏时刻测点曲率连线
(d) KJ-A-2 东跨梁
曲率等效矩形
(411.67,103.12)
西边柱东侧面
屈服应变等高线
(508.02,17.60)
钢筋应变 $\varepsilon_s/(\times 10^3\ \mu\varepsilon)$
曲率 $\varphi/(\times 10^{-6}\ mm^{-1})$
相对坐标 x/mm
梁端控制截面受拉纵筋屈服时刻测点拉应变连线
梁端控制截面受弯破坏时刻测点拉应变连线
梁端控制截面受弯破坏时刻测点曲率连线
(e) KJ-A-3 西跨梁

续图 4.9

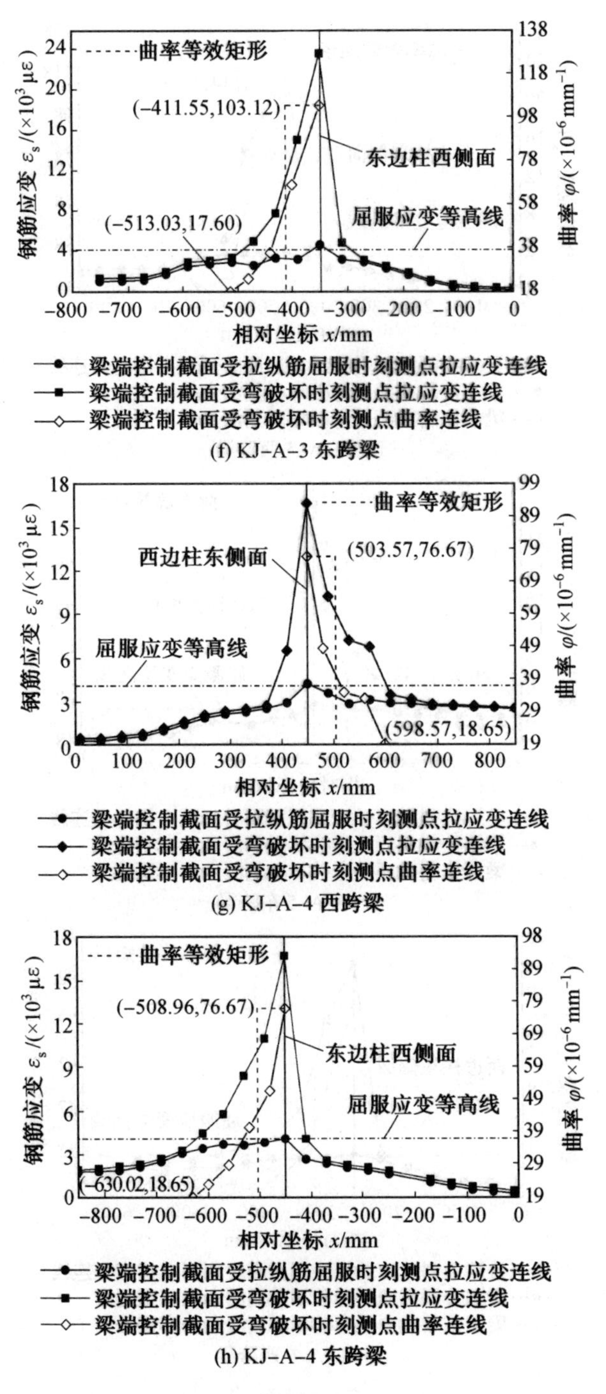

(f) KJ-A-3 东跨梁

(g) KJ-A-4 西跨梁

(h) KJ-A-4 东跨梁

续图 4.9

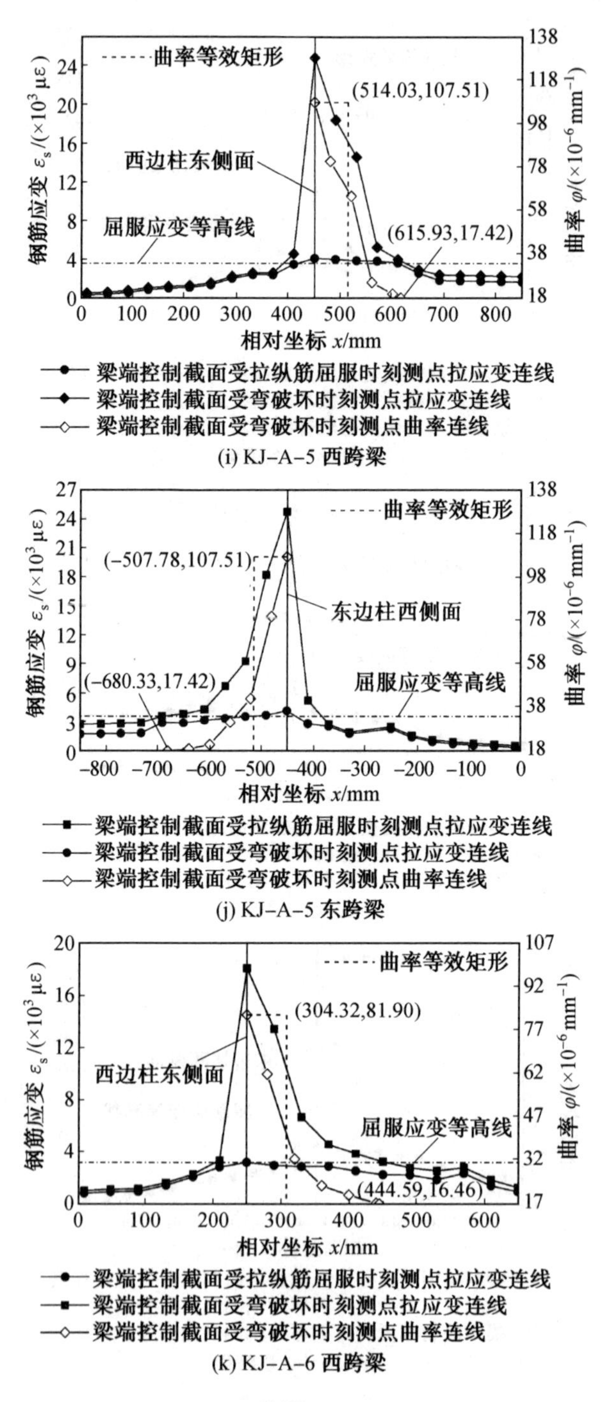

(i) KJ-A-5 西跨梁

(j) KJ-A-5 东跨梁

(k) KJ-A-6 西跨梁

续图 4.9

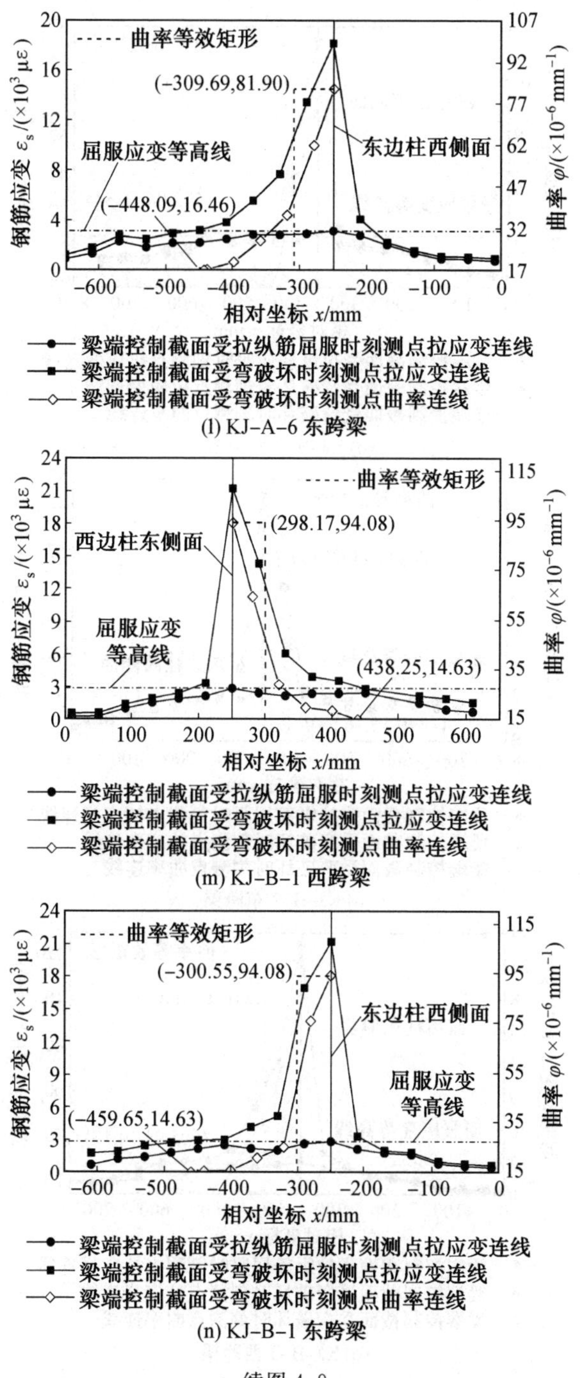

(l) KJ-A-6 东跨梁

(m) KJ-B-1 西跨梁

(n) KJ-B-1 东跨梁

续图 4.9

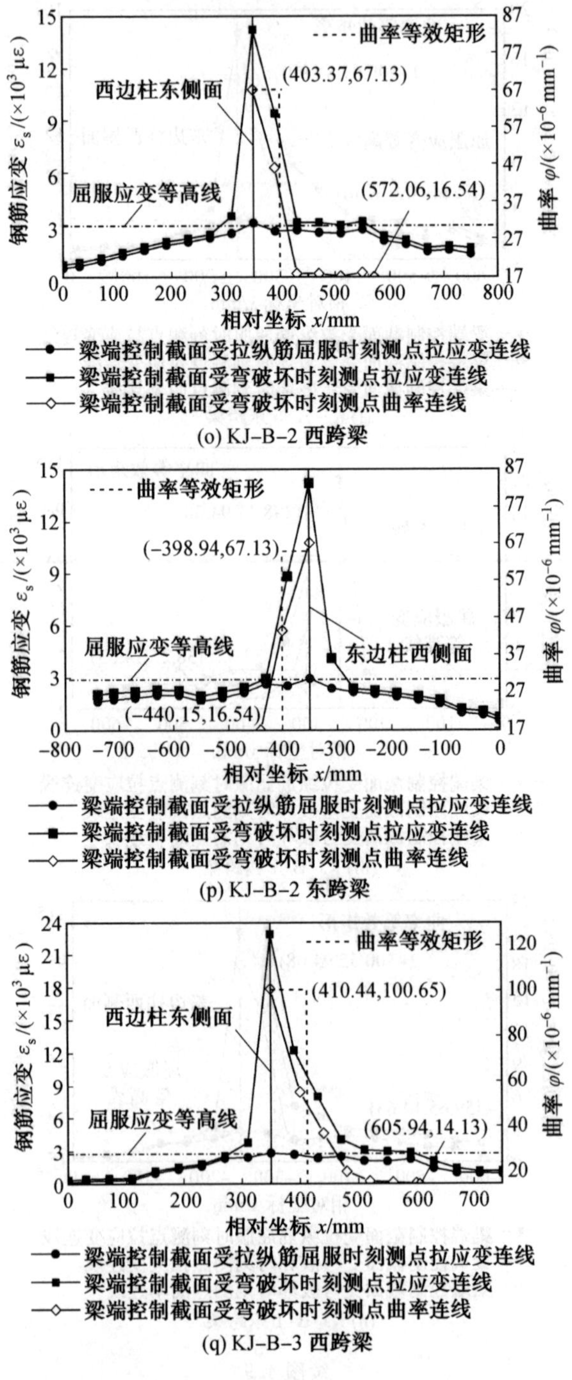

(o) KJ-B-2 西跨梁

(p) KJ-B-2 东跨梁

(q) KJ-B-3 西跨梁

续图 4.9

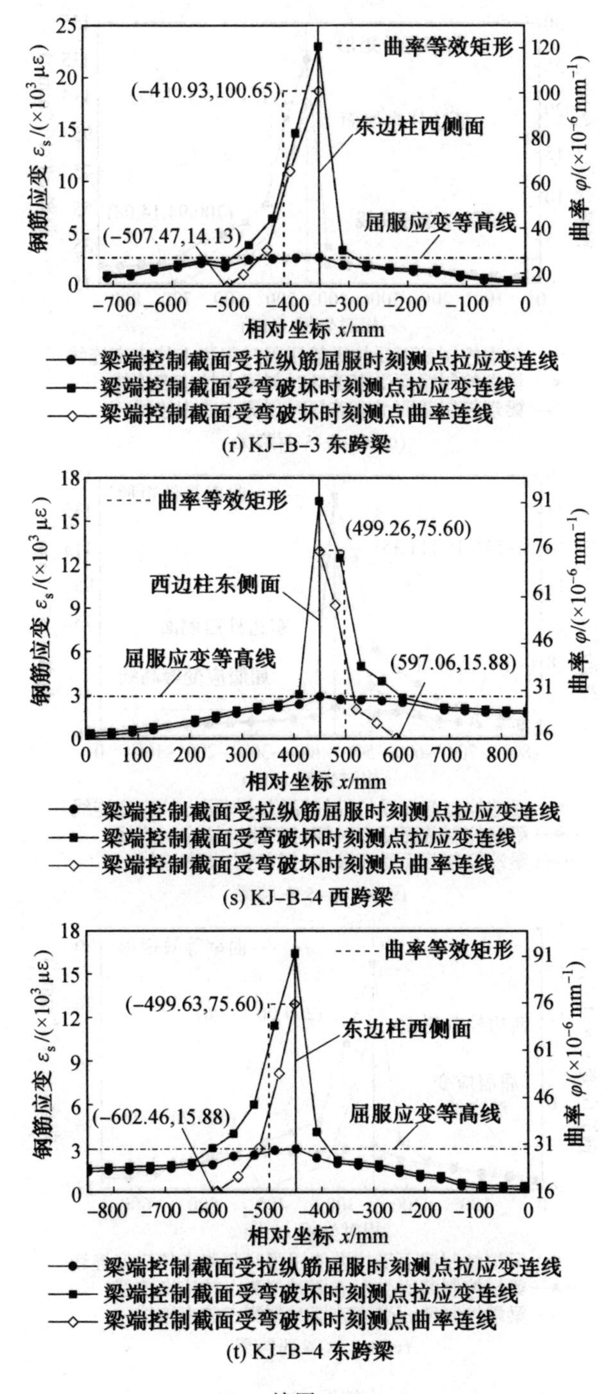

(r) KJ-B-3 东跨梁

(s) KJ-B-4 西跨梁

(t) KJ-B-4 东跨梁

续图 4.9

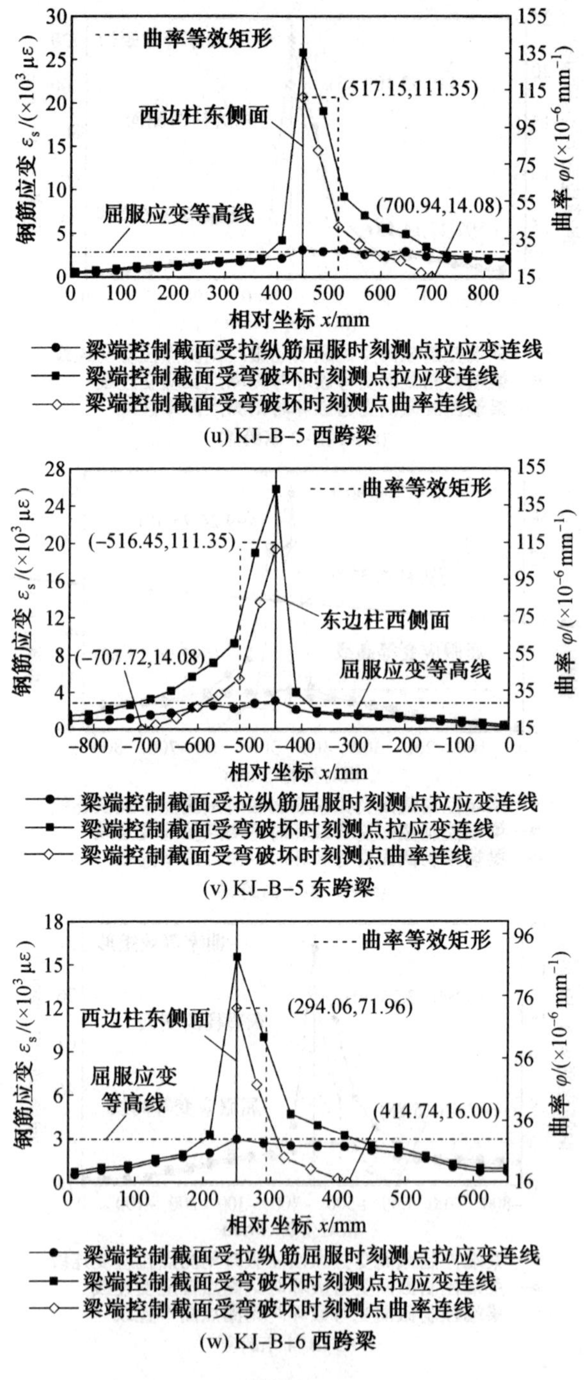

(u) KJ-B-5 西跨梁

(v) KJ-B-5 东跨梁

(w) KJ-B-6 西跨梁

续图 4.9

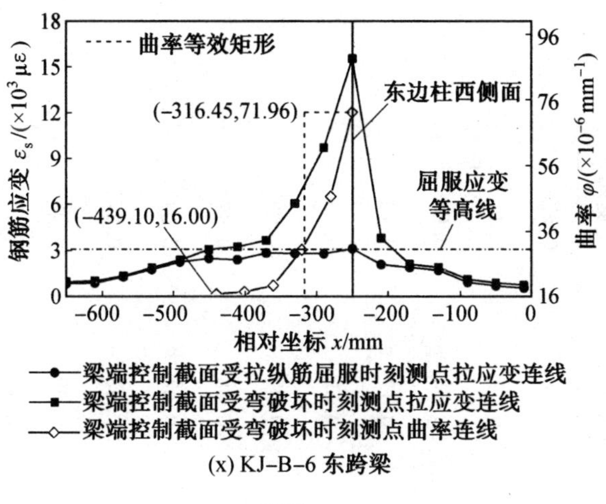

(x) KJ-B-6 东跨梁

续图 4.9

由图 4.8 和图 4.9 可知，① 钢筋应变测点连线存在波动现象，这是因为钢筋应力会在混凝土裂缝处发生突变，导致作用弯矩相近时裂缝间钢筋应变小于裂缝处钢筋应变；② 在梁端控制截面受弯破坏时刻，该截面邻近区域钢筋应变增长较快，这是由于控制截面受拉纵筋达到屈服后，钢筋与混凝土间黏结作用退化，因此钢筋变形增大；③ 框架柱内的梁端受拉纵筋发生应变渗透现象，钢筋应变值由梁端控制截面处的最大值向柱内递减。

4.4.3　梁端塑性铰转角计算

基于框架梁端受拉纵筋应变实测值，可确定梁端塑性铰长度及框架梁曲率分布。将与中柱相交的梁端塑性铰区范围内各测点曲率值置于以中柱截面中心为原点、以各测点至中柱截面中心距离为横轴、以截面曲率为纵轴(纵轴起始点为截面屈服曲率)的坐标系中，如图 4.8 中空心点所示；将与边柱相交的梁端塑性铰区范围内各测点曲率值置于以边柱外边缘为原点、以各测点至边柱外边缘距离为横轴、以截面曲率为纵轴(纵轴起始点为截面屈服曲率)的坐标系中，如图 4.9 中空心点所示。同等效塑性铰长度的计算方法，可得到曲率等效矩形如图 4.8 和图 4.9 中虚线所示。各框架与中柱、边柱相交的梁端等效塑性铰长度见表 4.5、表 4.6。

试验结果表明，各框架与边柱相交的梁端等效塑性铰长度均大于与中柱相交的梁端等效塑性铰长度，这是因为与边柱相交的梁端控制截面配筋较少，导致该截面受弯破坏时刻钢筋拉应变较大，使邻近区域钢筋应变水平提高，塑性铰区域变长。同时，由于加载过程中混凝土开裂具有随机性，东、西两跨框架梁端塑性铰区受拉纵筋应变不同，故两跨框架梁的塑性铰长度并不对称相等。根据式(1.1)可计算各框架与中柱、边柱相交的梁端塑性铰转角，见表 4.5、表 4.6。

表 4.5　各框架与中柱相交的梁端等效塑性铰长度及塑性铰转角

试件编号	等效塑性铰长度 $\bar{l}_p$ /mm		屈服曲率 φ_y /($\times 10^{-6}$ mm^{-1})	极限曲率 φ_u /($\times 10^{-6}$ mm^{-1})	塑性铰转角 θ_p /($\times 10^{-3}$ rad)	
	与中柱西侧相交梁端	与中柱东侧相交梁端			与中柱西侧相交梁端	与中柱东侧相交梁端
KJ—A—1	43.36	42.72	21.33	34.71	0.58	0.57
KJ—A—2	34.51	37.29	23.21	26.29	0.11	0.11
KJ—A—3	35.28	38.72	19.50	37.25	0.63	0.69
KJ—A—4	36.02	36.50	25.50	30.30	0.17	0.18
KJ—A—5	39.13	41.80	19.77	34.93	0.59	0.63
KJ—A—6	31.22	27.83	23.56	25.38	0.06	0.05
KJ—B—1	39.97	39.02	20.08	32.19	0.48	0.47
KJ—B—2	30.06	31.88	21.42	22.76	0.04	0.04
KJ—B—3	41.89	39.18	17.54	39.79	0.93	0.87
KJ—B—4	25.44	22.98	23.54	27.06	0.09	0.08
KJ—B—5	27.85	31.33	23.69	29.20	0.15	0.17
KJ—B—6	26.28	30.40	21.33	23.26	0.05	0.06

表 4.6　各框架与边柱相交的梁端等效塑性铰长度及塑性铰转角

试件编号	等效塑性铰长度 $\bar{l}_p$ /mm		屈服曲率 φ_y /($\times10^{-6}$ mm^{-1})	极限曲率 φ_u /($\times10^{-6}$ mm^{-1})	塑性铰转角 θ_p /($\times10^{-3}$ rad)	
	与西边柱相交梁端	与东边柱相交梁端			与西边柱相交梁端	与东边柱相交梁端
KJ—A—1	56.56	58.67	17.29	104.14	4.91	5.10
KJ—A—2	50.77	46.13	19.73	59.62	2.03	1.84
KJ—A—3	61.60	61.55	17.60	103.12	5.27	5.26
KJ—A—4	53.57	58.96	18.65	76.67	3.11	3.42
KJ—A—5	64.03	57.78	17.42	107.51	5.77	5.21
KJ—A—6	54.32	59.69	16.46	81.90	3.55	3.91
KJ—B—1	48.17	50.55	14.63	94.08	3.83	4.02
KJ—B—2	53.37	48.94	16.54	67.13	2.70	2.48
KJ—B—3	60.44	60.93	14.13	100.65	5.23	5.27
KJ—B—4	49.26	49.63	15.88	75.60	2.94	2.96
KJ—B—5	67.15	66.45	14.08	111.35	6.53	6.46
KJ—B—6	44.06	46.01	16.00	71.96	2.47	2.57

4.4.4 由应变渗透引起的梁端附加转角计算

基于框架梁端受拉纵筋应变实测值，可按式(3.1)～(3.3)分别计算各框架梁端控制截面受拉纵筋屈服时刻和受弯破坏时刻应变渗透引起的梁端控制截面附加转角 $\theta_{y,slip}$ 和 $\theta_{u,slip}$，12 榀框架两个特征时刻应变渗透引起的梁端控制截面附加转角见表 4.7。由试验结果可知，与配置 HRB500 钢筋的框架相比，HRB600 钢筋作受拉纵筋的框架梁端两个特征时刻附加转角分别增大了4.8%～22.7%和 1.3%～ 15.8%，表明提高钢筋屈服强度对应变渗透引起的梁端控制截面附加转角有增大作用，且对梁端控制截面受拉纵筋屈服时刻的附加转角 $\theta_{y,slip}$ 的增大作用更加显著。

表 4.7 12 榀框架两个特征时刻应变渗透引起的梁端控制截面附加转角

试件编号	与西边柱相交梁端附加转角/(×10⁻³ rad)		与中柱西侧相交梁端附加转角/(×10⁻³ rad)		与中柱东侧相交梁端附加转角/(×10⁻³ rad)		与东边柱相交梁端附加转角/(×10⁻³ rad)	
	$\theta_{y,slip}$	$\theta_{u,slip}$	$\theta_{y,slip}$	$\theta_{u,slip}$	$\theta_{y,slip}$	$\theta_{u,slip}$	$\theta_{y,slip}$	$\theta_{u,slip}$
KJ－A－1	1.97	4.34	2.39	2.94	2.32	2.92	2.13	4.37
KJ－A－2	3.31	5.40	3.79	4.22	3.77	4.21	3.31	5.51
KJ－A－3	2.58	5.23	2.96	3.27	2.96	3.28	2.57	5.22
KJ－A－4	3.82	6.22	4.81	5.29	4.99	5.34	3.78	6.31
KJ－A－5	3.67	6.62	4.11	4.82	4.10	4.89	3.61	6.66
KJ－A－6	2.24	4.15	2.70	2.95	2.72	2.96	2.25	4.11
KJ－B－1	1.73	4.12	2.15	2.81	2.16	2.78	1.78	4.16
KJ－B－2	3.01	5.24	3.49	4.20	3.56	4.16	2.98	5.33
KJ－B－3	2.24	4.71	2.76	3.06	2.74	3.09	2.28	4.73
KJ－B－4	3.22	5.37	4.59	5.18	4.67	5.19	3.08	5.48
KJ－B－5	3.06	6.05	4.00	4.78	4.03	4.81	2.99	6.04
KJ－B－6	1.99	3.82	2.57	2.87	2.55	2.83	1.94	3.93

按 3.5.3 节中式(3.6)、式(3.7)计算，得到试验框架梁端两个关键时刻附加转角计算值θ^{c}_{slip}与试验值θ^{t}_{slip}对比如图 4.10 所示。经计算，$\theta^{c}_{slip}/\theta^{t}_{slip}$的平均值 $\overline{x}$ 为 1.043，标准差 $\sigma_{\overline{x}}$为 0.233，变异系数$\delta_{\overline{x}}$为 0.223，说明式(3.6)、式(3.7)具有一定精度，可用作梁端附加转角的计算。

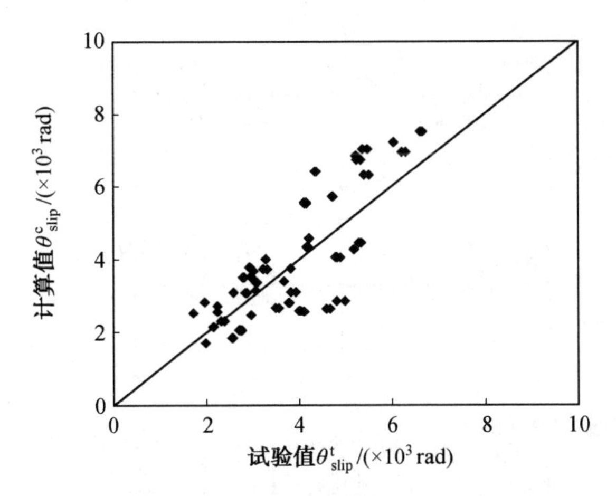

图 4.10　应变渗透引起梁端附加转角试验值与计算值比较

4.5　框架梁端弯矩调幅全过程

4.5.1　梁端弯矩调幅对象的确定

与两跨连续梁不同,框架梁两端负弯矩区均会由于受力纵筋屈服形成塑性铰,故其内力重分布过程更为复杂。由于本试验中框架梁跨中区域均配置了足够的受拉纵筋,各框架梁端控制截面发生受弯破坏时,跨中受拉纵筋均未达到屈服,因此,本书只讨论框架梁端的弯矩调幅过程。框架梁端塑性铰形成后,其计算简图会发生变化,梁柱相交处的刚结点转变为能承担一定弯矩的铰结点,进而导致其他梁端控制截面弯矩调幅对象发生改变。根据框架梁两端负弯矩区受拉纵筋达到屈服的先后顺序,框架计算简图可分为如图 4.11 所示的两种情况。下面以图 4.11(a)为例,说明框架梁端控制截面弯矩调幅对象的确定方法。

当与中柱相交的框架梁端率先形成塑性铰时,其计算简图的变化过程如图 4.11(a)所示。图 4.11(a)(i)为与中柱相交的梁端控制截面发生受弯破坏时框架梁的弹性弯矩分布图,此时外荷载值为 P_u,与中柱相交的梁端控制截面弹性弯矩计算值 $M_{中e,u}$即为该截面的弯矩调幅对象。第一个塑性铰形成后,框架的计算简图发生改变,与中柱相交的梁端由刚结点转变为铰结点。随着荷载继续增大,当与边柱相交的梁端控制截面发生受弯破坏时,荷载增加值为 ΔP_u,框架梁所增加的弹性弯矩分布如图 4.11(a)(ii)所示。由于与中柱相交的梁端转变为铰结点,故其弯矩增长近似为 0;与边柱相交的梁端控制截面弯矩增长值为在该计算简图下由 ΔP_u所产生的弹性弯矩计算值 $\Delta M_{边e,u}$。将图 4.11(a)(i)与图 4.11(a)(ii)进行叠加,即为框架各梁端均达到受弯破坏时的弹性弯矩分布图,如图 4.11

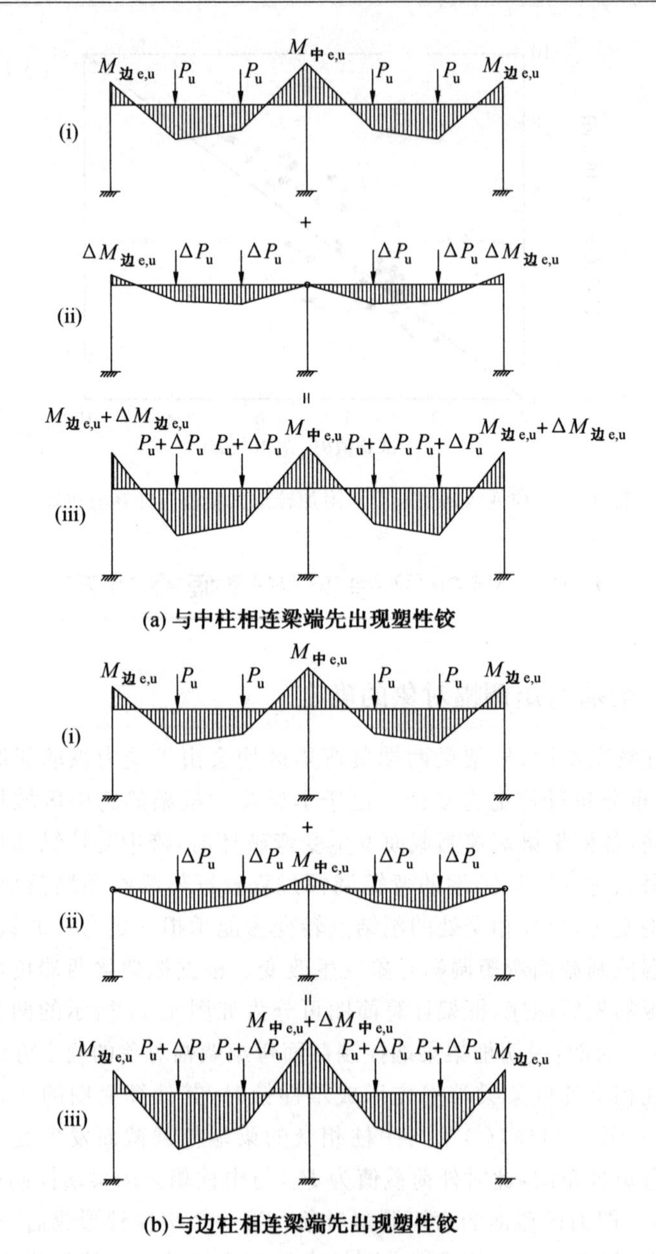

(a) 与中柱相连梁端先出现塑性铰

(b) 与边柱相连梁端先出现塑性铰

图 4.11　框架计算简图

(a)(iii)所示，则可得到与边柱相交的梁端控制截面弯矩调幅对象为$M_{边e,u}+\Delta M_{边e,u}$。

同理，当与边柱相交的框架梁端率先形成塑性铰时，其计算简图变化过程如图 4.11(b)所示，各梁端弯矩调幅对象计算方法同上。基于试验结果可以观测到各试验框架梁端控制截面的出铰顺序，12 榀框架梁端控制截面各特征点时刻弯矩调幅系数见表 4.8。

表 4.8　12 榀框架梁端控制截面各特征点时刻弯矩调幅系数

编号	考察区域	出铰顺序	西跨梁梁端控制截面			东跨梁梁端控制截面		
			开裂时刻（A 点）β_{cr}/%	受拉纵筋屈服时刻（B 点）β_y/%	受弯破坏时刻（C 点）β_u/%	开裂时刻（A 点）β_{cr}/%	受拉纵筋屈服时刻（B 点）β_y/%	受弯破坏时刻（C 点）β_u/%
KJ－A－1	1	先	0.24	18.45	26.17	1.17	19.64	27.29
	2	后	0.11	29.24	52.93	0.38	30.07	52.47
KJ－A－2	1	后	0.29	18.82	23.05	0.45	19.42	25.12
	2	先	0.54	25.53	40.32	0.31	29.97	44.37
KJ－A－3	1	后	0.14	20.23	25.53	0.69	21.87	27.50
	2	先	0.42	28.20	50.26	0.71	28.05	49.23
KJ－A－4	1	后	0.11	19.47	25.25	0.20	20.50	25.75
	2	先	0.83	32.02	48.51	0.58	33.38	47.45
KJ－A－5	1	后	0.23	20.01	30.13	0.23	23.65	31.98
	2	先	0.32	33.34	60.73	1.03	33.42	60.19
KJ－A－6	1	后	0.25	14.75	19.14	0.32	13.75	17.14
	2	先	2.03	25.63	40.16	3.19	25.63	41.82
KJ－B－1	1	先	0.40	14.51	25.03	0.44	15.51	25.45
	2	后	1.02	26.29	48.94	0.81	25.03	47.63
KJ－B－2	1	后	0.69	16.40	23.24	0.55	17.40	25.45
	2	先	1.24	25.33	40.98	1.08	24.92	41.44
KJ－B－3	1	后	0.42	18.43	26.39	0.37	17.68	26.16
	2	先	0.36	26.50	53.49	0.61	27.61	52.40
KJ－B－4	1	后	0.04	18.46	26.73	0.17	17.96	25.93
	2	先	0.53	25.90	45.41	0.80	28.89	42.53
KJ－B－5	1	后	0.28	16.91	26.61	0.57	17.93	26.02
	2	先	0.07	30.27	60.54	0.03	28.30	58.80
KJ－B－6	1	先	1.54	10.35	15.79	0.35	12.85	17.01
	2	后	0.42	18.38	34.83	1.23	19.58	36.24

注：表中考察区域 1 代表框架梁与中柱相交梁端；考察区域 2 代表框架梁与边柱相交梁端。

4.5.2 梁端弯矩调幅全过程分析

12 榀试验框架在各级荷载作用下的梁端控制截面弯矩调幅系数可按式(1.3)进行计算。随着加载过程中各框架梁端控制截面实测弯矩值的增加，西、东跨框架梁各梁端控制截面弯矩调幅全过程分别如图 4.12、图 4.13 所示。图中，A 点、B 点和 C 点分别对应所考察梁端控制截面的开裂时刻、受拉纵筋屈服时刻及受弯破坏时刻。各特征点对应的东、西跨框架梁端的弯矩调幅系数见表 4.8。

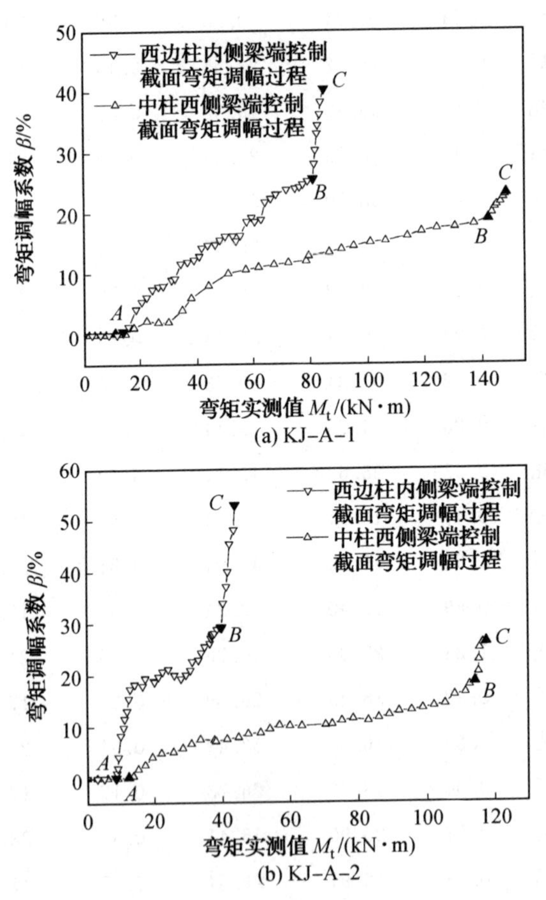

图 4.12 西跨框架梁各梁端控制截面弯矩调幅全过程

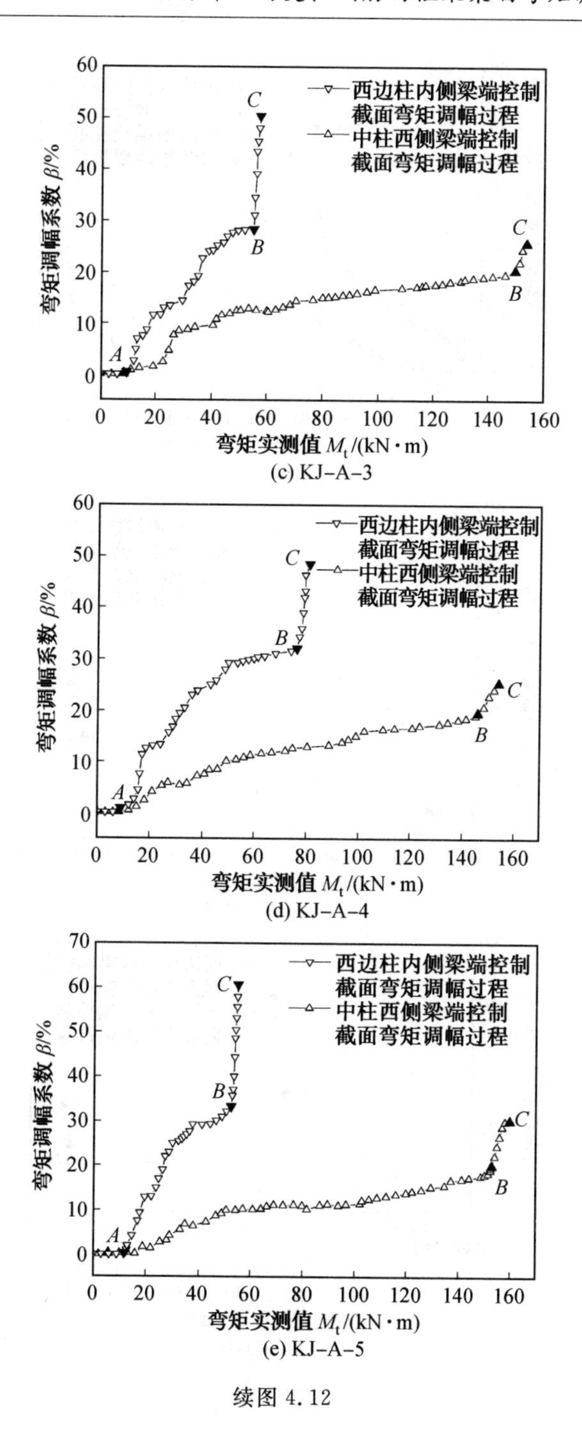

(c) KJ-A-3

(d) KJ-A-4

(e) KJ-A-5

续图 4.12

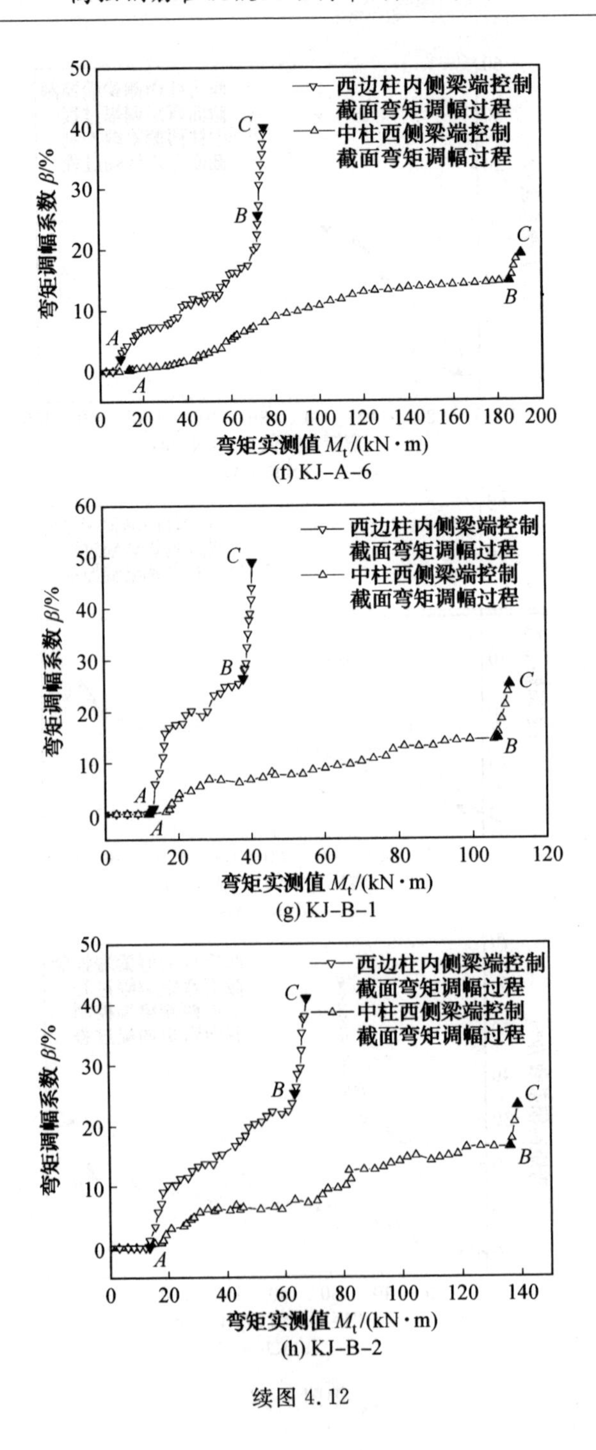
50
40
30
20
10
0
0 20 40 60 80 100 120 140 160 180 200
弯矩调幅系数 β/%
弯矩实测值 M_t/(kN·m)
西边柱内侧梁端控制截面弯矩调幅过程
中柱西侧梁端控制截面弯矩调幅过程
A
B
C
(f) KJ-A-6
60
0 20 40 60 80 100 120
(g) KJ-B-1
0 20 40 60 80 100 120 140
(h) KJ-B-2

续图 4.12

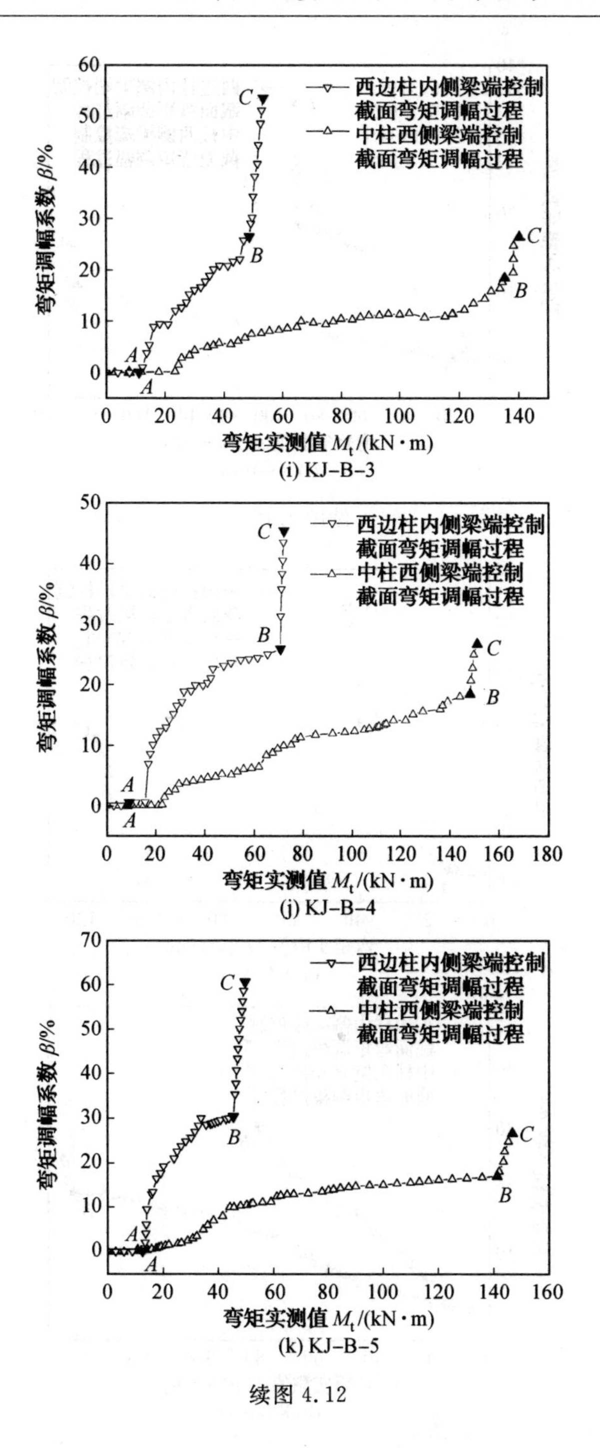

(i) KJ-B-3

(j) KJ-B-4

(k) KJ-B-5

续图 4.12

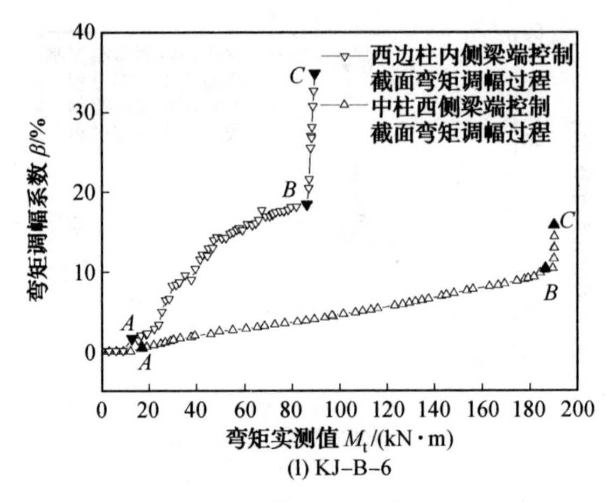

(l) KJ–B–6

续图 4.12

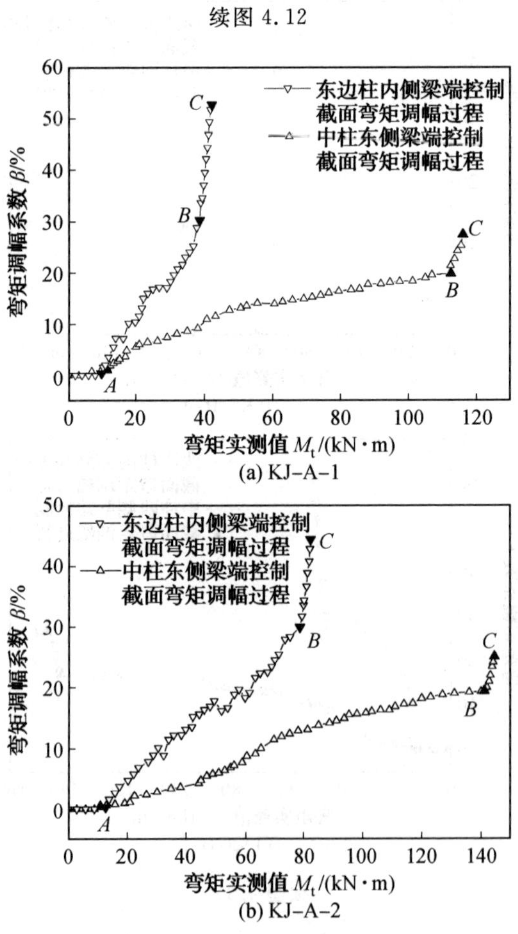

(a) KJ–A–1

(b) KJ–A–2

图 4.13　东跨框架梁各梁端控制截面弯矩调幅全过程

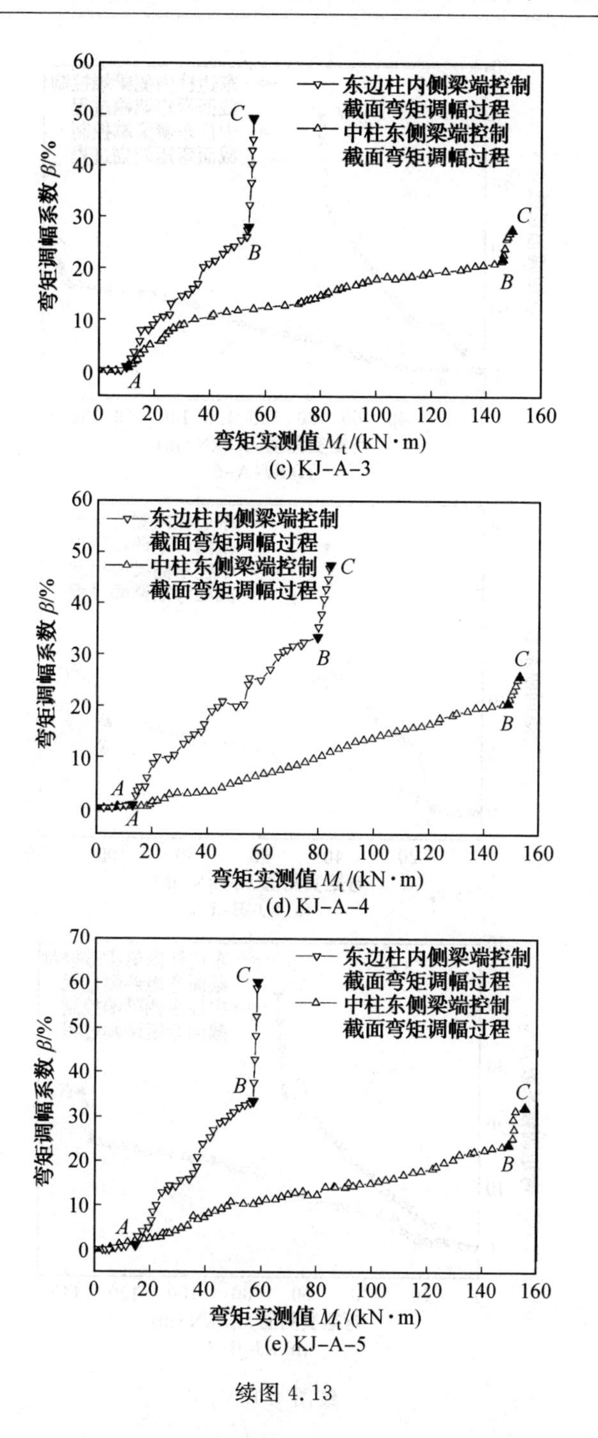

(c) KJ-A-3

(d) KJ-A-4

(e) KJ-A-5

续图 4.13

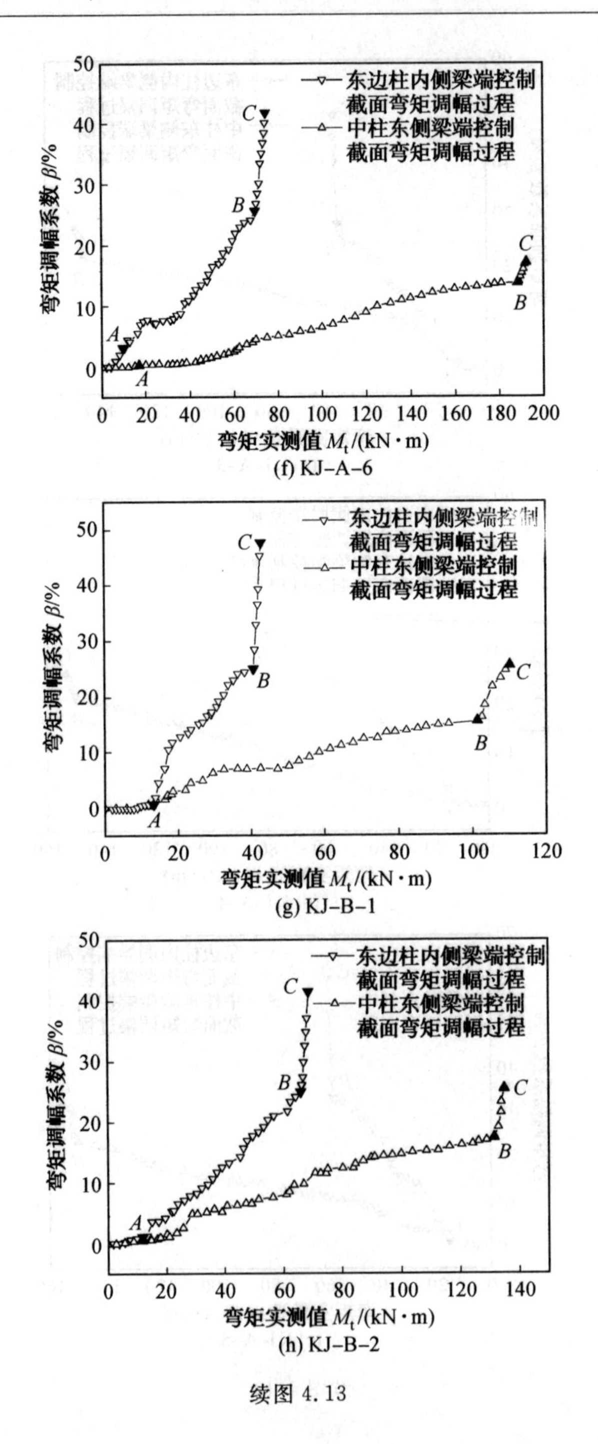
东边柱内侧梁端控制截面弯矩调幅过程
中柱东侧梁端控制截面弯矩调幅过程
弯矩调幅系数 β/%
弯矩实测值 M_t/(kN·m)
(f) KJ-A-6
(g) KJ-B-1
(h) KJ-B-2

续图 4.13

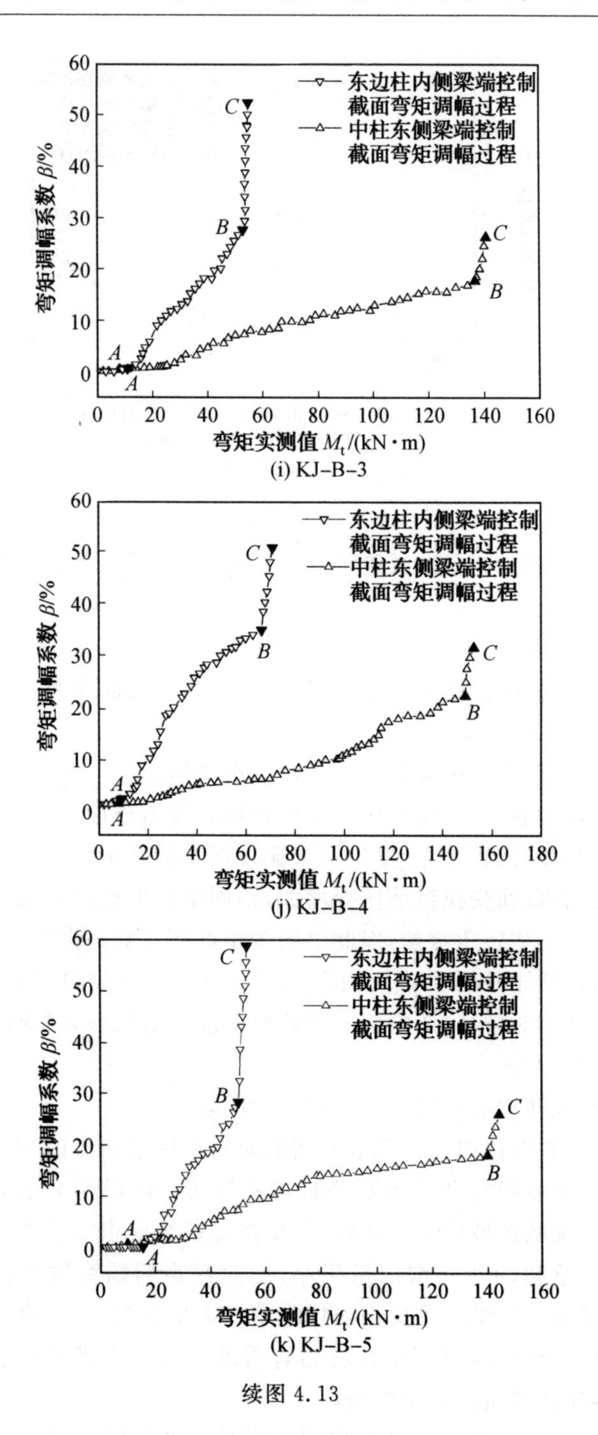
东边柱内侧梁端控制截面弯矩调幅过程
中柱东侧梁端控制截面弯矩调幅过程
弯矩调幅系数 β/%
弯矩实测值 M_t/(kN·m)
(i) KJ-B-3
东边柱内侧梁端控制截面弯矩调幅过程
中柱东侧梁端控制截面弯矩调幅过程
弯矩调幅系数 β/%
弯矩实测值 M_t/(kN·m)
(j) KJ-B-4
东边柱内侧梁端控制截面弯矩调幅过程
中柱东侧梁端控制截面弯矩调幅过程
弯矩调幅系数 β/%
弯矩实测值 M_t/(kN·m)
(k) KJ-B-5

续图 4.13

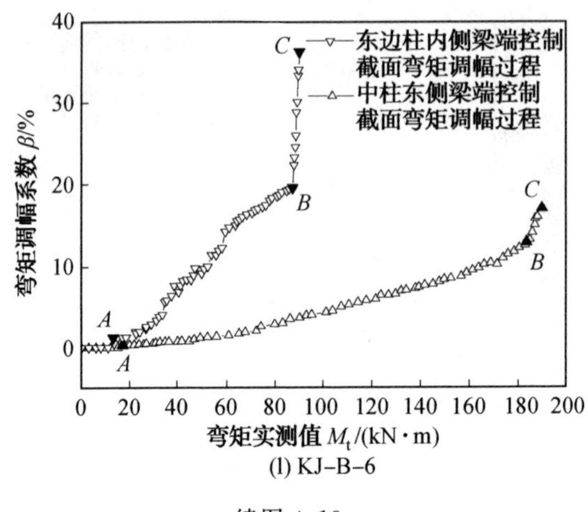

(l) KJ-B-6

续图 4.13

基于图 4.12、图 4.13 中试验结果,可将加载过程中各控制截面弯矩调幅分为以下几个阶段。

(1)弹性工作阶段。

开始加载时,框架梁处于弹性阶段,各梁端控制截面实测弯矩值与弹性计算值比较接近。

(2)由截面塑性发展引起的第一阶段弯矩调幅。

随着梁端弯矩的增加,受拉区混凝土开始表现出塑性,弯矩调幅系数变化曲线在控制截面开裂时刻(A 点)发生一个比较明显的转折。随着混凝土裂缝的不断发展,梁端控制截面受拉纵筋应变增大,锚固于框架柱内的梁端受拉钢筋应变渗透引起的梁端附加转角增加,因此梁端弯矩调幅系数逐渐增大,直至梁端控制截面受拉纵筋达到屈服的 B 点。由图 4.12 和图 4.13 中可以看出,由于高强热轧钢筋屈服强度相对较高,该阶段弯矩调幅区段相对较长,对应的调幅系数可达到 10.35%～33.42%。

(3)由塑性铰转动引起的第二阶段弯矩调幅。

弯矩调幅系数变化曲线在梁端控制截面受拉纵筋屈服时刻(B 点)出现第二个明显的转折,此后弯矩调幅系数增长速率较第一阶段明显增大。这是由于受拉纵筋屈服后,梁端区域形成塑性铰,梁端控制截面曲率随着外荷载的增加迅速增大,而截面所承担的弯矩增加量很小,因此弯矩调幅系数增长速率较快。同时,框架梁柱节点内的梁端受拉钢筋拉应变水平显著提高,由应变渗透引起梁端控制截面附加转角增大,对总塑性转角有贡献。这一阶段对应于框架梁端塑性铰形成至梁端控制截面发生受弯破坏(C 点)。

由上述分析可知,各框架梁端控制截面受拉纵筋屈服时刻(B 点)为弯矩调幅过程中一个重要的转折点,B 点之前随着实测弯矩值的增加,弯矩调幅系数增长比较平缓，但过程较长；B 点之后弯矩调幅变化曲线陡增，实测弯矩值变化量较小。下面将着重探讨 HRB500 钢筋、HRB600 钢筋作纵筋的框架梁端受拉纵筋屈服前、后两阶段弯矩调幅的变化规律。

4.6　框架梁端控制截面第一阶段弯矩调幅

基于本书试验结果，可得框架梁端控制截面第一阶段弯矩调幅系数 β_{I} 随梁端控制截面相对受压区高度 ξ、受拉纵筋屈服强度 f_y、混凝土抗压强度 f_c 以及受拉纵筋屈服时刻由应变渗透引起的梁端附加转角 $\theta_{y,slip}$ 等参数的变化情况，如图 4.14 所示。其中，当考察某一关键参数对 β_{I} 的影响规律时，其他各参数均保持不变。

与连续梁中支座控制截面第一阶段弯矩调幅类似，各框架梁端控制截面第一阶段弯矩调幅系数变化规律如下。

(1)由图 4.14(a)可知，与 HRB500 钢筋作受拉纵筋的框架相比，HRB600 钢筋作受拉纵筋的框架梁端控制截面第一阶段弯矩调幅系数 β_{I} 提高了 3.4%～26.9%，随着受拉纵筋屈服强度的提高，β_{I} 呈近似线性增长趋势。

(2)为消除各比较组中框架梁端受拉纵筋应变渗透引起的附加转角对第一阶段弯矩调幅 β_{I} 的影响，引入系数 $\gamma_1 = 0.1/\theta_{y,slip}$。由图 4.14(b)可知，随着梁端控制截面相对受压区高度 ξ 由 0.1 增大到 0.4，$\gamma_1\beta_{\mathrm{I}}$ 平均减小了 59.5%，表明截面相对受压区高度的增加对第一阶段弯矩调幅有减小作用。

(3)由图 4.14(c)可知，当框架混凝土强度等级在 C40～C60 之间时，$\gamma_1\beta_{\mathrm{I}}$ 的变化量为 0.6%～4.3%，其变化规律并不明显。

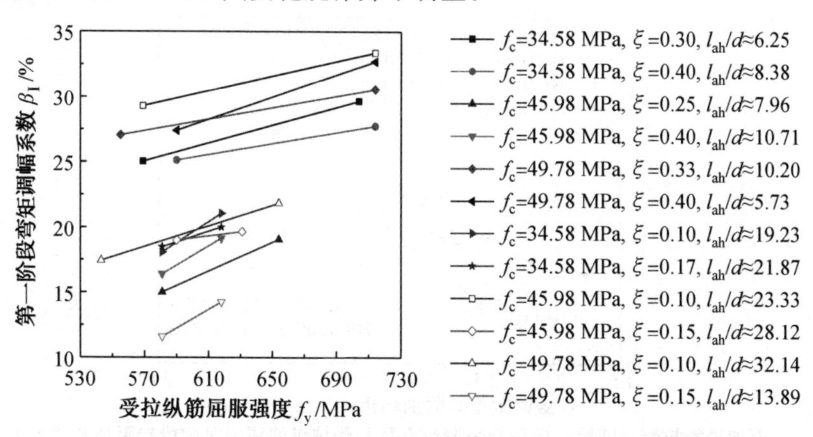

(a) 框架梁端控制截面第一阶段弯矩调幅系数与受拉纵筋屈服强度的关系

图 4.14　框架梁端控制截面第一阶段弯矩调幅系数随各关键参数的变化情况

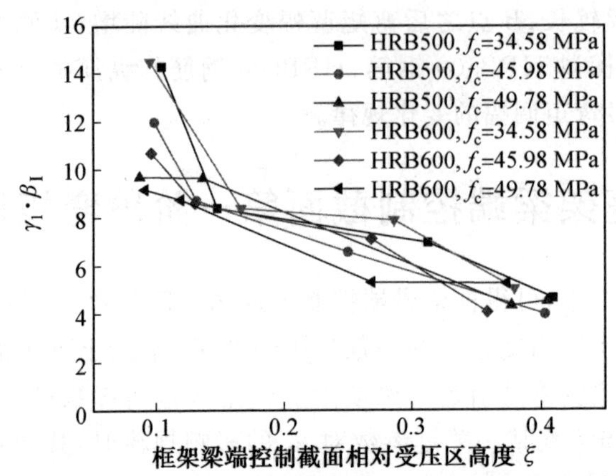

(b) 框架梁端控制截面第一阶段弯矩调幅系数与相对受压区高度的关系

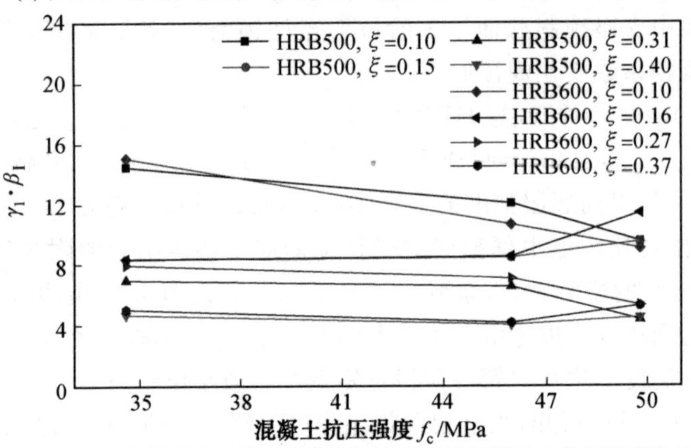

(c) 框架梁端控制截面第一阶段弯矩调幅系数与混凝土抗压强度的关系

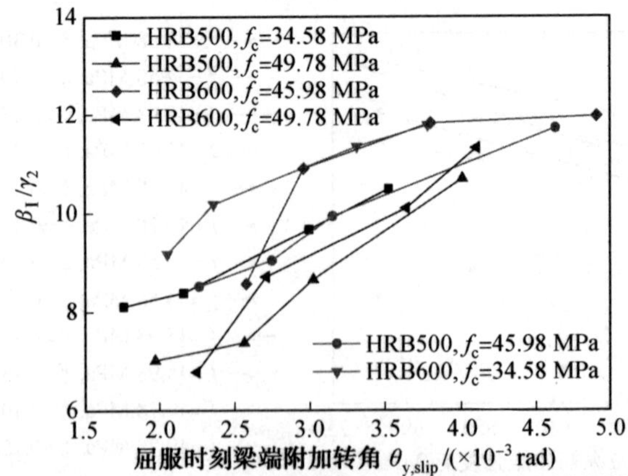

(d) 框架梁端控制截面第一阶段弯矩调幅系数与受拉纵筋屈服时刻梁端附加转角的关系

续图 4.14

(4)为消除各比较组中框架梁端控制截面相对受压区高度不同的影响,引入系数 $\gamma_2=0.01/\xi^{0.5}$。由图 4.14(d)可知,随着框架梁端附加转角 $\theta_{y,slip}$ 由 1.75×10^{-3} rad 增加至 4.90×10^{-3} rad,$\beta_{\mathrm{I}}/\gamma_2$ 平均增大了 42.6%。进一步分析可知,由附加转角 $\theta_{y,slip}$ 引起的弯矩调幅占第一阶段弯矩调幅度的 31.7%～57.2%,表明梁端控制截面受拉纵筋屈服时刻由应变渗透形成的附加转角 $\theta_{y,slip}$ 对 β_{I} 的增大作用显著。

4.7　框架梁端控制截面第二阶段弯矩调幅

框架梁端控制截面第二阶段弯矩调幅系数与梁端区域总塑性转角密切相关,梁端区域总塑性转角 $\theta_{p,\Sigma}$ 可按下式计算:

$$\theta_{p,\Sigma}=\theta_p+(\theta_{u,slip}-\theta_{y,slip}) \tag{4.1}$$

式中　θ_p——受拉纵筋屈服后框架梁端塑性铰转角;

$\theta_{y,slip}$、$\theta_{u,slip}$——框架梁端控制截面受拉纵筋屈服时刻和受弯破坏时刻应变渗透引起的梁端附加转角,则 $\theta_{u,slip}-\theta_{y,slip}$ 即为由应变渗透引起的梁端附加塑性转角。

图 4.15 为各框架梁端控制截面相对受压区高度 ξ、受拉纵筋屈服强度 f_y、混凝土抗压强度 f_c 以及由应变渗透引起的梁端附加塑性转角 $\theta_{u,slip}-\theta_{y,slip}$ 等关键参数对 12 榀框架梁端控制截面第二阶段弯矩调幅的影响规律。由图 4.15 可知,各框架梁端控制截面第二阶段弯矩调幅系数变化规律如下。

(1)如图 4.15(a)、(b)所示,在其他设计参数相同的情况下,当框架梁端受拉纵筋屈服强度 f_y 平均值由 576 MPa 增加至 664 MPa 时,β_{II} 平均减小 7.2%～37.5%;令 $\gamma_3=10/(\theta_{u,slip}-\theta_{y,slip})^{0.3}$,当各框架梁端控制截面相对受压区高度 ξ 由 0.1 增大至 0.4 时,$\gamma_3\beta_{\mathrm{II}}$ 平均减小 49.7%～60.6%。这是因为梁端塑性铰转角会随着 f_y 和 ξ 的增加而降低,故第二阶段弯矩调幅系数随之减小。如图 4.15(c)所示,在混凝土为 C40～C60,$\gamma_3\beta_{\mathrm{II}}$ 的变化规律并不明显,因此不考虑混凝土强度的影响。

(2)如图 4.15(d)所示,随着应变渗透引起的框架梁端附加塑性转角 $\theta_{u,slip}-\theta_{y,slip}$ 的平均值由 0.38×10^{-3} rad 增加至 2.48×10^{-3} rad,$\beta_{\mathrm{II}}/\gamma_2$ 平均增加32.5%～71.0%,这是因为 $\theta_{u,slip}-\theta_{y,slip}$ 会对梁端总塑性转角产生贡献,因此其对第二阶段弯矩调幅有增大作用。进一步分析表明,由 $\theta_{u,slip}-\theta_{y,slip}$ 引起的弯矩调幅系数与第二阶段弯矩调幅系数的比值高达 47.4%～87.1%,说明高强钢筋应变渗透引起的梁端附加转动对第二阶段弯矩调幅的影响不可忽略。

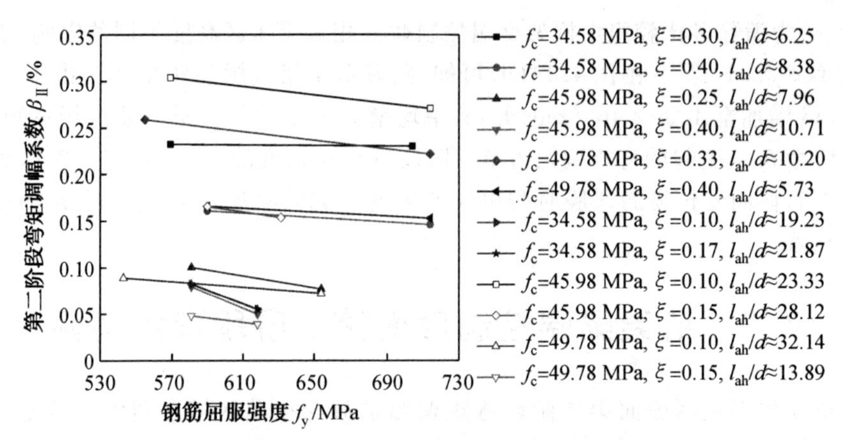

(a) 框架梁端控制截面第二阶段弯矩调幅系数与受拉纵筋屈服强度的关系

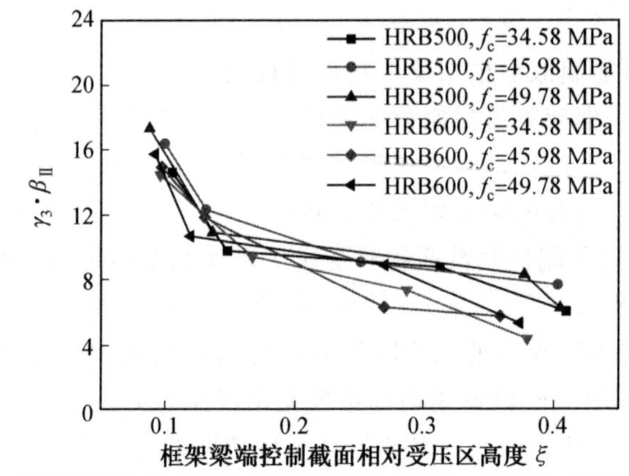

(b) 框架梁端控制截面第二阶段弯矩调幅系数与相对受压区高度的关系

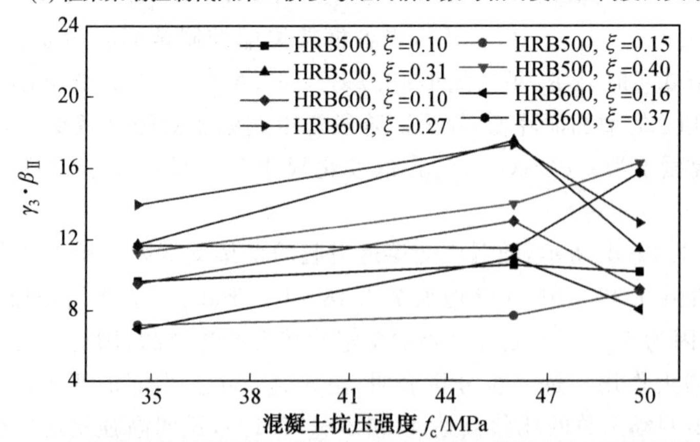

(c) 框架梁端控制截面第二阶段弯矩调幅系数与混凝土抗压强度的关系

图 4.15　框架梁端控制截面第二阶段弯矩调幅系数随各关键参数的变化情况

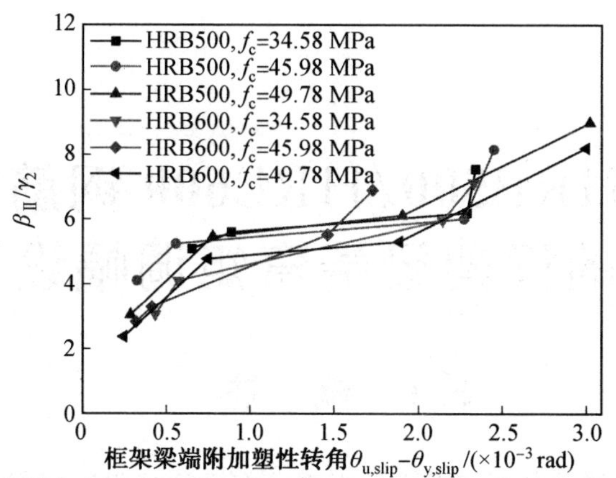

(d) 框架梁端控制截面第二阶段弯矩调幅系数与应变渗透引起的梁端附加塑性转角的关系

续图 4.15

4.8　本章小结

本章对 12 榀高强热轧钢筋作纵筋的框架梁端弯矩调幅全过程进行分析，分别考察了各关键参数对梁端塑性铰形成前、后两阶段弯矩调幅的影响规律，得到主要结论如下。

(1)由于钢筋屈服强度提高，HRB500 钢筋、HRB600 钢筋作纵筋的框架梁端塑性铰形成前弯矩调幅区段相对较长，且在总弯矩调幅中占有一定比例。试验结果表明，各试验框架梁端塑性铰形成前对应弯矩调幅系数 β_{I} 介于10.35%～33.42%，塑性铰形成后对应弯矩调幅系数 β_{II} 介于 3.39%～30.5%。

(2)高强热轧钢筋应变渗透引起的梁端附加转角对梁端控制截面弯矩调幅的提高作用显著。从开始加载至梁端控制截面受拉纵筋屈服对应的梁端附加转角 $\theta_{y,slip}$ 引起的弯矩调幅系数与 β_{I} 的比值为 31.7%～ 57.2%；从梁端控制截面受拉纵筋屈服至受弯破坏对应的附加塑性转角 $\theta_{u,slip}-\theta_{y,slip}$ 引起的弯矩调幅系数与 β_{II} 的比值高达 47.4%～87.1%。

(3)基于试验结果，发现框架梁端第一阶段弯矩调幅系数随梁端控制截面相对受压区高度 ξ 的增加呈幂函数减小趋势，随受拉纵筋屈服强度 f_y 和 $\theta_{y,slip}$ 的增加呈线性增长趋势。

(4)框架梁端总塑性转角 $\theta_{p,\Sigma}$ 包括受拉纵筋屈服后形成的塑性铰转角和由应变渗透引起的梁端附加塑性转角两部分，发现框架梁端第二阶段弯矩调幅系数随 $\theta_{p,\Sigma}$ 的增加呈幂函数增长趋势。

第5章　HRB500/HRB600钢筋作纵向受拉钢筋的框架梁端弯矩调幅设计方法

5.1　概　述

《钢筋混凝土连续梁和框架考虑内力重分布设计规程》(CECS 51:93)中规定,钢筋混凝土框架仅对框架梁进行弯矩调幅。框架梁端控制截面会发生由钢筋应变渗透引起的附加转角,这一附加转角对两阶段弯矩调幅有贡献;由于从塑性铰出现至梁端控制截面发生受弯破坏这一区段变短,第二阶段弯矩调幅系数会相对变小。因此,本章建立钢筋混凝土框架有限元分析模型,在试验研究及有限元参数分析的基础上,提出了钢筋混凝土框架梁弯矩调幅统一计算方法。

5.2　钢筋混凝土框架有限元模型

5.2.1　材料本构模型

1.混凝土本构模型

(1)单轴受压应力一应变关系。

《混凝土结构设计规范》(GB 50010—2010)建议的混凝土单轴受压应力一应变曲线如图5.1所示,相应的表达式为

$$\sigma=(1-d_c)E_c\varepsilon \tag{5.1}$$

$$d_c=\begin{cases}1-\dfrac{\rho_c n}{n-1+x^n} & (x\leqslant 1)\\[2ex] 1-\dfrac{\rho_c}{\alpha_c\ (x-1)^2+x} & (x>1)\end{cases} \tag{5.2}$$

$$\rho_c=\frac{f_{c,r}}{E_c\varepsilon_{c,r}} \tag{5.3}$$

$$n=\frac{E_c\varepsilon_{c,r}}{E_c\varepsilon_{c,r}-f_{c,r}} \tag{5.4}$$

$$x=\frac{\varepsilon}{\varepsilon_{c,r}} \tag{5.5}$$

式中　α_c——混凝土单轴受压应力—应变曲线下降段参数值，按表 5.1 取用；

$f_{c,r}$——混凝土单轴抗压强度代表值；

$\varepsilon_{c,r}$——与单轴抗压强度$f_{c,r}$相应的混凝土峰值压应变，按表 5.1 取用；

d_c——混凝土单轴受压损伤演化参数。

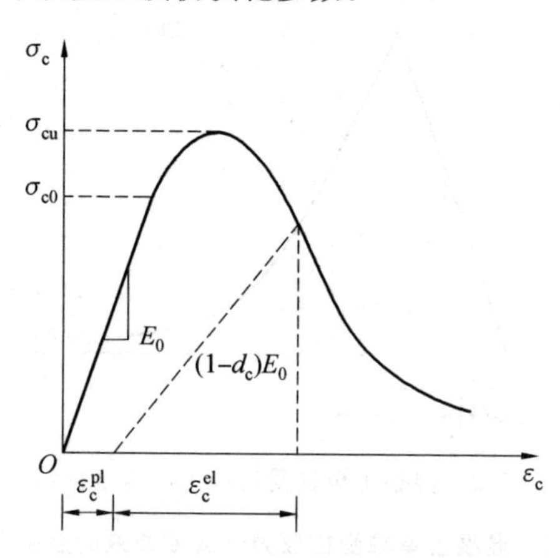

图 5.1　混凝土单轴受压应力—应变曲线

表 5.1　混凝土单轴受压应力—应变曲线的参数取值

项目	$f_{c,r}/(\mathrm{N\cdot mm^{-2}})$			
	40	50	60	70
$\varepsilon_{c,r}/\times10^{-6}$	1 790	1 920	2 030	2 130
α_c	1.94	2.48	3.00	3.50
$\varepsilon_{cu}/\varepsilon_{c,r}$	2.0	1.9	1.8	1.7

(2)单轴受拉应力—应变关系。

混凝土单轴受拉应力—应变曲线如图 5.2 所示，相应的表达式为

$$\sigma=(1-d_t)E_c\varepsilon \tag{5.6}$$

$$d_t=\begin{cases}1-\rho_t(1.2-0.2x^5) & (x\leqslant1)\\ 1-\dfrac{\rho_t}{\alpha_t(x-1)^{1.7}+x} & (x>1)\end{cases} \tag{5.7}$$

$$\rho_t=\frac{f_{t,r}}{E_c\varepsilon_{t,r}} \tag{5.8}$$

$$x=\frac{\varepsilon}{\varepsilon_{t,r}} \tag{5.9}$$

式中　α_t——混凝土单轴受拉应力—应变曲线下降段参数值，按表 5.2 取用；

$f_{t,r}$——混凝土单轴抗拉强度代表值；

$\varepsilon_{t,r}$——与单轴抗拉强度 $f_{t,r}$ 相应的混凝土峰值拉应变，按表 5.2 取用；

d_t——混凝土单轴受拉损伤演化参数。

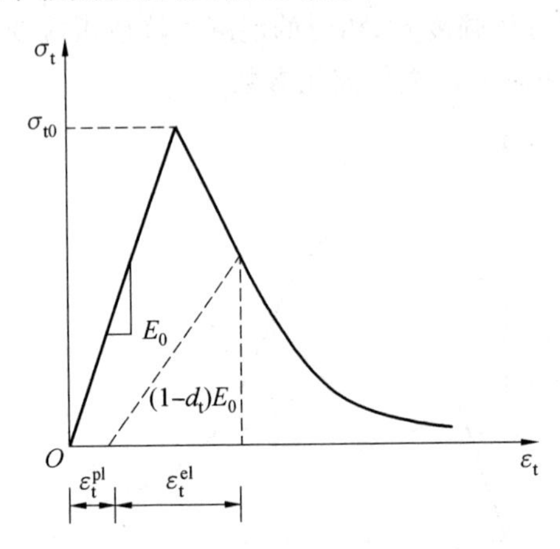

图 5.2　混凝土单轴受拉应力一应变曲线

表 5.2　混凝土单轴受拉应力一应变曲线的参数取值

项目	$f_{t,r}$/(N·mm^{-2})					
	1.0	1.5	2.0	2.5	3.0	3.5
$\varepsilon_{t,r}/\times10^{-6}$	65	81	95	107	118	128
α_t	0.31	0.70	1.25	1.95	2.81	3.82

(3)混凝土拉伸强化。

将两种材料视为独立个体，分别建立混凝土部分模型和钢筋部分模型，考虑钢筋与混凝土间的相互作用，利用 EMBED 命令将钢筋部分嵌入混凝土部分中，使其成为整个个体。使用这种方式建模，等于认为钢筋和混凝土的应变是相协调的。故在混凝土模型中引入拉伸硬化(Tension Stiffening)来模拟钢筋周边裂纹开展后荷载的传递，通过定义开裂混凝土的应力一应变关系来描述混凝土开裂后随裂缝张开而逐步软化破坏的过程。

本书采用普通混凝土的拉伸硬化的典型设置：开裂后混凝土的应力线性降低到零，混凝土应力降低到零点所对应的应变约为混凝土开裂应变的 10 倍。

2. 钢筋本构模型

钢筋应力一应变曲线分为四种，如图 5.3 所示。理想弹塑性模型(图 5.3(a))适用于流幅较长的低强度钢材；三折线型(图 5.3(b))适用于流幅较短的软钢，可以较为准确地描述钢筋的大变形性能及屈服后的应力强化特点；而全曲线型的应力一应变曲线(图 5.3(c))形状的影响因素较多，可以全面地反映钢筋的力学性能，但是这种应力－应变关系的形式比较复杂；双线型应力－应变曲线（图 5.3(d)）适用于描述没有明显流幅的高强钢筋或者高强钢丝。

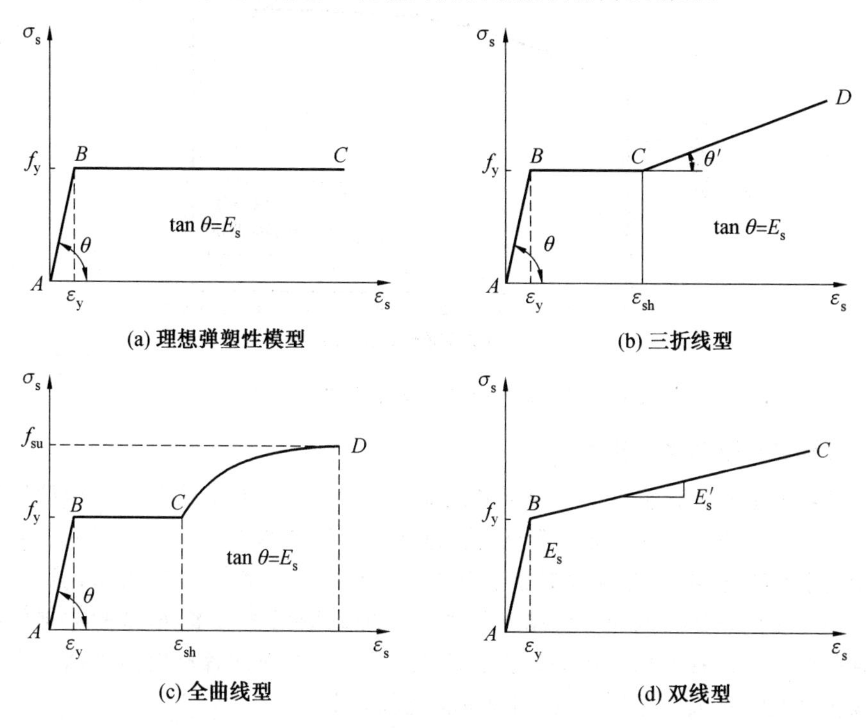

图 5.3　钢筋应力－应变曲线

查阅文献资料得到了 HRB500、HRB600 钢筋应力－应变曲线，如图 5.4 所示，对比试验曲线将应力－应变曲线进行简化分析，本书中的钢筋本构模型均采用双线型本构模型如图 5.3(d)所示。钢筋的弹性模量及屈服强度采用试验实测值，泊松比取为 0.3。其表达式为

$$\sigma=\begin{cases}E_s\varepsilon & (\varepsilon\leqslant\varepsilon_y)\\ f_y+R(\varepsilon-\varepsilon_y) & (\varepsilon>\varepsilon_y)\end{cases}\tag{5.10}$$

式中　ε_y——钢筋的屈服应变；

　　R——钢筋强化系数，本书取 0.001。

但在 ABAQUS 中，材料的应力及应变在超过所定义的本构关系曲线范围后，会呈现出一条水平直线的关系，即应力不变，应变无限增大。这与钢筋力学性能的实际情况是不符的，故本书在双线型中增加了一段直线下降段，取钢筋的极限伸长率为钢筋极限应变，根据给出的普通钢筋在最大力下的总伸长率规定，本书取钢筋极限应变为 0.01。一般认为钢筋的受压应力－应变曲线与受拉应力－应变曲线相同。

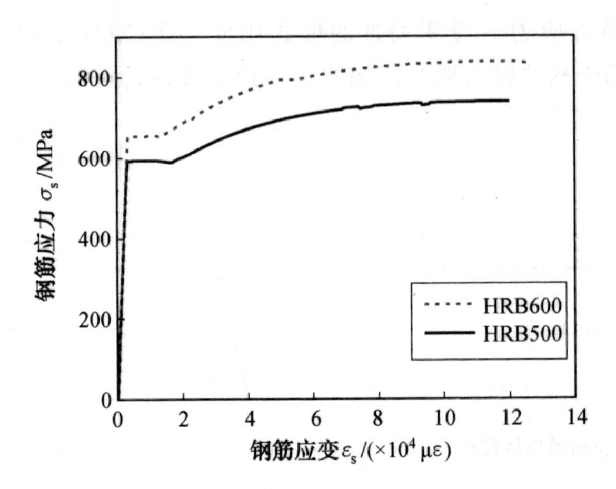

图 5.4　HRB500、HRB600 钢筋应力—应变曲线

3. 黏结—滑移本构模型

有限元原理在钢筋混凝土领域中的应用，拓宽了研究钢筋混凝土构件性能的手段。为了进一步研究带肋钢筋与混凝土的黏结锚固机理和满足钢筋混凝土有限元分析的需要，许多学者对钢筋与混凝土的黏结—滑移本构关系进行了研究。由于带肋钢筋与混凝土黏结—滑移本构的影响因素众多，由试验数据回归得到的黏结—滑移本构关系的离散性很大。因此，不同学者提出的黏结—滑移本构关系具有很大的差异，其适用范围也比较有限。

(1)1968 年，Nilson 用有限元方法研究了黏结—滑移过程中钢筋沿锚固段长度方向的黏结应力分布、混凝土应力分布和钢筋的轴力变化规律。由于需要钢筋—混凝土黏结—滑移本构关系为有限元分析的条件，通过对试验数据进行回归，拟合得到了变形钢筋与混凝土的黏结—滑移本构关系：

$$\tau = 3\,606\times10^{3}s - 5\,356\times10^{6}s^{2} + 1\,986\times10^{9}s^{3} \tag{5.11}$$

式中　τ——黏结应力；

s——相对滑移量。

(2)1971 年，Nikon 等通过在混凝土内放置应变计测量混凝土的应变和在钢筋内开槽布置应变片的方法，建立了考虑相对滑移量和位置的黏结—滑移本构关系：

$$\tau = 3\,100s\sqrt{f'_c}\,(1.43x + 1.5) \tag{5.12}$$

(3)1979 年，Mirza 和 Houdeiwi 通过对 62 个拉拔试件的试验结果进行回归分析，得到了考虑混凝土强度影响的平均黏结强度与滑移量的关系：

$$\tau = (1\,950\times10^{3}s - 2\,350\times10^{6}s^{2} + 1\,390\times10^{9}s^{3} - 330\times10^{12}s^{4})\sqrt{\frac{f'_c}{5\,000}} \tag{5.13}$$

(4)在 Eligehausen 黏结一滑移本构模型中将埋置于混凝土中的钢筋分为两种类型:约束钢筋(Confined Bars)和非约束钢筋(Unconfined Bars)。约束钢筋对应于拔出黏结失效,而非约束钢筋对应于劈裂黏结失效。上述两种钢筋的黏结一滑移关系都是通过一系列参照黏结应力和黏结一滑移来定义的。劈裂失效对应非约束情况,约束压力系数为零;拔出失效对应约束情况,约束压应力取为 7.5 MPa。定义约束压力系数为约束应力 σ 与拔出失效下约束压应力的比值,即 $\beta=\sigma/7.5(0\leqslant\beta\leqslant1)$。钢筋与混凝土间的黏结一滑移关系模型可采用与钢筋及其位置相关的参数来确定。混凝土最小保护层厚度和钢筋间距的一半用 c 表示。对于变形钢筋,肋的间距 S 和高度 H 根据钢筋的直径 d_b来计算。

$$
S,H=\begin{Bmatrix}
30.6\ \text{mm} & 2.20\ \text{mm} & 43\ \text{mm}\leqslant d_b<55\ \text{mm} \\
25.0\ \text{mm} & 1.79\ \text{mm} & 35\ \text{mm}\leqslant d_b<43\ \text{mm} \\
20.9\ \text{mm} & 1.48\ \text{mm} & 29\ \text{mm}\leqslant d_b<35\ \text{mm} \\
17.6\ \text{mm} & 1.26\ \text{mm} & 25\ \text{mm}\leqslant d_b<29\ \text{mm} \\
13.6\ \text{mm} & 0.98\ \text{mm} & 19\ \text{mm}\leqslant d_b<25\ \text{mm} \\
11.2\ \text{mm} & 0.72\ \text{mm} & 15\ \text{mm}\leqslant d_b<19\ \text{mm} \\
7.9\ \text{mm} & 0.45\ \text{mm} & 11\ \text{mm}\leqslant d_b<15\ \text{mm} \\
0.70d_b & 0.04d_b & 0\ \text{mm}\leqslant d_b<11\ \text{mm}
\end{Bmatrix} \tag{5.14}
$$

①约束钢筋对应的黏结一滑移关系如下:

$$
\tau_s=\tau_s(w_s)=\begin{cases}
\tau_{p1}(\Delta/\Delta_{p1})^{\alpha} & (0\leqslant\Delta\leqslant\Delta_{p1}) \\
\tau_{p2} & (\Delta_{p1}<\Delta\leqslant\Delta_{p2}) \\
\tau_{p2}-\dfrac{\Delta-\Delta_{p2}}{\Delta_{p3}-\Delta_{p2}}(\tau_{p2}-\tau_{pf}) & (\Delta_{p2}<\Delta\leqslant\Delta_{p3}) \\
\tau_{pf} & (\Delta>\Delta_{p3})
\end{cases} \tag{5.15}
$$

式中　$\tau_{p1}=\left(20-\dfrac{d}{4}\right)\sqrt{\dfrac{f_c}{30}}$;

$\tau_{p2}=\tau_{p1}$;

$\tau_{pf}=\left(5.5-0.07\dfrac{S}{H}\right)\sqrt{\dfrac{f_c}{27.6}}$;

$\Delta_{p1}=\sqrt{\dfrac{f_c}{30}}$;

$\Delta_{p2}=3.0$;

$\Delta_{p3}=S$;

$\alpha=0.4$。

②非约束钢筋对应的黏结—滑移关系如下：

$$\tau_s=\tau_s(w_s)=\begin{cases}\tau_{s1}(\Delta/\Delta_{s1})^{\alpha} & (0\leqslant\Delta\leqslant\Delta_{s1})\\ \tau_{s2} & (\Delta_{s1}<\Delta\leqslant\Delta_{s2})\\ \tau_{s2}-\dfrac{\Delta-\Delta_{s2}}{\Delta_{s3}-\Delta_{s2}}(\tau_{s2}-\tau_{sf}) & (\Delta_{s2}<\Delta\leqslant\Delta_{s3})\\ \tau_{sf} & (\Delta>\Delta_{s3})\end{cases} \tag{5.16}$$

式中 $\tau_{s1}=0.748\sqrt{\dfrac{f_c\times c}{d_b}}$；

$\tau_{s2}=\tau_{s1}$；

$\tau_{sf}=0.234\sqrt{\dfrac{f_c\times c}{d_b}}$；

$\Delta_{s1}=\Delta_{p1}\exp\left(\dfrac{1}{\alpha l}\ln\dfrac{\tau_{s1}}{\tau_{p1}}\right)$；

$\Delta_{s2}=\Delta_{p2}$；

$\Delta_{s3}=\Delta_{p3}$。

③在给定了约束压力系数 β 后，黏结应力—滑移关系如下：

$$\tau_s=\tau_s(w_s)=\begin{cases}\tau_{sp1}(\Delta/\Delta_{sp1})^{\alpha} & (0\leqslant\Delta\leqslant\Delta_{sp1})\\ \tau_{sp2} & (\Delta_{sp1}<\Delta\leqslant\Delta_{sp2})\\ \tau_{sp2}-\dfrac{\Delta-\Delta_{sp2}}{\Delta_{sp3}-\Delta_{sp2}}(\tau_{sp2}-\tau_{spf}) & (\Delta_{sp2}<\Delta\leqslant\Delta_{sp3})\\ \tau_{spf} & (\Delta>\Delta_{sp3})\end{cases} \tag{5.17}$$

式中 $\tau_{sp2}=\tau_{s1}+\beta(\tau_{p1}-\tau_{s1})$；

$\tau_{sp1}=\tau_{sp2}$；

$\tau_{spf}=\tau_{s1}+\beta(\tau_{pf}-\tau_{sf})$；

$\Delta_{sp1}=\Delta_{s1}+\beta(\Delta_{p1}-\Delta_{s1})$；

$\Delta_{sp2}=\Delta_{p2}$；

$\Delta_{sp3}=\Delta_{p3}$。

Elighausen 黏结应力—滑移关系如图 5.5 所示。

(5)我国《混凝土结构设计规范》(GB 50010—2010)中规定的黏结应力—滑移关系模型可按式(5.18)～(5.22)确定，该模型能够合理地反映黏结—滑移过程中各个阶段混凝土与钢筋黏结刚度的突变，在国内受到广泛的认可和应用。其黏结应力—滑移关系分为图 5.6 所示的 5 个阶段：线性段、劈裂段、下降段、残余段和卸载段。曲线各特征点的参数值可按表 5.3 取用。

线性段 $$\tau=k_1 s\quad(0\leqslant s\leqslant s_{cr}) \tag{5.18}$$

劈裂段 $$\tau=\tau_{cr}+k_2(s-s_{cr})\quad(s_{cr}<s\leqslant s_u) \tag{5.19}$$

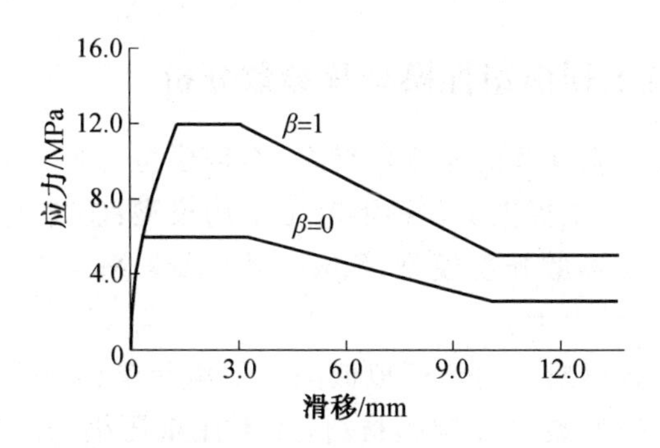

图 5.5　Elighausen 黏结应力－滑移关系

下降段　$$\tau=\tau_u+k_3(s-s_u)\quad(s_u<s\leqslant s_r)\tag{5.20}$$

残余段　$$\tau=\tau_r\quad(s>s_r)\tag{5.21}$$

卸载段　$$\tau=\tau_{un}+k_1(s-s_{un})\tag{5.22}$$

式中　τ——混凝土与热轧带肋钢筋之间的黏结应力(N/mm^2)；

s——混凝土与热轧带肋钢筋之间的相对滑移(mm)；

k_1——线性段斜率，$k_1=\tau_{cr}/s_{cr}$；

k_2——劈裂段斜率，$k_2=(\tau_u-\tau_{cr})/(s_u-s_{cr})$；

k_3——下降段斜率，$k_3=(\tau_r-\tau_u)/(s_r-s_u)$；

τ_{un}——卸载点的黏结应力(N/mm^2)。

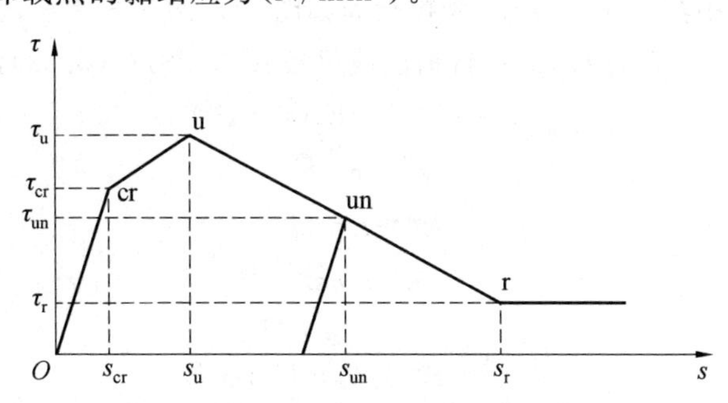

图 5.6　混凝土与钢筋间的黏结应力－滑移曲线

表 5.3　混凝土与钢筋间黏结应力

特征点	劈裂(cr)		峰值(u)		残余(r)	
黏结应力/($N\cdot mm^{-2}$)	τ_{cr}	$2.5f_{t,r}$	τ_u	$3f_{t,r}$	τ_r	$f_{t,r}$
相对滑移/mm	s_{cr}	$0.025d$	s_u	$0.04d$	s_r	$0.55d$

注：d 为钢筋直径；$f_{t,r}$ 为混凝土的抗拉强度特征值(N/mm^2)。

5.2.2 混凝土损伤塑性模型及参数分析

混凝土是一种性能复杂的非线性材料，本构模型合理与否对分析结果有很大的影响。ABAQUS 中提供了 3 种混凝土本构模型：① 脆性开裂模型（Brittle Cracking Model）；② 弥散开裂模型（Smeared Crack Model）；③ 塑性损伤模型（Plasticity Damage Model）。

混凝土弥散开裂模型适用于模拟低围压下承受单调荷载的构件；脆性开裂模型适用于模拟受拉伸裂纹控制的材料，而不注重压缩失效行为，且仅应用于 Explicit 分析模块。损伤塑性（CDP）模型应用损伤力学的原理到混凝土本构中，CDP 模型认为混凝土损伤的演变和发展导致其本构关系不断发生变化。当混凝土受力不断增加时，应力和应变较大的区域出现损伤，且损伤不断积累。由于引入了损伤概念，因此该模型能较好地描述混凝土在单调荷载、往复荷载和地震作用下的力学行为。

本书采用损伤塑性模型模拟混凝土本构关系。对于中等围压（不超过混凝土单轴抗压强度的 1/5～1/4）作用下的混凝土构件都可以使用这种模型来进行模拟。下面对混凝土 CDP 模型做进一步阐述。

1. CDP 模型

CDP 模型中混凝土的受压、受拉行为如图 5.7、图 5.8 所示，受压行为曲线可按式(5.23)～(5.27)计算，受拉行为曲线可按式(5.28)～(5.32)计算：

$$\sigma_c=(1-d_c)E_0(\varepsilon_c-\varepsilon_c^{pl}) \tag{5.23}$$

$$\varepsilon_{0c}^{el}=\sigma_c/E_0 \tag{5.24}$$

$$\varepsilon_c^{in}=\varepsilon_c-\varepsilon_{0c}^{el} \tag{5.25}$$

$$\varepsilon_c^{pl}=b_c\varepsilon_c^{in} \tag{5.26}$$

$$d_c=1-\frac{\sigma_c E_0^{-1}}{\varepsilon_c^{pl}(1/b_c-1)+\sigma_c E_0^{-1}} \tag{5.27}$$

式中 ε_c、ε_{0c}^{el}、ε_c^{in}、ε_c^{pl}——混凝土的受压应变、弹性应变、非弹性应变、塑性应变；

σ_c——混凝土的受压应力，$\sigma_c\leqslant 0.4f_c$ 时，混凝土处于受压弹性阶段；

E_0——混凝土的弹性模量；

b_c——混凝土非弹性应变与塑性应变的比例系数，取 0.7；

d_c——混凝土受压损伤系数。

$$\sigma_t=(1-d_t)E_0(\varepsilon_t-\varepsilon_t^{pl}) \tag{5.28}$$

$$\varepsilon_{0t}^{el}=\sigma_t/E_0 \tag{5.29}$$

$$\varepsilon_t^{ck}=\varepsilon_t-\varepsilon_{0t}^{el} \tag{5.30}$$

$$\varepsilon_t^{pl}=b_t\varepsilon_t^{ck} \tag{5.31}$$

$$d_t = 1 - \frac{\sigma_t E_0^{-1}}{\varepsilon_t^{pl}(1/b_t - 1) + \sigma_t E_0^{-1}} \tag{5.32}$$

式中　ε_t、ε_t^{ck}、ε_{0t}^{el}、ε_t^{pl}——混凝土的受拉应变、弹性应变、开裂应变、塑性应变；

σ_t——混凝土的受拉应力，$\sigma_t \leqslant f_t$ 时，混凝土处于受拉弹性阶段；

E_0——混凝土的弹性模量；

b_t——混凝土开裂应变与塑性应变的比例系数，取 0.1；

d_t——混凝土受拉损伤系数。

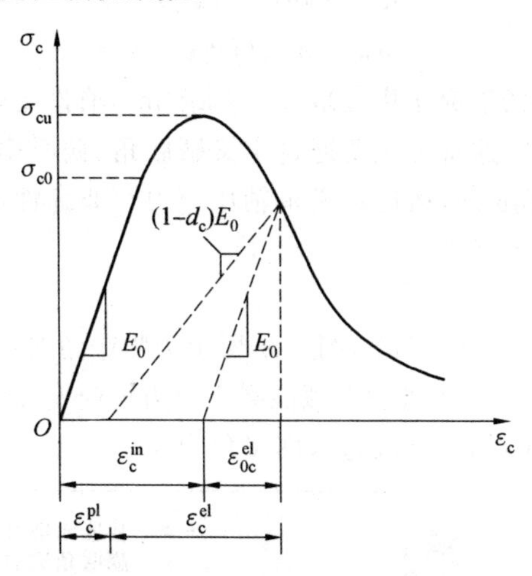

图 5.7　CDP 模型中混凝土的受压行为

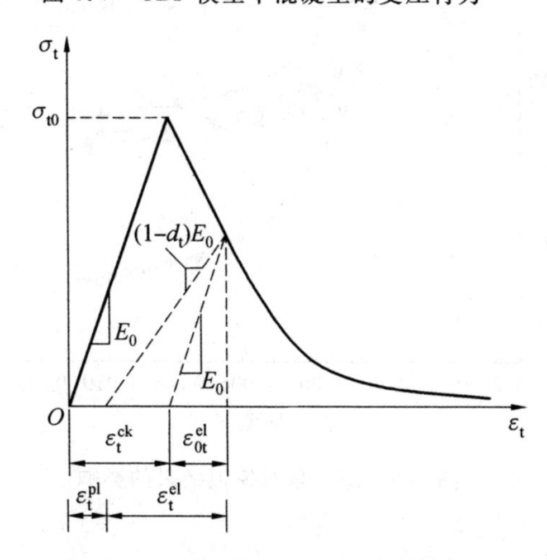

图 5.8　CDP 模型中混凝土的受拉行为

2. CDP 模型参数分析

CDP 模型中的钢筋应力－应变关系选用《混凝土结构设计规范》(GB

50010—2010)建议的混凝土应力—应变曲线模型,分为两个阶段来确定曲线的形式:弹性阶段和非弹性阶段。

第一个阶段的曲线形式可以由材料的弹性模量 E_0 及最大的弹性应力这两个参数来确定,第二个阶段的曲线形式需要公式计算而确定。需要注意的是,在将本构关系转化成模型时,必须将名义应力和名义应变转换成真实应力和真实应变,其转换关系为

$$\begin{cases}\varepsilon_{\text{true}}=\ln(1+\varepsilon_{\text{nom}})\\ \sigma_{\text{true}}=\sigma_{\text{nom}}(1+\varepsilon_{\text{nom}})\end{cases}\tag{5.33}$$

本书有限元模型的混凝土密度取 2 400 kg/m^3,泊松比取 0.2,除此之外还要确定塑性部分的参数。这部分主要通过定义膨胀角、偏心率、黏滞系数、K_c、f_{b0}/f_{c0}来定义材料的破坏准则,通过定义单轴压应力—非弹性应变曲线和单轴拉应变—开裂应变曲线来定义硬化。

(1)膨胀角。

膨胀角取值一般为 30°～40°,图 5.9 所示为膨胀角对模拟结果的影响,图中为膨胀角分别取 30°、35°、40°时的模拟混凝土应力—应变曲线,从图中可以看出,膨胀角取 30°时拟合相对较好,故选取膨胀角为 30°。

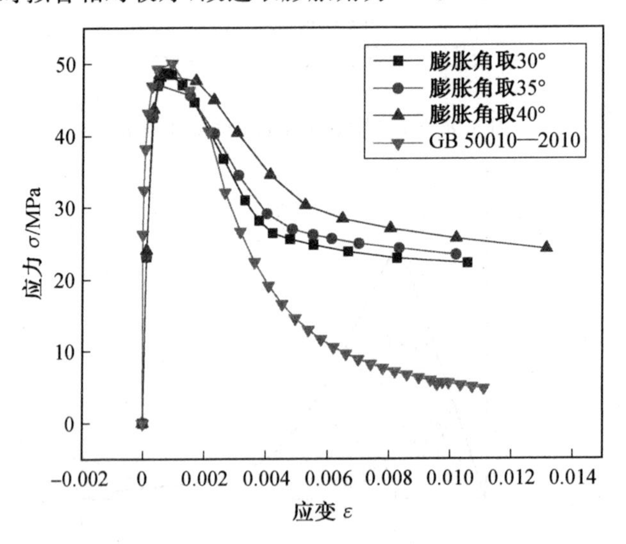

图 5.9　膨胀角对模拟结果的影响

(2)黏滞系数。

由图 5.10 可以看出,黏滞系数取值越小,模拟混凝土应力—应变曲线与输入混凝土本构关系的相似度越高,但黏滞系数越小,模型更不易收敛。当黏滞系数取 0.000 5 时,混凝土应变达到 0.003 之前,模拟得到的混凝土应力—应变曲线与输入的本构关系拟合程度较好,故综合考虑,黏滞系数取 0.000 5。

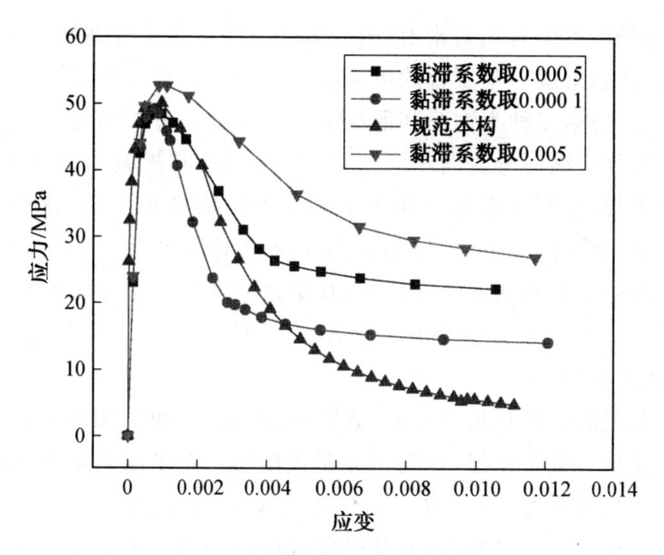

图 5.10　黏滞系数对模拟结果的影响

其余塑性部分参数取值如下：流动势偏移量 $e=0.1$，双轴受压与单轴受压极限强度比 $f_{b0}/f_{c0}=1.16$，不变量应力比 $K_c=0.667$。

5.2.3　钢筋黏结—滑移有限元模型

1. 分离式数值模拟方法

在进行钢筋混凝土结构有限元分析之前，需要确定三个具体的问题：所求解问题的具体要求、计算精度的要求和硬件的要求及实际情况。在确定了这三个问题的基础下，选择合适的有限元分析模型，这样才能确定有效的结构离散化方式。而现在使用的主要有限元模型有整体式、组合式和分离式。下面对这三种模型进行介绍。

(1)整体式模型。

当分析区域较大时，受计算机软件和硬件的限制，将钢筋和混凝土分别划分，单元计算效率较低，同时对于计算结果更关注结构在外荷载作用下的宏观响应，这种情况下整体式模型更适用于分析对象。在整体式模型中，将钢筋弥散在整个混凝土单元中，单元采用连续均匀的材料。钢筋对于整个结构的贡献可以通过调整单元的材料力学性能参数来体现，例如，提高材料的弹性模量、材料的屈服强度等。或者采用综合钢筋和混凝土单元刚度矩阵的方法以考虑钢筋对整个结构的贡献，通过一次求得综合刚度矩阵，把材料矩阵改为由钢筋和混凝土两部分矩阵组成。

(2)组合式模型。

组合式模型处于整体式模型和分离式模型之间。假定钢筋和混凝土两者之间相互黏结很好，不会有相对滑移，在分析时，可分别求得钢筋和混凝土对构件刚度矩阵的贡献，组成一个复合的单元刚度矩阵。组合式模型一般有两种：第一种为分层组合式；第二种为钢筋和混凝土复合单元。分层组合式对于受弯构件，该方法是将构件沿纵向分为若干单元，每个单元在其横截面上分成许多钢筋条带和混凝土条带，并假定在每一条带上的应力均匀分布。第二种组合式模型在建立单元刚度矩阵时，不但要考虑混凝土材料的刚度贡献，还要考虑钢筋的刚度贡献。作为混凝土和钢筋的复合单元，其单元刚度矩阵即为两者的叠加：

$$[K]=[K_c]+[K_s] \tag{5.34}$$

(3)分离式模型。

将钢筋和混凝土各自划分单元，分别根据混凝土和钢筋不同的力学性能，选择不同的单元形式进行模拟，这就是分离式模型。在平面问题中，混凝土可划分为四边形或三角形单元，钢筋也可划分为桁架单元、四边形单元或三角形单元。由于钢筋是一种细长的材料，因此其横向抗剪作用基本可以不考虑，所以钢筋可以简化为线性单元来处理，从而在不影响计算结果的前提下大大减少单元数目，提高计算效率，并且可以避免因为钢筋单元划分过细而在钢筋和混凝土的交界处采用很多的连接单元。受到外力作用后，构件中的钢筋和混凝土之间会产生相对滑移，在分离式模型中，可以在钢筋与混凝土中插入弹簧来模拟钢筋和混凝土之间的黏结一滑移，这一点是整体式模型和组合式模型无法实现的。

经综合比较，本书由于需要考虑应变渗透对调幅幅度的影响，故不可忽略钢筋与混凝土之间的黏结一滑移，故采用分离式模型。

2. 钢筋与混凝土单元

为了能够更加准确地模拟结构的实际受力状况，本书有限元模型采取组合式模型，不将构件进行梁单元的简化处理，而将构件的混凝土部分和钢筋部分分别建模。

混凝土的单元类型采用三维八节点减缩积分实体单元 C3D8R。C3D8R 单元作为一个缩减积分单元，只在其中心有一个积分点，所以在进行计算结果的比较时，会发现使用这种单元求解的位移结果比使用其他单元要准确，同理，就算分析中存在十分大的变形问题，分析结果的精度也能得到很好的保证，不会受到特别大的影响，在分析中出现剪切自锁的问题，会致使分析的结果小于实际结果(如挠度、应变等)，但是这种单元刚好能很好地克服这个问题，但是此种单元存在一个需要注意的缺点，那就是需要划分较细的网格来克服沙漏问题。

钢筋的单元类型则采用三维线性桁架单元 T3D2 进行模拟。这种单元只能承受拉力，不能承受弯矩，因此能够很好地模拟只考虑钢筋承受纵向力不考虑钢筋承受弯矩的情况。

3. 黏结－滑移单元

常用的连接单元有双弹簧单元、黏结区单元和无厚度四边形黏结单元等。这些模型在一定程度上较好地解决了黏结－滑移问题的数值模拟分析，但也存在一些缺点。

在采用连接单元模拟钢筋与混凝土之间的相互作用时，一般的方法需要确定两个参数：一个是平行于钢筋轴向方向的切向刚度系数 k_H，另一个是垂直于钢筋轴向方向的法向刚度系数 k_V。k_H 反映了钢筋与混凝土黏结－滑移性能，而 k_V 反映了钢筋对混凝土的销栓挤压作用。为了反映混凝土与钢筋之间的相互作用，保证钢筋与混凝土之间法向的变形协调，需要给一个较大的法向刚度系数。理论上，k_V 越大越能模拟真实情况，但过大的取值可能会带来计算误差，而过小的取值则会发生单元之间相互嵌入的问题，致使结构数值模型与实际几何形态有一定的偏差。

本书通过在单元连接区域设置非线性弹簧来模拟钢筋与混凝土之间的黏结，非线性弹簧单元示意图如图 5.11 所示。两个节点建立一个弹簧单元，然后将混凝土节点与钢筋节点除轴向以外的方向耦合，在轴向建立黏结－滑移单元。用黏结－滑移关系曲线表示单元性质，从而模拟混凝土与钢筋之间的黏结应力、滑移等。

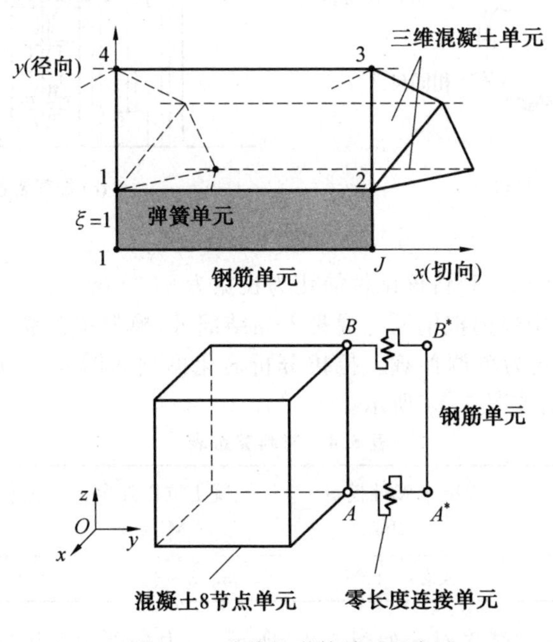

图 5.11　非线性弹簧单元示意图

4. 拉拔试验模拟分析

由于有关黏结一滑移本构关系的研究和黏结一滑移关系曲线有很多，因此从中选择一个与试验结果类似的黏结一滑移本构关系对于模型的建立十分重要。因此，本节进行了混凝土拉拔试验模拟，将试验结果与应用不同滑移本构所得模拟结果进行对比，选择适合的滑移本构关系，并验证钢筋滑移的模拟方法。

以文献中的拉拔试验为分析对象。该试件为直径 914 mm、高 540 mm 的圆柱体，直径为 36 mm 钢筋的置于其中，包括自由加载段、黏结段及无黏结段，试件及加载装置如图 5.12 所示，其中黏结段长度 PQ 为 180 mm，其余部分用 PVC 管包裹使之无黏结。

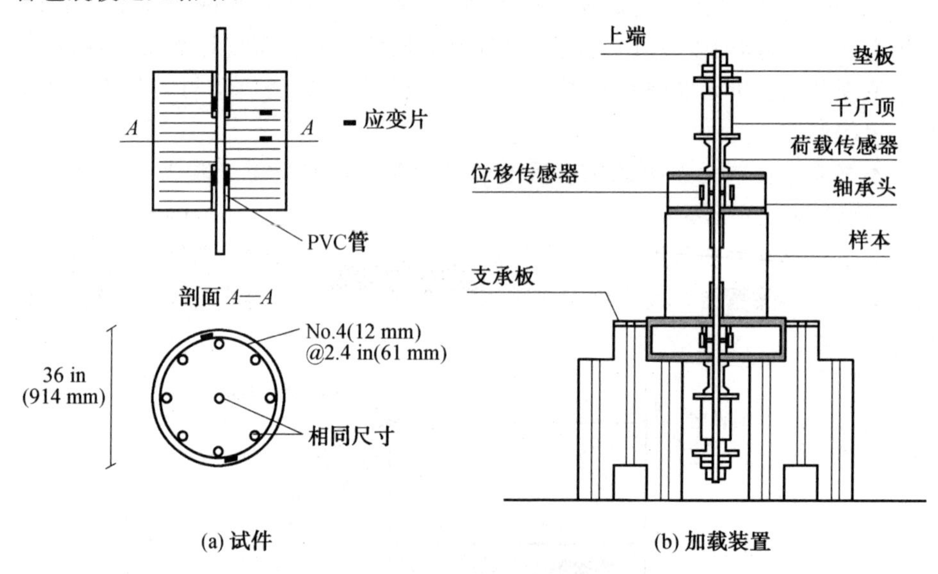

图 5.12　试件及加载装置

本书依据等面积原则将该试件简化为长宽为 810 mm、高 180 mm 的钢筋混凝土试件，且分析中仅模拟钢筋与混凝土黏结部分，模型中钢筋与混凝土参数表见表 5.4，加载方式为单调加载。拉拔分析简化模型如图 5.13 所示，ABAQUS 模型及网格划分图如图 5.14 所示。

表 5.4　材料参数表

钢筋直径 /mm	混凝土弹性模量 /MPa	混凝土抗压强度 / MPa	混凝土抗拉强度 /MPa
36	3.25×10^4	33.8～36.5	3.1

试验结果和模拟结果对比如图 5.15 所示，图中分别为采用三种常用黏结一滑移本构模拟与文献中试验得到的黏结一滑移关系曲线。可以看出，采用 Eligehausen 约束混凝土本构模型应用到此分析中基本合理，能在一定程度上反

映黏结一滑移的影响。

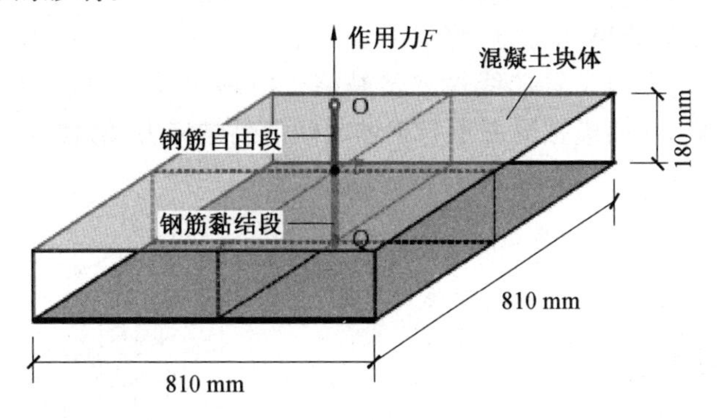

图 5.13　拉拔分析简化模型

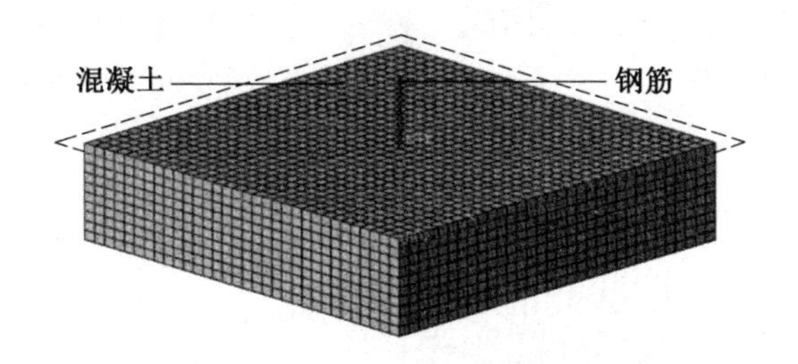

图 5.14　ABAQUS 模型及网格划分图

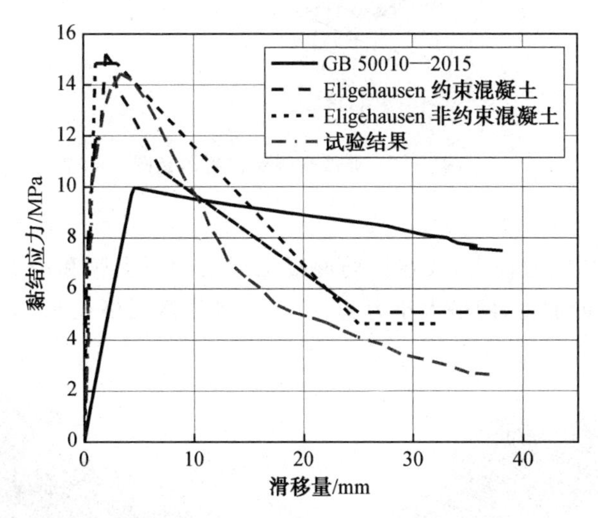

图 5.15　试验结果和模拟结果对比

5.2.4　框架有限元模型建立

1. 钢筋混凝土黏结一滑移

本书通过在单元连接区域设置非线性弹簧来模拟钢筋与混凝土之间的黏

结，支座处非线性弹簧和非线性弹簧位置示意图如图 5.16 和图 5.17 所示。两个节点建立一个弹簧单元，然后将混凝土节点与钢筋节点在除轴向以外的方向进行耦合，在轴向方向设置非线性弹簧黏结－滑移单元。用黏结－滑移关系曲线表示单元性质，从而模拟混凝土与钢筋之间的黏结应力、滑移等。

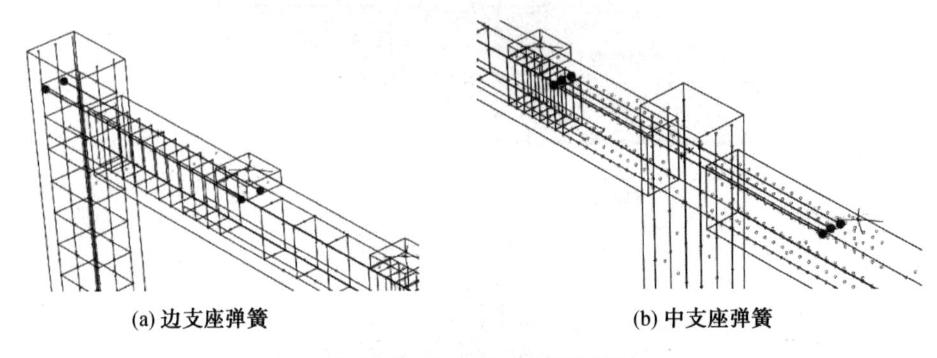

(a) 边支座弹簧　　(b) 中支座弹簧

图 5.16　支座处非线性弹簧

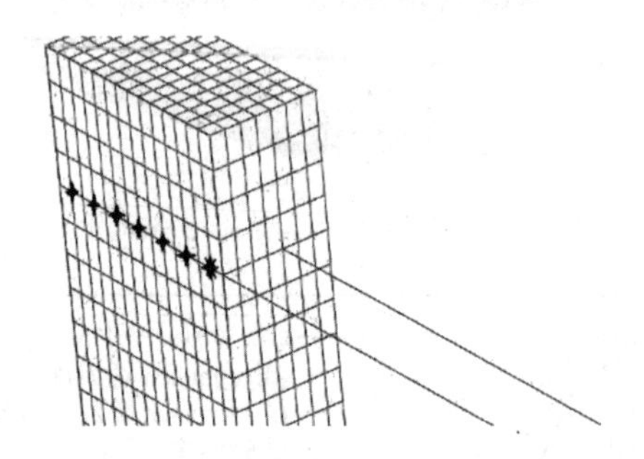

图 5.17　非线性弹簧位置示意图

2. 网格划分

由于支座处应力较大，故在钢筋混凝土框架的边支座和中支座处进行如图 5.18 所示网格的加密，网格大小为 25 mm，非加密区网格长 80 mm，钢筋网格大小为 50 mm。

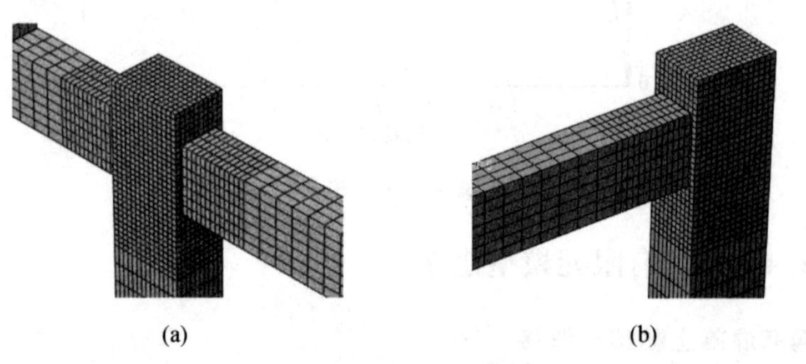

(a)　　(b)

图 5.18　节点网格加密图示

3. 边界条件及加载方式

由于此框架为多自由度体系，同时为了计算的准确性，因此选取的加载方式为静力加载。这种加载方式使框架不会出现负刚度问题，采用增量法求解即可，故使用静力显式分析。为防止混凝土局压破坏，在加载点设置厚度为 6 cm 的垫片，并在垫片顶面设置 4 个耦合参考点，对参考点施加荷载。

为使有限元模型尽可能与试验原型一致，试件的下端设为固定端，采用 Coupling 将参考点与支座底面耦合，并限制其 6 个自由度，模拟加载图如图5.19所示。

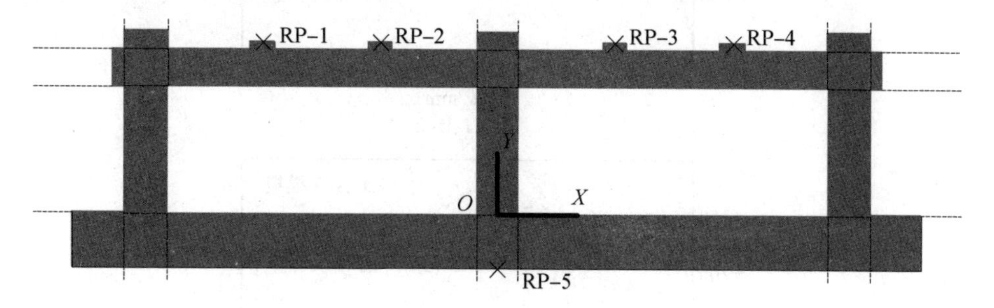

图 5.19　模拟加载图

5.2.5　有限元分析结果及与试验对比

1. 荷载—位移曲线

将有限元分析结果与第 4 章中部分试验框架跨中荷载—位移曲线进行对比，如图 5.20 所示。由图 5.20 可知，极限荷载分析结果与试验结果偏差率在 20%以内，分析结果与试验结果吻合较好，说明本模型中采用的框架各项参数和钢筋黏结—滑移本构取值是合理的。

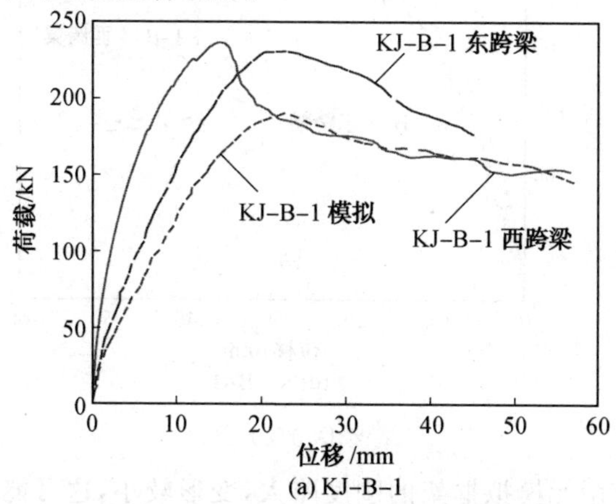

图 5.20　跨中荷载—位移曲线对比

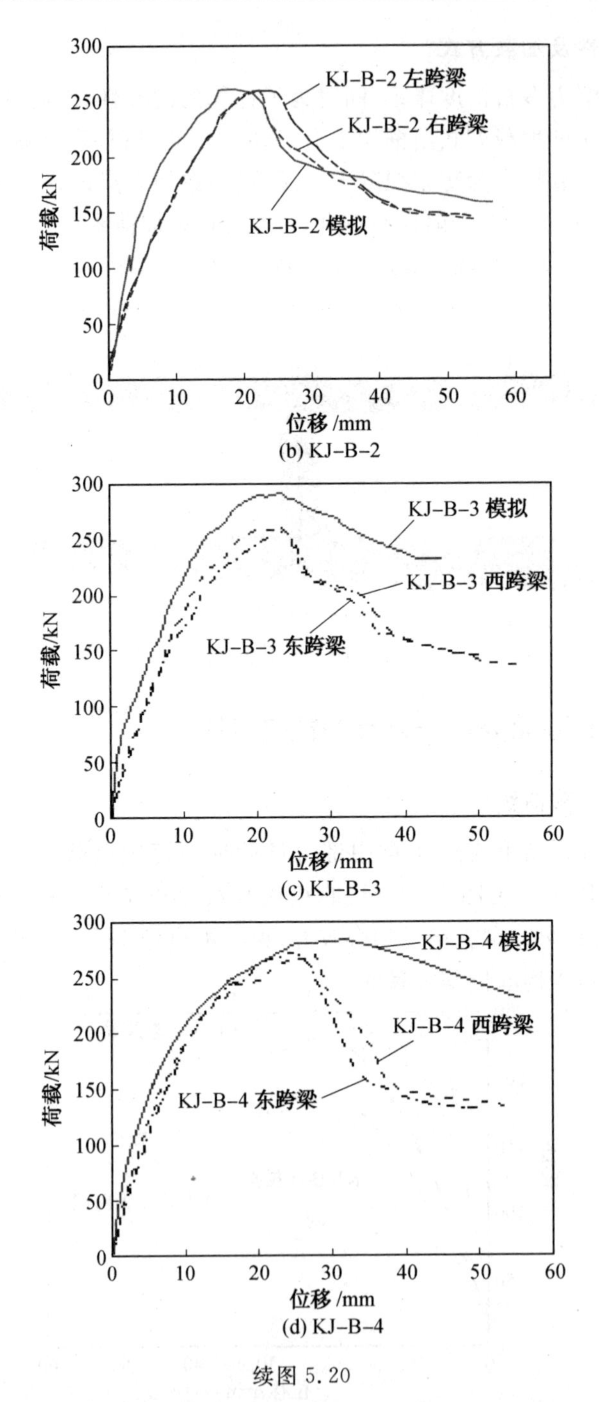

续图 5.20

总体上看，有限元模拟框架的刚度略大，变形较小，这可能是因为模拟混凝土产生的损伤小于实际试验中的损伤。

2. 特征点弯矩

各特征点时刻框架梁中支座和边支座控制截面弯矩试验值与模拟值对比见表 5.5、表 5.6。可以看出，除 KJ－B－2 试件中支座特征点弯矩模拟值果与试验值偏差较大，其余误差均在 20%以内，表明模拟结果与试验结果吻合较好。

表 5.5　各特征点时刻框架梁中支座控制截面弯矩试验值与模拟值对比

编号	中支座控制截面开裂时刻弯矩/(kN・m)			中支座控制截面纵筋屈服时刻弯矩/(kN・m)			中支座控制截面受弯破坏时刻弯矩/(kN・m)		
	试验值	模拟值	误差/%	试验值	模拟值	误差/%	试验值	模拟值	误差/%
KJ－B－1	13.50	12.90	0.42	87.28	98.77	13.1	107.72	113.2	5.1
KJ－B－2	12.99	12.46	0.31	103.85	70.96	－31.6	124.86	94.98	－23.9
KJ－B－3	8.66	6.43	1.27	112.44	98.79	－12.1	125.34	127.7	1.9
KJ－B－4	17.87	17.29	0.28	122.19	107.5	－12.0	153.50	142.6	－7.1

表 5.6　各特征点时刻框架梁边支座控制截面弯矩试验值与模拟值对比

编号	边支座控制截面开裂时刻弯矩/(kN・m)			边支座控制截面纵筋屈服时刻弯矩/(kN・m)			边支座控制截面受弯破坏时刻弯矩/(kN・m)		
	试验值	模拟值	误差/%	试验值	模拟值	误差/%	试验值	模拟值	误差/%
KJ－B－1	14.85	14.29	0.68	30.21	33.11	9.6	40.44	34.28	－15
KJ－B－2	16.12	13.53	2.15	49.51	40.74	－17.7	53.99	43.31	－17.8
KJ－B－3	12.54	11.55	0.80	40.91	38.25	－6.5	48.53	48.04	－1.03
KJ－B－4	12.83	11.80	0.82	65.68	56.67	－13.7	76.14	70.98	－5.16

3. 塑性铰区范围内钢筋应变

由于结构的弯矩调幅系数与塑性铰转动能力、塑性铰区域受拉纵筋屈服后的伸长量有关，因此当支座控制截面受压边缘混凝土达到极限压应变(ε＝3 300 $\mu\varepsilon$)时，我们认为构件达到了承载能力极限状态。破坏时刻框架支座范围钢筋应变图如图 5.21 所示。其中，中支座钢筋应变图中相对坐标零点为框架中柱中点；边支座钢筋应变图中相对坐标零点为框架两边柱外边缘。

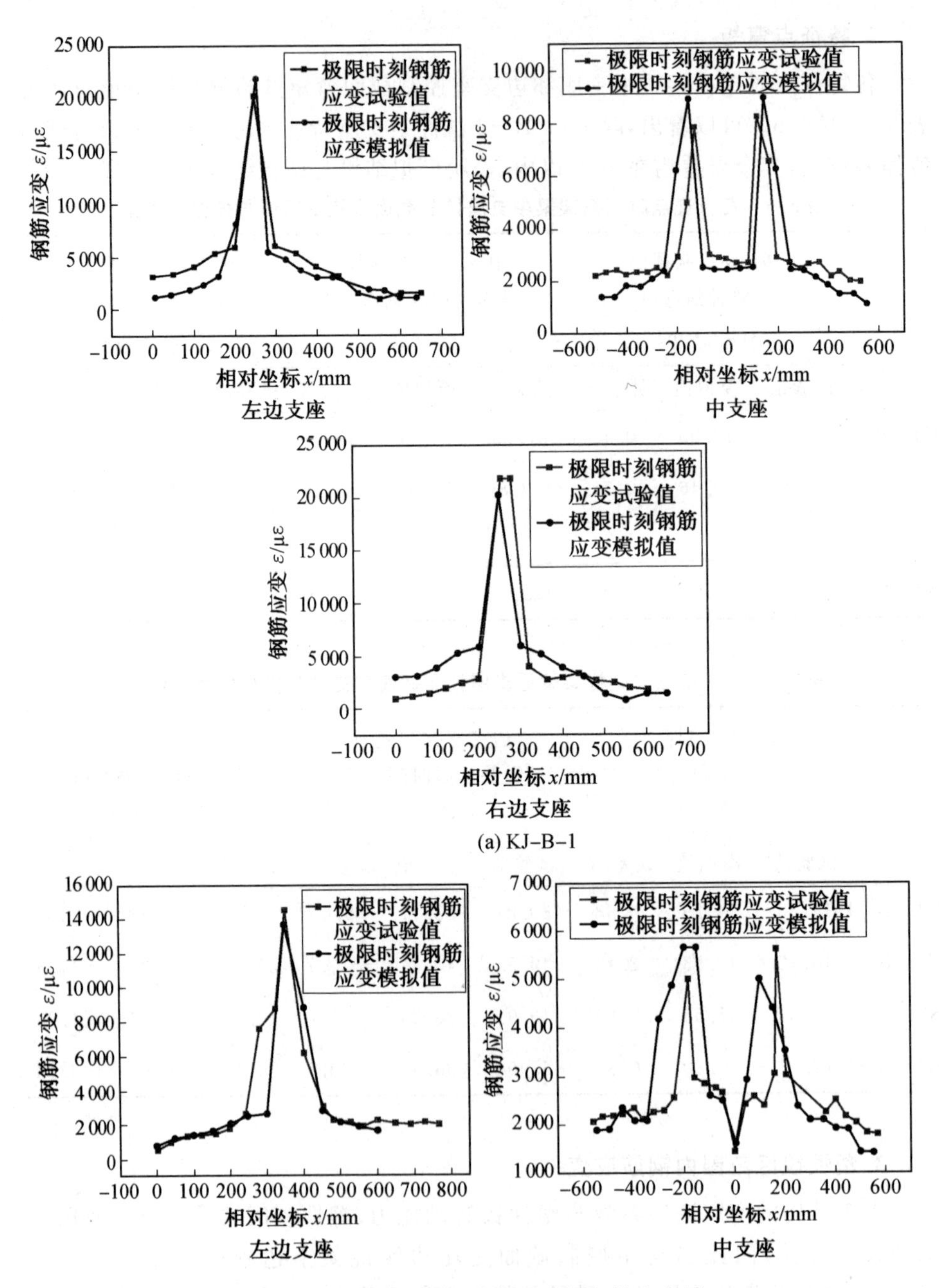

图 5.21　破坏时刻框架支座范围钢筋应变图

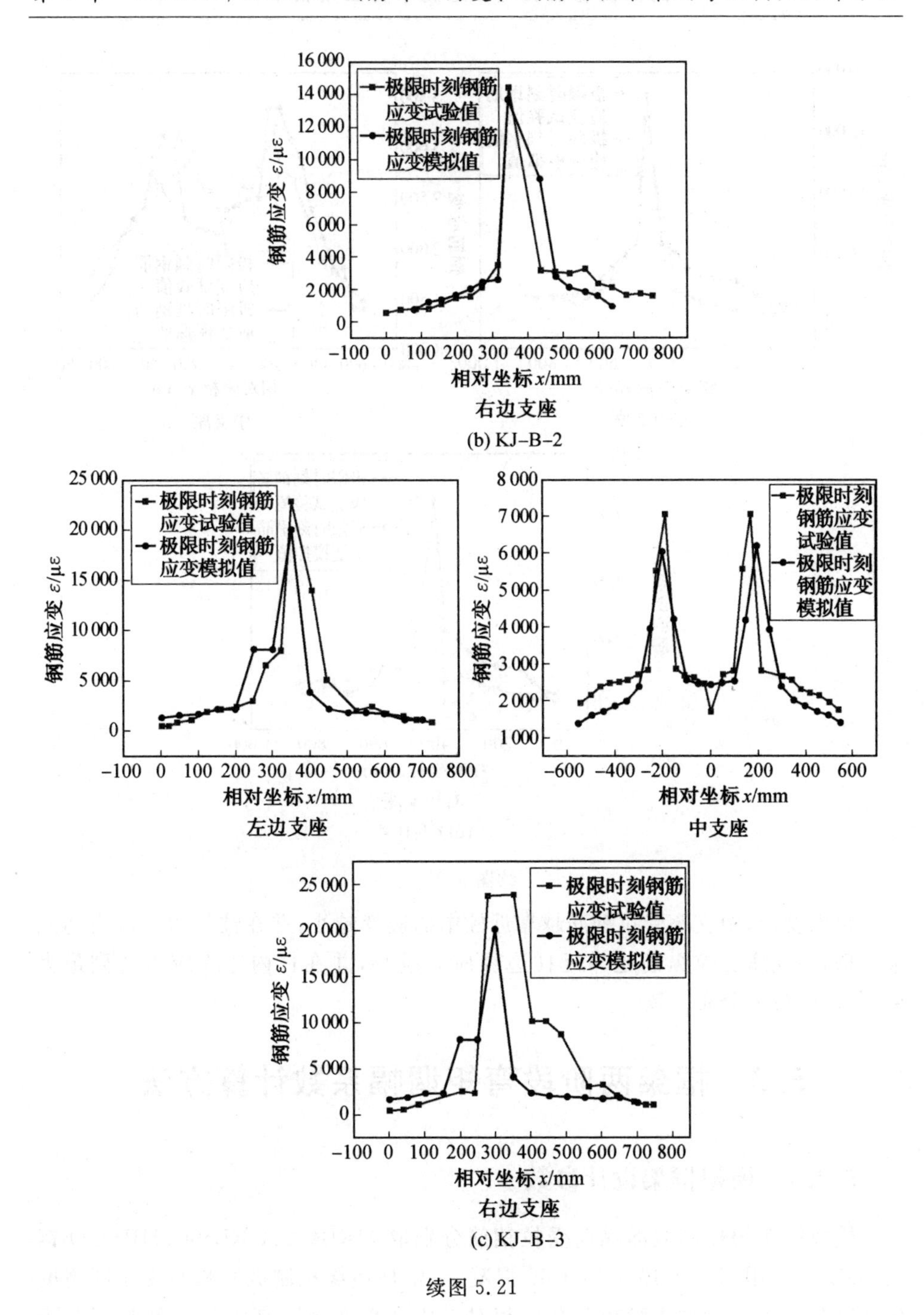

极限时刻钢筋应变试验值
极限时刻钢筋应变模拟值
钢筋应变 ε/με
相对坐标 x/mm
右边支座
(b) KJ-B-2
左边支座
中支座
右边支座
(c) KJ-B-3

续图 5.21

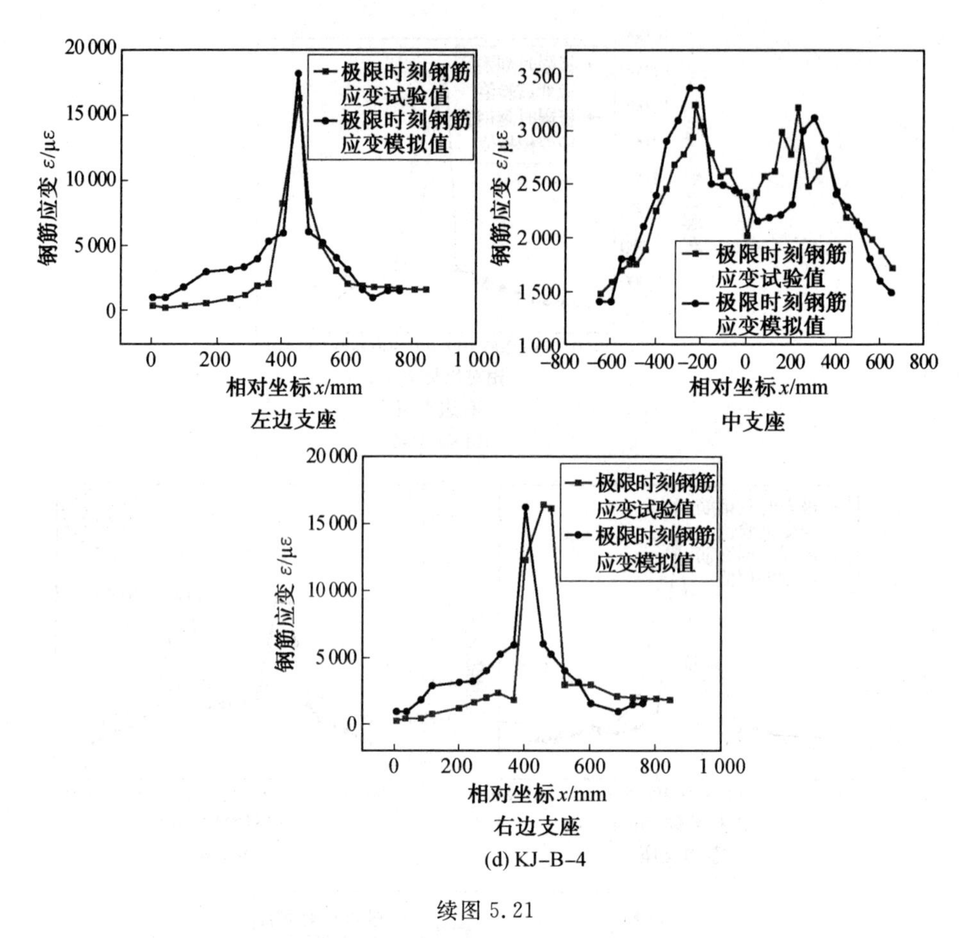

(d) KJ-B-4

续图 5.21

可以发现，中支座受拉钢筋越靠近柱中的应变越小，并在柱外边缘应力达到最大值，边支座受拉纵筋越靠近柱边缘应力越小，并在柱内边缘应力达到最大值，与试验应力分布一致。

5.3 框架两阶段弯矩调幅系数计算方法

5.3.1 模拟框架设计参数

模拟框架的控制截面纵向受拉钢筋分别取 HRB400、HRB500、HRB600 钢筋；混凝土采用 C30、C40、C50、C60 混凝土；中柱边缘控制截面相对受压区高度分别取 0.3、0.4，边柱边缘控制截面相对受压区高度分别取 0.1、0.2；模拟两跨框架的柱截面高度分别取 250 mm、350 mm、450 mm、550 mm；梁截面尺寸 $h\times b$ 为 300 mm×180 mm。模拟框架的加载方式分别采用跨中单点加载、三分点加载、均布加载，参数取值表见表 5.7。

表 5.7　参数取值表

参数	取值
钢筋强度	HRB400、HRB500、HRB600
混凝土强度	C30、C40、C50、C60
截面相对受压区高度	0.1、0.2、0.3、0.4
加载方式	单点加载、三分点加载、均布加载
柱截面宽度	250 mm、350 mm、450 mm、550 mm

根据各文献中所做材性试验结果统计分析，可得模拟梁混凝土物理力学指标见表 5.8。本书采用强度等级较高的 HRB400、HRB500 和 HRB600 钢筋作为受拉纵筋。其中，模拟梁钢筋物理力学指标见表 5.9，钢筋弹性模量统一取为 $E_s=2.0\times10^5\ \mathrm{N/mm^2}$。两跨框架参数配置表见表 5.10。

表 5.8　模拟梁混凝土物理力学指标

混凝土强度等级	标准立方体抗压强度实测值 f_{cu}/MPa	轴心抗压强度实测值 f_c/MPa	轴心抗拉强度实测值 f_t/MPa	弹性模量 E_c /($\times10^4$ N·mm^{-2})
C30	38.98	29.62	2.96	3.00
C40	49.84	37.88	3.39	3.25
C50	61.05	46.40	3.79	3.45
C60	71.81	56.01	4.14	3.60

注：表中 $f_c=0.76f_{cu}$，$f_t=0.395f_{cu}^{0.55}$。

表 5.9　模拟梁钢筋物理力学指标

钢筋强度等级	HRB400	HRB500	HRB600
屈服强度实测值 f_y/MPa	433	530	645

表 5.10 两跨框架参数配置表

试件编号	混凝土强度等级	钢筋强度等级	控制截面相对受压区高度		柱截面尺寸/(mm×mm)	跨高比 l/h	梁截面尺寸/(mm×mm)
			中柱	边柱			
a—KJ—A—1	C30	HRB400	0.30	0.12	250×250	10	300×180
a—KJ—A—2			0.41	0.19			
a—KJ—A—3		HRB500	0.30	0.12			
a—KJ—A—4			0.38	0.20			
a—KJ—A—5		HRB600	0.29	0.11			
a—KJ—A—6			0.36	0.19			
a—KJ—A—7	C40	HRB400	0.30	0.11	250×250	10	300×180
a—KJ—A—8			0.36	0.20			
a—KJ—A—9		HRB500	0.30	0.11			
a—KJ—A—10			0.37	0.20			
a—KJ—A—11		HRB600	0.28	0.11			
a—KJ—A—12			0.37	0.19			
a—KJ—A—13	C50	HRB400	0.30	0.10	250×250	10	300×180
a—KJ—A—14			0.41	0.19			
a—KJ—A—15		HRB500	0.32	0.10			
a—KJ—A—16			0.42	0.20			
a—KJ—A—17		HRB600	0.30	0.09			
a—KJ—A—18			0.37	0.19			
a—KJ—A—19	C60	HRB400	0.30	0.10	250×250	10	300×180
a—KJ—A—20			0.38	0.20			
a—KJ—A—21		HRB500	0.30	0.10			
a—KJ—A—22			0.41	0.20			
a—KJ—A—23		HRB600	0.31	0.10			
a—KJ—A—24			0.37	0.19			

续表 5.10

试件编号	混凝土强度等级	钢筋强度等级	控制截面相对受压区高度		柱截面尺寸/(mm×mm)	跨高比 l/h	梁截面尺寸/(mm×mm)
			中柱	边柱			
a－KJ－B－1	C40	HRB400	0.26	0.11	350×250	10	300×180
a－KJ－B－2			0.38	0.19			
a－KJ－B－3		HRB500	0.30	0.11			
a－KJ－B－4			0.37	0.20			
a－KJ－B－5		HRB600	0.28	0.11			
a－KJ－B－6			0.37	0.19			
a－KJ－C－1	C40	HRB400	0.32	0.11	450×250	10	300×180
a－KJ－C－2			0.38	0.19			
a－KJ－C－3		HRB500	0.30	0.11			
a－KJ－C－4			0.37	0.20			
a－KJ－C－5		HRB600	0.28	0.11			
a－KJ－C－6			0.37	0.19			
a－KJ－D－1	C40	HRB400	0.32	0.11	550×250	10	300×180
a－KJ－D－2			0.38	0.19			
a－KJ－D－3		HRB500	0.30	0.11			
a－KJ－D－4			0.37	0.20			
a－KJ－D－5		HRB600	0.28	0.11			
a－KJ－D－6			0.37	0.19			
a－KJ－E－1	C40	HRB400	0.32	0.11	250×250	8	300×180
a－KJ－E－2			0.38	0.19			
a－KJ－E－3		HRB500	0.30	0.11			
a－KJ－E－4			0.37	0.20			
a－KJ－E－5		HRB600	0.28	0.11			
a－KJ－E－6			0.37	0.19			

续表 5.10

试件编号	混凝土强度等级	钢筋强度等级	控制截面相对受压区高度		柱截面尺寸/(mm×mm)	跨高比 l/h	梁截面尺寸/(mm×mm)
			中柱	边柱			
a－KJ－F－1	C40	HRB400	0.32	0.11	250×250	12	300×180
a－KJ－F－2			0.38	0.19			
a－KJ－F－3		HRB500	0.30	0.11			
a－KJ－F－4			0.37	0.20			
a－KJ－F－5		HRB600	0.28	0.11			
a－KJ－F－6			0.37	0.19			
a－KJ－G－1	C40	HRB400	0.32	0.11	250×250	14	300×180
a－KJ－G－2			0.38	0.19			
a－KJ－G－3		HRB500	0.30	0.11			
a－KJ－G－4			0.37	0.20			
a－KJ－G－5		HRB600	0.28	0.11			
a－KJ－G－6			0.37	0.19			

5.3.2 框架两阶段弯矩调幅系数参数分析

1. 混凝土抗压强度

选取跨高比为 10 的受拉钢筋采用 HRB400、HRB500、HRB600 钢筋，截面相对受压区高度分别取 0.1、0.2、0.3、0.4，柱截面尺寸为 250 mm×250 mm 的 24 个模拟两跨框架，除混凝土强度等级不同外，每组模拟框架其他控制变量均相同。得到了在三分点加载作用下，混凝土轴心抗压强度 f_c 与第一阶段弯矩调幅系数 β_1 及第二阶段弯矩调幅系数 β_2 的关系，分别如图 5.22、图 5.23 所示。可以看出，两阶段弯矩调幅系数随着混凝土抗压强度的变化并不明显，因此这里不考虑混凝土强度的影响。

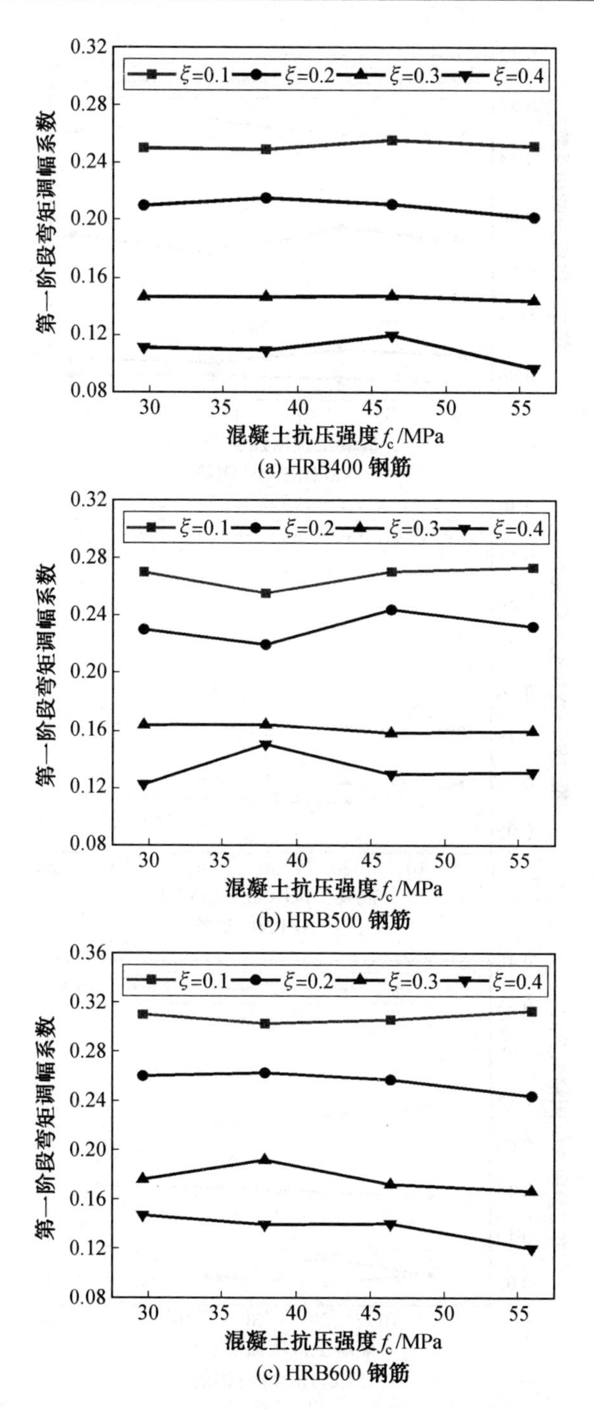

(a) HRB400 钢筋

(b) HRB500 钢筋

(c) HRB600 钢筋

图 5.22　混凝土轴心抗压强度 f_c与 β_1的关系

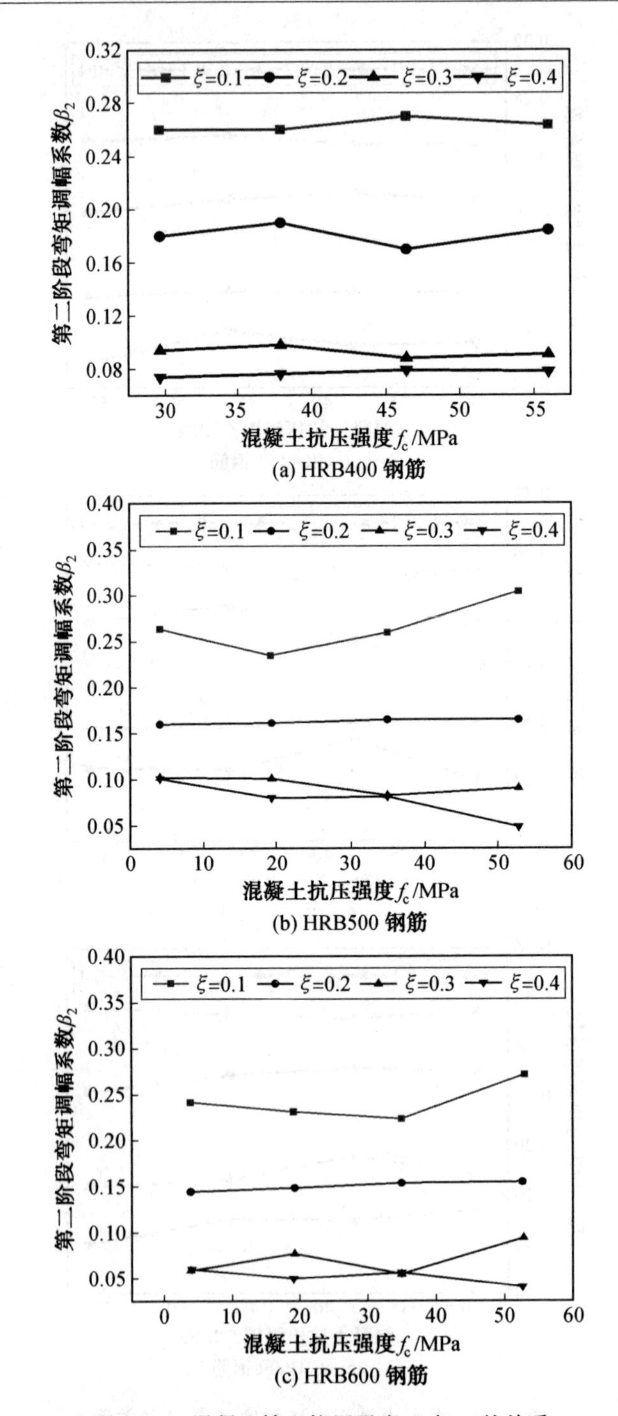

图 5.23　混凝土轴心抗压强度 f_c与 β_2的关系

2. 钢筋等级

选取跨高比为 10，受拉钢筋采用 HRB400、HRB500、HRB600 钢筋，截面相对受压区高度为 0.1、0.2、0.3、0.4，柱截面高度 a=250 mm 的 18 组模拟两跨框架，除钢筋强度等级不同外，每组模拟框架其他控制变量均相同。得到了在三分点加载作用下钢筋屈服强度 f_y 与第一阶段弯矩调幅系数 β_1、第二阶段弯矩调幅系数 β_2 的关系，如图5.24、图 5.25 所示。

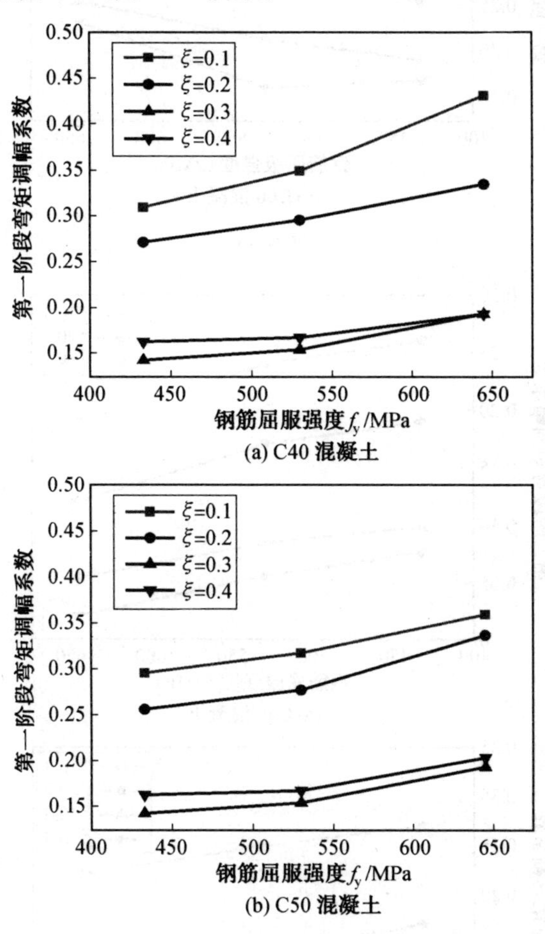

图 5.24　钢筋屈服强度 f_y 与 β_1 的关系

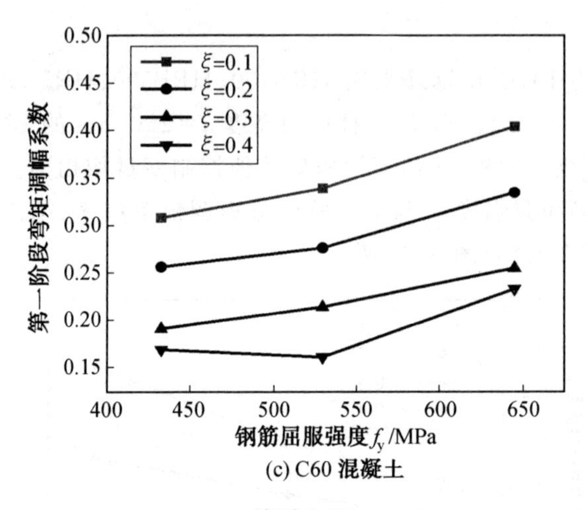

(c) C60 混凝土

续图 5.24

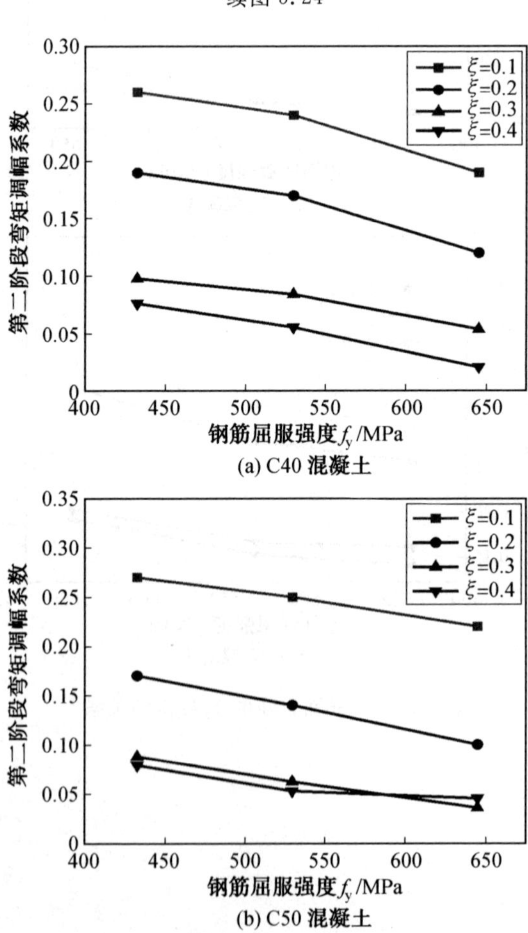

(b) C50 混凝土

图 5.25 钢筋屈服强度 f_y 与 β_2 的关系

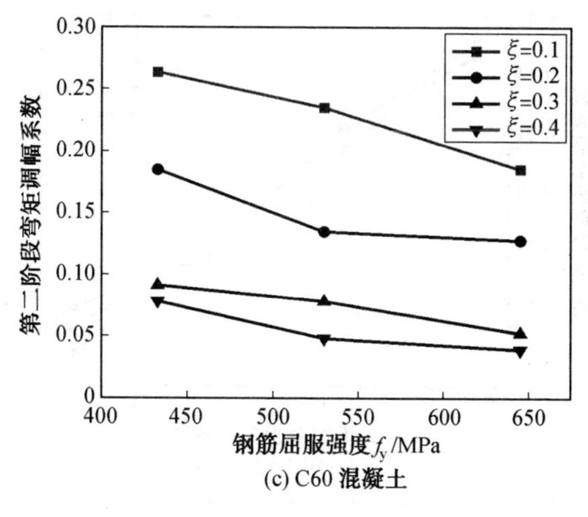

(c) C60 混凝土

续图 5.25

通过图5.24可以看出，在其他参数相同时，第一阶段弯矩调幅系数β_1随着钢筋屈服强度f_y的增大而增加，这是由于钢筋强度等级越高，混凝土开裂到受拉钢筋屈服的过程明显增长，支座控制截面屈服曲率和屈服弯矩也越大。这些原因导致在这一阶段的钢筋混凝土框架内力重分布现象更加明显，弯矩调幅增大。而由图5.25可以看出，在其他参数相同时，第二阶段弯矩调幅系数β_2随着钢筋屈服强度f_y的增大而减小，这是由于结构达到破坏极限时的混凝土极限压应变相同($\varepsilon_{cu}=0.003\ 3$)，截面极限曲率相同，并且随着截面屈服曲率提高。钢筋屈服直至混凝土达到抗压极限这一过程中的塑性铰转动能力降低，从而导致弯矩调幅减小。

3. 截面相对受压区高度

选取跨高比为10，受拉钢筋采用HRB400、HRB500、HRB600钢筋，截面相对受压区高度为0.1、0.2、0.3、0.4，柱截面高度$a=250$ mm的18组模拟框架，除截面相对受压区高度不同外，每组模拟框架其他控制变量均相同。得到了在三分点加载作用下控制截面相对受压区高度ξ与第一阶段弯矩调幅系数β_1、第二阶段弯矩调幅系数β_2的关系，如图5.26和图5.27所示。由图5.26和图5.27可以看出，在其他参数不变的情况下，随着控制截面相对受压区高度的增大，两阶段弯矩调幅系数β_1与β_2均明显减小。这是由于截面相对受压区高度越小，结构的延性越好，塑性变形能力也越强，塑性铰的转动能力也越强，从而使得弯矩调幅系数增大。

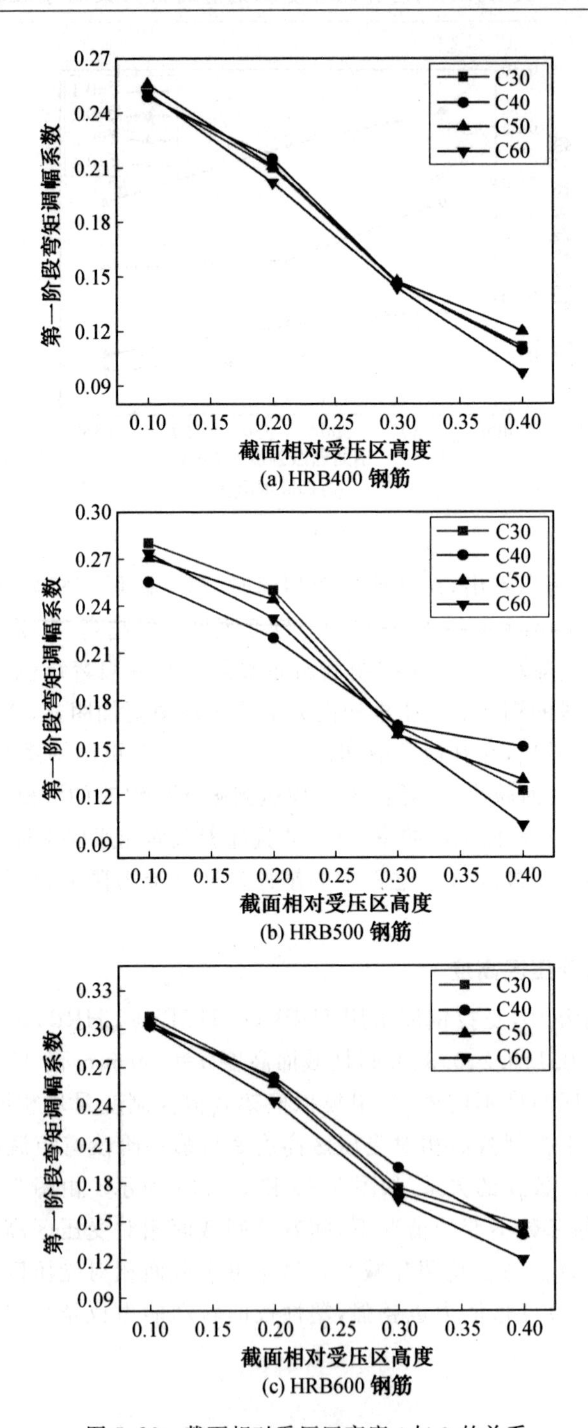

图 5.26　截面相对受压区高度 ξ 与 β_1 的关系

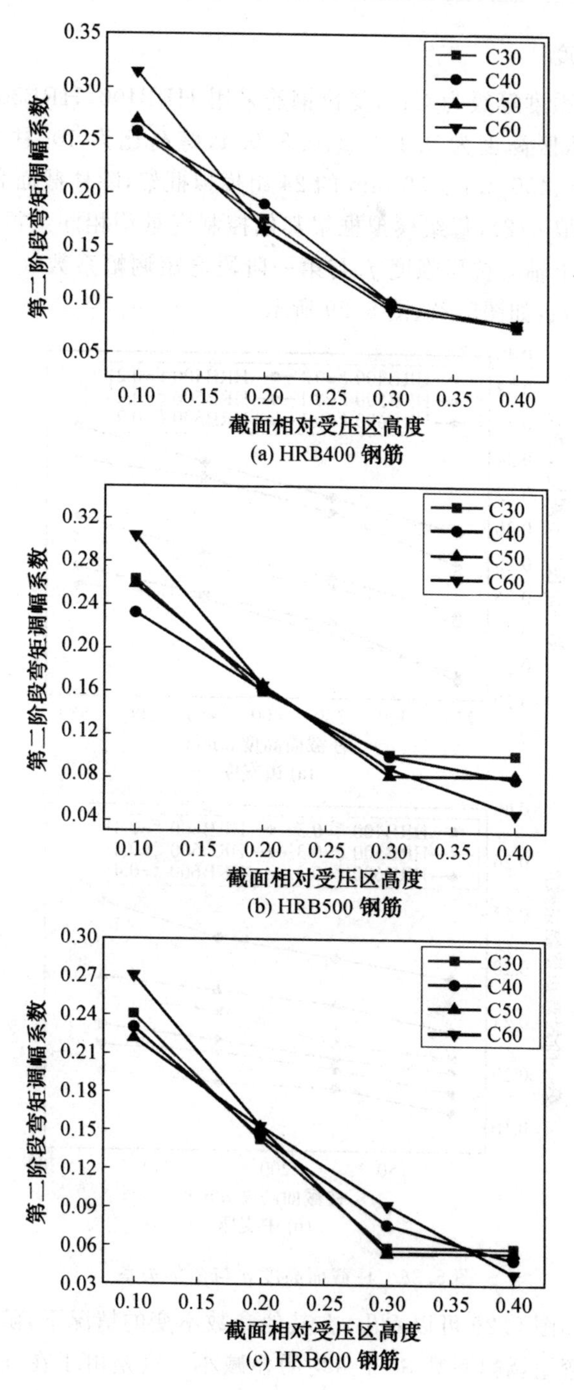

图 5.27　截面相对受压区高度 ξ 与 β_2 的关系

4. 柱截面高度

选取混凝土强度等级为 C40，受拉钢筋采用 HRB400、HRB500、HRB600 钢筋，截面相对受压区高度为 0.1、0.2、0.3、0.4，跨高比为 10，柱截面高度 a 为 250 mm、350 mm、450 mm、550 mm 的 24 组模拟框架，除柱截面高度不同外（中支座柱截面高度取 $a/2$），每组模拟框架其他控制变量均相同。得到了在三分点加载作用下混凝土轴心抗压强度 f_c 与第一阶段弯矩调幅系数 β_1、第二阶段弯矩调幅系数 β_2 的关系，如图5.28、图 5.29 所示。

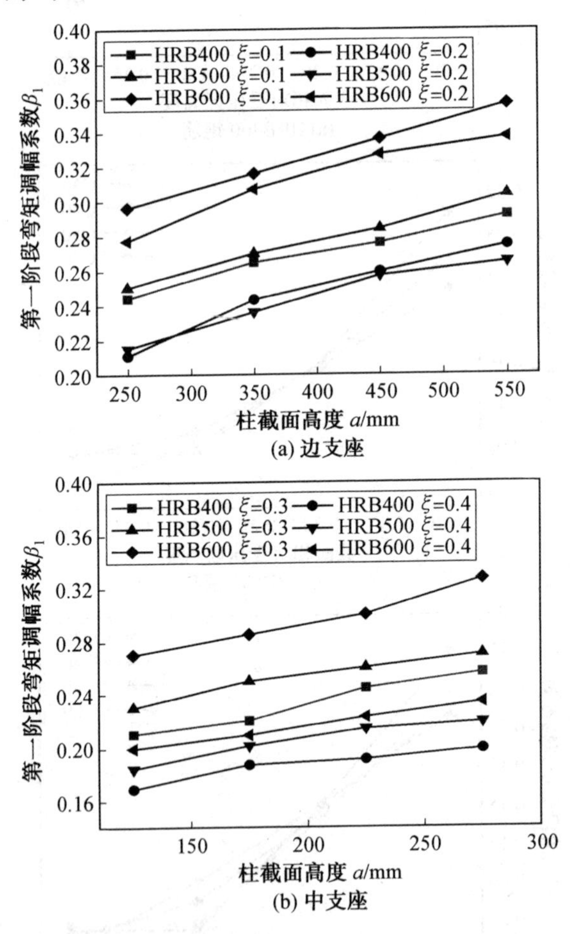

图 5.28　柱截面高度 a 与 β_1 的关系

由图 5.28 和图 5.29 可以看出，在其他参数不变的情况下，随着柱截面高度的增大，两阶段弯矩调幅系数 β_1 与 β_2 均明显减小。这是由于在柱高度范围内存在应变渗透现象，在受拉纵筋屈服之前，柱截面高度增大使得应变渗透引起的截面附加转角增大，钢筋混凝土框架内力重分布程度增大，从而导致弯矩调幅系数

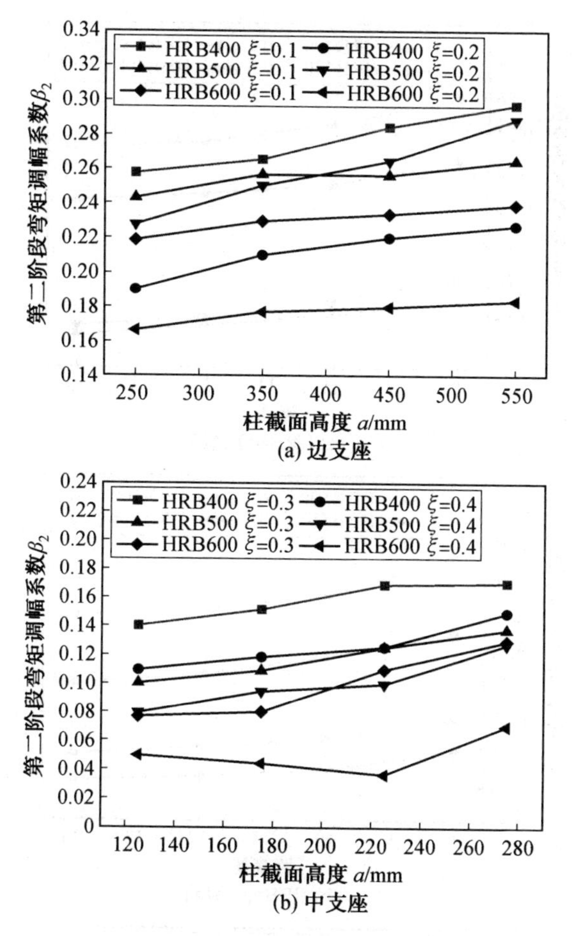

图5.29　柱截面高度 a 与 β_2 的关系

β_1 增大；而控制截面钢筋达到屈服之后，柱截面高度越大，塑性铰长度越长，转角越大，弯矩调幅系数 β_2 越大。

5. 跨高比

选取受拉钢筋采用HRB400、HRB500、HRB600钢筋，截面相对受压区高度为0.1、0.2、0.3、0.4，柱截面高度 $a=250$ mm，跨高比为8、10、12、14的24个模拟框架，除跨高比不同外，每组模拟框架其他控制变量均相同(截面高度为不变量 $h=300$ mm，采用改变跨度的方式改变框架的跨高比)。得到了在三分点加载作用下跨高比 l/h 与第一阶段弯矩调幅系数 β_1、第二阶段弯矩调幅系数 β_2 的关系，如图5.30、图5.31所示。

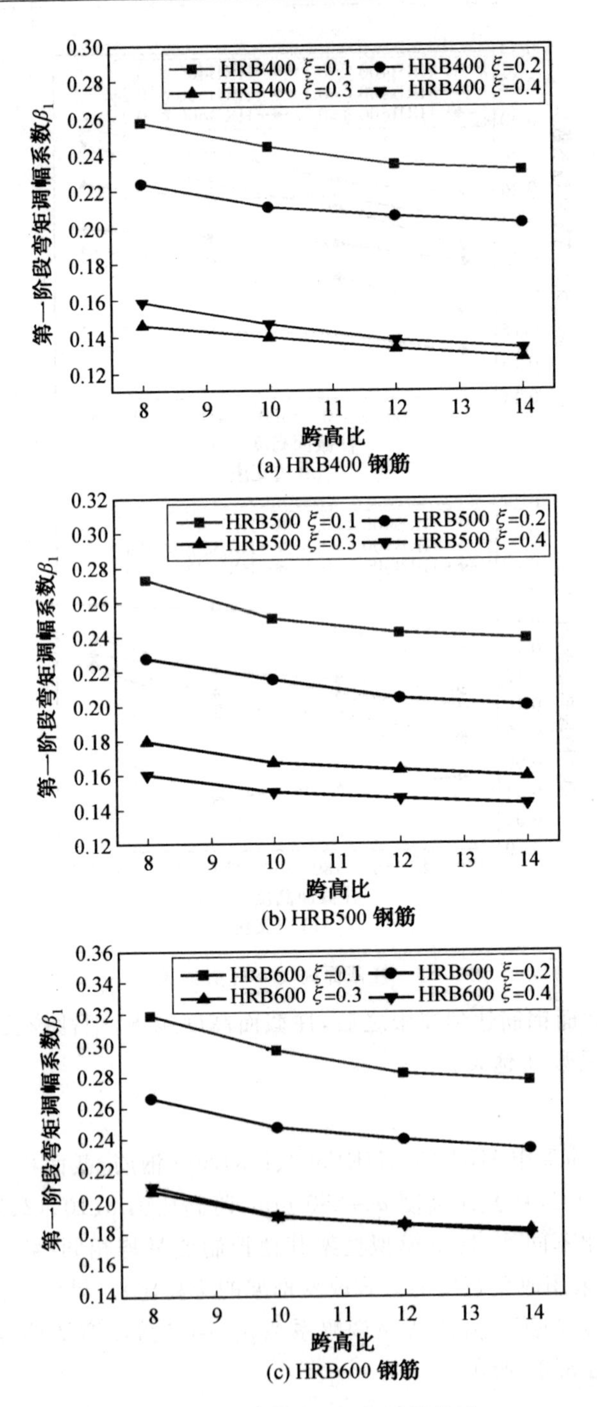

(a) HRB400 钢筋

(b) HRB500 钢筋

(c) HRB600 钢筋

图 5.30 跨高比 l/h 与 β_1 的关系

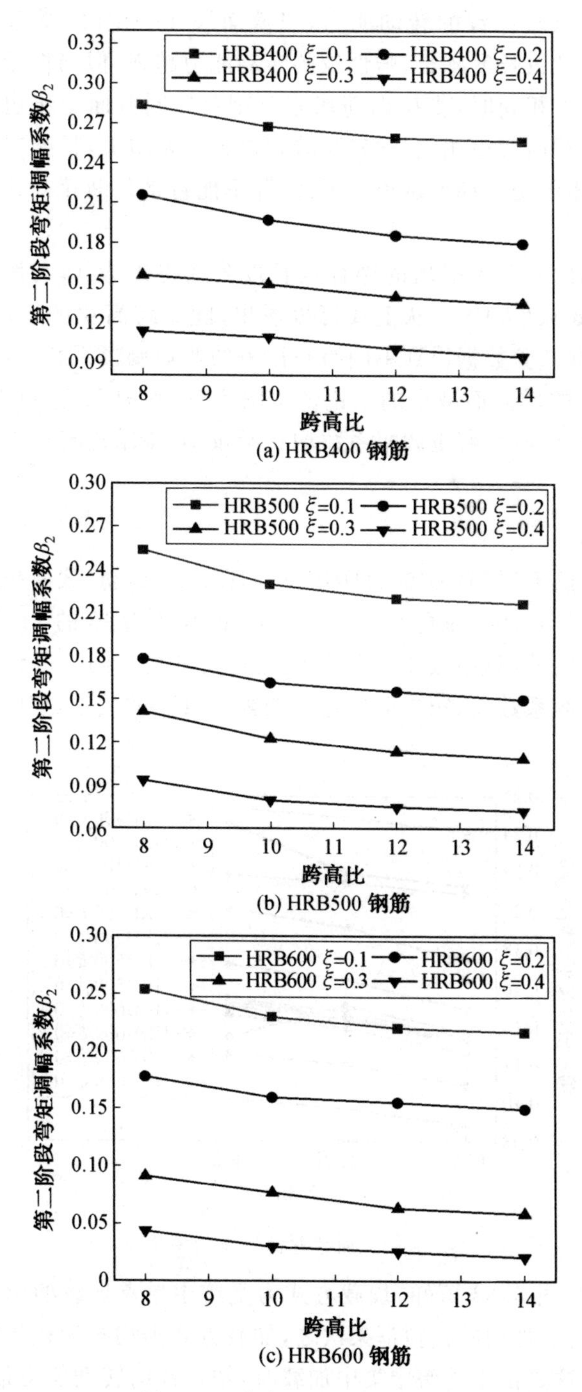

图 5.31　跨高比 l/h 与 β_2 的关系

跨高比会影响塑性铰的转动能力，当截面尺寸一定时，受弯构件跨高比越大，跨度越大，塑性铰长度越长，塑性铰的转动能力越强，但当框架截面尺寸及截面相对受压区高度相同时，受拉钢筋屈服时刻及控制截面受压边缘混凝土达到极限状态时控制截面弯矩相同，此时随着跨高比 l/h 增大，框架梁柱节点处负弯矩区越长，负弯矩的变化梯度越小。因此，并不能直接判断跨高比对弯矩调幅系数的影响。

通过统计国内外学者提出的塑性铰长度公式得出 L/L_p 与跨高比 l/h 的关系：$L/L_p=2.8483(l/h)^{3/4}$。从上式可以看出，随着跨高比的增加，相对塑性铰长度减小，并根据试验数据得到不同跨高比下的弯矩调幅系数，从而得出弯矩调幅系数随跨高比的增大而减小的结论。由图 5.30 和图 5.31 可以看出，随着框架跨高比的增大，两阶段弯矩调幅系数均有所减小，该结论与前人的研究结果基本相符。

6. 加载方式

选取受拉钢筋采用 HRB400、HRB500、HRB600 钢筋，截面相对受压区高度为0.1、0.2、0.3、0.4，柱截面高度 $a=250$ mm，跨高比为 10 的 24 个模拟框架，除荷载加载方式不同外，每组模拟框架其他控制变量均相同。得到了加载方式与第一阶段弯矩调幅系数 β_1、第二阶段弯矩调幅系数 β_2 的关系，如图 5.32、图 5.33 所示。

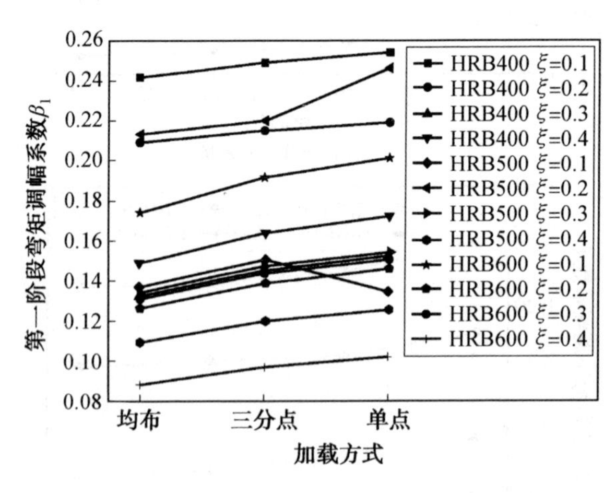

图 5.32　加载方式与 β_1 的关系

由图 5.32 和图 5.33 可知，加载方式为受跨中单点加载的两个阶段弯矩调幅系数最大，三分点加载的模拟框架次之，加载方式为均布加载的模拟框架弯矩调幅系数最小。这是由于受跨中集中加载时，塑性铰的转动能力最强，故弯矩调幅系数最大。

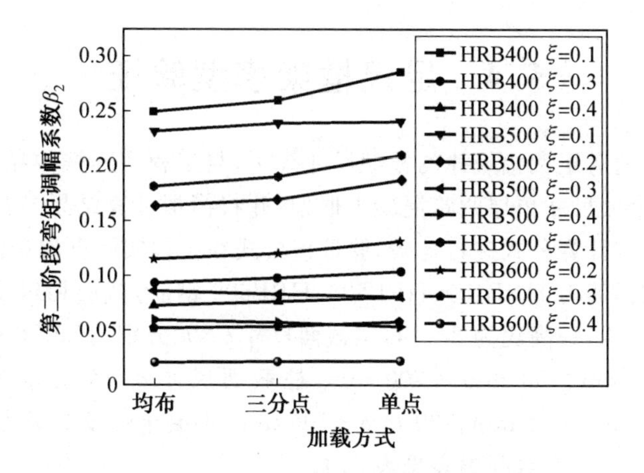

图 5.33　加载方式与 β_2 的关系

5.3.3　框架两阶段弯矩调幅系数计算公式

根据以上的模拟结果，我们得出了两跨钢筋混凝土框架两阶段弯矩调幅系数与钢筋强度、截面相对受压区高度等因素的关系。本节利用 MATLAB 软件编制拟合各因素与两阶段弯矩调幅系数的公式，以便工程设计应用。

基于上述 216 个单层两跨框架的模拟结果，以支座控制截面相对受压区高度 ξ、跨高比 l/h、柱截面高度 a、梁高 h 为自变量，拟合框架在跨中单点加载、三分点加载和均布加载下的控制截面第一阶段弯矩调幅系数 β_1 和第二阶段弯矩调幅系数 β_2 的计算公式。

HRB400 钢筋作纵筋的模拟框架拟合公式如式(5.35)所示，总调幅系数决定系数 $R^2=0.945$，说明拟合公式具有较好的精度。

$$\begin{cases}\beta_1=\alpha_{\mathrm{I}}\left[-9.22+9.32\xi^{-0.0067}-12.11/a+0.52(l/h)^{-1}\right]\\ \beta_2=\alpha_{\mathrm{II}}\left[2.28-2.22\xi^{-0.048}-16.78/a+0.42(l/h)^{-1}\right]\end{cases}\tag{5.35}$$

HRB500 钢筋作纵筋的模拟框架拟合公式如式(5.36)所示，总调幅系数决定系数 $R^2=0.846$，说明拟合公式具有较好的精度。

$$\begin{cases}\beta_1=\alpha_{\mathrm{I}}\left[0.46-0.32\xi^{0.22}-13.96/a+0.5(l/h)^{-1}\right]\\ \beta_2=\alpha_{\mathrm{II}}\left[0.27-0.03\xi^{22.22}-29.83/a+0.27(l/h)^{-1}\right]\end{cases}\tag{5.36}$$

HRB600 钢筋作纵筋的模拟框架拟合公式如式(5.37)所示，总调幅系数决定系数 $R^2=0.9$，说明拟合公式具有较好的精度。

$$\begin{cases}\beta_1=\alpha_{\mathrm{I}}\left[-23.31+23.41\xi^{-0.0032}-9.81/a+0.7(l/h)^{-1}\right]\\ \beta_2=\alpha_{\mathrm{II}}\left[-7.73+7.75\xi^{-0.014}+12.55/a-0.49(l/h)^{-1}\right]\end{cases}\tag{5.37}$$

其中，α_{I}、α_{II} 为加载方式对两阶段弯矩调幅系数的影响系数，三分点加载 $\alpha_{\mathrm{I}}=1$，$\alpha_{\mathrm{II}}=1$，单点加载 $\alpha_{\mathrm{I}}=1.05$，$\alpha_{\mathrm{II}}=1.08$，均布加载 $\alpha_{\mathrm{I}}=0.909$，$\alpha_{\mathrm{II}}=0.96$。

5.4 足尺框架模型验证

由于总结的弯矩调幅规律的模型尺寸较小，与工程实际框架结构存在差异。本节建立 36 个大尺寸单层两跨混凝土框架，并将模拟计算结果与提出的框架梁端弯矩调幅系数计算公式进行比较，验证该公式在工程实际框架中的适用性。

设计受拉钢筋为 HRB400、HRB500、HRB600 钢筋，截面相对受压区高度为 0.1、0.2、0.3、0.4，跨高比为 8～14，梁截面尺寸 $b\times h$ 分别为 250 mm×500 mm、300 mm×600 mm、350 mm × 700 mm，柱截面尺寸 $b\times h$ 分别为 450 mm×450 mm、600 mm×600 mm、700 mm×700 mm，混凝土强度等级为 C40 的36 个模拟框架，两跨框架参数配置表见表 5.11。

表 5.11 两跨框架参数配置表

试件编号	混凝土强度等级	钢筋强度等级	控制截面相对受压区高度		柱截面尺寸/(mm×mm)	跨高比 l/h	梁截面尺寸/(mm×mm)
			中柱	边柱			
b－KJ－A－1	C40	HRB400	0.30	0.11	500×500	10	250×500
b－KJ－A－2			0.36	0.20			
b－KJ－A－3		HRB500	0.30	0.11			
b－KJ－A－4			0.37	0.20			
b－KJ－A－5		HRB600	0.28	0.11			
b－KJ－A－6			0.37	0.19			
b－KJ－B－1	C40	HRB400	0.26	0.11	600×600	10	300×600
b－KJ－B－2			0.38	0.19			
b－KJ－B－3		HRB500	0.30	0.11			
b－KJ－B－4			0.37	0.20			
b－KJ－B－5		HRB600	0.28	0.11			
b－KJ－B－6			0.37	0.19			
b－KJ－C－1	C40	HRB400	0.32	0.11	700×700	10	350×700
b－KJ－C－2			0.38	0.19			
b－KJ－C－3		HRB500	0.30	0.11			
b－KJ－C－4			0.37	0.20			
b－KJ－C－5		HRB600	0.28	0.11			
b－KJ－C－6			0.37	0.19			

续表 5.11

试件编号	混凝土强度等级	钢筋强度等级	控制截面相对受压区高度		柱截面尺寸 /(mm×mm)	跨高比 l/h	梁截面尺寸 /(mm×mm)
			中柱	边柱			
b－KJ－D－1	C40	HRB400	0.32	0.11	600×600	8	300×600
b－KJ－D－2			0.38	0.19			
b－KJ－D－3		HRB500	0.30	0.11			
b－KJ－D－4			0.37	0.20			
b－KJ－D－5		HRB600	0.28	0.11			
b－KJ－D－6			0.37	0.19			
b－KJ－E－1	C40	HRB400	0.32	0.11	600×600	12	300×600
b－KJ－E－2			0.38	0.19			
b－KJ－E－3		HRB500	0.30	0.11			
b－KJ－E－4			0.37	0.20			
b－KJ－E－5		HRB600	0.28	0.11			
b－KJ－E－6			0.37	0.19			
b－KJ－F－1	C40	HRB400	0.32	0.11	600×600	14	300×600
b－KJ－F－2			0.38	0.19			
b－KJ－F－3		HRB500	0.30	0.11			
b－KJ－F－4			0.37	0.20			
b－KJ－F－6			0.37	0.19			

5.4.1　弯矩调幅系数规律验证

1. 钢筋强度

选取受拉钢筋采用 HRB400、HRB500、HRB600 钢筋，截面相对受压区高度为0.1、0.2、0.3、0.4，跨高比为 10，梁截面尺寸 $b\times h$ 分别为 250 mm×500 mm、300 mm×600 mm、350 mm×700 mm，柱截面尺寸 $b\times h$ 分别为 500 mm×500 mm、600 mm×600 mm、700 mm×700 mm，混凝土强度等级为 C40 的 18 个模拟两跨框架，除钢筋强度等级不同外，每组模拟框架其他控制变量均相同。得到了在三分点加载作用下钢筋屈服强度 f_y 与第一阶段弯矩调幅系数 β_1、第二阶段弯矩调幅系数 β_2 的关系，如图 5.34、图 5.35 所示。

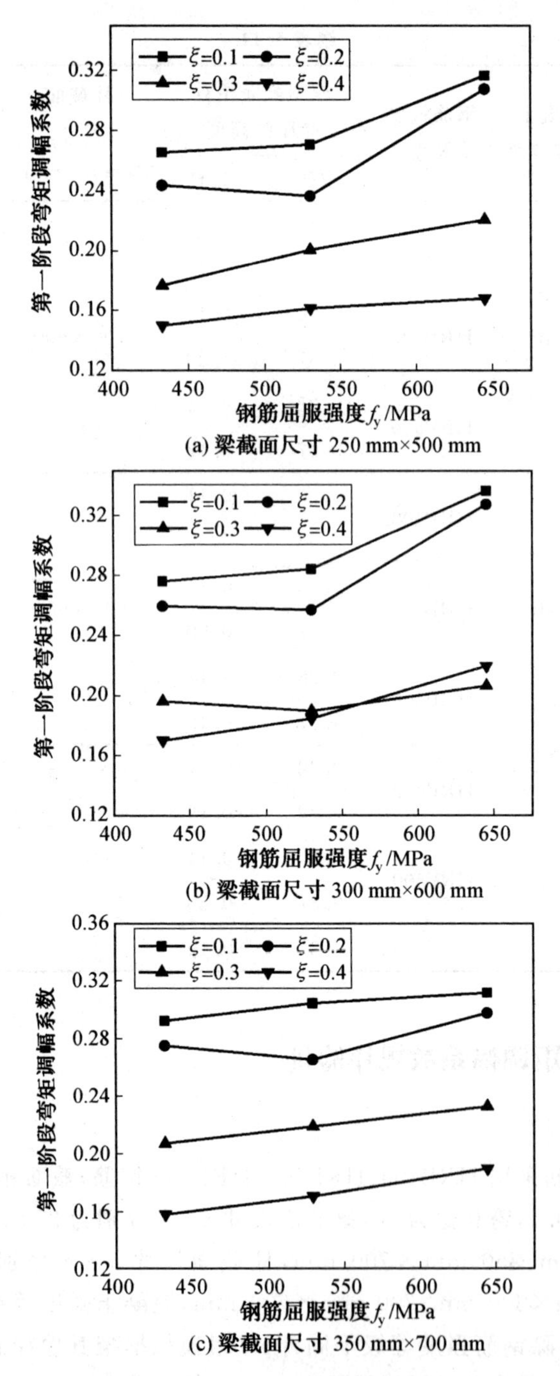

(a) 梁截面尺寸 250 mm×500 mm

(b) 梁截面尺寸 300 mm×600 mm

(c) 梁截面尺寸 350 mm×700 mm

图 5.34 钢筋屈服强度 f_y与 β_1的关系

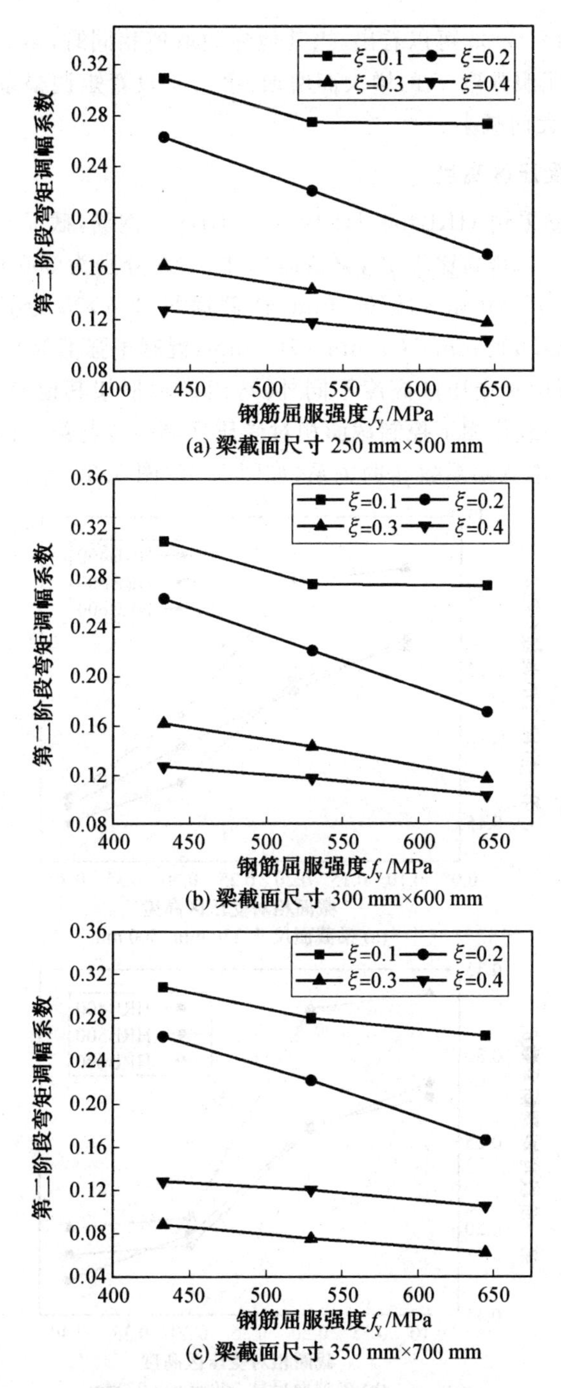

图 5.35　钢筋屈服强度 f_y 与 β_2 的关系

由图 5.34 和图 5.35 可以看出，当其他参数取值相同时，第一阶段弯矩调幅系数 β_1 随着钢筋屈服强度 f_y 的增大而增加；第二阶段弯矩调幅系数 β_2 随着钢筋屈服强度 f_y 的增大而减小。

2. 截面相对受压区高度

选取受拉钢筋采用 HRB400、HRB500、HRB600 钢筋，截面相对受压区高度为0.1、0.2、0.3、0.4，跨高比为 10，梁截面尺寸 $b \times h$ 分别为 250 mm×500 mm、300 mm×600 mm、350 mm×700 mm，柱截面尺寸 $b \times h$ 分别为 500 mm×500 mm、600 mm×600 mm、700 mm×700 mm，混凝土强度等级为 C40 的 18 个模拟框架，除截面相对受压区高度不同外，每组模拟框架其他控制变量均相同。得到了在三分点加载作用下控制截面相对受压区高度 ξ 与第一阶段弯矩调幅系数 β_1、第二阶段弯矩调幅系数 β_2 的关系，如图 5.36、图 5.37 所示。

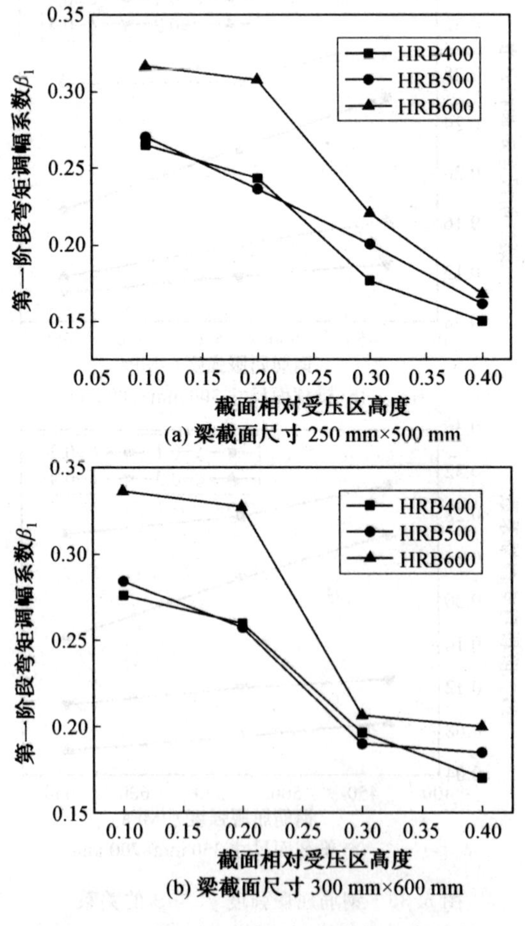

图 5.36 截面相对受压区高度与 β_1 的关系

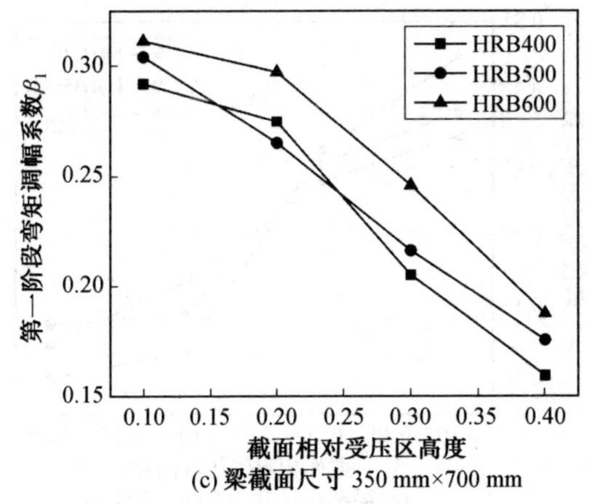

(c) 梁截面尺寸 350 mm×700 mm

续图 5.36

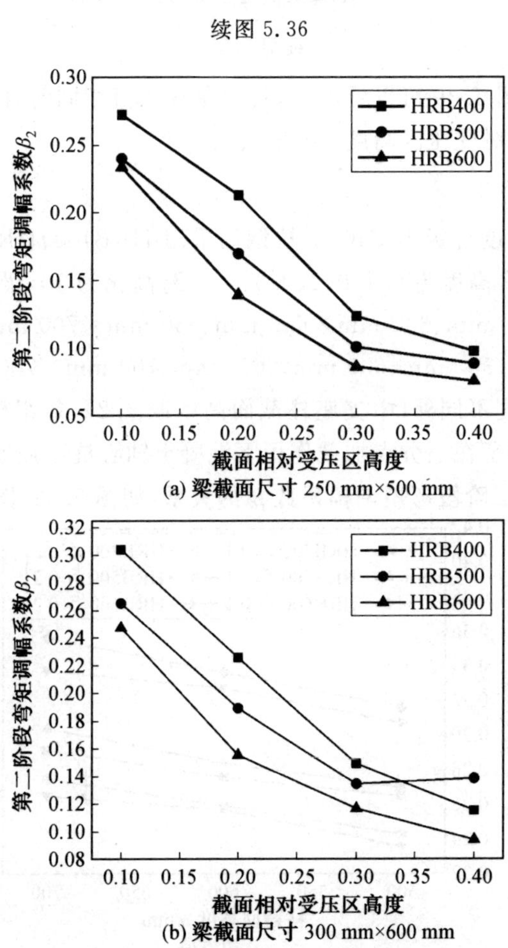

(a) 梁截面尺寸 250 mm×500 mm

(b) 梁截面尺寸 300 mm×600 mm

图 5.37　截面相对受压区高度 ξ 与 β_2 的关系

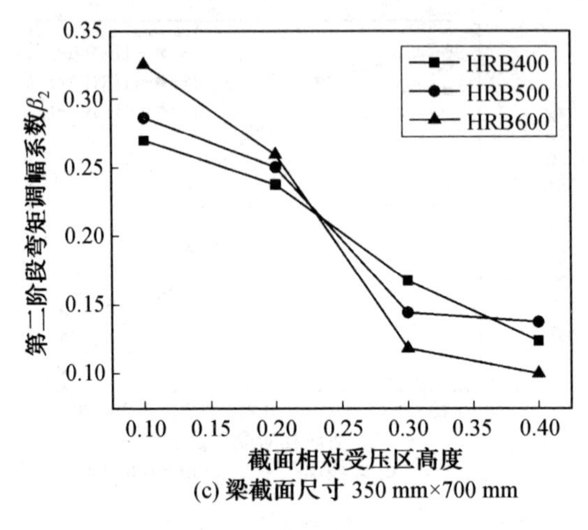

(c) 梁截面尺寸 350 mm×700 mm

续图 5.37

由图 5.38 和图 5.39 可以看出，当其他参数取值相同时，两个阶段弯矩调幅系数均随着截面相对受压区高度 ξ 的增大而减小。

3. 柱截面高度

选取混凝土强度等级为 C40，受拉钢筋采用 HRB400、HRB500、HRB600 钢筋，截面相对受压区高度为 0.1、0.2、0.3、0.4，跨高比为 10，梁截面尺寸 $b\times h$ 分别为 250 mm×500 mm、300 mm×600 mm、350 mm×700 mm，柱截面尺寸 $b\times h$ 分别为 500 mm×500 mm、600 mm×600 mm、700 mm×700 mm 的 24 组模拟框架，除柱截面高度不同外（中支座柱截面高度取 $a/2$），每组模拟框架其他控制变量均相同。得到了在三分点加载作用下混凝土轴心抗压强度 f_c 与第一阶段弯矩调幅系数 β_1、第二阶段弯矩调幅系数 β_2 的关系，如图 5.38、图 5.39 所示。

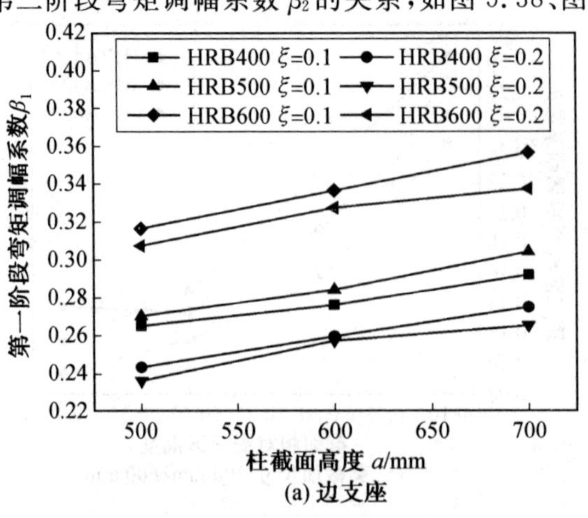

(a) 边支座

图 5.38 柱截面高度 a 与 β_1 的关系

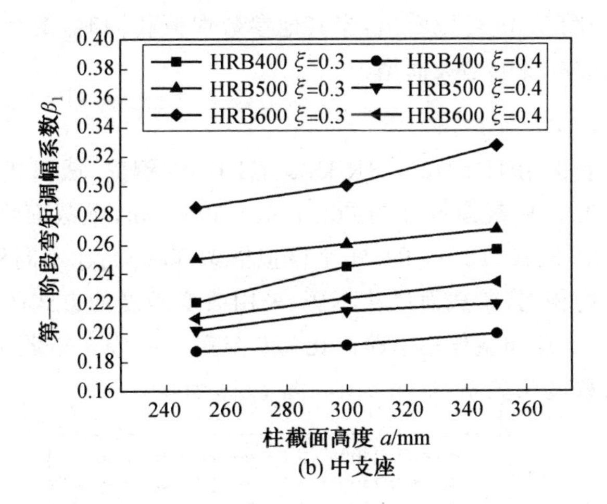

续图 5.38

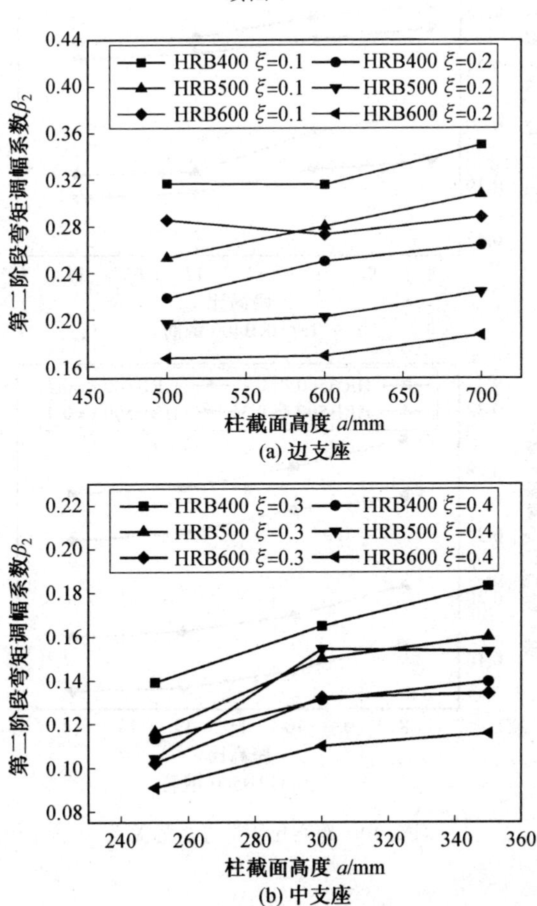

图 5.39　柱截面高度 a 与 β_2 的关系

由图 5.38 和图 5.39 可以看出，当其他参数取值相同时，两个阶段弯矩调幅系数均随着柱截面高度的增大而增大。

4. 跨高比

选取受拉钢筋采用 HRB400、HRB500、HRB600 钢筋，截面相对受压区高度为0.1、0.2、0.3、0.4，柱截面尺寸为 600 mm×600 mm，梁截面尺寸 300 mm×600 mm，跨高比取 8、10、12、14 的 24 个模拟框架，除跨高比不同外，每组模拟框架其他控制变量均相同（梁截面尺寸不变，采用改变跨度的方式改变框架的跨高比）。得到了在三分点加载作用下跨高比 l/h 与第一阶段弯矩调幅系数 β_1、第二阶段弯矩调幅系数 β_2 的关系，如图 5.40、图 5.41 所示。

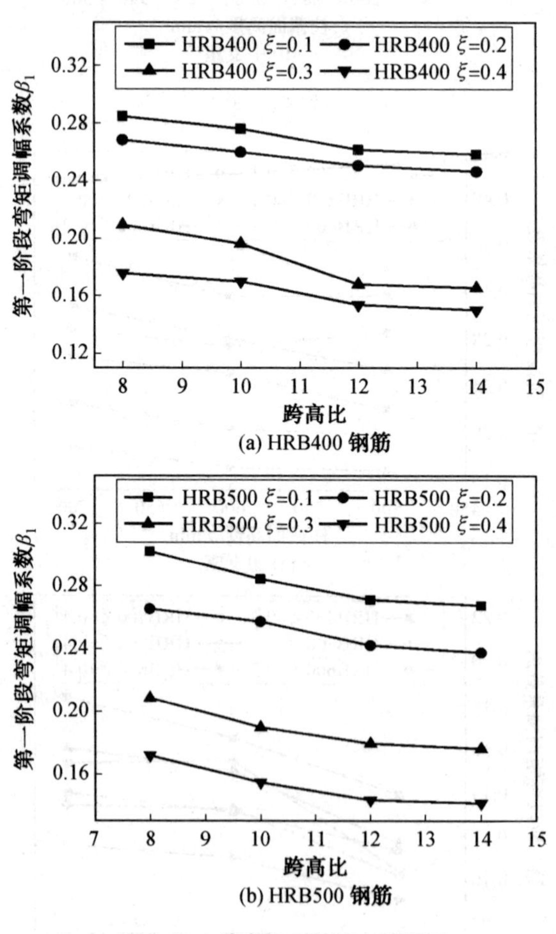

图 5.40　跨高比 l/h 与 β_1 的关系

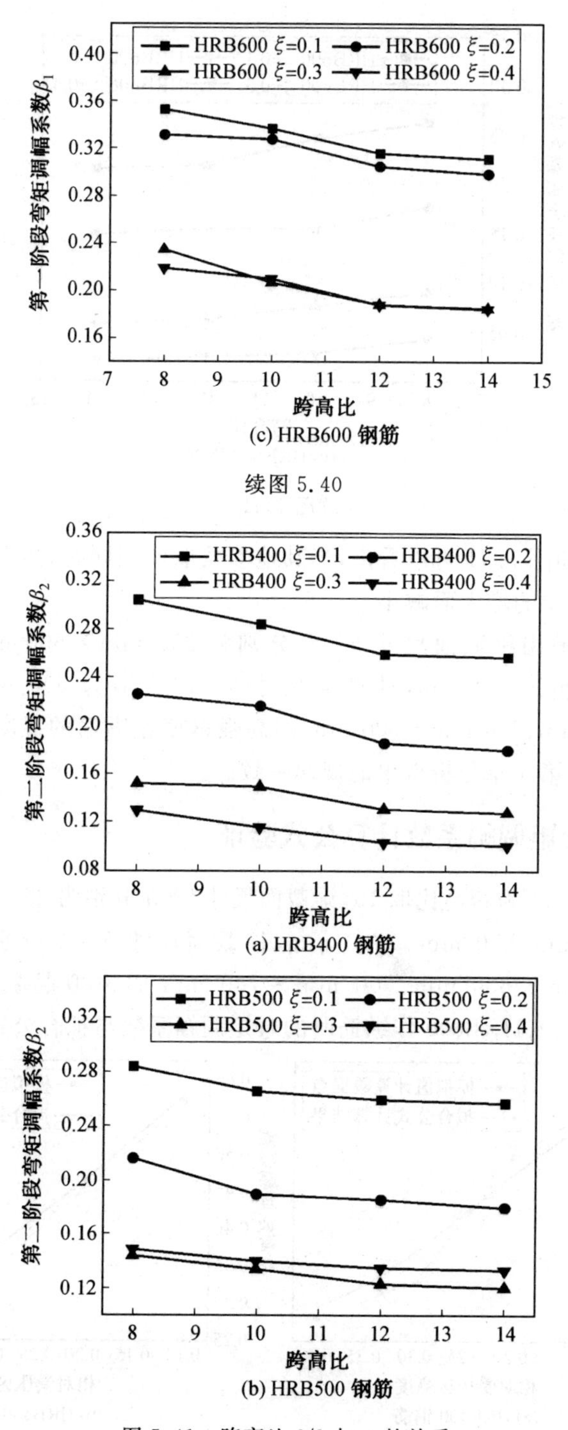

续图 5.40

图 5.41　跨高比 l/h 与 β_2 的关系

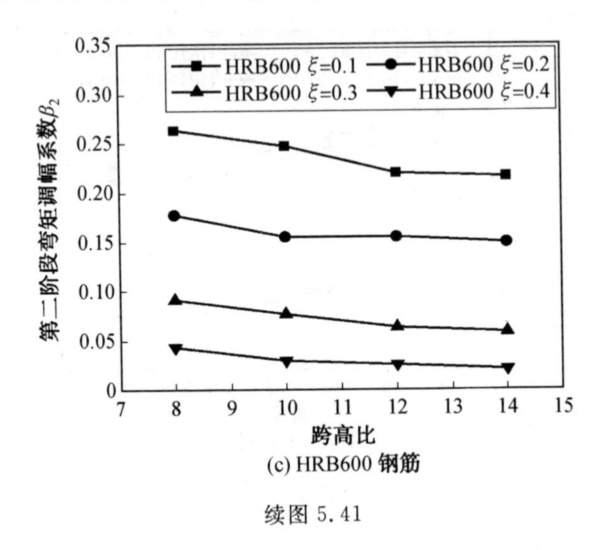

(c) HRB600 钢筋

续图 5.41

由图 5.40 和图 5.41 可以看出，当其他参数取值相同时，两个阶段弯矩调幅系数均随着跨高比的增大而减小。

综上所述，采用梁截面尺寸 $b\times h$ 分别为 250 mm×500 mm、300 mm×600 mm、350 mm×700 mm，柱截面尺寸 $b\times h$ 分别为 500 mm×500 mm、600 mm×600 mm、700 mm×700 mm 的高强钢筋作纵筋的混凝土框架的弯矩调幅变化规律与第 4 章分析得出的规律一致。

5.4.2 弯矩调幅系数计算公式验证

图 5.42～5.44 为跨高比取 10，梁截面尺寸 $b\times h$ 分别为 250 mm×500 mm、300 mm×600 mm、350 mm×700 mm，柱截面尺寸 $b\times h$ 分别为 500 mm×500 mm、600 mm×600 mm、700 mm×700 mm 的模拟混凝土框架分别以 HRB400、HRB500、HRB600 作纵筋时的弯矩调幅系数与拟合公式的对比。

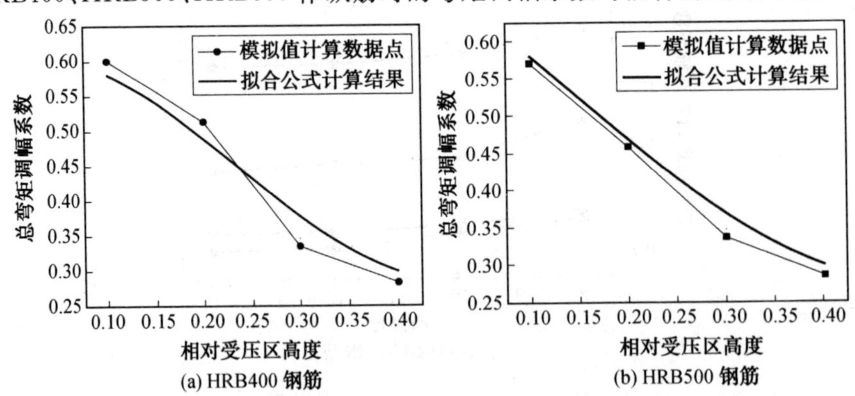

(a) HRB400 钢筋　　(b) HRB500 钢筋

图 5.42　梁截面尺寸为 250 mm×500 mm，截面相对受压区高度与 β 的关系

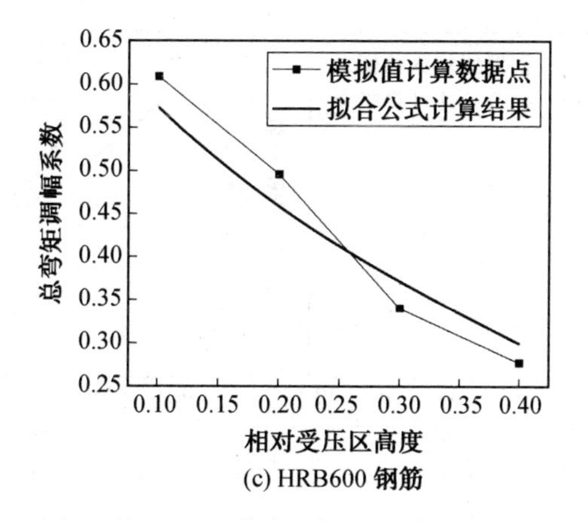

(c) HRB600 钢筋

续图 5.42

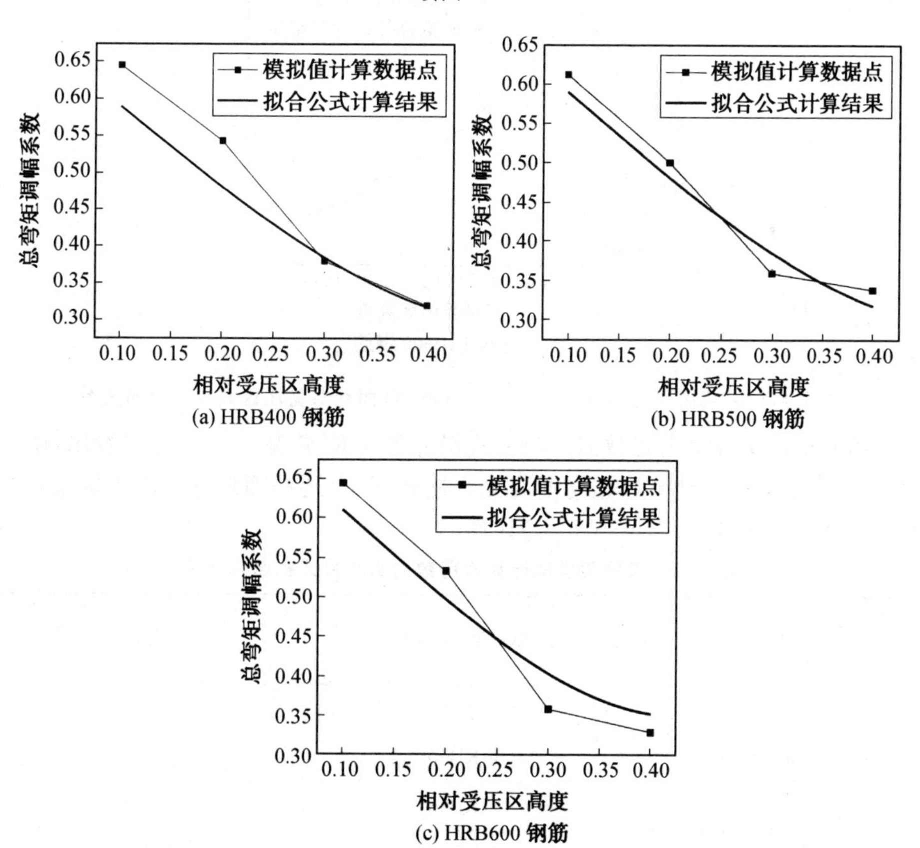

(c) HRB600 钢筋

图 5.43　梁截面尺寸为 300 mm×600 mm，截面相对受压区高度与 β 的关系

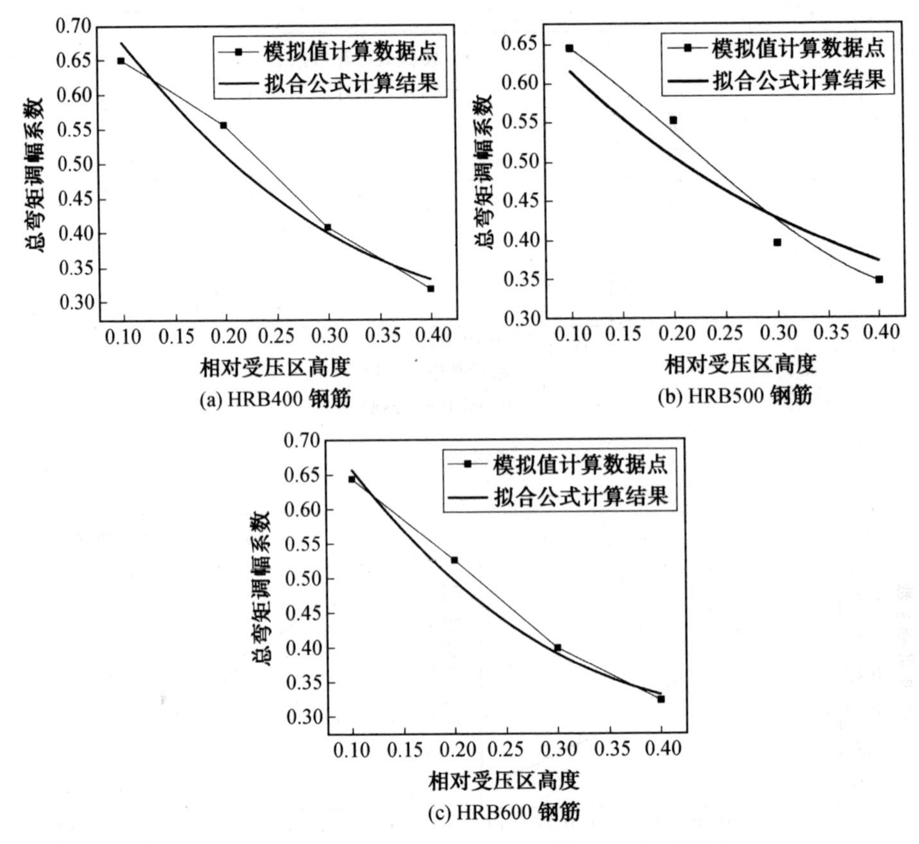

图 5.44　梁截面尺寸为 350 mm×700 mm，截面相对受压区高度与 β 的关系

各框架模拟计算所得数据点与公式拟合程度 R^2 见表 5.12。可以看出，R^2 均大于 0.8，说明模拟计算数据与曲线吻合度较好，上述截面尺寸混凝土框架弯矩调幅系数可以按式(5.35)～(5.37)计算。

表 5.12　各框架模拟计算所得数据点与公式拟合程度 R^2

梁截面尺寸 $b\times h$ /(mm×mm)	钢筋强度等级	R^2
250×500	HRB400	0.896
	HRB500	0.854
	HRB600	0.821
300×600	HRB400	0.802
	HRB500	0.922
	HRB600	0.854

续表 5.12

梁截面尺寸 $b \times h$ /(mm×mm)	钢筋强度等级	R^2
350×700	HRB400	0.831
	HRB500	0.817
	HRB600	0.925

5.5　本章小结

(1)本章利用 ABAQUS 有限元分析软件建立了钢筋混凝土框架模型,采用分离式建模方法。其中,混凝土单元采用 C3D8R,钢筋采用三维线性桁架单元 T3D2,钢筋与混凝土之间的黏结－滑移单元采用滑移方向的弹簧单元进行模拟。通过将有限元分析结果与试验结果相对比,验证所建立模型的精确性。

(2)通过改变混凝土强度等级、钢筋强度等级、控制截面相对受压区高度、柱截面高度、加载方式,对 60 组(180 个)单层两跨混凝土模拟框架进行分析,获得各参数对高强钢筋作纵筋的混凝土框架两阶段弯矩调幅系数的影响规律。基于模拟结果,建立了不同工况下的混凝土框架两阶段弯矩调幅系数计算公式。

(3)对 36 个大尺寸单层两跨混凝土框架进行有限元分析,考察其弯矩调幅系数随各影响参数的变化规律,并将模拟结果与弯矩调幅系数公式计算结果进行比较,验证了所建立公式在实际工程中的适用性。

续表5.11

5.5 本章小结

第二篇 锚固力在钢筋黏结作用与端板承压作用间的分配关系及端板下局压承载力计算

在钢筋末端设置端板，可有效减小钢筋在混凝土中的锚固长度。当应用带端板钢筋时，存在直锚段钢筋与混凝土间的黏结作用和混凝土对钢筋端板的支承作用。影响带端板钢筋在混凝土工程中应用的主要问题有：① 钢筋加载端受拉屈服时，带端板钢筋锚固力在直锚段钢筋与混凝土间的黏结作用和端板承压作用间的分配关系，是本篇关注的第一个问题。② 钢筋端板下混凝土不但承受端板传来的压力，而且承受直锚段钢筋与混凝土间的黏结作用，使钢筋端板下的混凝土局压呈现新的受力特点，这是本篇关注的第二个问题。③ 当带端板钢筋布置相对密集时，钢筋端板下混凝土局压计算底面积存在相互重叠的现象，同时，直锚段钢筋和混凝土之间存在的黏结作用使得布置相对密集的带端板钢筋的端板下混凝土局压承载力计算问题变得尤为复杂。这种情况下，钢筋端板下混凝土的局压承载力计算方法是本篇关注的第三个问题。

第6章 锚固力在钢筋黏结作用和端板承压作用间的分配关系

6.1 概 述

当采用钢筋端板锚固工艺时，钢筋的锚固力由直锚段钢筋与混凝土之间的黏结作用和混凝土对端板的支承作用共同承担。在各国的相关规范中，大多是通过规定钢筋端承压面积、混凝土强度等级、带锚固板钢筋锚固长度、相邻钢筋净距等因素的下限值，以确保带端板钢筋的可靠锚固。行业规范《钢筋锚固板应用技术规程》(JGJ 256—2011)规定：部分锚固板承压面积不应小于锚固钢筋公称面积的4.5倍，带锚固板钢筋锚固长度不宜小于$0.4l_{ab}$(l_{ab}为钢筋基本锚固长度)。对各因素的规定过于具体，可能会造成钢筋锚固长度过长，钢筋端板承压面积过大等问题。同时，对于带端板钢筋不满足相关规定时的情况，也没有给出具体的、合理的计算方法。针对这一问题，本章主要考察了带端板钢筋加载端受拉屈服时，钢筋屈服力在直锚段钢筋与混凝土之间的黏结作用和端板承压作用间的分配关系。基于这个分配关系，可以合理地对钢筋端板承压面积、带端板钢筋的锚固长度等进行选择，将钢筋端板的锚固设计思路由被动校核转变为主动选择。

6.2 试验方案

针对带端板钢筋加载端受拉屈服时，钢筋加载端屈服力在直锚段钢筋黏结作用和钢筋端板承压作用之间分配关系问题的研究，试验完成了截面尺寸统一为150 mm×150 mm的不同钢筋公称直径d、不同钢筋屈服强度f_y、不同带端板钢筋锚固长度l_{ah}、不同混凝土强度的24组(共120个)带端板钢筋的混凝土棱柱体试件的拉拔试验。

6.2.1 试件设计

混凝土棱柱体拉拔试件的截面尺寸统一选取为150 mm×150 mm，且受力钢筋布置于试件截面的形心线上。试件中的受力纵筋为HRB500和HRB600两种高强热轧钢筋，其公称直径 d 则分为 20 mm、22 mm 和 25 mm 三种。不同的钢筋公称直径 d 分别对应的端板尺寸为 40 mm×40 mm、45 mm×45 mm 和 50 mm×50 mm，厚度均为 16 mm。钢筋与端板之间采用穿孔塞焊的工艺连接。根据行业标准《钢筋锚固板应用技术规程》(JGJ 256—2011)在 4.1 节中对箍筋作出如下的规定："其直径不应小于纵向钢筋直径的 0.25 倍，间距不应大于 5 倍纵向钢筋公称直径，且不应大于 100 mm"，试件中的箍筋和架立筋均选用 HPB300 钢筋，其公称直径为 8 mm，间距为 100 mm。拉拔试件示意图如图 6.1 所示。其中，l_{ah}为带端板钢筋锚固长度，c 为混凝土保护层厚度。这里需要注意的是，本章中所提到的混凝土保护层厚度 c，指的是受力纵筋外边缘到混凝土试件外边缘的最小距离，而并非箍筋外边缘至混凝土外边缘的距离。

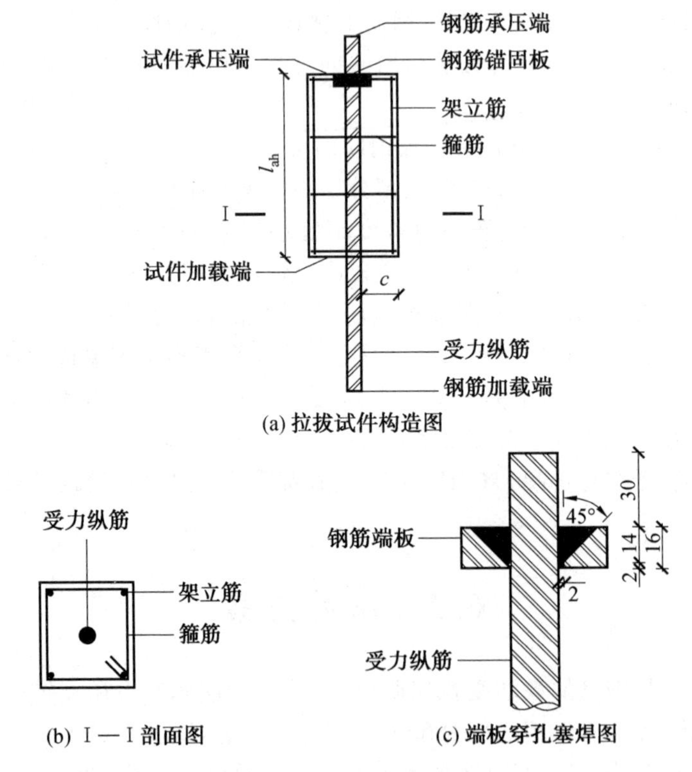

图 6.1　拉拔试件示意图

根据《混凝土结构设计规范》(GB 50010—2010)4.1.2 条规定"采用强度等级 400 MPa 及以上的钢筋时，混凝土强度等级不应低于 C25"。因此，试验中所采用的混凝土强度等级最低为 C30，最高为 C70。其中，当受力纵筋为 HRB500 钢筋时，混凝土强度采用 C30、C40、C50、C60 四种强度等级；当受力纵筋为 HRB600 钢筋时，混凝土强度采用 C40、C50、C60、C70 四种强度等级。

将钢筋加载端受拉屈服时，钢筋要被拔出而又未被拔出这一临界状态所对应的钢筋在混凝土中的锚固长度称为临界锚固长度 l_{ac}，其示意图如图 6.2 所示。钢筋的临界锚固长度 l_{ac} 可以根据《混凝土结构设计规范》(GB 50010—2010)中钢筋—混凝土黏结—滑移本构关系进行推导计算获得。

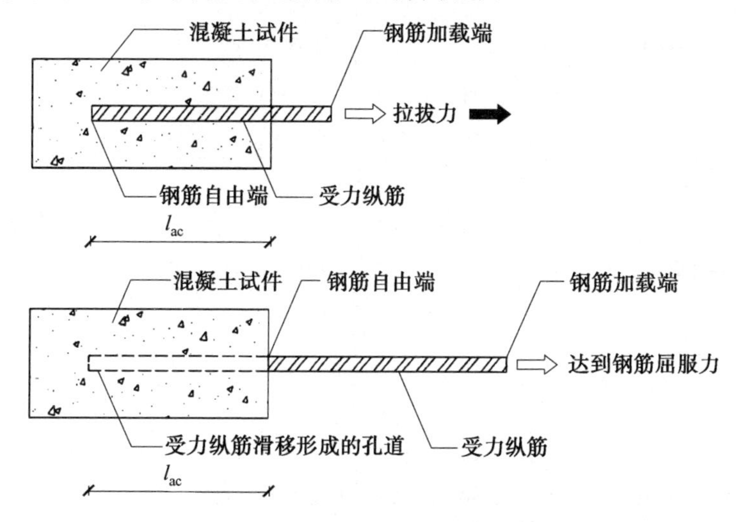

图 6.2　临界锚固长度 l_{ac} 示意图

本章试验中，带端板钢筋的锚固长度 l_{ah} 选为 0.3～0.7 倍的钢筋临界锚固长度 l_{ac}。若将相同钢筋屈服强度 f_y、相同钢筋公称直径 d、相同混凝土强度等级的试件归为一组，则试验中共有 24 组。另外，每组试件由 5 个具有不同带端板钢筋锚固长度的试件组成，带端板钢筋的锚固长度分为 $0.3l_{ac}$、$0.4l_{ac}$、$0.5l_{ac}$、$0.6l_{ac}$ 和 $0.7l_{ac}$。试件分组与编号见表 6.1。

表 6.1 中，以 HRB500－d20－C30 组为例对分组、编号进行说明，“HRB500”指的是试件中受力纵筋为 HRB500 钢筋，“d20”代表着受力纵筋公称直径为 20 mm，“C30”意味着混凝土强度等级为 C30，余同。

表 6.1　试件分组与编号

分组	编号	l_{ah}/mm	l_{ah}/l_{ac}	分组	编号	l_{ah}/mm	l_{ah}/l_{ac}
HRB500－d20－C30	1	140	0.3	HRB500－d20－C40	6	120	0.3
	2	180	0.4		7	160	0.4
	3	220	0.5		8	190	0.5
	4	260	0.6		9	230	0.6
	5	300	0.7		10	260	0.7

续表 6.1

分组	编号	l_{ah}/mm	l_{ah}/l_{ac}	分组	编号	l_{ah}/mm	l_{ah}/l_{ac}
HRB500－d20－C50	11	110	0.3	HRB500－d25－C30	41	200	0.3
	12	140	0.4		42	260	0.4
	13	170	0.5		43	320	0.5
	14	200	0.6		44	380	0.6
	15	230	0.7		45	440	0.7
HRB500－d20－C60	16	100	0.3	HRB500－d25－C40	46	170	0.3
	17	130	0.4		47	220	0.4
	18	160	0.5		48	270	0.5
	19	180	0.6		49	330	0.6
	20	210	0.7		50	380	0.7
HRB500－d22－C30	21	160	0.3	HRB500－d25－C50	51	150	0.3
	22	210	0.4		52	200	0.4
	23	260	0.5		53	240	0.5
	24	310	0.6		54	290	0.6
	25	360	0.7		55	340	0.7
HRB500－d22－C40	26	140	0.3	HRB500－d25－C60	56	140	0.3
	27	180	0.4		57	180	0.4
	28	220	0.5		58	220	0.5
	29	270	0.6		59	270	0.6
	30	310	0.7		60	310	0.7
HRB500－d22－C50	31	130	0.3	HRB600－d20－C40	61	140	0.3
	32	160	0.4		62	190	0.4
	33	200	0.5		63	230	0.5
	34	240	0.6		64	270	0.6
	35	270	0.7		65	320	0.7
HRB500－d22－C60	36	110	0.3	HRB600－d20－C50	66	130	0.3
	37	150	0.4		67	170	0.4
	38	180	0.5		68	210	0.5
	39	220	0.6		69	240	0.6
	40	250	0.7		70	280	0.7

续表 6.1

分组	编号	l_{ah}/mm	l_{ah}/l_{ac}	分组	编号	l_{ah}/mm	l_{ah}/l_{ac}
HRB600－d20－C60	71	120	0.3	HRB600－d22－C70	96	120	0.3
	72	150	0.4		97	160	0.4
	73	190	0.5		98	200	0.5
	74	220	0.6		99	240	0.6
	75	250	0.7		100	280	0.7
HRB600－d20－C70	76	110	0.3	HRB600－d25－C40	101	200	0.3
	77	140	0.4		102	270	0.4
	78	170	0.5		103	330	0.5
	79	200	0.6		104	390	0.6
	80	230	0.7		105	450	0.7
HRB600－d22－C40	81	170	0.3	HRB600－d25－C50	106	180	0.3
	82	220	0.4		107	240	0.4
	83	270	0.5		108	290	0.5
	84	320	0.6		109	350	0.6
	85	370	0.7		110	400	0.7
HRB600－d22－C50	86	150	0.3	HRB600－d25－C60	111	170	0.3
	87	190	0.4		112	220	0.4
	88	240	0.5		113	270	0.5
	89	280	0.6		114	320	0.6
	90	320	0.7		115	370	0.7
HRB600－d22－C60	91	140	0.3	HRB600－d25－C70	116	150	0.3
	92	180	0.4		117	200	0.4
	93	220	0.5		118	250	0.5
	94	260	0.6		119	290	0.6
	95	300	0.7		120	340	0.7

6.2.2 材料性能指标

本章试验中，所采用的受力纵筋为 HRB500 和 HRB600 钢筋，钢筋材性试验是在 WDW－100 型微机控制电子拉力试验机上进行的。试件的制作过程中，分组进行浇筑且每组至少预留边长为 100 mm 的混凝土立方体试块 9 个。当混凝土强度等级为 C60 或 C70 时，还至少增加预留了边长为 150 mm 的混凝土立方体试块 3 个。混凝土材性试验是在液压式压力试验机上进行的。本次试验中，混凝土材料配比见表 6.2。

表 6.2　混凝土材料配比

混凝土强度等级 f_{cu}	水泥型号	水胶比	材料用量/(kg・m^{-3})					
			水泥	硅灰	矿渣粉	水	砂	石
C30	P・O 42.5	0.52	413.5	—	—	215	602.3	1 169.2
C40	P・O 42.5	0.44	430.0	—	—	190	610.0	1 180.0
C50	P・O 42.5	0.35	542.9	—	—	190	566.8	1 100.3
C60	P・O 42.5	0.26	654.0	—	—	173	551.0	1 025.0
C70	P・O 52.5	0.20	588.5	50.0	112.5	150	513.2	986.8

其中，强度等级为 C50 和 C60 的混凝土中掺加了减水剂，减水剂的用量为胶凝材料量的 1%；强度等级为 C70 的混凝土中，减水剂的用量为胶凝材料量的 2%。混凝土中所采用的粗骨料为人工碎石，最大粒径为 30 mm，细骨料为人工中砂。本次试验中，钢筋材料力学性能见表 6.3。

表 6.3　钢筋材料力学性能

钢筋牌号	钢筋直径 d/mm	屈服强度 $f_{y,m}$/MPa	极限强度 $f_{u,m}$/MPa
HRB500	20	555	725
	22	555	716
	25	560	713
HRB600	20	633	825
	22	612	796
	25	684	901

本次试验中，混凝土材料力学性能见表 6.4。

表 6.4　混凝土材料力学性能

混凝土强度等级 f_{cu}	轴心抗压强度 $f_{c,m}$/MPa	轴心抗拉强度 $f_{t,m}$/MPa
C30	29.62	2.96
C40	37.88	3.39
C50	46.40	3.79
C60	56.01	4.14
C70	67.02	4.51

注:混凝土轴心抗压强度值是通过边长 150 mm 混凝土立方体强度值乘以相应系数计算获得的。当混凝土强度为 C50 及以下普通混凝土时,系数取 0.76;当混凝土强度为 C80 时,系数取 0.82,中间按线性插值。混凝土轴心抗拉强度 $f_{t,m}$ 是根据国家标准《混凝土结构设计规范》(GB 50010—2010)中公式 $f_{t,m}=0.395f_{c,m}^{0.55}$ 计算得到的。

6.2.3　试件的制作

为了在拉拔试验的过程中,获得准确的直锚段钢筋黏结作用数值和钢筋端板承压作用数值,沿钢筋纵肋方向布置 1 mm×2 mm 应变片,应变片间距为 30 mm。若将应变片布置在钢筋外表面,在试件的浇筑过程中很容易就会造成应变片的损坏。若将应变片布置在钢筋内部,就需要将钢筋剖开分成两半,并在钢筋内部开槽布置应变片。这种处理方式虽然可以满足对钢筋应力变化监测的要求,但是又会增加钢筋与端板之间穿孔塞焊的连接难度。综合考虑,在钢筋表面开 4 mm×4 mm 的槽口,槽口紧邻钢筋纵肋的边缘,这样可以实现先焊端板后贴片,而且钢筋横肋损失很小,几乎不会对钢筋与混凝土的黏结造成影响,钢筋槽口示意图如图 6.3 所示。首先用 502 胶水将应变片和端子按顺序粘贴在槽口的底部,随后再用直径为 0.31 mm 的漆包线进行焊接,连接应变片如图 6.4 所示。

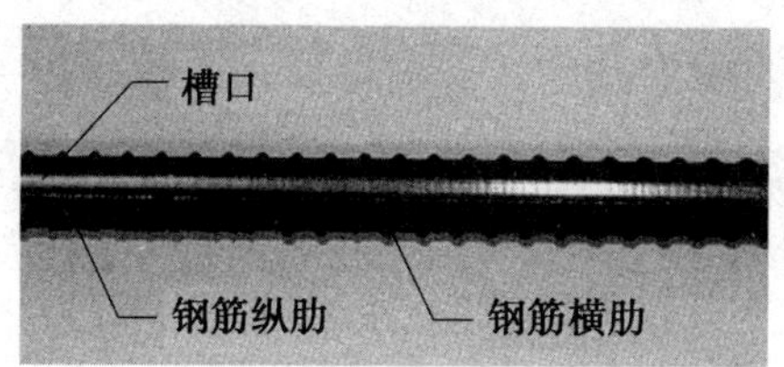

图 6.3　钢筋槽口示意图

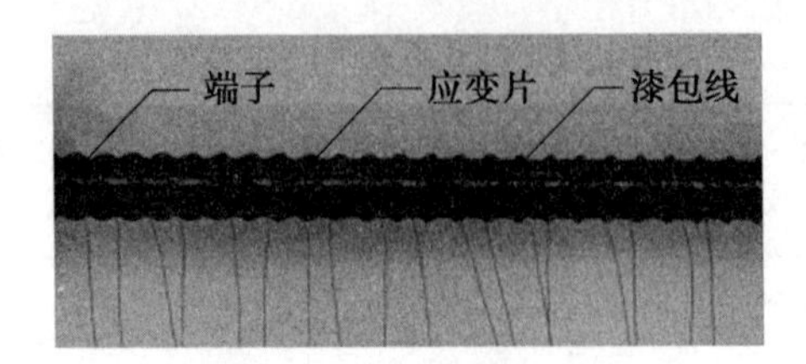

图 6.4 连接应变片

为了防止应变片在后续工作中因受潮而失效，在应变片上方均匀涂抹两层氯丁胶作为隔潮层，应变片防水层如图 6.5 所示。

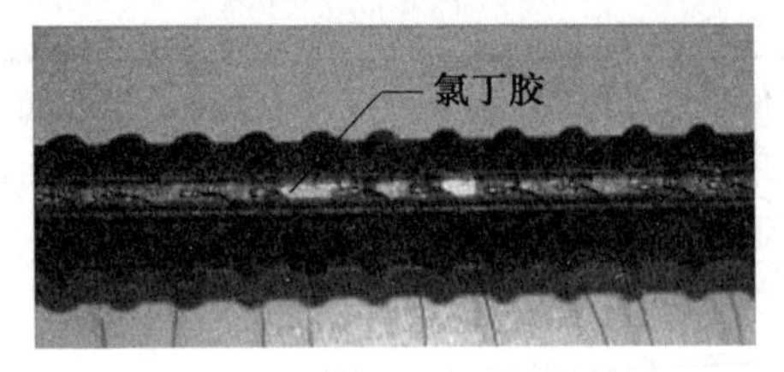

图 6.5 应变片防水层

最后，将所有漆包线沿槽口内部捋出，再用植筋胶封槽，作为应变片保护层，如图 6.6 所示。

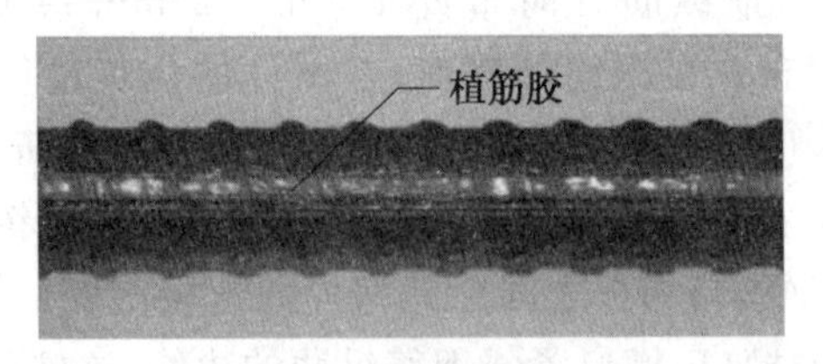

图 6.6 应变片保护层

对钢筋应变片进行处置，处理后的钢筋如图 6.7 所示。

图 6.7 处理后的钢筋

带端板钢筋的混凝土拉拔试件的模板采用木模板，为了使试件加载端的混凝土尽可能平整，浇筑混凝土时，从试件侧面进行浇筑。在试件加载端和承压端木模板的中心位置开孔，用来固定带端板的受力纵筋，钢筋端板与试件承压端的模板内沿持平，这样可以保证混凝土拉拔试件的长度即为钢筋端板的锚固长度。箍筋通过四根架立筋固定其位置，架立筋的长度略短于混凝土试件的长度。浇筑前，木模板及钢筋布置如图 6.8 所示。

图 6.8　木模板及钢筋布置

混凝土按所需配比配置好后，由平口式强制搅拌机进行搅拌。搅拌完成以后，浇筑进木模板内。在振捣台上对混凝土进行振捣的同时，对浇筑面进行抹平处理，最终完成试件的制作。在试件养护前期，每天浇水一次，一共持续七天。由于模板不需要循环利用，因此为了利用木模板的吸水性改善混凝土的养护条件，试件均养护七天后才拆模。试件均在室内进行养护，试件的养护如图 6.9 所示。

图 6.9　试件的养护

6.2.4　加载与测量方案

拉拔试验是借助 WE－1000A 型液压式万能试验机完成的，拉拔试件的试验现场如图 6.10 所示，试验现场说明如图 6.11 所示。图 6.10 和图 6.11 中的加载架主要由上、下两块厚度为 50 mm，边长均为 400 mm 的方形钢板组成。利用四根直径为 22 mm 的 8.8 级高强螺杆和配套螺母组装成一个加载架，并且在两个方形钢板的中心都设有直径为 40 mm 的圆孔，加载架和球铰如图 6.12 所示。

试验正式加载开始前，还需要进行预加载以检验各设备是否正常。正式加载过程分为两个阶段：钢筋受拉屈服之前，按荷载控制加载速率，加载速率为 0.15 kN/s；钢筋加载端受拉屈服后直至试验结束，按位移控制加载速率，加载速率为 1 mm/min。并且，为进一步确保试验结果的准确性，荷载每增加 20 kN 进行一次持荷，人工记录相关的数据。整个试验过程中，受力纵筋的应力变化情况

图 6.10　拉拔试件的试验现场

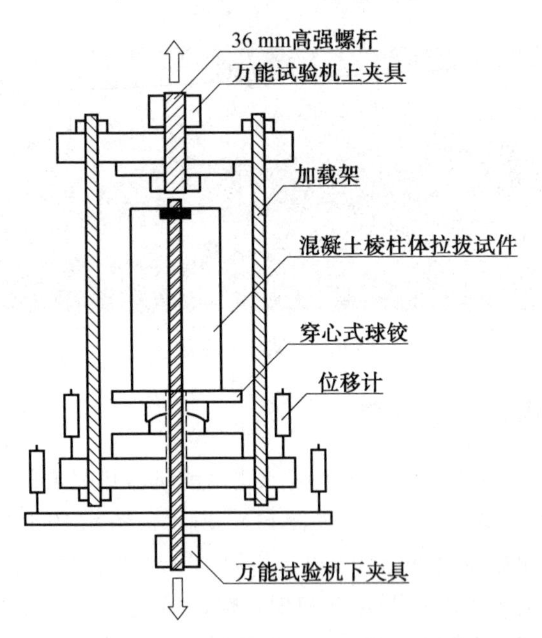

图 6.11　试验现场说明

根据所布置的应变片获得，采集仪器为 DH3816 静态应变采集仪。拉拔试件受到的拉拔力则由 WE－1000A 型液压式万能试验机自带的荷载采集系统进行采集。

为了方便应变片数据的整理和后续的分析工作，将应变片进行了编号处理，应变片的编号如图 6.13 所示。由图 6.13 所示的应变片编号原则可以知道，编

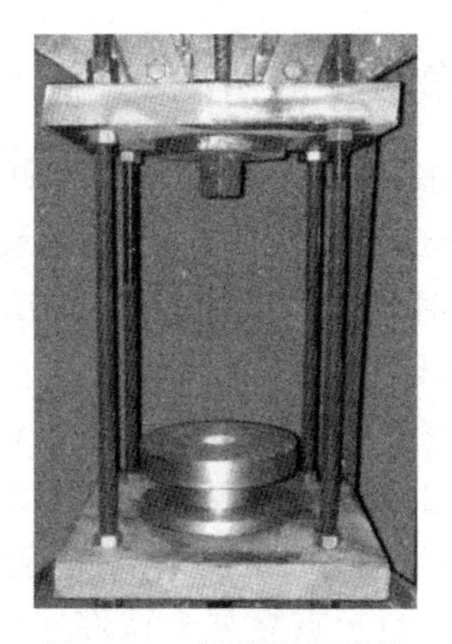

图 6.12　加载架和球铰

号为 1 的应变片为距离钢筋加载端最近的应变片，其数值可以间接反映钢筋加载端施加的荷载数值；编号为 i 的应变片则为距离钢筋承压端最近的应变片，其数值可以间接反映钢筋端板的承压作用数值。钢筋直锚段与其周围混凝土之间的黏结作用，则可以通过编号为 1 和 i 的应变片数值的差值计算。

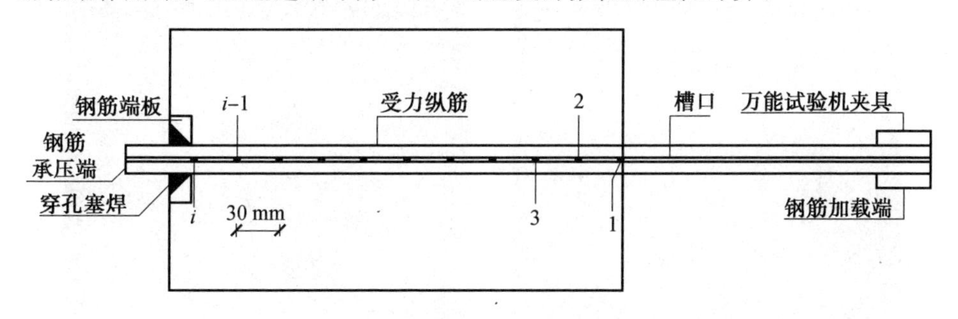

图 6.13　应变片的编号

6.3　试验现象

通过对试验现象的观察可以明显发现，在受力纵筋屈服之前，直锚段钢筋与其周围混凝土之间的黏结作用一直都存在。又因为钢筋端板的存在，有效地限制了钢筋承压端的滑移。所以，直锚段钢筋绝大部分的黏结作用并没有达到黏结一滑移本构模型中的极限黏结力。本次试验的试验现象主要根据带端板钢筋相对锚固长度划分为三种情况，即带端板钢筋相对锚固长度较小、带端板钢筋相对锚固长度较大和介于二者之间的三种情况。带端板钢筋相对锚固长度指的是带端板钢筋锚固长度与钢筋公称直径之比 l_{ah}/d，主要是考虑到带端板钢筋锚固长度和钢筋公称直径都与钢筋自身性质密切相关，还可以将参数进行无量纲化处理，方便后续工作中对公式的拟合。

6.3.1 相对锚固长度较小的情况

当带端板钢筋相对锚固长度较小时，随着荷载的增加，试件的表面会有裂缝产生，并且会随着荷载的增加而持续发展。出现的裂缝主要可以分为纵向裂缝和横向裂缝两种。纵向裂缝通常先在试件的加载端出现，向试件的承压端发展；横向裂缝通常先在试件边缘出现，向试件内部发展。当荷载进一步增加，在纵向裂缝持续发展的同时，也会有新的纵向裂缝产生。新产生的纵向裂缝主要集中在原有纵向裂缝附近，裂缝细密且发展方向与原有纵向裂缝大致相同。横向裂缝的发展与纵向裂缝的发展明显不同，横向裂缝随荷载增加的发展相对有限。受力纵筋屈服之前，纵向裂缝尚未贯穿整个试件。而当受力纵筋超过屈服强度进入钢筋强化段后，纵向裂缝最终会贯穿整个试件。当荷载达到受力纵筋的极限强度时，受力纵筋断裂使得试件失效。以编号为 26 的试件为例，受力纵筋加载端屈服时的裂缝如图 6.14 (a)所示，受力纵筋加载端断裂时的裂缝如图 6.14 (b)所示。

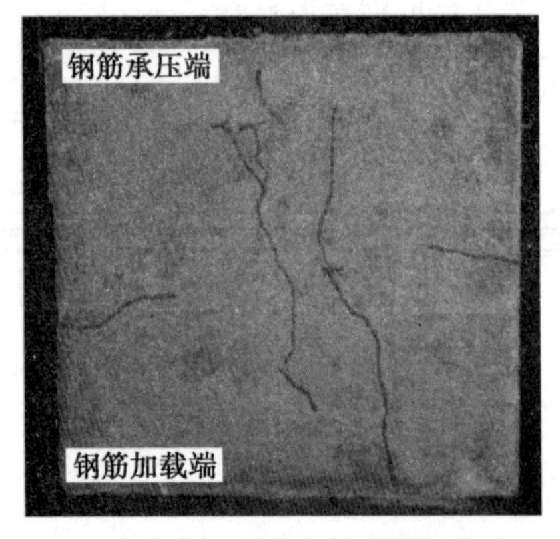

(a) 受力纵筋加载端屈服时的裂缝

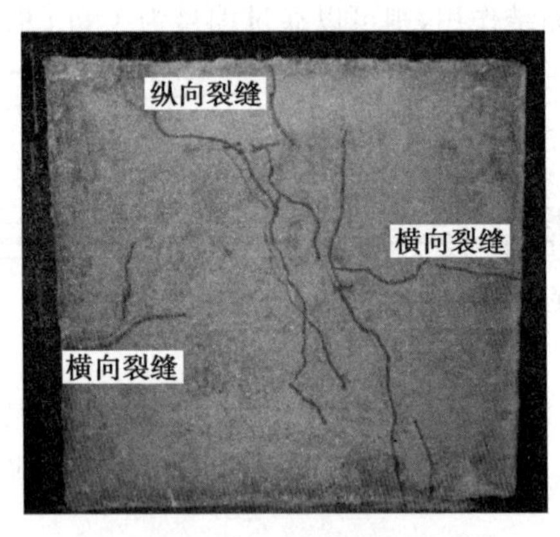

(b) 受力纵筋加载端断裂时的裂缝

图 6.14 编号为 26 的试件裂缝

因为带端板钢筋相对锚固长度较小，直锚段钢筋的黏结作用也相对较小，钢筋锚固力主要由钢筋端板的承压作用承担。试件的纵向裂缝本质上就是劈裂裂缝。由于受到箍筋的约束作用，因此试件并没有发生劈裂破坏。试件横向裂缝产生的原因是钢筋端板进入工作状态后，对钢筋端板下的混凝土产生压变形。并且，钢筋端板工作时对混凝土所产生的压变形在钢筋端板正下方最大，在试件边缘处最小。所形成的压变形差值使得试件边缘会有拉应力形成，从而使得横向裂缝产生。正是由于纵向裂缝和横向裂缝的成因不同，也验证了随荷载的增加，纵向裂缝发展明显而横向裂缝发展却十分有限的现象。这种破坏现象主要集中在钢筋端板的锚固长度 l_{ah} 为 $0.3l_{ac}$ 和 $0.4l_{ac}$ 的试件中。

6.3.2　相对锚固长度较大的情况

当带端板钢筋相对锚固长度较大时，随着荷载的增加，试件表面也会有裂缝产生，并且同样会随着荷载的增加而持续发展。但是与带端板钢筋相对锚固长度较小时产生的裂缝不同，出现的裂缝只有纵向裂缝一种。裂缝首先在试件的加载端出现，随着荷载的增加，裂缝向试件的承压端发展。但是，裂缝的发展十分缓慢，也不会有新的裂缝产生。甚至加载至受力纵筋断裂时，裂缝的发展也不是很明显，远没有达到可以贯穿整个试件的程度。以编号为 65 的试件为例，受力纵筋加载端屈服时的裂缝如图 6.15(a)所示，受力纵筋加载端断裂时的裂缝如图 6.15 (b)所示。

(a) 受力纵筋加载端屈服时的裂缝

(b) 受力纵筋加载端断裂时的裂缝

图 6.15　编号为 65 的试件裂缝

因为带端板钢筋相对锚固长度较大，直锚段钢筋的黏结作用也相对较大，钢筋端板的承压作用就相对较小，所以钢筋锚固力主要由直锚段钢筋的黏结作用承担。随着荷载的不断增加，试件加载端处钢筋与混凝土间的滑移值将持续增大，此处的黏结应力达到极限黏结应力。极限黏结应力主要由环向拉应力和剪切应力组成。其中，当所形成的环向拉应力超过混凝土的抗拉强度时，就会使得试件加载端处钢筋周围的混凝土开裂，形成初始的纵向裂缝。荷载进一步加大后，钢筋加载端处的黏结应力下降至钢筋混凝土黏结一滑移本构模型的残余段。随后，大部分的锚固力沿着试件纵筋继续由试件的加载端向试件的承压端方向渗透。这样就会造成钢筋后续部分的黏结应力继续达到极限黏结应力，从而使纵向裂缝持续向试件的钢筋承压端发展。但是，直至受力纵筋加载至断裂，纵向裂缝的发展也十分有限。这种破坏现象主要集中在带端板钢筋锚固长度 l_{ah} 为

$0.7l_{ac}$的试件中。

6.3.3 介于二者之间的情况

与带端板钢筋相对锚固长度较小时的情况相似，随着荷载的增加，试件表面同样会有裂缝产生，并且也随着荷载的增加而持续发展。出现的裂缝主要也可以分为纵向裂缝和横向裂缝两种。不同的是，在受力纵筋屈服之前，横向裂缝的发展缓慢；而在受力纵筋屈服之后，横向裂缝才有明显的发展。纵向裂缝只是在受力纵筋屈服之前有明显的发展，受力纵筋屈服之后则发展得很缓慢。当加载至受力纵筋断裂时，纵向裂缝尚未贯穿整个试件，横向裂缝则有贯穿整个试件的趋势。以编号为 33 的试件为例，受力纵筋加载端屈服时的裂缝如图 6.16 (a)所示，受力纵筋加载端断裂时的裂缝如图 6.16 (b)所示。

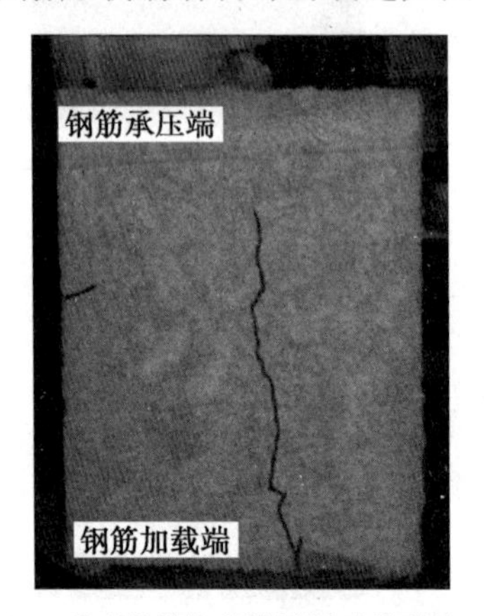

(a) 受力纵筋加载端屈服时的裂缝

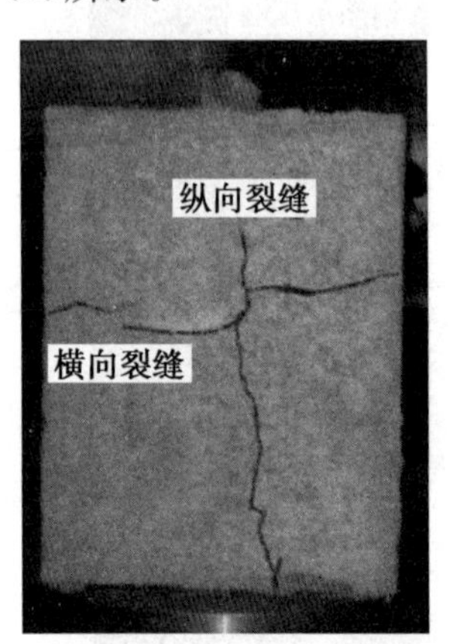

(b) 受力纵筋加载端断裂时的裂缝

图 6.16 编号为 33 的试件裂缝

因为带端板钢筋相对锚固长度介于较大和较小之间，所以钢筋锚固力在加载初始阶段主要由直锚段钢筋的黏结作用承担。随着荷载的继续增加，钢筋端板开始进入工作状态，锚固力也逐渐由钢筋端板的承压作用承担。受力纵筋屈服之前，锚固力主要由直锚段钢筋黏结作用承担，钢筋端板承压作用承担相对较少的锚固力。所以在这一阶段，横向裂缝的发展缓慢而纵向裂缝的发展明显。加载后期，钢筋端板完全进入工作状态后，锚固力主要由钢筋端板承压作用承担，而直锚段钢筋黏结作用承担相对较少的锚固力。所以在这一阶段，横向裂缝的发展明显加快。这种破坏现象主要集中在钢筋锚固板的锚固长度 l_{ah} 为 $0.5l_{ac}$ 和$0.6l_{ac}$的试件中。

6.4 试验结果

受力纵筋加载端屈服时，钢筋锚固力 F_y 由直锚段钢筋黏结作用 F_b 和钢筋端板承压作用 F_p 共同承担。根据图 6.13 中所示的应变片编号原则，钢筋锚固力 F_y 主要是通过编号为 1 的应变片读数来间接获得的，钢筋端板承压作用 F_p 主要是通过编号为 i 的应变片读数来间接获得的，直锚段钢筋黏结作用 F_b 则是通过钢筋锚固力 F_y 与钢筋端板承压作用 F_p 的差值来获得的。受力纵筋加载端屈服时，试件主要试验结果数值见表 6.5。

表 6.5　试件主要试验结果数值

编号	F_p/kN	F_b/kN	F_y/kN	编号	F_p/kN	F_b/kN	F_y/kN
1	107.36	60.39	167.75	21	144.66	56.42	201.08
2	104.85	58.98	163.83	22	142.35	66.99	209.34
3	99.29	69.00	168.29	23	118.59	89.46	208.05
4	85.84	85.84	171.68	24	95.17	107.32	202.49
5	67.52	97.16	164.68	25	77.40	126.28	203.68
6	124.76	39.40	164.16	26	163.29	44.71	208.00
7	113.05	55.68	168.73	27	140.14	65.95	206.09
8	94.87	68.70	163.57	28	113.38	85.53	198.91
9	82.83	82.83	165.66	29	97.42	105.54	202.96
10	63.04	94.56	157.60	30	82.04	123.06	205.10
11	130.51	36.81	167.32	31	147.14	49.05	196.19
12	118.25	48.30	166.55	32	134.39	63.24	197.63
13	111.11	59.83	170.94	33	120.20	80.13	200.33
14	92.16	75.40	167.56	34	102.45	98.43	200.88
15	82.79	86.17	168.96	35	85.43	113.24	198.67
16	135.52	31.79	167.31	36	157.13	41.77	198.90
17	122.28	45.23	167.51	37	133.05	62.61	195.66
18	112.99	53.17	166.16	38	123.34	75.60	198.94
19	104.36	66.72	171.08	39	111.99	91.63	203.62
20	84.46	81.15	165.61	40	85.58	104.60	190.18

续表 6.5

编号	F_p/kN	F_b/kN	F_y/kN	编号	F_p/kN	F_b/kN	F_y/kN
41	184.82	68.36	253.18	71	139.94	44.19	184.13
42	158.66	93.18	251.84	72	129.99	61.17	191.16
43	136.64	116.40	253.04	73	103.44	81.27	184.71
44	115.06	140.63	255.69	74	97.58	93.75	191.33
45	89.06	165.40	254.46	75	87.71	107.20	194.91
46	190.01	63.34	253.35	76	147.81	44.15	191.96
47	174.62	78.45	253.07	77	128.99	60.70	189.69
48	138.26	113.12	251.38	78	104.53	82.13	186.66
49	119.02	134.21	253.23	79	99.66	88.38	188.04
50	94.53	160.96	255.49	80	87.13	102.28	189.41
51	211.28	52.82	264.10	81	166.66	64.81	231.47
52	164.51	84.75	249.26	82	144.32	84.76	229.08
53	151.47	100.98	252.45	83	118.88	109.74	228.62
54	125.47	125.47	250.94	84	106.91	130.67	237.58
55	98.34	160.45	258.79	85	80.28	149.09	229.37
56	194.89	54.97	249.86	86	177.32	56.00	233.32
57	185.12	71.99	257.11	87	144.99	81.56	226.55
58	162.88	91.62	254.50	88	129.24	101.55	230.79
59	144.61	100.49	245.10	89	104.53	122.71	227.24
60	125.63	130.76	256.39	90	83.89	142.84	226.73
61	148.47	46.89	195.36	91	172.15	54.36	226.51
62	118.46	72.60	191.06	92	152.99	75.35	228.34
63	109.90	86.35	196.25	93	130.20	98.22	228.42
64	86.59	105.83	192.42	94	109.61	109.61	219.22
65	71.81	122.27	194.08	95	82.91	135.27	218.18
66	149.48	44.65	194.13	96	177.70	50.12	227.82
67	120.54	67.80	188.34	97	163.30	69.99	233.29
68	106.97	84.05	191.02	98	130.46	94.47	224.93
69	94.36	98.21	192.57	99	108.91	117.99	226.90
70	78.45	112.89	191.34	100	90.05	135.08	225.13

续表6.5

编号	F_p/kN	F_b/kN	F_y/kN	编号	F_p/kN	F_b/kN	F_y/kN
101	216.18	97.12	313.30	111	256.77	81.09	337.86
102	207.96	111.98	319.94	112	132.60	183.11	315.71
103	179.50	146.86	326.36	113	185.40	128.84	314.24
104	139.15	177.10	316.25	114	128.16	192.24	320.40
105	96.62	215.06	311.68	115	107.70	209.06	316.76
106	236.42	91.94	328.36	116	233.14	73.62	306.76
107	199.79	112.38	312.17	117	210.69	99.15	309.84
108	202.47	109.02	311.49	118	178.90	129.55	308.45
109	167.41	148.46	315.87	119	154.78	154.78	309.56
110	126.83	190.25	317.08	120	130.32	187.53	317.85

当受力纵筋采用 HRB500 钢筋时,钢筋加载端屈服时每个试件各应变片相对应的数值变化情况如图 6.17 所示;当受力纵筋采用 HRB600 级钢筋时,钢筋加载端屈服时每个试件各应变片相对应的数值变化情况如图 6.18 所示。图 6.17和图 6.18 中,横坐标为各试件内应变片编号,纵坐标为各试件内每个应变片读数所对应的钢筋内力数值 F_i。将同组的 5 个试件归入一个分图中,则钢筋加载端屈服时试件各应变片对应的数值图由 12 个分图组成。每个分图中,不同试件应变片对应的钢筋内力数值都由不同形状的符号表示,并且将同一个试件各应变片对应的钢筋内力数值进行连线。

另外,由图 6.17 和图 6.18 可以清晰地看出,钢筋所受到的拉拔力随着应变片编号的增大而减小,且接近于线性变化。钢筋所受到的拉拔力没有出现陡然升高或者陡然降低的情况,这说明直锚段钢筋没有出现黏结失效的现象。同时也说明了带端板钢筋锚固长度 l_{ah}介于 0.3～0.7 倍的临界锚固长度 l_{ac}时,直锚段钢筋上的大部分黏结作用并没有达到黏结－滑移本构关系中的残余段,可分担部分锚固力。

这里需要指出,因为混凝土中直锚钢筋临界锚固长度 l_{ac}约为基本锚固长度 l_{ab}的 60%,所以本书介于 0.3～0.7 倍临界锚固长度 l_{ac}的 120 个试件的钢筋端板的锚固长度相当于介于 0.18～0.42 倍的基本锚固长度 l_{ab}。这表明,本次试验中的钢筋端板的锚固长度全部低于《混凝土结构设计规范》(GB 50010—2010)要求的带端板钢筋锚固长度 $0.6l_{ab}$,部分低于《钢筋锚固板应用技术规程》(JGJ 256—2011)要求的带端板钢筋锚固长度 $0.4l_{ab}$。

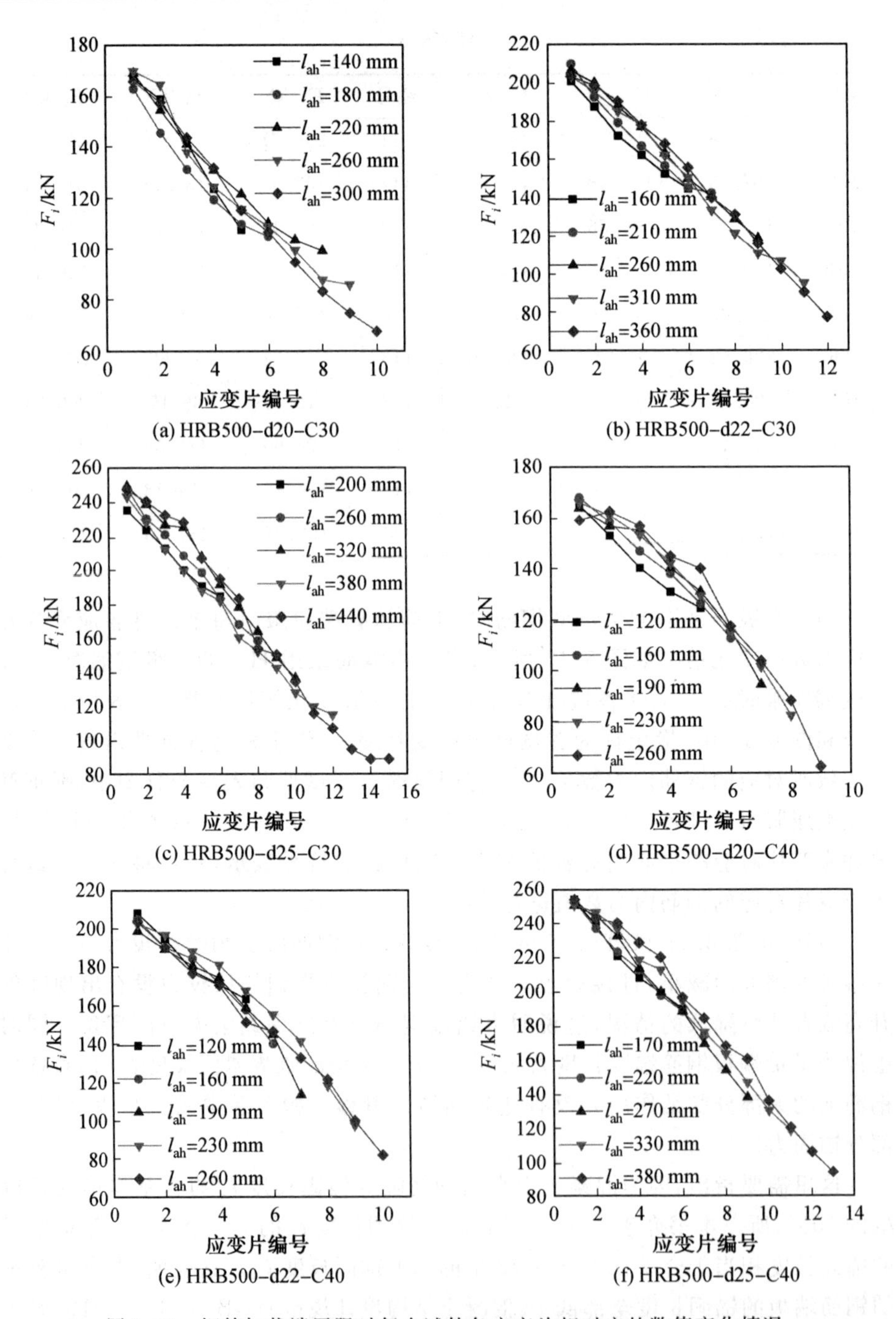

(a) HRB500-d20-C30

(b) HRB500-d22-C30

(c) HRB500-d25-C30

(d) HRB500-d20-C40

(e) HRB500-d22-C40

(f) HRB500-d25-C40

图 6.17　钢筋加载端屈服时每个试件各应变片相对应的数值变化情况

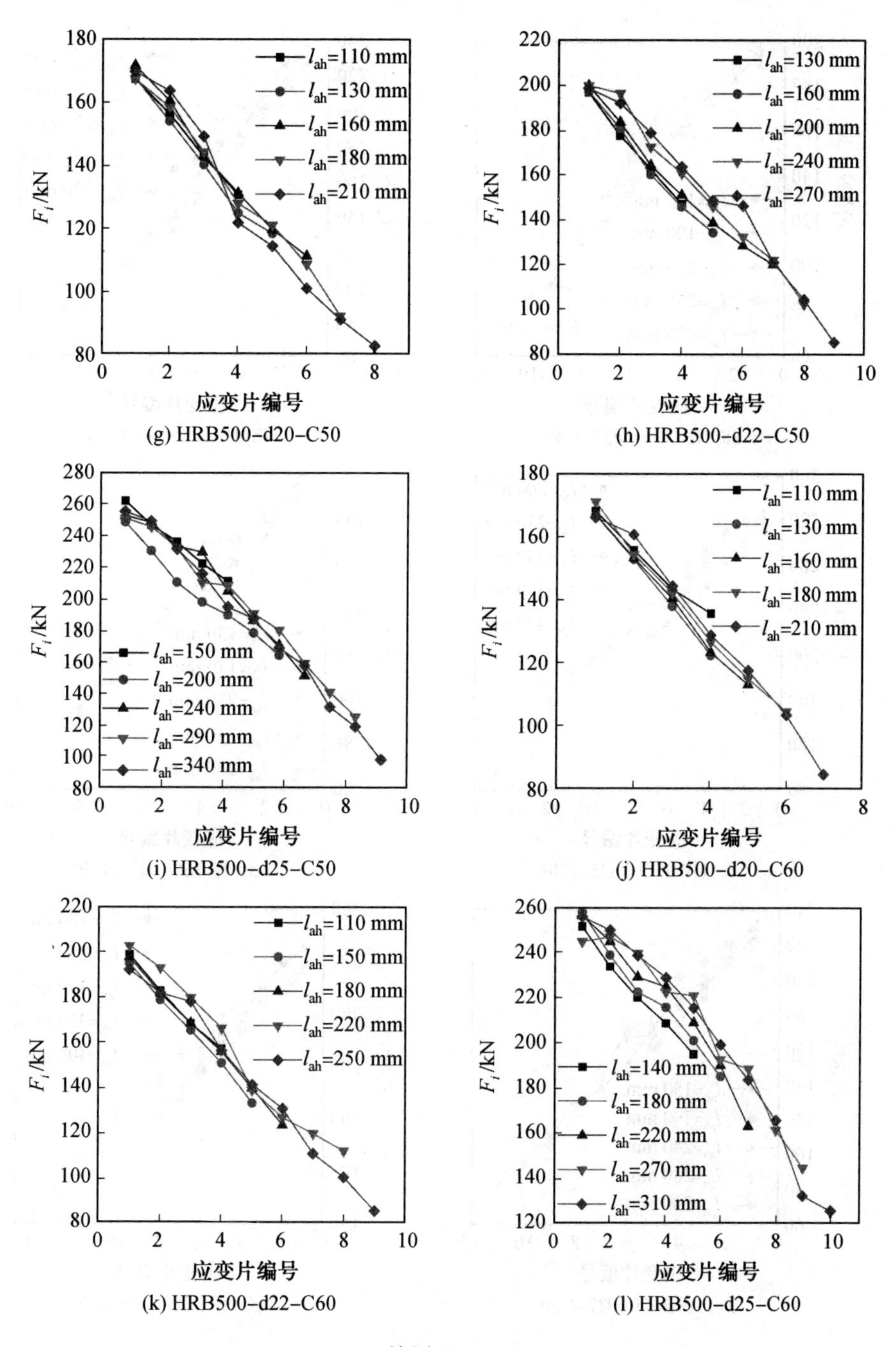

(g) HRB500-d20-C50　(h) HRB500-d22-C50

(i) HRB500-d25-C50　(j) HRB500-d20-C60

(k) HRB500-d22-C60　(l) HRB500-d25-C60

续图 6.17

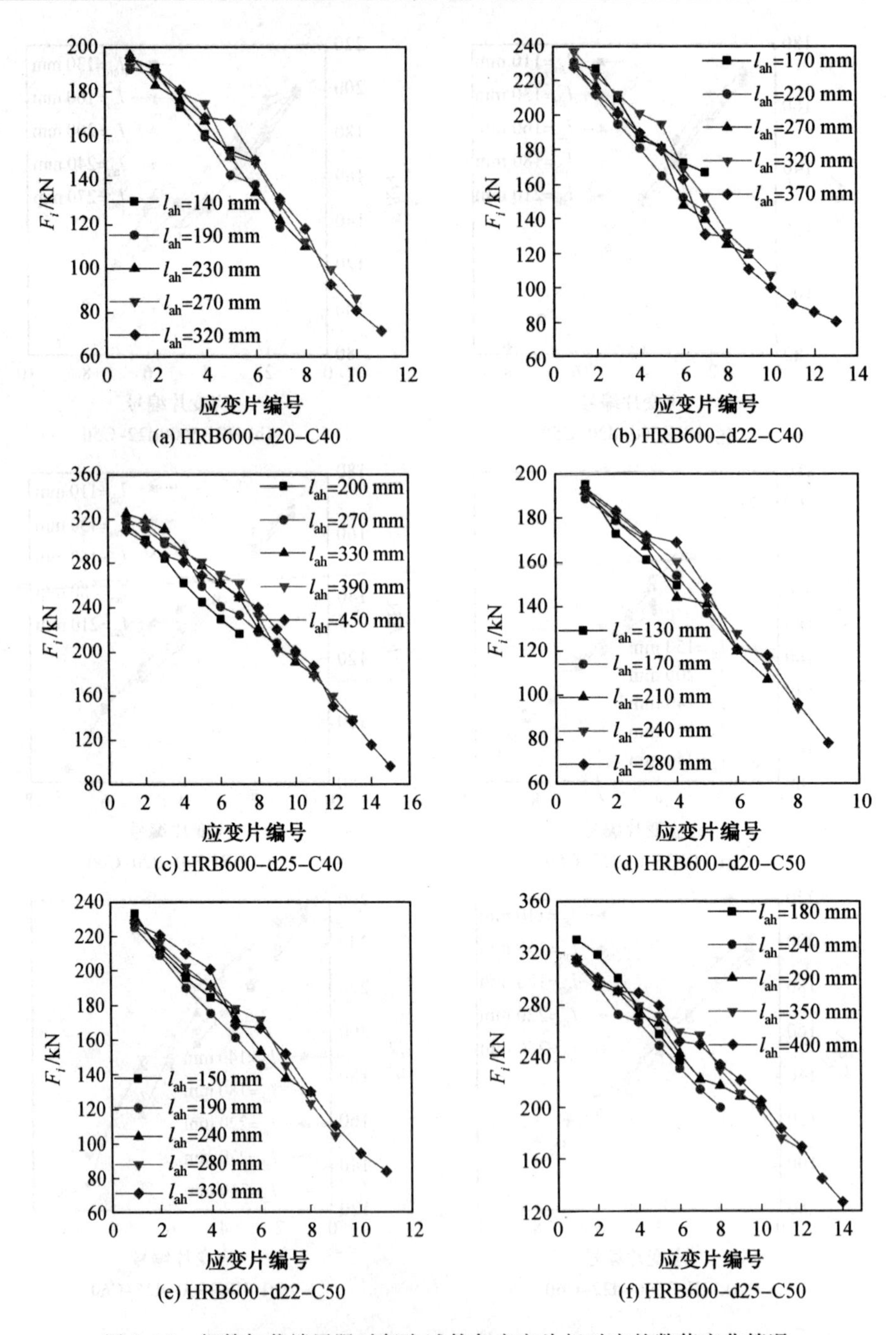

图 6.18　钢筋加载端屈服时每个试件各应变片相对应的数值变化情况

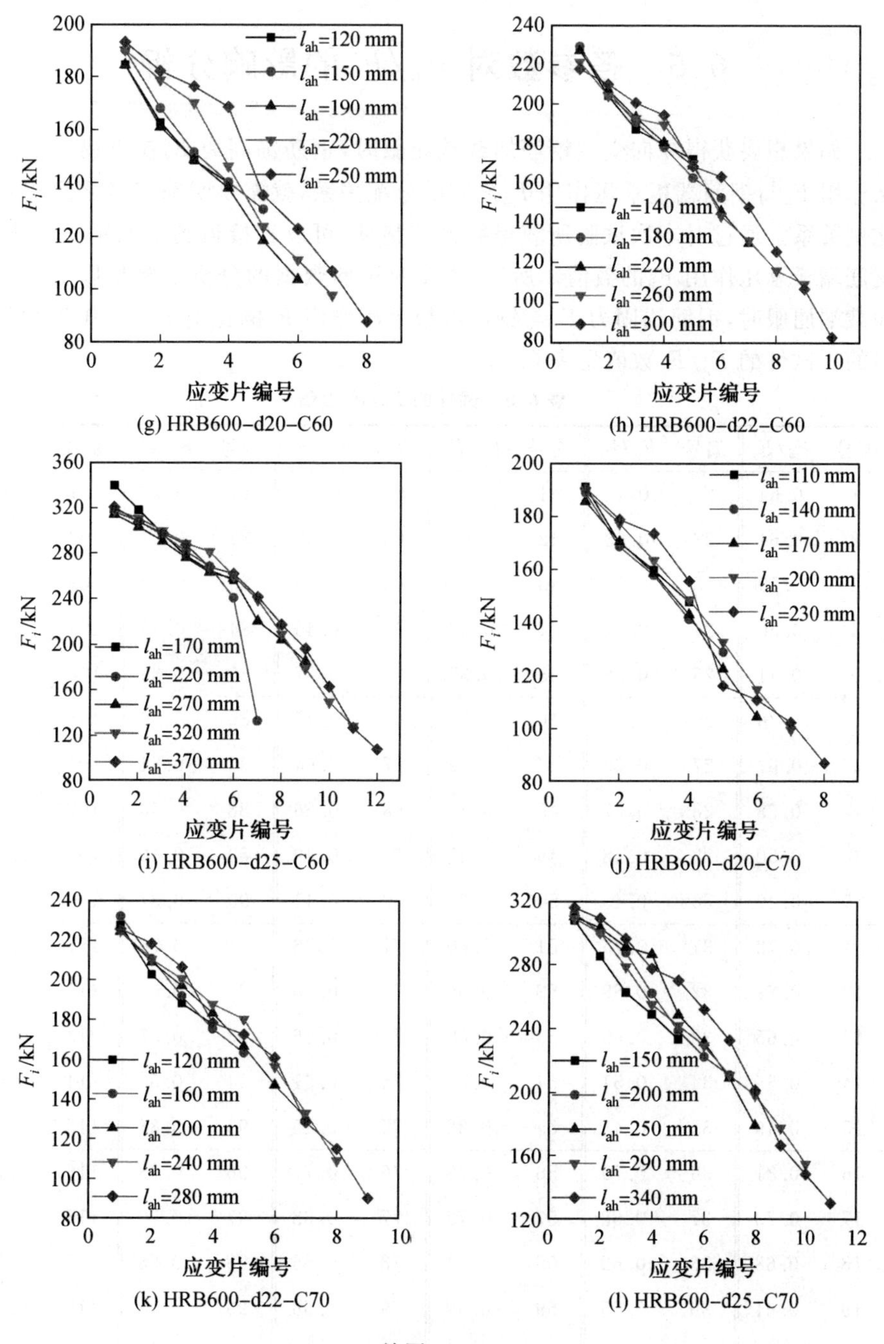

(g) HRB600-d20-C60

(h) HRB600-d22-C60

(i) HRB600-d25-C60

(j) HRB600-d20-C70

(k) HRB600-d22-C70

(l) HRB600-d25-C70

续图 6.18

6.5 各参数对 F_p/F_y 的影响分析

如果想要获得纵向受力钢筋加载端屈服时，钢筋锚固力 F_y 在直锚段钢筋黏结作用 F_b 与钢筋端板承压作用 F_p 之间的分配关系，就需要明确三者之间相互的比例关系。通过对本次试验所获得数据的整理，可以直接得到钢筋锚固力 F_y 与钢筋端板承压作用 F_p 的数值。所以，本章对试验数据的分析主要是以受力钢筋加载端屈服时，钢筋锚固力 F_y 与钢筋端板承压作用 F_p 的比值 F_p/F_y 作为对象开展的。试件的 F_p/F_y 数值见表 6.6。

表 6.6 试件的 F_p/F_y 数值

编号	F_p/F_y	编号	F_p/F_y	编号	F_p/F_y	编号	F_p/F_y	编号	F_p/F_y	编号	F_p/F_y
1	0.64	21	0.72	41	0.73	61	0.76	81	0.72	101	0.69
2	0.64	22	0.68	42	0.63	62	0.62	82	0.63	102	0.65
3	0.59	23	0.57	43	0.54	63	0.56	83	0.52	103	0.55
4	0.50	24	0.47	44	0.45	64	0.45	84	0.45	104	0.44
5	0.41	25	0.38	45	0.35	65	0.37	85	0.35	105	0.31
6	0.76	26	0.79	46	0.75	66	0.77	86	0.76	106	0.72
7	0.67	27	0.68	47	0.69	67	0.64	87	0.64	107	0.64
8	0.58	28	0.57	48	0.55	68	0.56	88	0.56	108	0.65
9	0.50	29	0.48	49	0.47	69	0.49	89	0.46	109	0.53
10	0.40	30	0.40	50	0.37	70	0.41	90	0.37	110	0.40
11	0.78	31	0.75	51	0.80	71	0.76	91	0.76	111	0.76
12	0.71	32	0.68	52	0.66	72	0.68	92	0.67	112	0.42
13	0.65	33	0.60	53	0.60	73	0.56	93	0.57	113	0.59
14	0.55	34	0.51	54	0.50	74	0.51	94	0.50	114	0.40
15	0.49	35	0.43	55	0.38	75	0.45	95	0.38	115	0.34
16	0.81	36	0.79	56	0.78	76	0.77	96	0.78	116	0.76
17	0.73	37	0.68	57	0.72	77	0.68	97	0.70	117	0.68
18	0.68	38	0.62	58	0.64	78	0.56	98	0.58	118	0.58
19	0.61	39	0.55	59	0.59	79	0.53	99	0.48	119	0.50
20	0.51	40	0.45	60	0.49	80	0.46	100	0.40	120	0.41

6.5.1　参数 l_{ah}/d 对 F_p/F_y 的影响

为了研究带端板钢筋锚固长度 l_{ah} 与钢筋公称直径 d 之比 l_{ah}/d 对钢筋端板的承压作用 F_p 与钢筋锚固力 F_y 之比 F_p/F_y 的影响，图 6.19 给出了钢筋屈服强度 f_y、钢筋公称直径 d、混凝土强度等级相同时，l_{ah}/d 对 F_p/F_y 的影响。由图 6.19 可以看出，当 l_{ah}/d 相同时，钢筋公称直径 d 的影响是有限的，且 F_p/F_y 随 l_{ah}/d 的增加而近似线性减小。

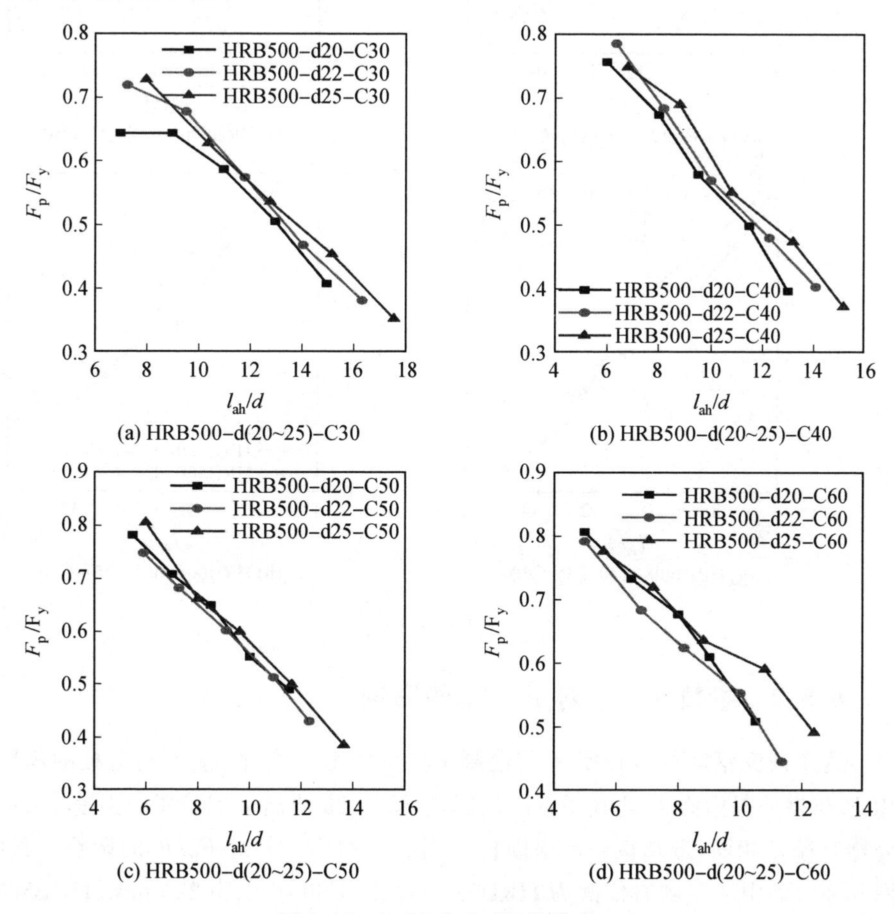

图 6.19　l_{ah}/d 对 F_p/F_y 的影响

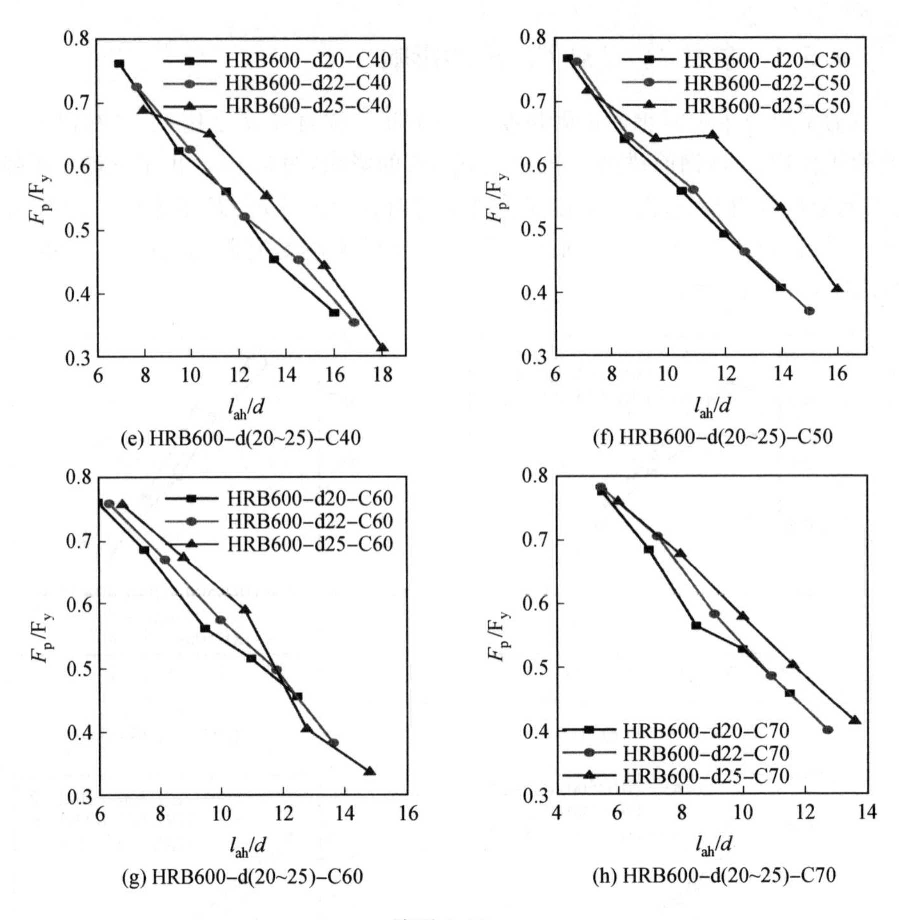

(e) HRB600-d(20~25)-C40

(f) HRB600-d(20~25)-C50

(g) HRB600-d(20~25)-C60

(h) HRB600-d(20~25)-C70

续图 6.19

6.5.2 参数 f_y/f_t 对 F_p/F_y 的影响

为了研究钢筋屈服强度 f_y与混凝土抗拉强度 f_t之比 f_y/f_t对端板的承压作用 F_p与钢筋锚固力 F_y之比 F_p/F_y的影响，图 6.20 给出了钢筋屈服强度 f_y、钢筋公称直径 d 相同，带端板钢筋锚固长度 l_{ah}相近时，f_y/f_t对 F_p/F_y的影响。其中，图 6.20 (a)中从左到右依次为 HRB500－d20－C30 组 l_{ah}为 220 mm、HRB500－d20－C40 组 l_{ah}为 230 mm、HRB500－d20－C50 组 l_{ah}为 230 mm、HRB500－d20－C60 组 l_{ah}为 210 mm 四个试件的数据点；图 6.20 (b)中从左到右依次为 HRB500－d22－C30 组 l_{ah}为 160 mm、HRB500－d22－C40 组 l_{ah}为 180 mm、HRB500－d22－C50 组 l_{ah}为 160 mm、HRB500－d22－C60 组 l_{ah}为 180 mm 四个试件的数据点；图 6.20 (c)中从左到右依次为 HRB500－d25－C30 组 l_{ah}为 200 mm、HRB500－d25－C40 组 l_{ah}为 220 mm、HRB500－d25－C50 组 l_{ah}为

200 mm、HRB500－d25－C60 组 l_{ah}为 220 mm 四个试件的数据点；图 6.20（d）中从左到右依次为 HRB600－d20－C40 组 l_{ah}为 190 mm、HRB600－d20－C50 组 l_{ah}为 210 mm、HRB600－d20－C60 组 l_{ah}为 190 mm、HRB600－d20－C70 组 l_{ah}为 200 mm 四个试件的数据点；图 6.20（e）中从左到右依次为 HRB600－d22－C40 组 l_{ah}为 220 mm、HRB600－d22－C50 组 l_{ah}为 240 mm、HRB600－d22－C60 组 l_{ah}为 220 mm、HRB600－d22－C70 组 l_{ah}为 240 mm 四个试件的数据点；图 6.20（f）中从左到右依次为 HRB600－d25－C40 组 l_{ah}为 270 mm、HRB600－d25－C50 组 l_{ah}为 290 mm、HRB600－d25－C60 组 l_{ah}为 270 mm、HRB600－d25－C70 组 l_{ah}为 290 mm 四个试件的数据点。

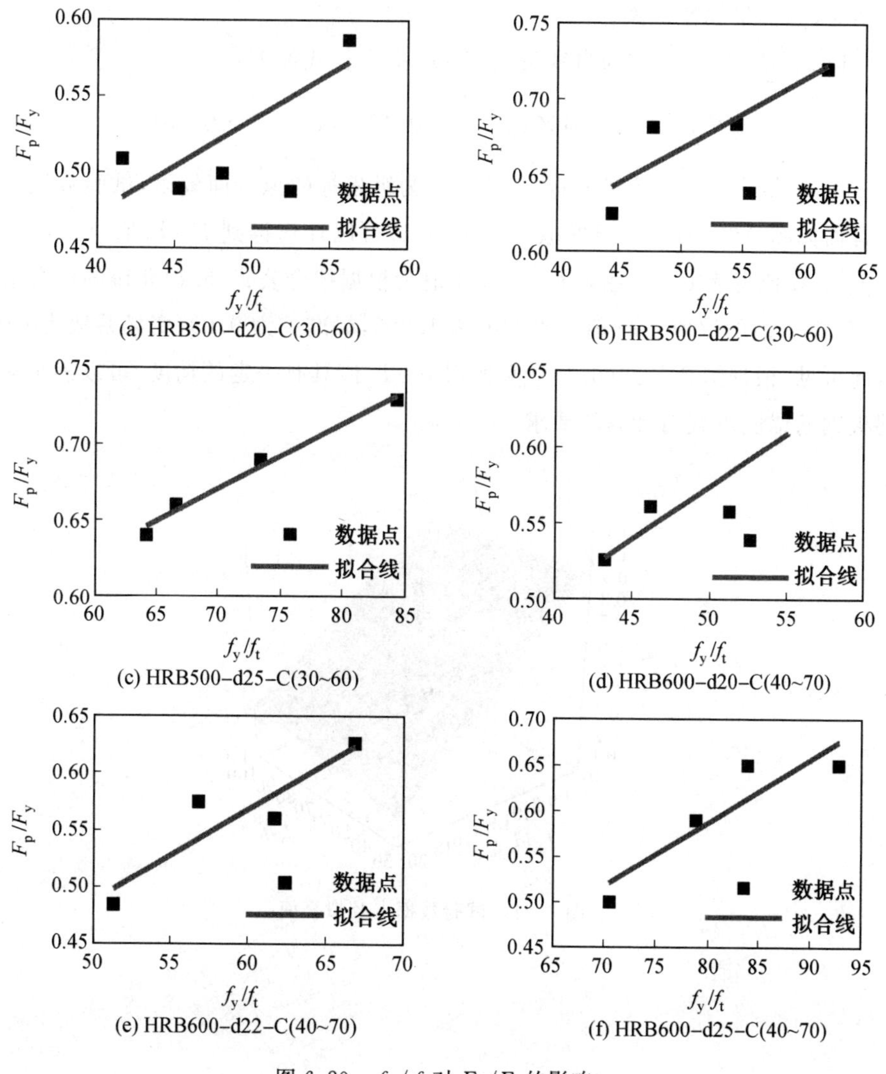

图 6.20　f_y/f_t对 F_p/F_y的影响

图 6.20 中的各图，带端板钢筋锚固长度尽管分别有最大 20 mm 的差异，但大致相同。从图 6.20 中可以看出，F_p/F_y随 f_y/f_t的增加而增大，且近似呈线性关系。

6.5.3 对于 F_p/F_y的公式拟合

综上所述，在混凝土强度等级 C30～C70、相对混凝土保护层厚度(1～3.25)d、HRB500 或 HRB600 钢筋、钢筋端板相对承压面积 4.1～4.3 和带端板钢筋锚固长度 0.3～0.7 倍 l_{ac}范围内时，F_p/F_y随 l_{ah}/d 的增加而减小，随 f_y/f_t的增加而增大，且都呈线性关系。

以 l_{ah}/d 与 f_y/f_t作为自变量的 F_p/F_y拟合公式如下：

$$F_p/F_y = 1.851 \times 10^{-3} \frac{f_y}{f_t} - 0.424 \times 10^{-2} \frac{l_{ah}}{d} + 0.901 \tag{6.1}$$

以 l_{ah}/d 与 f_y/f_t为横坐标，以 F_p/F_y为纵坐标的拟合面效果，试验数据点及拟合面如图 6.21 所示。根据拟合公式(6.1)可以计算得到 F_p/F_y值，F_p/F_y的拟合值与 M 值见表 6.7。在表 6.7 中，M 值为根据拟合公式(6.1)获得的拟合值与 F_p/F_y试验值的比值。M 值的平均值为 1.005，标准差为 0.09，变异系数为0.09。由此可见，根据拟合公式(6.1)计算所得 F_p/F_y值具有一定的精度，可以满足对带端板钢筋锚固承载力计算的要求。

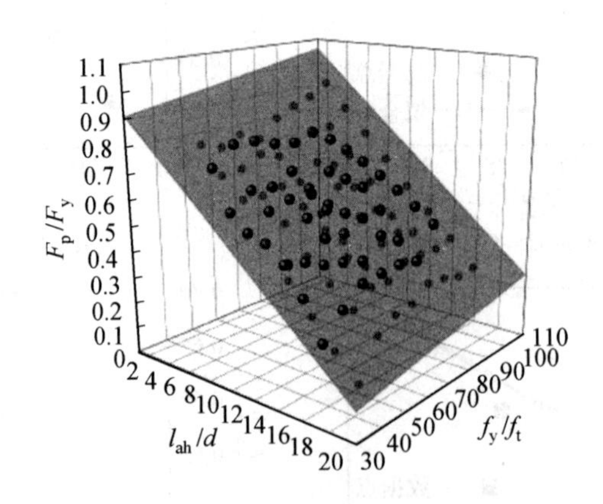

图 6.21 试验数据点及拟合面

表 6.7　F_p/F_y 的拟合值与 M 值

试件编号	F_p/F_y	M 值	试件编号	F_p/F_y	M 值	试件编号	F_p/F_y	M 值	试件编号	F_p/F_y	M 值
1	0.71	1.11	31	0.75	1.00	61	0.71	0.93	91	0.74	0.97
2	0.62	0.97	32	0.69	1.01	62	0.60	0.97	92	0.66	0.99
3	0.54	0.92	33	0.61	1.02	63	0.52	0.93	93	0.58	1.02
4	0.45	0.90	34	0.54	1.06	64	0.43	0.96	94	0.50	1.00
5	0.37	0.90	35	0.48	1.12	65	0.33	0.89	95	0.42	1.11
6	0.73	0.96	36	0.78	0.99	66	0.72	0.94	96	0.77	0.99
7	0.65	0.97	37	0.70	1.03	67	0.63	0.98	97	0.69	0.99
8	0.59	1.02	38	0.65	1.05	68	0.55	0.98	98	0.61	1.05
9	0.50	1.00	39	0.57	1.04	69	0.49	1.00	99	0.53	1.10
10	0.44	1.10	40	0.51	1.13	70	0.40	0.98	100	0.46	1.15
11	0.75	0.96	41	0.72	0.99	71	0.73	0.96	101	0.73	1.06
12	0.69	0.97	42	0.62	0.98	72	0.67	0.99	102	0.61	0.94
13	0.63	0.97	43	0.52	0.96	73	0.58	1.04	103	0.52	0.95
14	0.56	1.02	44	0.41	0.91	74	0.52	1.02	104	0.41	0.93
15	0.50	1.02	45	0.31	0.89	75	0.46	1.02	105	0.30	0.97
16	0.77	0.95	46	0.75	1.00	76	0.75	0.97	106	0.76	1.06
17	0.70	0.96	47	0.66	0.96	77	0.68	1.00	107	0.65	1.02
18	0.64	0.94	48	0.58	1.05	78	0.62	1.11	108	0.56	0.86
19	0.60	0.98	49	0.48	1.02	79	0.56	1.06	109	0.46	0.87
20	0.53	1.04	50	0.39	1.05	80	0.49	1.07	110	0.38	0.95
21	0.72	1.00	51	0.78	0.98	81	0.70	0.97	111	0.77	1.01
22	0.63	0.93	52	0.68	1.03	82	0.60	0.95	112	0.67	1.60
23	0.53	0.93	53	0.62	1.03	83	0.50	0.96	113	0.59	1.00
24	0.43	0.91	54	0.53	1.06	84	0.41	0.91	114	0.51	1.28
25	0.33	0.87	55	0.45	1.18	85	0.31	0.89	115	0.42	1.24
26	0.74	0.94	56	0.78	1.00	86	0.73	0.96	116	0.78	1.03
27	0.66	0.97	57	0.72	1.00	87	0.65	1.02	117	0.69	1.01
28	0.58	1.02	58	0.65	1.02	88	0.55	0.98	118	0.61	1.05
29	0.49	1.02	59	0.56	0.95	89	0.47	1.02	119	0.54	1.08
30	0.41	1.03	60	0.49	1.00	90	0.38	1.03	120	0.46	1.12

为了在应用带端板钢筋时，选取的钢筋端板尺寸具有一定的安全储备，给出了钢筋端板设计时的建议取值式(6.2)，并在图 6.22 中给出了相对应的建议值线。建议取值式(6.2)是在拟合公式(6.1)的基础上，增加 1.645 倍标准差(试验所得 F_p/F_y 值与式(6.2)所得计算值差值的标准差，值为 0.040 8)得到的，即保证率达到 95%以上。

$$F_p/F_y = 1.851\times10^{-3}\frac{f_y}{f_t} - 4.236\times10^{-2}\frac{l_{ah}}{d} + 0.968 \tag{6.2}$$

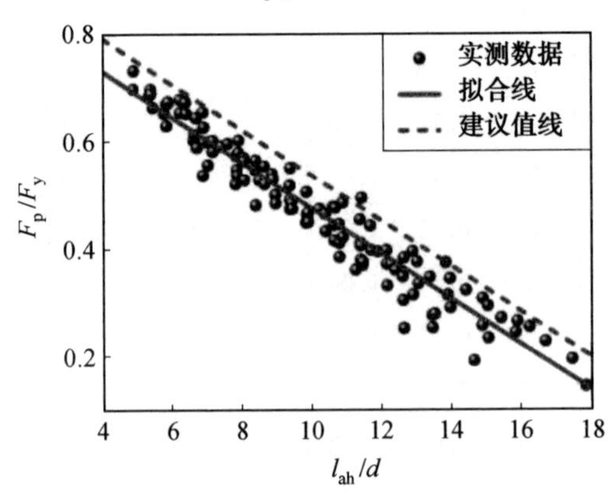

图 6.22 建议取值平面效果图

6.6 本章小结

本章完成了混凝土强度等级在 C30～C70 范围内、受力纵筋为 HRB500 或 HRB600 钢筋、带端板钢筋锚固长度 l_{ah} 在 0.3～0.7 倍临界锚固长度 l_{ac} 范围内的共计 120 个带端板钢筋混凝土拉拔试件的拉拔试验。通过对试验现象的观察和试验数据的分析，得到了如下结论。

通过对试验数据的分析，发现钢筋端板承压作用 F_p 与钢筋锚固力 F_y 之比 F_p/F_y 随带端板钢筋相对锚固长度 l_{ah}/d 的增大而线性减小，随钢筋屈服强度 f_y 与混凝土抗拉强度 f_t 之比 f_y/f_t 的增大而线性增大，并建立了以 l_{ah}/d 和 f_y/f_t 为自变量的 F_p/F_y 的计算公式。

本章试验中带端板钢筋的混凝土拉拔试件、带端板钢筋的锚固长度全部低于《混凝土结构设计规范》(GB 50010—2010)中规定的带端板钢筋的锚固长度，即基本锚固长度 0.6 倍的规定；部分低于《钢筋锚固板应用技术规程》(JBJ 256—2011)中规定的带端板钢筋锚固长度，即基本锚固长度 0.4 倍的规定。基于钢筋锚固力在直锚段钢筋黏结作用和钢筋端板承压作用之间的分配关系，可以直接有效地对钢筋端板尺寸、带端板钢筋锚固长度、混凝土强度等级等因素进行综合考虑和选择。实现了对带端板钢筋应用设计时，由被动校核向主动选择的转变。

第7章 受拉钢筋锚固的数值分析

7.1 概 述

本章主要从钢筋与混凝土的黏结一滑移本构关系出发,借助数值分析软件计算程序编写出带端板钢筋在混凝土中的受力计算程序。以本书的120个带端板钢筋混凝土拉拔试件的试验数据为基础,对本章中所编写的数值分析软件计算程序进行准确性验证。最后,以数值分析软件计算程序作为工具,从理论推导上分析了各参数对直锚段钢筋黏结作用的影响规律,并建立更合理的计算分配关系的方法。

7.2 本构关系

根据钢筋的本构关系、混凝土的本构关系和钢筋一混凝土黏结一滑移的本构关系,可以从理论计算中推导出直锚钢筋在混凝土中锚固时,任意位置上的应力值和滑移值。选择合理的本构关系,可以确保数值分析软件计算程序的准确性,是借助数值分析软件对各参数进行理论推导分析的基础。

7.2.1 钢筋的本构关系

为了计算方便,本章将钢筋的本构关系简化为三个阶段。第一阶段为钢筋的弹性阶段,钢筋受力屈服之前,钢筋的应力一应变关系呈现出线性关系,斜率则为钢筋的弹性模量 E_s。第二阶段为钢筋的屈服阶段,在此阶段,为了使得钢筋的应力和应变之间形成有且仅有唯一的对应关系,假定钢筋的屈服阶段终点值 $f_{y,u}$ 比屈服阶段起点值 f_y 高出 $0.1(f_u-f_y)$。第三阶段为钢筋的强化阶段,在钢筋经过屈服阶段之后,便会进入强化阶段,最终达到钢筋的极限强度 f_u。简化后钢筋的本构关系如图7.1所示。图7.1中,横坐标为钢筋的应变值,纵坐标为钢筋的应力值。

与钢筋的本构关系相对应的每个阶段的表达式如下:

$$\varepsilon_s=\frac{\sigma_s}{E_s}\quad(0\leqslant\varepsilon_s<\varepsilon_y)\tag{7.1}$$

$$\varepsilon_s = \frac{f_y}{E_s} + 10\,\frac{\sigma_s - f_y}{f_u - f_y}\left(\varepsilon_{y,u} - \frac{f_y}{E_s}\right) \quad (\varepsilon_y \leqslant \varepsilon_s < \varepsilon_{y,u}) \tag{7.2}$$

$$\varepsilon_s = \varepsilon_{y,u} + 0.133\,\frac{\sigma_s - f_{y,u}}{f_u - f_{y,u}} \quad (\varepsilon_{y,u} \leqslant \varepsilon_s \leqslant \varepsilon_u) \tag{7.3}$$

式中　ε_y——钢筋屈服阶段起点值 f_y 对应的应变值；

$\varepsilon_{y,u}$——钢筋的屈服阶段终点值 $f_{y,u}$ 对应的应变值；

ε_u——钢筋的极限强度 f_u 对应的应变值。

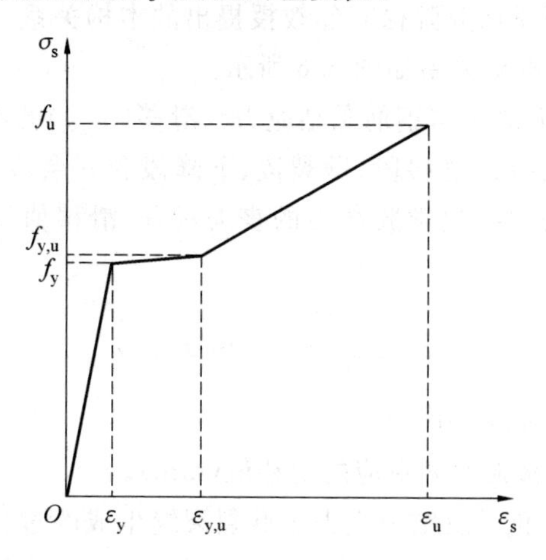

图 7.1　简化后钢筋的本构关系

7.2.2　混凝土的本构关系

本章中混凝土的本构关系采用过镇海总结出的混凝土本构关系。当混凝土的压应变 ε_c 不大于混凝土压应力达到 f_c 时的混凝土压应变 ε_0 时，混凝土的压应力表达式为

$$\sigma_c = f_c\left[1 - \left(1 - \frac{\varepsilon_c}{\varepsilon_0}\right)^n\right] \quad (\varepsilon_c \leqslant \varepsilon_0) \tag{7.4}$$

式中　n——修正系数，且最小取为 2.0。

当混凝土的压应变 ε_c 大于混凝土压应力达到 f_c，但不大于混凝土极限压应变 ε_{cu} 时，混凝土的压应力表达式为

$$\sigma_c = f_c \tag{7.5}$$

$$n = 2 - \frac{1}{60}(f_{cu,k} - 50) \tag{7.6}$$

$$\varepsilon_0 = 0.002 + 0.5(f_{cu,k} - 50) \times 10^{-5} \tag{7.7}$$

$$\varepsilon_{cu} = 0.0033 - (f_{cu,k} - 50) \times 10^{-5} \tag{7.8}$$

式中　σ_c——混凝土压应变为 ε_c 时的混凝土压应力(MPa)；

f_c——混凝土轴心抗压强度设计值(MPa)；

$f_{cu,k}$——混凝土立方体抗压强度标准值(MPa)。

7.2.3 钢筋—混凝土黏结—滑移的本构关系

钢筋—混凝土黏结—滑移的本构关系由混凝土与钢筋的黏结应力—滑移($\tau-s$)本构关系和位置函数 $\Psi(x)$组成。本章钢筋—混凝土黏结—滑移的本构关系采用中国建筑科学研究院徐有邻教授提出的本构关系。混凝土与钢筋的黏结应力—滑移($\tau-s$)本构关系如图 5.6 所示。

由图 5.6 可知,混凝土与钢筋黏结应力—滑移($\tau-s$)的本构关系可以分为五个阶段,分别为微滑移段、滑移段、劈裂段、下降段和残余段。其中,微滑移段实质上为混凝土与钢筋之间化学胶结力的丧失过程,滑移值很小。微滑移段的表达式为

$$\tau=\tau_s\sqrt[4]{\frac{s}{s_s}}\quad(0<s\leqslant s_s)\tag{7.9}$$

式中 τ_s——微滑移强度(MPa)；

s_s——与微滑移强度 τ_s对应的滑移值(mm)。

滑移段实质上为化学胶结力丧失至劈裂裂缝生成的过程。化学胶结力丧失后,随着滑移值的增大,钢筋横肋与混凝土之间产生挤压作用,形成机械咬合力。滑移段整个过程中,钢筋横肋与混凝土之间的机械咬合力并不是很大。滑移段的表达式为

$$\tau=K_1+K_2\sqrt[4]{s}\quad(s_s<s\leqslant s_{cr})\tag{7.10}$$

$$K_1=\tau_{cr}-K_2\sqrt[4]{s_{cr}}\tag{7.10a}$$

$$K_2=\frac{\tau_{cr}-\tau_s}{\sqrt[4]{s_{cr}}-\sqrt[4]{s_s}}\tag{7.10b}$$

式中 τ_{cr}——劈裂强度(MPa)；

s_{cr}——与劈裂强度 τ_{cr}对应的滑移值(mm)。

劈裂段实质上为试件表面有劈裂裂缝生成至黏结应力 τ 达到峰值的过程。随着滑移值的进一步增大,钢筋横肋与混凝土之间的机械咬合力也同时增大。当机械咬合力产生的环向拉应力超过混凝土的抗拉强度时,钢筋周围的混凝土开裂并迅速发展至试件表面,形成劈裂裂缝。劈裂段的表达式为

$$\tau=K_3+K_4s+K_5s^2\quad(s_{cr}<s\leqslant s_u)\tag{7.11}$$

$$K_3=\tau_u+K_4s_u+K_5s_u^2\tag{7.11a}$$

$$K_4=\frac{2s_u(\tau_u-\tau_{cr})}{(s_u-s_{cr})^2}\tag{7.11b}$$

$$K_5=\frac{\tau_{cr}-\tau_u}{(s_u-s_{cr})^2} \tag{7.11c}$$

式中　τ_u——极限强度(MPa)；

s_u——与极限强度 τ_u 对应的滑移值(mm)。

下降段实质上为钢筋横肋与混凝土之间的机械咬合力由峰值逐渐下降至稳定值的过程。过大的滑移值使得钢筋横肋与混凝土之间的机械咬合力过大，横肋前的混凝土被剪断压碎，机械咬合力由峰值逐渐下降。最终，黏结应力 τ 下降至稳定值，下降段的表达式为

$$\tau=\tau_u-\frac{\tau_u-\tau_r}{s_r-s_u}(s-s_u)\quad (s_u<s\leqslant s_r) \tag{7.12}$$

式中　τ_r——残余强度(MPa)；

s_r——与残余强度 τ_r 对应的滑移值(mm)。

残余段实质上为钢筋横肋前的混凝土被完全剪断压碎，钢筋的黏结应力主要由钢筋与混凝土之间的摩擦力承担的过程。因此，这一阶段的滑移值 s 不断增大，黏结应力 τ 则保持不变。残余段的表达式为

$$\tau=\tau_r\quad (s_r<s) \tag{7.13}$$

除此之外，各阶段的特征强度值与特征滑移值的表达式为

$$\tau_s=0.99f_t,\quad s_s=0.0008d \tag{7.14}$$

$$\tau_{cr}=\left(1.6+0.7\frac{c}{d}\right)f_t,\quad s_{cr}=0.0240d \tag{7.15}$$

$$\tau_u=\left(1.6+0.7\frac{c}{d}+20\rho_{sv}\right)f_t,\quad s_u=0.0368d \tag{7.16}$$

$$\tau_r=0.98f_t,\quad s_r=0.54d \tag{7.17}$$

式中　f_t——混凝土抗拉强度(MPa)；

c/d——混凝土的相对保护层厚度，当 c/d 大于 4.5 时，取 4.5；

ρ_{sv}——试件的配筋率。

混凝土与钢筋的黏结应力－滑移($\tau-s$)本构关系从根本上反映了钢筋上某一点的黏结应力随滑移值的变化情况。但是，如果需要推导计算出直锚钢筋的局部黏结应力－滑移本构关系，或者是推导计算出整个直锚钢筋的黏结应力－滑移本构关系，就需要一个位置函数 $\Psi(x)$。位置函数 $\Psi(x)$ 的表达式为

$$\Psi(x)=\left[1+\left(\frac{x}{l_a}\right)^4\right]\sin\frac{x}{l_a}\pi \tag{7.18}$$

式中　x——距钢筋受力端部的距离(mm)；

l_a——钢筋的锚固长度(mm)。

位置函数 $\Psi(x)$ 从根本上反映了相同滑移值下直锚钢筋不同位置的黏结应力分布情况，即黏结锚固刚度随钢筋锚固长度的变化情况。

7.3 基本方程

直锚钢筋在混凝土中受拉拔力作用时，基本变量有钢筋应力 σ_s、混凝土应力 σ_c、钢筋应变 ε_s、混凝土应变 ε_c、钢筋与混凝土之间的黏结应力 τ 和相对滑移值 s。钢筋锚固状态受力分析如图 7.2 所示。

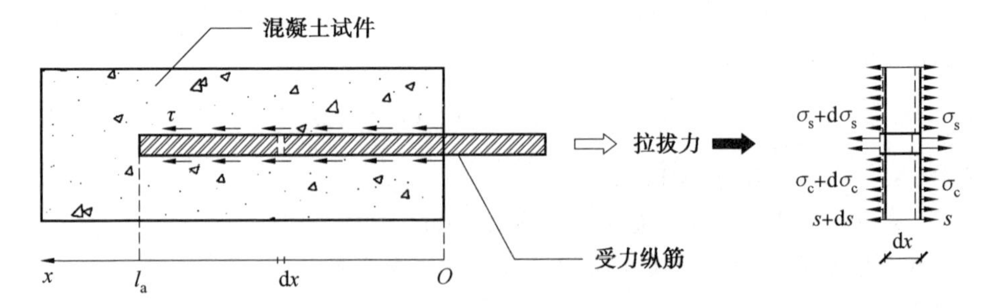

图 7.2　钢筋锚固状态受力分析

通过图 7.2 中的分析，可以建立起直锚钢筋锚固状态下的受力平衡方程为

$$\tau+\frac{d}{4}\frac{\mathrm{d}\sigma_s}{\mathrm{d}x}=0 \tag{7.19}$$

$$\frac{\pi d^2}{4}\mathrm{d}\sigma_s+A_c\mathrm{d}\sigma_c=0 \tag{7.20}$$

式中　d——钢筋公称直径(mm)；

A_c——混凝土的净截面积(mm^2)。

通过图 7.2 中的分析，可以建立起直锚钢筋锚固状态下的形变平衡方程为

$$\mathrm{d}s=(\varepsilon_s-\varepsilon_c)\mathrm{d}x \tag{7.21}$$

除此之外，根据钢筋的本构关系、混凝土的本构关系和钢筋一混凝土的黏结一滑移的本构关系可以分别获得钢筋应力与应变之间的关系、混凝土应力与应变之间的关系和黏结应力与滑移值之间的关系。以此为基础，就可以计算获得直锚钢筋上任一点的内力 $N(x)$，表达式为

$$N(x)=F_1+\int_0^x \pi\mathrm{d}\tau(x)\mathrm{d}x \tag{7.22}$$

式中　F_1——加载端钢筋所受的拉拔力(kN)。

而相对滑移值 $s(x)$的表达式为

$$s(x)=s_1+\int_0^x[\varepsilon_s(x)-\varepsilon_c(x)]\mathrm{d}x \tag{7.23}$$

式中　s_1——加载端钢筋与混凝土之间的相对滑移值(mm)。

7.4　数值分析

7.4.1　数值分析过程

虽然与直锚钢筋在混凝土中的受力状态有所差异，但是依然可以先按照直锚钢筋在混凝土中的受力状态进行分析。然后，加入适用于带端板钢筋的边界条件进行限制。这样就可以实现对带端板钢筋受力状态的分析。首先，将带端板钢筋锚固长度 l_{ah} 划分为 n 个单元格，划分单元格如图 7.3 所示。

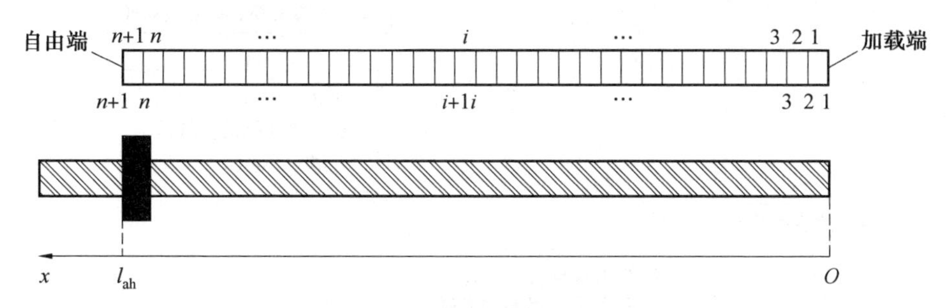

图 7.3　划分单元格

然后，在钢筋加载端施加滑移值 s，使得带端板钢筋锚固长度 l_{ah} 上的每一个单元格都会发生相应的变化。带端板钢筋锚固长度 l_{ah} 上任意位置的钢筋和混凝土的应力递推表达式为

$$\sigma_s(i+1)=\sigma_s(i)-\frac{4\tau(i)}{d}\Delta x \tag{7.24}$$

$$\sigma_c(i+1)=\sigma_c(i)-[\sigma_s(i)-\sigma_s(i+1)]\frac{A_s}{A_c} \tag{7.25}$$

式中　A_s——受力纵筋的横截面积(mm^2)。

以材料的本构关系为基础，可以获得带端板钢筋锚固长度 l_{ah} 上任一点的滑移值递推表达式为

$$s(i+1)=s(i)-\left[\frac{\varepsilon_s(i)+\varepsilon_s(i+1)}{2}-\gamma_c\frac{\varepsilon_c(i)+\varepsilon_c(i+1)}{2}\right]\Delta x \tag{7.26}$$

式中　γ_c——混凝土应变的不均匀系数。

根据中国建筑科学研究院徐有邻教授的研究成果，建议混凝土应变的不均匀系数 γ_c 取值为 2。

由带端板钢筋混凝土拉拔试验结果可以明确获知，受力纵筋屈服前，受力纵筋的承压端由于受到钢筋端板的限制，滑移值为 0。因此，当借助数值分析软件程序计算带端板钢筋在混凝土中的受力状态时，带端板钢筋的边界条件为：钢筋

加载端的内力 $N(x=0)=F_1$；钢筋加载端处与混凝土之间的滑移值 $s(x=0)=s_1$，s_1为钢筋加载端的滑移值；钢筋承压端的内力 $N(x=l_{ah})=F_p$，F_p为钢筋端板承压作用分担的锚固力；钢筋承压端处与混凝土之间的滑移值 $s(x=l_{ah})=0$。在钢筋锚固力一定的情况下，可以通过对钢筋加载端处与混凝土间的滑移值 s_1进行调整，以便获得直锚段钢筋黏结作用与钢筋端板的承压作用分担的锚固力，带端板钢筋受力计算简图如图 7.4 所示。

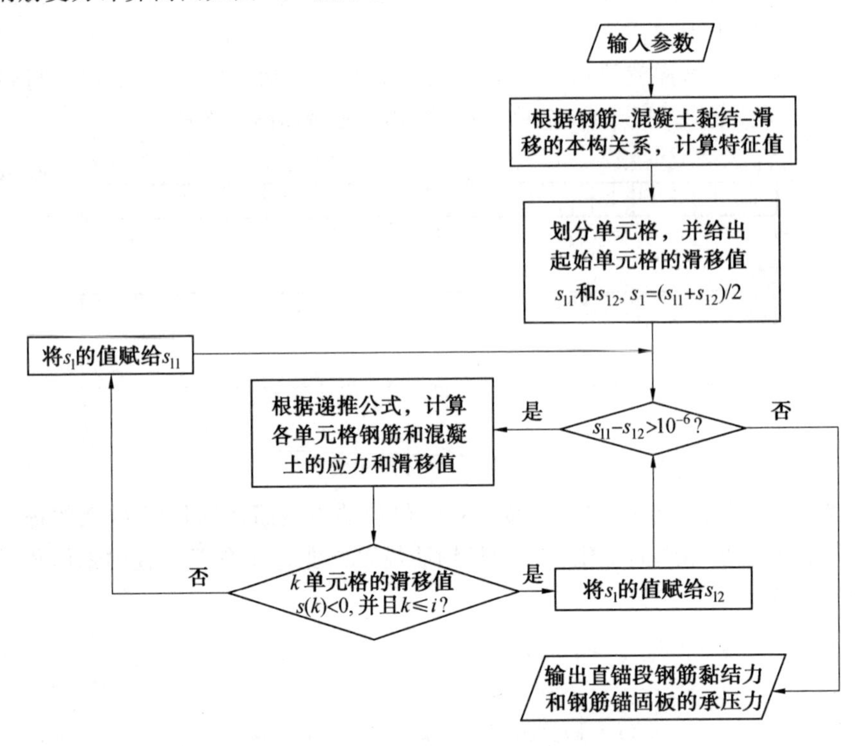

图 7.4　带端板钢筋受力计算简图

图 7.4 中，s_{11}和 s_{12}分别是初始单元格左右两端的滑移值，输入的参数则包括混凝土的强度等级、混凝土的抗压强度 f_c、混凝土的抗拉强度 f_t、受力纵筋的屈服强度 f_y、受力纵筋的弹性模量 E_s、混凝土的保护层厚度 c、受力纵筋和箍筋的公称直径 d、箍筋间距 d_{sv}和带端板钢筋的锚固长度 l_{ah}。

钢筋的稳定锚固长度 l_{as}为钢筋加载端屈服时，钢筋自由端刚要出现滑移状态的锚固长度，即直锚钢筋自由端不出现滑移值时的最小锚固长度，稳定锚固长度 l_{as}示意图如图 7.5 所示。钢筋的稳定锚固长度是钢筋端板能否进入工作状态的一个界限锚固长度。

由钢筋稳定锚固长度的定义可以获得相应的边界条件为：钢筋加载端的内力 $N(x=0)=f_y$；钢筋加载端处与混凝土之间的滑移值 $s(x=0)=s_1$；钢筋自由

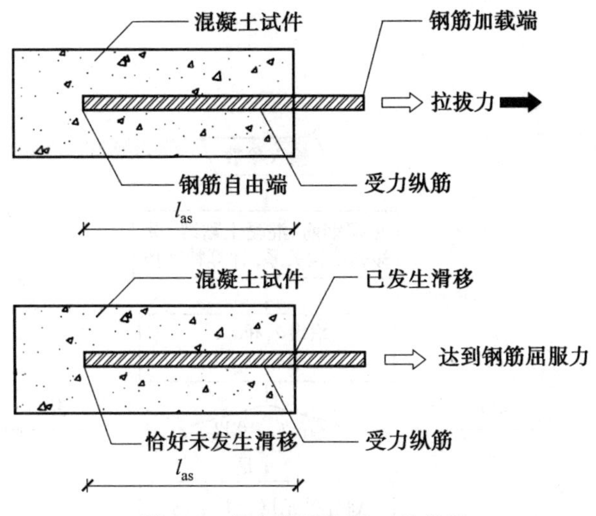

图 7.5　稳定锚固长度 l_{as}示意图

端的内力 $N(x=l_{ah})=0$；钢筋自由端处与混凝土之间的滑移值 $s(x=l_{ah})=0$。此时，带端板钢筋锚固长度 l_{ah}与钢筋加载端的滑移值 s_l都是未知变量。需要先假定给出带端板钢筋锚固长度 l_{ah}，然后再根据推导计算结果对带端板钢筋锚固长度 l_{ah}进行修正。钢筋稳定锚固长度的计算简图如图 7.6 所示。与带端板钢筋受力计算时所输入参数不同，需要另外再输入带端板钢筋相对锚固长度 a_l 值，$a_l=l_{ah}/d$。图 7.6 中 a_{l1} 和 a_{l2} 是带端板钢筋相对锚固长度 a_l 值的上限值和下限值。

由钢筋临界锚固长度 l_{ac}的定义可以获得相应的边界条件为：钢筋加载端的内力 $N(x=0)=f_y$；钢筋加载端处与混凝土之间的滑移值 $s(x=0)=s_l$；钢筋自由端的内力 $N(x=l_{ah})=0$。此时，带端板钢筋锚固长度 l_{ah}、钢筋加载端的滑移值 s_l和钢筋加载端的滑移值 s_f都是未知变量。通过分析发现，当带端板钢筋锚固长度 l_{ah}小于钢筋临界锚固长度 l_{ac}时，钢筋加载端并不能达到屈服。此外，钢筋加载端的内力先随荷载的增大而增大，然后随着钢筋加载端处滑移值的增大而减小。基于这个规律，就可以对钢筋临界锚固长度进行计算，钢筋临界锚固长度的计算简图如图 7.7 所示。

图 7.7 中，i 表示迭代计算次数，与之前叙述的 i 有所不同。钢筋加载端的滑移值 s_l 每次增加 0.1 mm，最多迭代计算 30 次。根据混凝土与钢筋的黏结应力—滑移($\tau-s$)本构关系的特征值可知，钢筋加载端处的滑移值最大不会超过 3 mm。

至此，借助数值分析软件计算程序，不仅可以计算获得一定条件下，带端板钢筋的直锚段钢筋黏结作用与钢筋端板承压作用分担的锚固力数值，还可以计算获得相应的钢筋临界锚固长度与钢筋稳定锚固长度。

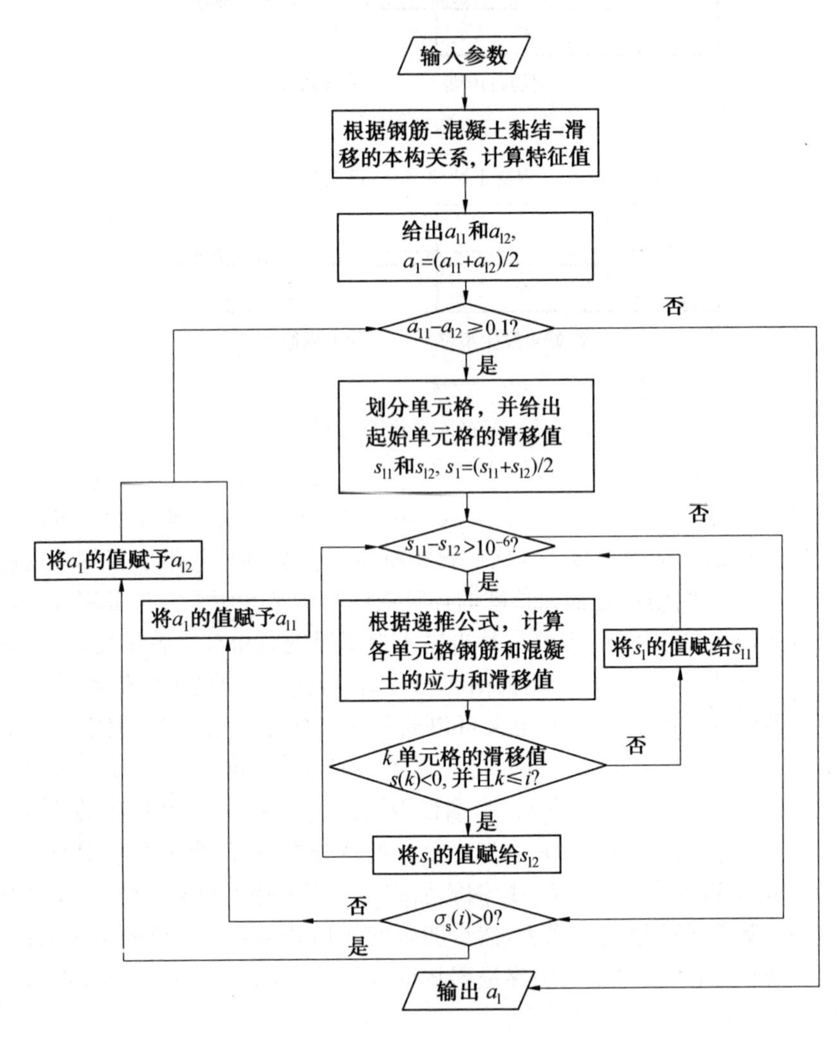

图 7.6　钢筋稳定锚固长度的计算简图

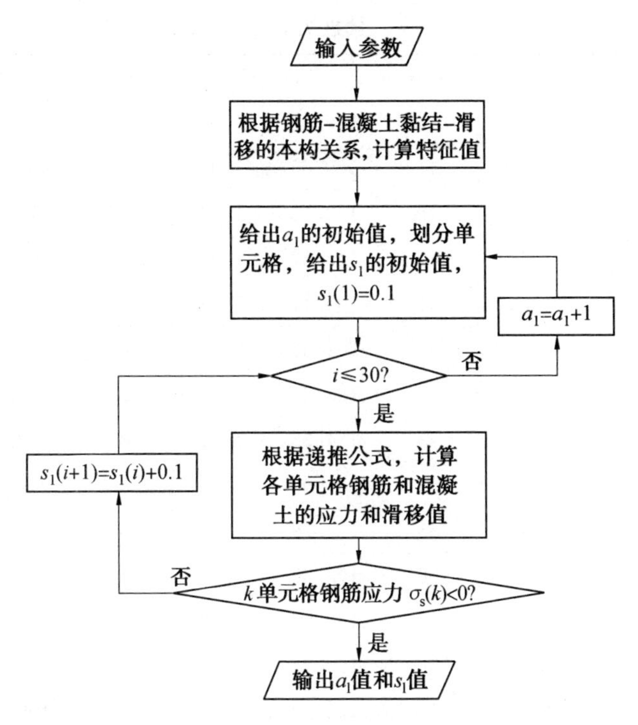

图 7.7　钢筋临界锚固长度的计算简图

7.4.2　数值分析结果

以本书第 6 章的试验结果为基础，再借助本章中的数值分析软件计算程序，计算获得与试验中各试件相同条件时的钢筋端板承压作用数值 $F_{p,c}$，并且给出了其与试验结果的比值 $F_{p,c}/F_p$，各试件 $F_{p,c}$ 和 $F_{p,c}/F_p$ 数值见表 7.1。

表 7.1　各试件 $F_{p,c}$ 和 $F_{p,c}/F_p$ 数值

编号	$F_{p,c}$/kN	$F_{p,c}/F_p$	编号	$F_{p,c}$/kN	$F_{p,c}/F_p$	编号	$F_{p,c}$/kN	$F_{p,c}/F_p$
1	118.81	1.11	6	124.16	1.00	11	129.40	0.99
2	100.25	0.96	7	109.77	0.97	12	116.80	0.99
3	89.59	0.90	8	95.22	1.00	13	107.15	0.96
4	75.92	0.88	9	81.74	0.99	14	92.40	1.00
5	60.72	0.90	10	67.49	1.07	15	82.49	1.00

续表 7.1

编号	$F_{p,c}$/kN	$F_{p,c}/F_p$	编号	$F_{p,c}$/kN	$F_{p,c}/F_p$	编号	$F_{p,c}$/kN	$F_{p,c}/F_p$
16	134.25	0.99	46	189.20	1.00	76	148.00	1.00
17	120.11	0.98	47	165.66	0.95	77	131.55	1.02
18	107.54	0.95	48	142.32	1.03	78	115.28	1.10
19	102.17	0.98	49	118.87	1.00	79	104.34	1.05
20	87.21	1.03	50	102.41	1.08	80	92.23	1.06
21	143.54	0.99	51	204.35	0.97	81	159.28	0.96
22	129.33	0.91	52	169.28	1.03	82	136.43	0.95
23	107.27	0.90	53	154.33	1.02	83	113.43	0.95
24	87.29	0.92	54	131.95	1.05	84	98.06	0.92
25	70.85	0.92	55	114.79	1.17	85	74.78	0.93
26	155.82	0.95	56	198.58	1.02	86	169.99	0.96
27	135.51	0.97	57	183.94	0.99	87	144.25	0.99
28	114.41	1.01	58	163.88	1.01	88	125.42	0.97
29	97.50	1.00	59	133.93	0.93	89	105.33	1.01
30	83.30	1.02	60	124.39	0.99	90	86.39	1.03
31	150.27	1.02	61	139.09	0.94	91	169.50	0.98
32	137.15	1.02	62	112.79	0.95	92	150.53	0.98
33	121.90	1.01	63	99.99	0.91	93	130.13	1.00
34	105.64	1.03	64	81.19	0.94	94	108.94	0.99
35	93.35	1.09	65	64.90	0.90	95	90.73	1.09
36	160.21	1.02	66	142.81	0.96	96	178.85	1.01
37	138.73	1.04	67	119.29	0.99	97	161.42	0.99
38	127.69	1.04	68	103.98	0.97	98	136.12	1.04
39	114.23	1.02	69	91.83	0.97	99	117.88	1.08
40	95.66	1.12	70	76.59	0.98	100	100.94	1.12
41	179.11	0.97	71	138.43	0.99	101	225.02	1.04
42	152.99	0.96	72	128.57	0.99	102	193.50	0.93
43	131.13	0.96	73	106.79	1.03	103	168.95	0.94
44	108.84	0.95	74	97.50	1.00	104	136.21	0.98
45	89.40	1.00	75	86.89	0.99	105	110.16	1.14

续表 7.1

编号	$F_{p,c}$/kN	$F_{p,c}/F_p$	编号	$F_{p,c}$/kN	$F_{p,c}/F_p$	编号	$F_{p,c}$/kN	$F_{p,c}/F_p$
106	246.12	1.04	111	258.30	1.01	116	239.69	1.03
107	198.49	0.99	112	210.22	1.59	117	214.19	1.02
108	174.78	0.86	113	182.23	0.98	118	185.41	1.04
109	148.02	0.88	114	160.27	1.25	119	164.16	1.06
110	126.60	1.00	115	139.03	1.29	120	144.31	1.11

由表 7.1 可知，通过本章中的数值分析软件计算获得的各试件钢筋端板承压作用数值与试验数据比值 $F_{p,c}/F_p$ 的平均值为 1.00，标准差为 0.08，变异系数为 0.08。对比的结果表明，借助数值分析软件程序计算的结果具有较高精度。可以将数值分析软件程序作为工具，对钢筋锚固力在直锚段钢筋黏结作用与钢筋端板承压作用间的分配关系问题进行分析。

7.5　参数分析

本节以钢筋公称直径 d、带端板钢筋锚固长度 l_{ah}、混凝土强度等级 f_{cu} 和混凝土保护层厚度 c 作为研究对象，分析各参数对直锚段钢筋黏结作用 F_b 的影响。另外，为了便于进行对比分析，将钢筋的屈服强度 f_y 统一取为钢筋屈服强度标准值的 1.1 倍。也就是说，当钢筋为 HRB500 钢筋时，钢筋屈服强度 f_y 为 550 MPa；当钢筋为 HRB600 钢筋时，钢筋屈服强度 f_y 为 660 MPa。根据数值分析软件程序计算的结果拟合公式，用于计算加载端钢筋应力达到屈服强度时，直锚段钢筋黏结作用和钢筋端板承压作用各自分担的锚固力。

7.5.1　钢筋公称直径 d 对直锚段钢筋黏结作用 F_b 的影响

当钢筋屈服强度 f_y、带端板钢筋锚固长度 l_{ah}、混凝土强度等级 f_{cu} 和混凝土保护层厚度 c 相同，钢筋公称直径 d 不同时，钢筋公称直径 d 对直锚段钢筋黏结作用 F_b 的影响如图 7.8 所示。

图 7.8 中，受力纵筋的屈服强度 f_y 为 550 MPa；带端板钢筋锚固长度 l_{ah} 为 100 mm；混凝土强度等级 f_{cu} 为 C30；混凝土保护层厚度 c 为 180 mm。受力纵筋公称直径 d 从左到右则依次为 16 mm、22 mm、28 mm 和 36 mm。其中，带端板钢筋锚固长度 l_{ah} 取为 100 mm，是要确保钢筋端板会承担部分锚固力；而混凝土保护层厚度 c 取为 180 mm，是最大钢筋直径 36 mm 的 5 倍，可以确保直锚段钢筋黏结作用 F_b 不会受到混凝土保护层厚度 c 的影响。

由图 7.8 可知，直锚段钢筋黏结作用 F_b 随着锚固钢筋公称直径 d 的增加而

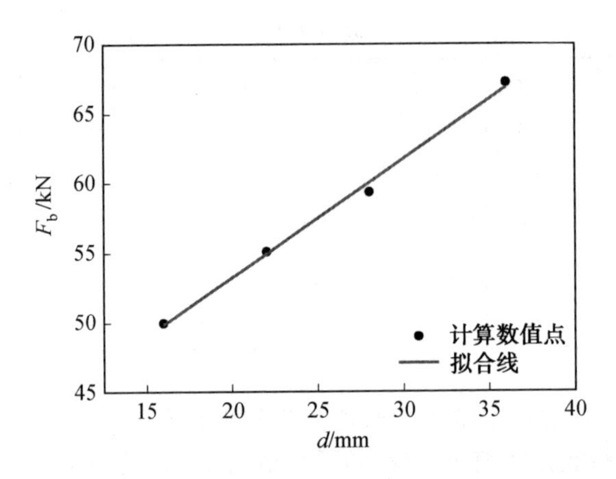

图 7.8　钢筋公称直径 d 对直锚段钢筋黏结作用 F_b 的影响

线性增加。这主要是因为钢筋公称直径 d 的增加使得带端板钢筋锚固长度 l_{ah} 相同的情况下，钢筋与混凝土之间的接触面积增大，从而直锚段钢筋黏结作用 F_b 增大。不同钢筋公称直径 d 时，通过数值分析软件程序计算获得的直锚段钢筋黏结作用 F_b 数值见表 7.2。

表 7.2　不同 d 值时的 F_b 数值

d/mm	f_{cu}	c/mm	l_{ah}/mm	F_b/kN
16	C30	180	100	50.01
22				55.13
28				59.38
36				67.23

由表 7.2 可知，当钢筋公称直径 d 较初始值增加 1.25 倍时，直锚段钢筋黏结作用 F_b 较初始值增加 0.34 倍。虽然当钢筋屈服强度 f_y、带端板钢筋的锚固长度 l_{ah}、混凝土强度等级 f_{cu} 和混凝土保护层厚度 c 相同时，直锚段钢筋的黏结作用 F_b 随着钢筋公称直径 d 的增加而线性增加，但是直锚段钢筋的黏结作用 F_b 较初始值的增加幅度比钢筋公称直径 d 较初始值的增加幅度要小很多，说明钢筋公称直径 d 对直锚段钢筋的黏结作用 F_b 的影响是十分有限的。

7.5.2　带端板钢筋锚固长度 l_{ah} 对直锚段钢筋黏结作用 F_b 的影响

当钢筋屈服强度 f_y、钢筋公称直径 d、混凝土强度等级 f_{cu} 和混凝土保护层厚度 c 相同，带端板钢筋锚固长度 l_{ah} 不同时，带端板钢筋锚固长度 l_{ah} 对直锚段钢筋黏结作用 F_b 的影响如图 7.9 所示。

图 7.9 中，受力纵筋的屈服强度 f_y 为 550 MPa；受力纵筋公称直径 d 为 20 mm；混凝土强度等级 f_{cu} 为 C30；混凝土保护层厚度 c 为 100 mm。带端板钢

筋锚固长度 l_{ah} 的范围为 100～400 mm。其中，带端板钢筋锚固长度 l_{ah} 最大取为 400 mm，是要确保钢筋端板会承担部分锚固力；而混凝土保护层厚度 c 取为 100 mm，是最大钢筋公称直径 20 mm 的 5 倍，可以确保直锚段钢筋黏结作用 F_b 不会受到混凝土保护层厚度 c 的影响。

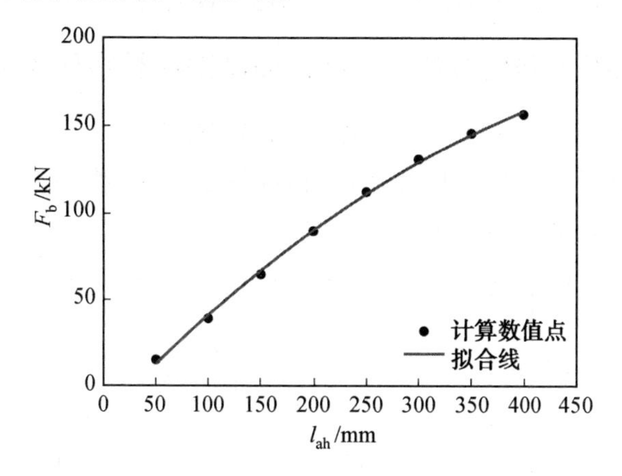

图 7.9　带端板钢筋锚固长度 l_{ah} 对直锚段钢筋黏结作用 F_b 的影响

由图 7.9 可知，直锚段钢筋的黏结作用 F_b 随着带端板钢筋锚固长度 l_{ah} 的增加而增加，呈现非线性关系。这也是因为带端板钢筋锚固长度 l_{ah} 的增加会使得钢筋与混凝土之间的接触面积增大，从而使得直锚段钢筋黏结作用 F_b 增大。当带端板钢筋锚固长度 l_{ah} 很小时，钢筋锚固力主要由钢筋端板的承压作用承担，并且钢筋端板进入工作状态的时间相对较早；而当带端板钢筋锚固长度 l_{ah} 逐渐增大时，钢筋端板承压作用所承担的锚固力就会相对减小，并且钢筋端板进入工作的时间也会相对晚一点。钢筋端板进入工作状态时间的不同，造成了直锚段钢筋的黏结作用 F_b 与带端板钢筋的锚固长度 l_{ah} 之间的非线性变化关系。但是，这种非线性关系并不是十分明显。不同带端板钢筋锚固长度 l_{ah} 时，通过数值分析软件程序计算获得的直锚段钢筋黏结作用力 F_b 数值见表 7.3。

表 7.3　不同 l_{ah} 值时的 F_b 数值

l_{ah}/mm	f_{cu}	c/mm	d/mm	F_b/kN
100				38.92
150				64.54
200				89.38
250	C30	100	20	111.80
300				130.74
350				145.71
400				156.73

由表 7.3 可知，当带端板钢筋锚固长度 l_{ah}较初始值增加 3 倍时，直锚段钢筋黏结作用 F_b较初始值增加 4.9 倍。直锚段钢筋的黏结作用 F_b较初始值的增加幅度比带端板钢筋锚固长度 l_{ah}较初始值的增加幅度要大，说明带端板钢筋锚固长度 l_{ah}对直锚段钢筋的黏结作用 F_b的影响还是较大的。

7.5.3 混凝土强度等级 f_{cu} 对直锚段钢筋黏结作用 F_b 的影响

当钢筋屈服强度 f_y、钢筋公称直径 d、带端板钢筋锚固长度 l_{ah}和混凝土保护层厚度 c 相同，混凝土强度等级 f_{cu}不同时，混凝土强度等级 f_{cu}对直锚段钢筋黏结作用 F_b的影响如图 7.10 所示。

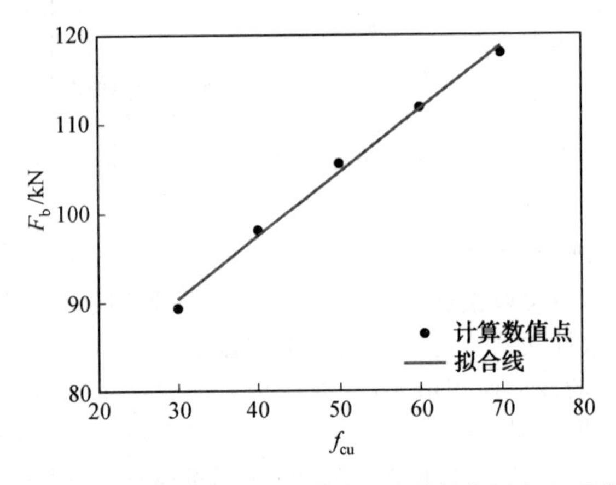

图 7.10 混凝土强度等级 f_{cu}对直锚段黏结作用力 F_b的影响

图 7.10 中，受力纵筋的屈服强度 f_y为 550 MPa；受力纵筋公称直径 d 为 20 mm；钢筋端板锚固长度 l_{ah}为 200 mm；混凝土保护层厚度 c 为 100 mm。混凝土强度等级 f_{cu} 的范围为 C30～C70。其中，带端板钢筋锚固长度 l_{ah} 取为 200 mm，是为了要确保钢筋端板会承担部分锚固力；而混凝土保护层厚度 c 取为 100 mm，是最大钢筋公称直径 20 mm 的 5 倍，可以确保直锚段钢筋黏结作用 F_b不会受到混凝土保护层厚度 c 的影响。

由图 7.10 可知，直锚段钢筋的黏结作用 F_b随着混凝土强度等级 f_{cu}的增加而增加，呈现线性关系。这主要是因为混凝土强度等级 f_{cu}的提高，可以提高混凝土自身抗拉和抗压性能，可以有效地提高直锚段钢筋黏结作用。不同混凝土强度等级 f_{cu}时，通过数值分析软件程序计算获得的直锚段钢筋黏结作用力 F_b数值见表 7.4。

表 7.4　不同 f_{cu} 值时的 F_b 数值

f_{cu}	l_{ah}/mm	c/mm	d/mm	F_b/kN
C30				89.38
C40				98.13
C50	200	100	20	105.62
C60				111.89
C70				118.03

由表 7.4 可知，当混凝土强度等级 f_{cu} 增加 1 倍时，直锚段钢筋黏结作用 F_b 较初始值增加 0.25 倍。直锚段钢筋的黏结作用 F_b 较初始值的增加幅度比混凝土强度等级 f_{cu} 的增加幅度要小，说明混凝土强度等级 f_{cu} 对直锚段钢筋的黏结作用 F_b 的影响是相对有限的。

7.5.4　混凝土保护层厚度 c 对直锚段钢筋黏结作用 F_b 的影响

当钢筋屈服强度 f_y、钢筋公称直径 d、带端板钢筋锚固长度 l_{ah} 和混凝土强度等级 f_{cu} 相同，混凝土保护层厚度 c 不同时，混凝土保护层厚度 c 对直锚段钢筋黏结作用 F_b 的影响如图 7.11 所示。

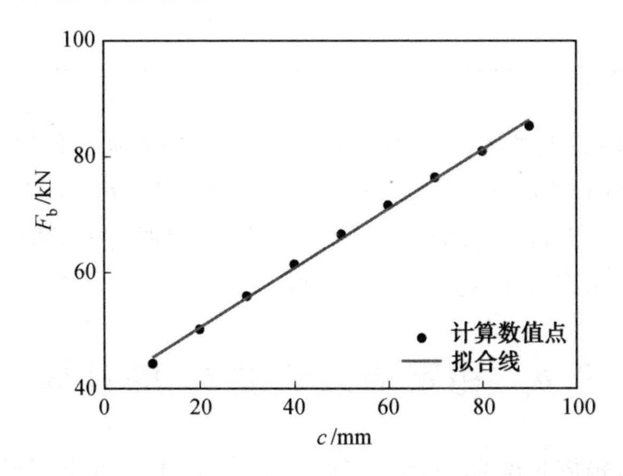

图 7.11　混凝土保护层厚度 c 对直锚段钢筋黏结作用 F_b 的影响

图 7.11 中，受力纵筋的屈服强度 f_y 为 550 MPa；受力纵筋公称直径 d 为 20 mm；带端板钢筋锚固长度 l_{ah} 为 200 mm；混凝土强度等级 f_{cu} 为 C30。混凝土保护层厚度 c 的范围为 10～90 mm。根据中国建筑科学研究院徐有邻教授的研究成果，当相对混凝土保护层厚度 c/d 值大于 4.5 或 5 时，对钢筋与混凝土之间黏结力的影响很小。所以，本章对混凝土保护层厚度 c 的考察范围选取为相对混

凝土保护层厚度 c/d 值的 0.5～4.5 倍之间。此外，带端板钢筋锚固长度 l_{ah} 为 200 mm，同样是要确保钢筋端板会承担部分锚固力。

由图 7.11 可知，在相对混凝土保护层厚度不大于 4.5 时，直锚段钢筋的黏结作用 F_b 随着混凝土保护层厚度 c 的增加而线性增加。这主要是因为混凝土保护层厚度 c 的提高，可以有效降低直锚段钢筋周围混凝土开裂的影响，从而使直锚段钢筋黏结作用承担更多的钢筋锚固力。不同混凝土保护层厚度 c 时，通过数值分析软件程序计算获得的直锚段钢筋黏结作用 F_b 数值见表 7.5。

表 7.5　不同 c 时的 F_b 数值

c/mm	l_{ah}/mm	f_{cu}	d/mm	F_b/kN
10	200	C30	20	44.37
20				50.27
30				55.96
40				61.42
50				66.64
60				71.63
70				76.40
80				80.94
90				85.26

由表 7.5 可知，当混凝土保护层厚度 c 较初始值增加 3 倍时，直锚段钢筋黏结作用 F_b 较初始值增加 0.38 倍。直锚段钢筋的黏结作用 F_b 较初始值的增加幅度比混凝土保护层厚度 c 的增加幅度要小很多，说明混凝土保护层厚度 c 对直锚段钢筋的黏结作用 F_b 的影响是十分有限的。

7.6　稳定锚固长度 l_{as} 的计算

钢筋的稳定锚固长度 l_{as} 为钢筋加载端屈服时，钢筋自由端刚要出现滑移状态的锚固长度，即直锚钢筋自由端不出现滑移值时的最小锚固长度。钢筋的稳定锚固长度是钢筋端板能否进入工作状态的一个界限锚固长度。通过对钢筋屈服强度 f_y、混凝土轴心抗拉强度 f_t 和相对混凝土保护层厚度 c/d 的分析，给出了各参数对钢筋相对稳定锚固长度 l_{as}/d 的影响规律。最后，建立了以钢筋屈服强度与混凝土轴心抗拉强度之比 f_y/f_t 和相对混凝土保护层厚度 c/d 为自变量的钢筋相对稳定锚固长度 l_{as}/d 的计算公式。

7.6.1　钢筋屈服强度 f_y 对钢筋相对稳定锚固长度 l_{as}/d 的影响

为了分析出钢筋屈服强度 f_y 对钢筋相对稳定锚固长度 l_{as}/d 的影响规律，将混凝土强度等级统一定为C40混凝土，钢筋公称直径 d 统一定为20 mm，相对混凝土保护层厚度 c/d 统一定为3.25。钢筋强度等级则选取为HRB300、HRB400、HRB500、HRB600和HRB700钢筋，与其相对应的屈服强度 f_y 分别为330 MPa、440 MPa、550 MPa、660 MPa和770 MPa。其余所需要的具体参数采用本书带端板钢筋混凝土拉拔试验中所获得的实测数据。根据现有已确定的参数，借助数值分析软件程序计算获得的钢筋相对稳定锚固长度 l_{as}/d 数值，见表7.6。l_{as}/d 随 f_y 的变化情况如图7.12所示。由表7.6和图7.12可知，钢筋相对稳定锚固长度 l_{as}/d 随钢筋屈服强度 f_y 的增加而增加，且呈现出近似线性变化的关系。

表7.6　不同 f_y 时的 l_{as}/d 数值

钢筋牌号	f_{cu}	c/d	l_{as}/d
HRB300			22.46
HRB400			25.98
HRB500	C40	3.25	29.10
HRB600			31.84
HRB700			34.57

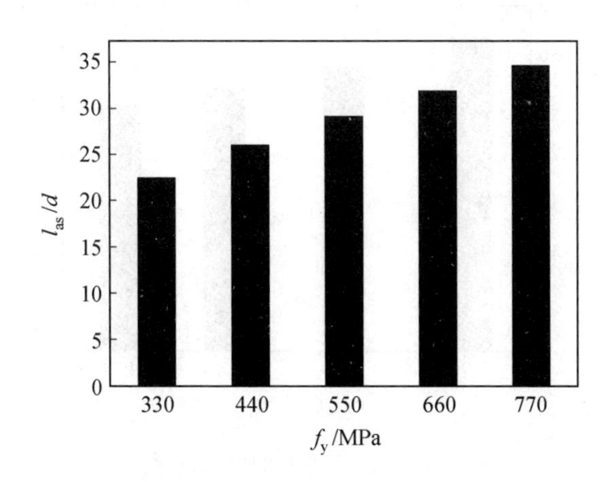

图7.12　l_{as}/d 随 f_y 的变化情况

7.6.2 混凝土强度等级 f_{cu} 对钢筋相对稳定锚固长度 l_{as}/d 的影响

为了分析出混凝土强度等级 f_{cu} 对钢筋相对稳定锚固长度 l_{as}/d 的影响规律，将钢筋强度等级统一选取为 HRB500 钢筋，钢筋屈服强度 f_y 统一定为 550 MPa。钢筋公称直径 d 统一定为 20 mm，相对混凝土保护层厚度 c/d 统一定为 3.25。当分析混凝土强度等级 f_{cu} 对钢筋相对稳定锚固长度 l_{as}/d 的影响时，选取了混凝土的轴心抗拉强度 f_t 作为主要研究对象，包含的混凝土强度等级 f_{cu} 有 C30、C40、C50 和 C60，则对应的混凝土轴心抗拉强度 f_t 分别为2.96 MPa、3.39 MPa、3.79 MPa 和 4.14 MPa，均为本书第 6 章带端板钢筋混凝土拉拔试验中所获得的实测数据。根据现有已确定的参数，借助数值分析软件程序计算获得的钢筋相对稳定锚固长度 l_{as}/d 数值，见表 7.7。l_{as}/d 随 f_t 的变化情况如图 7.13 所示。

表 7.7 不同 f_t 时的 l_{as}/d 数值

钢筋牌号	f_t/MPa	c/d	l_{as}/d
HRB500	2.96	3.25	31.91
	3.39		28.79
	3.79		26.60
	4.14		24.88

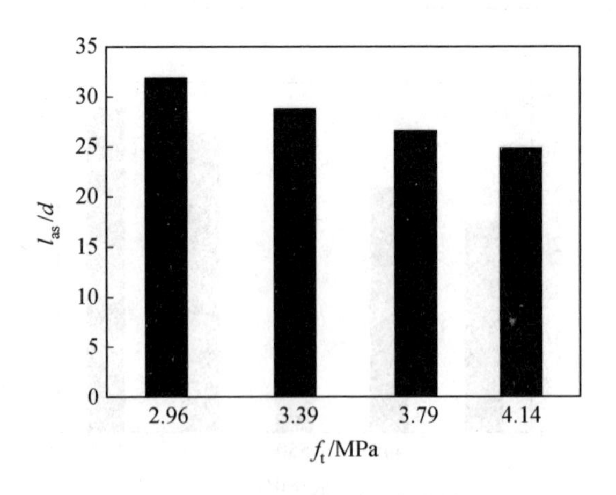

图 7.13 l_{as}/d 随 f_t 的变化情况

由表 7.7 和图 7.13 可知，钢筋相对稳定锚固长度 l_{as}/d 随混凝土轴心抗拉强度 f_t 的增加而减小，且呈现出近似为线性变化的关系。

这是因为钢筋稳定锚固长度 l_{as} 的大小是由钢筋与混凝土自身材料性质所决

定的。也就是说，当钢筋或者混凝土的材料性质发生改变时，l_{as}也会随之而改变。基于上述分析，给出了钢筋相对稳定锚固长度 l_{as}/d 随 f_y/f_t的变化情况，如图 7.14 所示。由图 7.14 可知，钢筋相对稳定锚固长度 l_{as}/d 随 f_y/f_t的增加而线性增加。

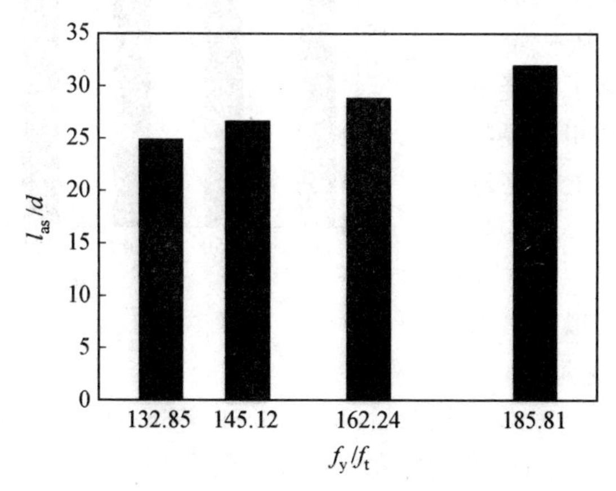

图 7.14　l_{as}/d 随 f_y/f_t的变化情况

7.6.3　相对混凝土保护层厚度 c/d 对钢筋相对稳定锚固长 l_{as}/d 的影响

为了分析出相对混凝土保护层厚度 c/d 对钢筋相对稳定锚固长度 l_{as}/d 的影响规律，将钢筋强度等级统一选取为 HRB600 钢筋，钢筋屈服强度 f_y统一定为 660 MPa。钢筋公称直径 d 统一定为 20 mm，混凝土强度等级 f_{cu}统一定为 C40。相对混凝土保护层厚度 c/d 取为 1.00、1.50、2.00、2.50、3.00 和 3.25。根据现有已确定的参数，借助数值分析软件程序计算获得的钢筋相对稳定锚固长度 l_{as}/d 数值，见表 7.8。l_{as}/d 随 c/d 的变化情况如图 7.15 所示。

表 7.8　不同 c/d 时的 l_{as}/d 数值

钢筋牌号	f_t/MPa	c/d	l_{as}/d
HRB600	3.39	1.00	40.20
		1.50	37.85
		2.00	35.90
		2.50	34.02
		3.00	32.62
		3.25	31.84

由表 7.8 和图 7.15 可知，钢筋相对稳定锚固长度 l_{as}/d 随相对保护层厚度 c/d 的增加而减小，且呈现近似线性变化的关系。

相对混凝土保护层厚度 c/d 的增加可以有效地限制混凝土内部裂缝的发展，从而也有效限制了直锚段钢筋的黏结作用的发展。从一定意义上讲，相当于提高了混凝土的抗拉性能。所以，相对混凝土保护层厚度 c/d 在一定范围内的增加会导致 l_{as}/d 的减小。

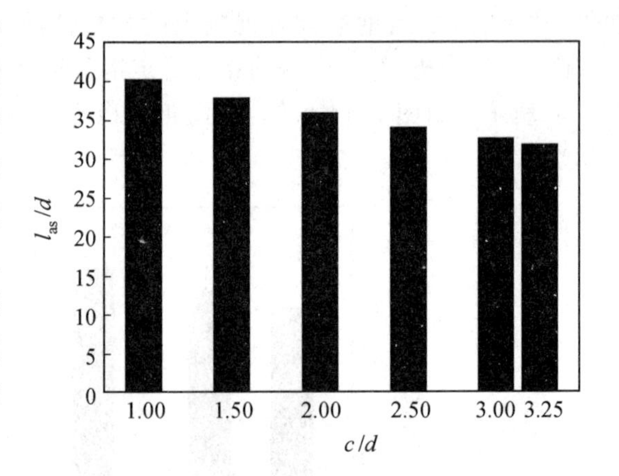

图 7.15　l_{as}/d 随 c/d 的变化情况

基于上述分析，拟合出以 f_y/f_t 和 c/d 为自变量，l_{as}/d 的计算公式。用线性方程模式拟合后，R^2 为 0.99，SSE 为 0.41，RMSE 为 0.32，说明用线性公式拟合具有较高的精度。拟合方程式为

$$l_{as}/d=0.123\frac{f_y}{f_t}-1.905\frac{c}{d}+14.640 \tag{7.27}$$

在相同条件下，通过式(7.27)与数值分析软件程序分别计算获得的钢筋相对稳定锚固长度 l_{as}^c/d 与 l_{as}^f/d，以及二者的比值见表 7.9。

表 7.9　不同计算方式下的 l_{as}/d 数值对比

钢筋牌号	f_{cu}	d/mm	c/d	l_{as}^c/d	l_{as}^f/d	l_{as}^f/l_{as}^c
HRB500	C30	20	3.25	31.91	31.30	0.98
	C30	22	2.91	32.62	31.95	0.98
	C30	25	2.50	33.48	32.73	0.98
	C40	20	3.25	29.10	28.40	0.99
	C40	22	2.91	29.65	29.05	0.98
	C40	25	2.50	30.35	29.83	0.98
	C50	20	3.25	26.84	26.30	0.98
	C50	22	2.91	27.23	26.95	0.99
	C50	25	2.50	28.09	27.73	0.99
	C60	20	3.25	25.04	24.79	0.99
	C60	22	2.91	25.59	25.44	0.99
	C60	25	2.50	26.29	26.22	1.00

通过式(7.27)与数值分析软件程序分别计算获得的钢筋相对稳定锚固长度 l_{as}^c/d 与 l_{as}^f/d 比值的平均值为 0.98，标准差为 0.01，变异系数为 0.01。利用数值分析软件程序获得的相同条件下，钢筋基本锚固长度 l_{ab}、钢筋临界锚固长度 l_{ac}

与钢筋稳定锚固长度 l_{as} 的值，以及彼此之间的比例关系见表 7.10。

表 7.10　相同条件下 l_{ab}/d、l_{ac}/d 和 l_{as}/d 的数值对比

组号	l_{ab}/d	l_{ac}/d	l_{as}/d	l_{ac}/l_{ab}	l_{as}/l_{ab}
HRB500－d20－C30	26.01	16.10	31.91	0.62	1.23
HRB500－d22－C30	26.01	17.10	32.62	0.66	1.25
HRB500－d25－C30	26.01	18.50	33.48	0.71	1.29
HRB500－d20－C40	22.71	14.00	29.10	0.62	1.28
HRB500－d22－C40	22.71	14.90	29.65	0.66	1.31
HRB500－d25－C40	22.71	16.10	30.35	0.71	1.34
HRB500－d20－C50	20.32	12.50	26.84	0.62	1.32
HRB500－d22－C50	20.32	13.30	27.23	0.65	1.34
HRB500－d25－C50	20.32	14.40	28.09	0.71	1.38
HRB500－d20－C60	18.60	11.50	25.04	0.62	1.35
HRB500－d22－C60	18.60	12.20	25.59	0.66	1.38
HRB500－d25－C60	18.60	13.20	26.29	0.71	1.41
HRB600－d20－C40	27.26	16.90	31.84	0.62	1.17
HRB600－d22－C40	27.26	17.90	32.70	0.66	1.20
HRB600－d25－C40	27.26	19.40	33.56	0.71	1.23
HRB600－d20－C50	24.38	15.10	29.34	0.62	1.20
HRB600－d22－C50	24.38	16.00	30.04	0.66	1.23
HRB600－d25－C50	24.38	17.30	30.98	0.71	1.27
HRB600－d20－C60	22.32	13.80	27.46	0.62	1.23
HRB600－d22－C60	22.32	14.70	28.16	0.66	1.26
HRB600－d25－C60	22.32	15.80	28.87	0.71	1.29
HRB600－d20－C70	20.49	12.70	25.82	0.62	1.26
HRB600－d22－C70	20.49	13.40	26.37	0.65	1.29
HRB600－d25－C70	20.49	14.50	27.15	0.71	1.33

钢筋基本锚固长度 l_{ab} 是根据《混凝土结构设计规范》(GB 50010—2010) 8.3.1节中基本锚固长度的计算公式计算得到的。为了方便对比，计算所需参数并没有采用规范中要求的设计值，而是以实测数值进行的计算。由表 7.10 可知，l_{ac}/l_{ab} 的平均值为 0.66，l_{as}/l_{ab} 的平均值为 1.28，说明钢筋基本锚固长度 l_{ab} 大致为钢筋临界锚固长度 l_{ac} 与钢筋稳定锚固长度 l_{as} 的平均值。

7.7 分配关系的计算

对试验数据进一步整理分析后发现，受力纵筋加载端屈服时，F_b/F_y值随l_{ah}/l_{as}值的增大而减小。并且，当相对混凝土保护层厚度 c/d 一定时，F_b/F_y值随l_{ah}/l_{as}值的变化呈线性关系。其中，F_b值、F_y值、l_{ah}值和 c/d 值均为本书第 6 章带端板钢筋混凝土拉拔试验中的真实数值，l_{as}值则是通过式(7.27)计算获得的数值。图 7.16 中给出了当相对混凝土保护层厚度 c/d 为 3.25、2.91 和 2.50 时的F_b/F_y值随 l_{ah}/l_{as}值的变化规律。

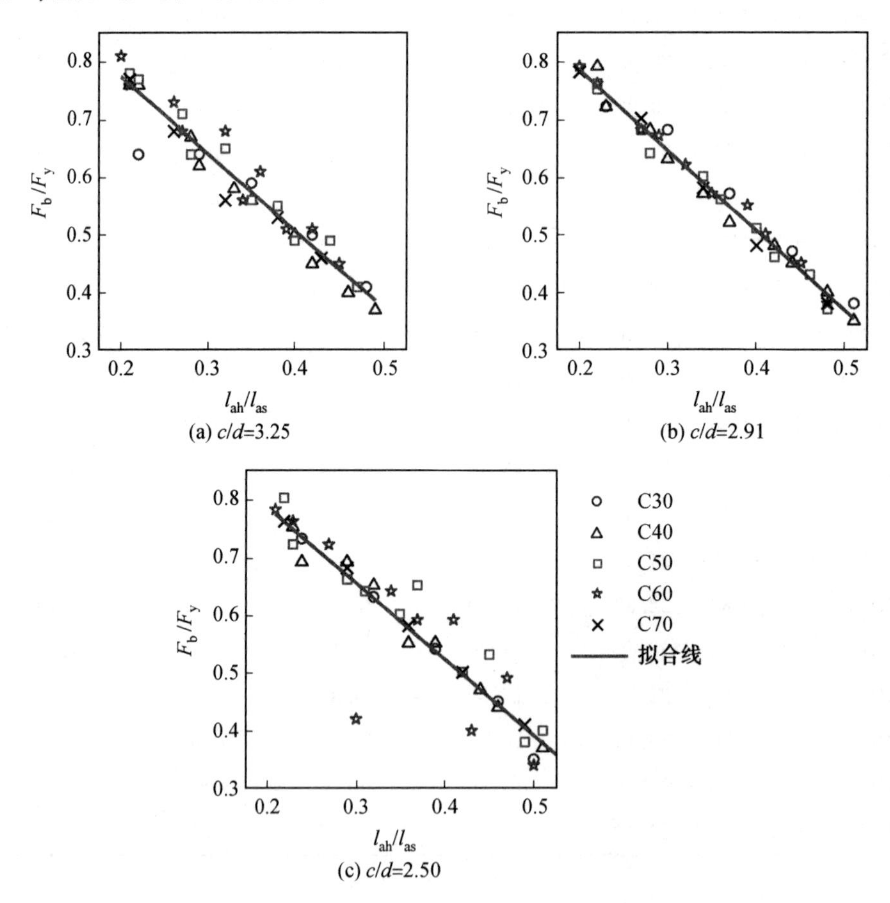

图 7.16 F_b/F_y值随 l_{ah}/l_{as}值的变化规律

当相对混凝土保护层厚度 c/d 为 3.25、2.91 和 2.50 时，拟合公式的 R^2 值分别为 0.94、0.98 和 0.86。尽管当 c/d 一定时，F_b/F_y值随 l_{ah}/l_{as}值的变化呈线性关系，但是其拟合线的斜率却有所不同。因此，以 l_{ah}/l_{as}值为自变量的 F_b/F_y值

拟合公式为

$$\frac{F_b}{F_y}=a+b\frac{l_{ah}}{l_{as}} \tag{7.28}$$

式(7.28)中的 a 和 b 均为与 c/d 相关参数，分别为

$$a=1.034+0.005\frac{c}{d} \tag{7.29}$$

$$b=-1.142-0.070\frac{c}{d} \tag{7.30}$$

利用式(7.28)、式(7.29)和式(7.30)计算获得的结果，与实测结果的比值平均值为 1.00，标准差为 0.07，变异系数为 0.07。式(7.28)、式(7.29)和式(7.30)的拟合面效果图，如图 7.17 所示。

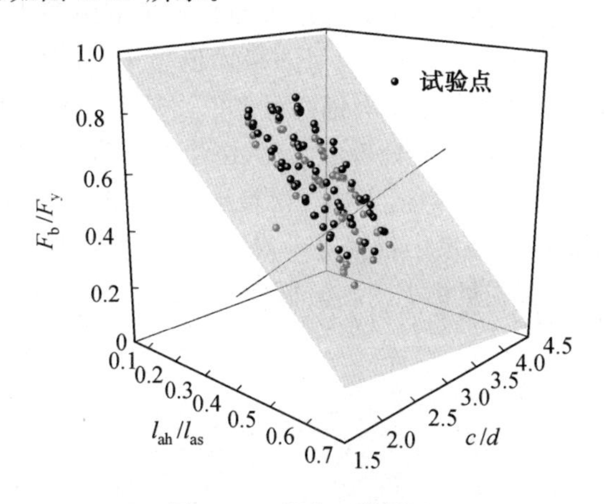

图 7.17　拟合面效果图

根据上述公式，可以计算出受力纵筋加载端屈服时，直锚段钢筋黏结作用 F_b 的数值。由此，便可以得到钢筋锚固力在直锚段钢筋黏结作用 F_b 与钢筋端板承压作用 F_p 之间的分配关系。

7.8　本章小结

本章通过对带端板钢筋在混凝土中受力特点的分析，给出了适用于带端板钢筋受力的边界条件，并在合理选取本构关系的基础上，借助数值分析软件编写出带端板钢筋在混凝土中受力的相关计算程序。通过与带端板钢筋混凝土拉拔试验数据的对比，验证了数值分析软件程序的准确性。最后，以数值分析软件计算程序为工具，分析了各参数对直锚段钢筋黏结作用的影响规律，并获得了以下结论。

(1)以数值分析软件计算程序为工具，分别对钢筋公称直径 d、带端板钢筋锚

固长度 l_{ah}、混凝土强度等级 f_{cu} 和混凝土保护层厚度 c 对直锚段钢筋黏结作用 F_b 的影响规律进行了分析，并对各因素的影响程度进行了评价。

（2）提出了钢筋稳定锚固长度 l_{as} 的概念，为钢筋加载端屈服时，钢筋自由端刚要出现滑移状态的锚固长度，即直锚钢筋自由端不出现滑移值时的最小锚固长度。钢筋的稳定锚固长度 l_{as} 是钢筋端板能否进入工作状态的一个界限锚固长度。

（3）基于数值分析软件程序对钢筋稳定锚固长度 l_{as} 的计算结果，对钢筋屈服强度 f_y、混凝土轴心抗拉强度 f_t 和相对混凝土保护层厚度 c/d 进行了分析，并给出了各参数对钢筋相对稳定锚固长度 l_{as}/d 的影响规律。建立了以钢筋屈服强度与混凝土轴心抗拉强度之比 f_y/f_t 和 c/d 为自变量的 l_{as}/d 计算公式。

（4）基于数值分析软件程序的计算结果和相关规范中公式的计算结果，总结出了 l_{ac}/l_{ab} 值的平均值为 0.66，l_{as}/l_{ab} 值的平均值为 1.28，说明钢筋基本锚固长度 l_{ab} 大致为钢筋临界锚固长度 l_{ac} 与钢筋稳定锚固长度 l_{as} 的平均值。

（5）对试验数据进一步整理分析后发现，在受力纵筋加载端屈服时，F_b/F_y 值随 l_{ah}/l_{as} 值的增大而减小。并且，当相对混凝土保护层厚度 c/d 一定时，F_b/F_y 值随 l_{ah}/l_{as} 值的变化呈线性关系。根据这一规律，建立了以 l_{ah}/l_{as} 值和相对混凝土保护层厚度 c/d 值为自变量的 F_b/F_y 值拟合公式。

第8章 钢筋端板下混凝土局压承载力计算

8.1 概 述

与国家标准《混凝土结构设计规范》(GB 50010—2010)中规定的混凝土局压有所不同,钢筋端板下混凝土不仅承受钢筋端板传来的压力,还承受直锚段钢筋与混凝土间的黏结作用,使得钢筋端板下的混凝土局压呈现新的受力特点。针对这一问题,本章主要对考虑直锚段钢筋黏结作用时,钢筋端板下的混凝土局压承载力计算问题进行了研究。

8.2 试验方案

针对直锚段钢筋与混凝土间黏结作用对混凝土局压承载力影响的问题,试验完成了不同截面尺寸、不同钢筋公称直径 d、不同钢筋屈服强度 f_y、不同带端板钢筋的锚固长度 l_{ah}、不同混凝土强度等级的共30个带端板钢筋混凝土拉拔试件的拉拔试验。

8.2.1 试件设计

试件的截面尺寸分为150 mm×150 mm和200 mm×200 mm两种,且受力纵筋布置于试件截面的形心线上。混凝土试件中受力纵筋的长度由带端板钢筋的锚固长度 l_{ah} 和PVC管的长度 l_{ap} 共同组成。试件中带端板钢筋的锚固长度 l_{ah} 则为钢筋临界锚固长度 l_{ac} 的0.3~0.7倍。其中,将钢筋加载端受拉屈服时,钢筋要被拔出而又未被拔出这一临界状态所对应的钢筋在混凝土中的锚固长度称为临界锚固长度 l_{ac}。并且,钢筋的临界锚固长度 l_{ac} 可以根据《混凝土结构设计规范》(GB 50010—2010)中钢筋一混凝土黏结一滑移本构关系推导计算获得。试件中所采用的受力纵筋为预应力螺纹钢筋,屈服强度标准值 f_{pyk} 分别为980 MPa和1 080 MPa,钢筋公称直径 d 分别为32 mm和25 mm。与两种钢筋公称直径

d 相对应的端板尺寸分别为 60 mm×60 mm 和 50 mm×50 mm，钢筋端板的厚度均为 20 mm。试件中锚固钢筋采用预应力螺纹钢筋，目的是为了避免锚固钢筋在试件发生混凝土局压破坏之前断裂。试件中的箍筋和架立筋均选用 HPB300 钢筋，其公称直径 d 为 8 mm，间距为 100 mm。试件编号及相关参数见表 8.1。

表 8.1　试件编号及相关参数

编号	d /mm	f_{pyk} /MPa	l_{ah} /mm	f_{cu}	l_{ah}/l_{ac}	编号	d /mm	f_{pyk} /MPa	l_{ah} /mm	f_{cu}	l_{ah}/l_{ac}
01			170		0.3	16			140		0.3
02			230		0.4	17			170		0.4
03			290	C30	0.5	17			200	C30	0.5
04			350		0.6	19			250		0.6
05			410		0.7	20			280		0.7
06			150		0.3	21			110		0.3
07			200		0.4	22			140		0.4
08	32	980	250	C40	0.5	23	25	1 080	170	C40	0.5
09			300		0.6	24			220		0.6
10			350		0.7	25			250		0.7
11			140		0.3	26			110		0.3
12			190		0.4	27			140		0.4
13			230	C50	0.5	28			170	C50	0.5
14			280		0.6	29			200		0.6
15			320		0.7	30			220		0.7

带端板拉拔试件的示意图如图 8.1 所示。这里需要注意的是，本章中所提到的混凝土保护层厚度 c 指的是受力纵筋外边缘到混凝土试件外边缘的距离，而并非箍筋外边缘至试件边缘的距离。

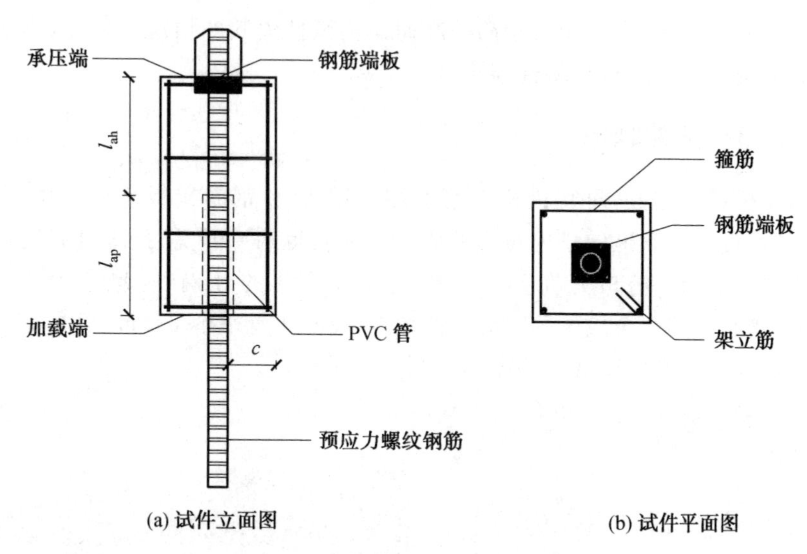

图 8.1　带端板拉拔试件的示意图

8.2.2　材料性能指标

试件的制作过程中，按不同混凝土强度等级和不同截面尺寸分别进行浇筑，且每次浇筑均预留边长为 100 mm 的混凝土立方体试块 9 个。混凝土材料力学性能试验是在液压试验机上进行的。本次试验中，混凝土材料配比见表 8.2。

表 8.2　混凝土材料配比

混凝土强度等级 f_{cu}	水泥型号	水胶比	材料用量/(kg・m^{-3})			
			水泥	水	砂	石
C30	P・O 42.5	0.52	413.5	215	602.3	1 169.2
C40	P・O 42.5	0.44	430.0	190	610.0	1 180.0
C50	P・O 42.5	0.35	542.9	190	566.8	1 100.3

混凝土中所采用的粗骨料为人工碎石，最大粒径为 30 mm，细骨料为中砂，混凝土材料力学性能见表 8.3。

表 8.3　混凝土材料力学性能

混凝土强度等级 f_{cu}	轴心抗压强度 $f_{c,m}$/MPa	轴心抗拉强度 $f_{t,m}$/MPa
C30	28.09	2.88
C40	34.22	3.21
C50	46.14	3.78

注：混凝土轴心抗压强度是通过边长为 150 mm 混凝土立方体强度值乘以相应系数计算获得的。当混凝土强度为 C50 及以下普通混凝土时，系数取 0.76。混凝土轴心抗拉强度 $f_{t,m}$ 是根据国家标准《混凝土结构设计规范》(GB 50010—2010) 中公式 $f_{t,m}=0.395f_{c,m}^{0.55}$ 计算得到的。

在试验过程中，没有拉拔钢筋破断而使得试件失效的情况。因此，本次试验并没有对受力纵筋进行材料性能测试。

8.2.3 试件制作

与拉拔试验相似，对直锚段钢筋黏结作用 F_b 和钢筋端板承压作用 F_p 的采集，都是通过沿钢筋纵向槽内布置的应变片来获得的。但是，预应力螺纹钢筋并没有纵肋。因此，槽口开在预应力螺纹钢筋横肋的分隔处，尺寸为 4 mm×4 mm。槽底相邻两个应变片中心每距离 30 mm 布置一个 1 mm×2 mm 的应变片。钢筋开槽及槽内应变片的布置如图 8.2 所示。

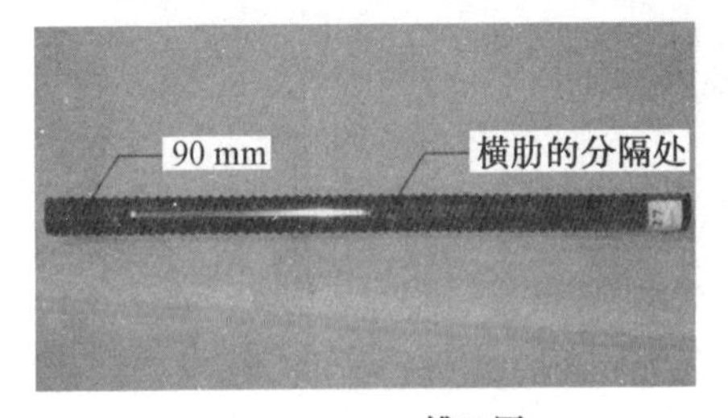

(a) 4 mm×4 mm 槽口图

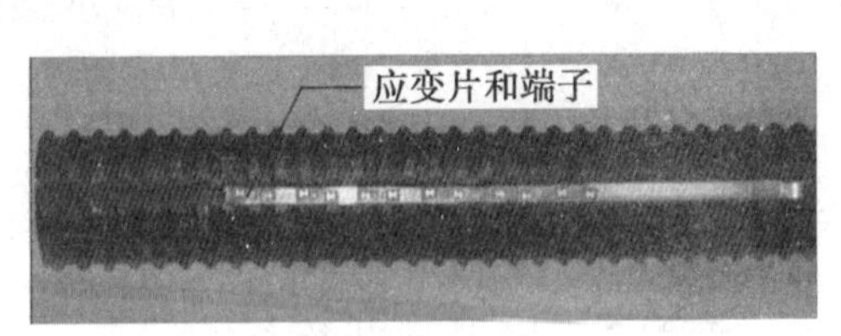

(b) 槽内应变片

图 8.2　钢筋开槽及槽内应变片的布置

钢筋在锚固端伸出端面的尺寸，应考虑高强螺母高度、钢筋端板厚度、铣槽时下刀工艺的弧线投影长度等的影响。先将槽底的应变片与直径为 0.31 mm 漆包线焊接相连，再用氯丁胶做防潮处理。然后将漆包线沿槽口内部捋出，最后以植筋胶将槽口填实封住。应变片的处理过程如图 8.3 所示。

(a) 焊接漆包线

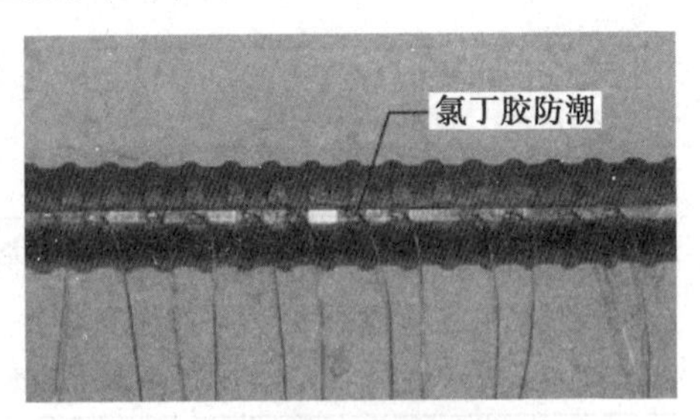

(b) 应变片的防潮处理

图 8.3　应变片的处理过程

处理后的钢筋如图 8.4 所示。

带端板钢筋的混凝土拉拔试件的模板采用木模板，为了使试件加载端的混凝土尽可能平整，浇筑混凝土时从试件侧面进行浇筑。在试件加载端和承压端木模板的中心位置开孔，用来固定带端板的受力纵筋。钢筋端板与试件端模内沿持平，套在钢筋外缘的 PVC 管通过试件加载端模板的中心孔。箍筋通过四根

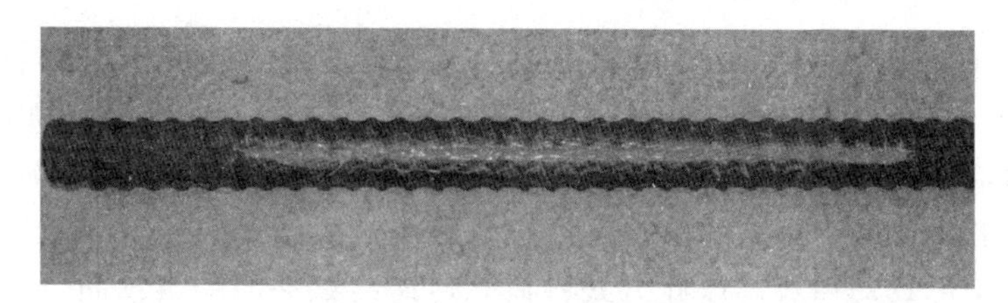

图 8.4 处理后的钢筋

架立筋固定其位置，架立筋长度略短于混凝土试件的长度。浇筑前，木模板及钢筋布置如图 8.5 所示。

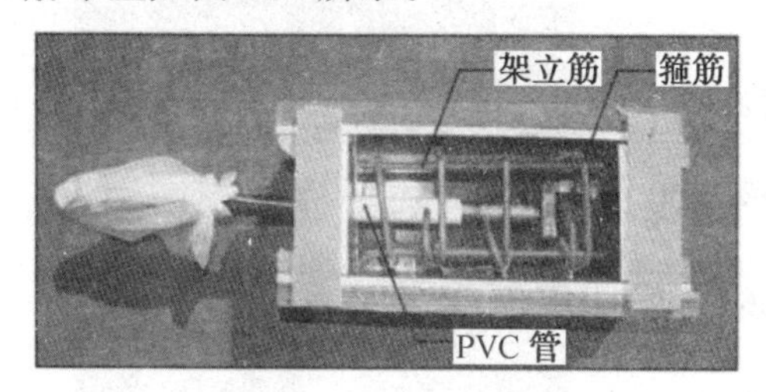

图 8.5 木模板及钢筋布置

试验中所需要的混凝土先按照表 8.2 中的配比进行配料，再由平口式强制搅拌机进行搅拌。搅拌完成后，依次注入木模板中。浇筑混凝土后将试件放在振捣台上进行振捣，使木模板中的混凝土密实。

试件的制作是在 7 月份完成的，试件浇筑后养护现场图如图 8.6 所示。在钢筋端部套塑料袋是为了防止浇筑过程中或养护过程中造成漆包线的损伤，从而影响后续工作的开展。

图 8.6 试件浇筑后养护现场图

8.2.4 加载与测量方案

将试件安置于试验平台上，使试件的承压端与试验平台紧贴，试件承压端突出的高强螺母刚好可置于试验平台的中心孔内。试件的加载端与穿心式球铰紧贴，受力纵筋从穿心式球铰的中心孔中穿过。由于试件受力纵筋的长度有限，不足以从 YCQ100Q－200 型液压穿心式千斤顶中穿出，因此，借助钢筋连接器将受力纵筋的长度进一步加长，以便穿出上部所有的试验设备。液压穿心式千斤顶的上下部分都布置了穿心式钢垫块。为了采集受力纵筋所受到的荷载，在液压穿心式千斤顶上布置了 Y－50 型压力传感器。压力传感器上下也同样有穿心式钢垫块。最后，用高强螺母将整个试验体系固定，拉拔试件加载图如图 8.7 所示。在加载初期，液压穿心式千斤顶向上部出缸，使压力传感器及上部其他部件有向上的移动趋势。而高强螺母又通过预应力螺纹钢筋与试件相连接，有效地限制了向上的移动趋势。以此方式将荷载传递给试件的受力纵筋，以达到试验所需的拉拔效果。

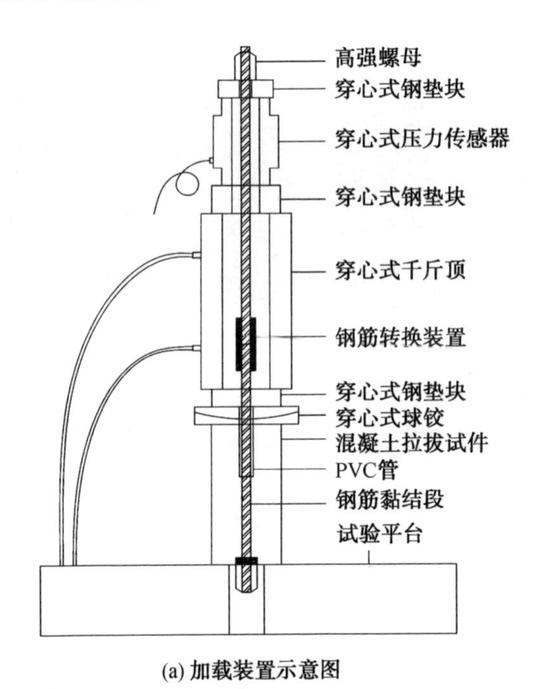

(a) 加载装置示意图

(b) 试件加载现场图

图 8.7　拉拔试件加载图

试验正式开始加载前，需要进行预加载：一方面是为了检验各设备是否工作正常；另一方面是为了消除试验系统各部件之间的缝隙。试验预加载一般不超过 5 kN，试验加载过程中，每 20 kN 手动持荷，记录试件裂缝发展情况和受力纵筋上各应变片的读数。由于试件会发生混凝土的局压破坏，即试件承压端混凝土破坏而失去承载力。这就有可能会造成整个试验体系失稳，使得试验仪器损坏。为了确保试验仪器和试验人员的安全，以钢绳将液压穿心式千斤顶固定。

整个试验过程中，受力纵筋的应力变化情况由所布置的应变片获得，采集仪器为 DH3816 静态应变采集仪。试件受力纵筋加载端受到的荷载则由 Y－50 型压力传感器采集。为了方便对各应变片数据进行整理和分析，将应变片进行了编号处理，局压试件应变片的编号如图 8.8 所示。由图 8.8 所示的应变片编号原则可以知道，编号为 1 的应变片距离试件加载端最近，其数值可以间接反映钢筋加载端施加的荷载;编号为 i 的应变片距离试件承压端最近,其数值可以间接反映钢筋端板的承压作用。编号为 1 的应变片读数所对应的荷载与压力传感器读数所对应的荷载原则上应该完全相同,实际则应该相近。这也是试验系统数据采集准确度的一种有效的自检方式。

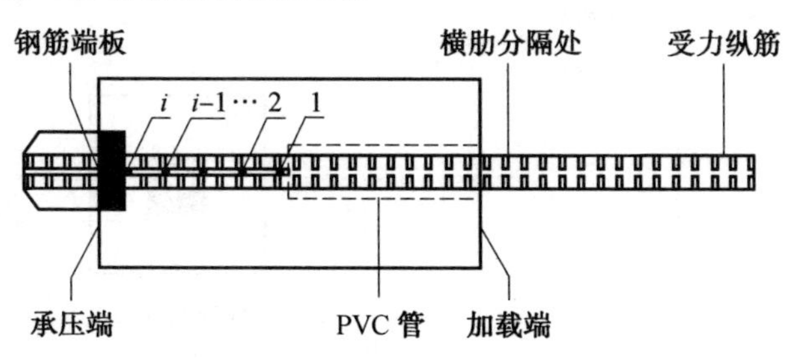

图 8.8　局压试件应变片的编号

8.3　试验现象

通过对试验现象的观察,可以明确所有试件均发生了混凝土局压破坏。当钢筋端板对混凝土施加的荷载达到一定量时,施加的荷载会基本保持不变,而钢筋端板在受力方向上有较大位移。最后,由于钢筋端板下的混凝土丧失承载力,因此试件失效。虽然所有试件都发生了钢筋端板下混凝土的局压破坏,但是各试件之间的破坏还是有所差异的。本章根据不同的破坏现象,将钢筋端板下混凝土的局压破坏分为三种失效模型。同时,分析了三种不同失效模型的破坏机理。

当试件的受力纵筋开始受到拉力时,钢筋锚固力最先由直锚段钢筋的黏结作用承担。随着试件加载端钢筋受到的拉力进一步增加,钢筋锚固力则通过受力纵筋传递至钢筋端板。此时,钢筋锚固力由直锚段钢筋黏结作用和钢筋端板承压作用共同承担。而当钢筋端板进入工作状态后,使得钢筋端板下的混凝土受到局压作用。带端板钢筋混凝土拉拔试件在钢筋端板分担部分锚固力时,钢筋端板下的混凝土受局压荷载影响可以分为受压区和受拉区,与不带钢筋的端板下混凝土局压荷载分布类似。当受力纵筋所受拉力继续增加后,钢筋端板下混凝土受压区内会有楔形体形成。混凝土楔形体的形成主要是受到受压区混凝土套箍作用的影响。

在图 8.9 中,裂缝 1 的出现是因为钢筋端板下混凝土受拉区内最大的拉应力超过了混凝土自身的抗拉强度。裂缝 2 则最先在试件承压端的顶部出现。这是因为当钢筋端板对下部混凝土有局压作用时,钢筋端板下混凝土会有向四周膨胀的趋势,从而产生横向变形,使混凝土开裂。随着受力纵筋所受拉拔力的持续增加，裂缝 1 和裂缝 2 会贯通，形成一个较大的裂缝 3。

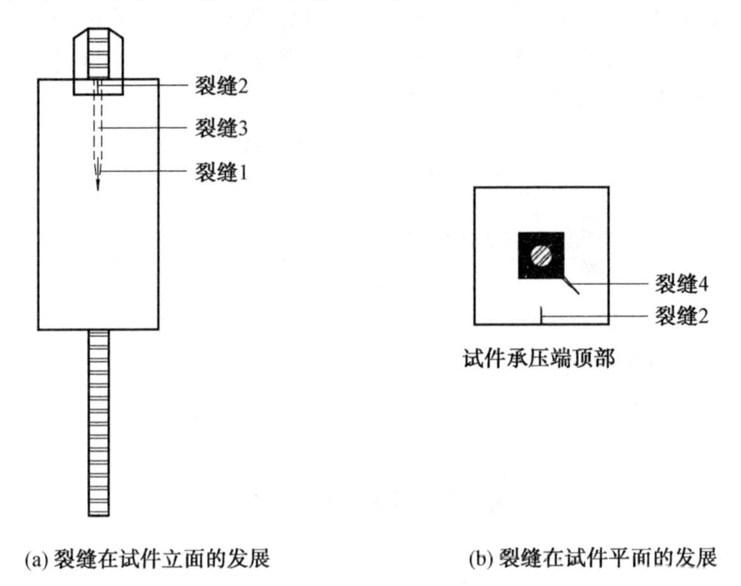

图 8.9 试件上裂缝的发展

除此之外，还观察到裂缝 4 的出现，并且同样出现在试件承压端的顶部。裂缝 4 的发展由钢筋端板的角部向同方向试件的角部发展，这种类型的裂缝主要是由于钢筋端板角部的应力集中。当拉拔力继续增加时，观察到的裂缝发展主要可以归纳为三种。不同的裂缝发展类型都代表着不同的失效模型。因此，将本次试验中钢筋端板下混凝土的局压破坏分为三种失效模型。

8.3.1 第一种失效模型

当钢筋端板下的混凝土楔形体强度相对较高时，试件的破坏主要是由楔形体下方的混凝土失效导致的，归纳为第一种失效模型。第一种失效模型的本质就是楔形体下方的混凝土受到直锚段钢筋黏结作用的影响比较大，使混凝土内部损伤比较严重。如果直锚段钢筋的黏结作用足够大，就会提供足够的剪切应力和环向拉应力，使得楔形体下方的混凝土内部产生损伤，从而明显地削弱楔形体下方混凝土的整体性和强度。与此同时，楔形体又对下方的混凝土有劈拉作用，进一步地加剧了试件下部混凝土的开裂破坏。最终，试件破坏的外在表现就是楔形体将其下方的混凝土压劈裂破坏。需要明确的是，钢筋端板下的混凝土楔形体与直锚段钢筋的黏结一滑移很小，甚至并没有产生滑移值。所以，直锚段钢筋的黏结作用对混凝土楔形体的影响要远小于对试件下部混凝土的影响。

如果直锚段钢筋具有足够的黏结作用，裂缝 3 会持续向试件加载端发展，最终形成贯穿整个试件的主要破坏裂缝。与此同时，试件侧面靠近承压端的部分也会有很多细小的裂缝产生。编号为 2 的试件裂缝如图 8.10 所示。

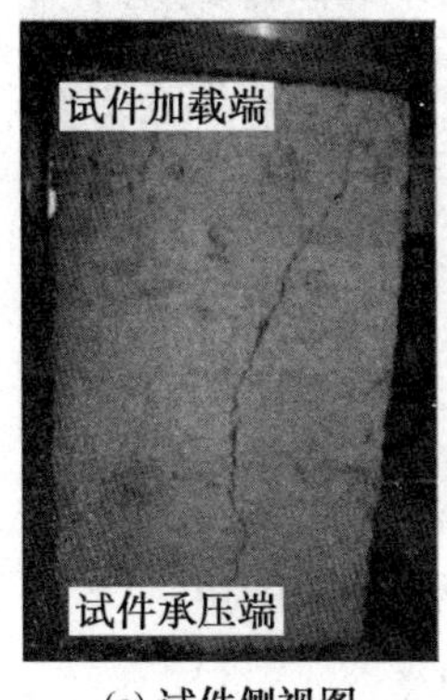

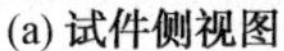

(a) 试件侧视图

(b) 试件俯视图

图 8.10　编号为 2 的试件裂缝

若试件的破坏现象属于第一种失效模型的破坏形式，则证明楔形体下方的混凝土内部有足够的黏结作用。而要提供足够大的黏结作用，就需要较小的带端板钢筋锚固长度 l_{ah}。因此，第一种失效模型主要集中在带端板钢筋锚固长度 l_{ah} 较小的试件当中。

8.3.2　第二种失效模型

当钢筋端板下的混凝土楔形体强度相对较低时，试件的破坏主要是由钢筋端板下混凝土的失效所导致的，归纳为第二种失效模型。与第一种失效模型不同，当试件的破坏属于第二种失效模型时，试件直锚段钢筋的黏结作用就相对较小。因为直锚段钢筋的黏结作用对楔形体下方混凝土的整体性和强度的影响均不大，所以试件下部混凝土依然具有足够的强度抵抗其上部混凝土楔形体的劈拉作用力。当钢筋端板下的混凝土楔形体不能使其下方的混凝土发生劈裂破坏时，裂缝就不会贯穿整个试件，而是会向试件的边缘发展。最终，会在试件的侧表面形成由试件承压端起始向试件边缘发展的斜裂缝。这种失效模型会使钢筋端板下混凝土产生较大的横向变形。当钢筋端板下混凝土的横向变形过大时，混凝土就会被压溃而变得松散直至失去承载能力。

如果试件的破坏属于第二种失效模型，则裂缝主要集中在试件承压端的一定区域内，且有主要的斜裂缝生成。这类失效模型下，裂缝 3 的宽度发展明显，长度的发展则不明显。编号为 15 的试件裂缝如图 8.11 所示。

若试件的破坏现象属于第二种失效模型的破坏形式，则证明试件下部的混凝土仍然具有足够的整体性和强度。也就是说，楔形体下方混凝土内部的直锚段钢筋黏结作用相对较小，对其影响有限。当带端板钢筋锚固长度 l_{ah} 越大时，直锚段钢筋的平均黏结作用越小。因此，第二种失效模型主要集中在带端板钢筋

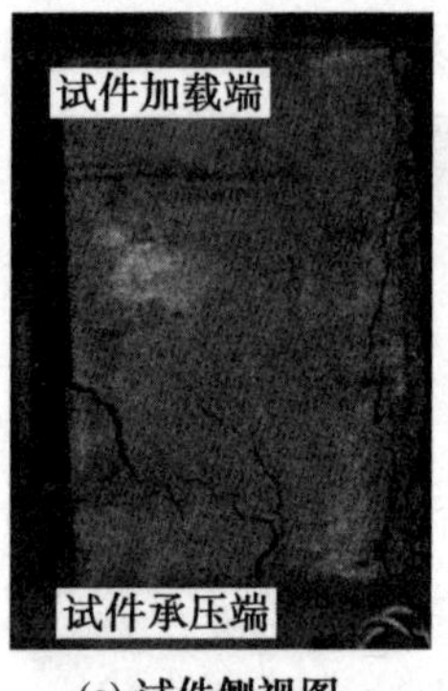

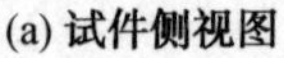
(a) 试件侧视图

(b) 试件俯视图

图 8.11 编号为 15 的试件裂缝

锚固长度 l_{ah} 较大的试件当中。

8.3.3 第三种失效模型

当钢筋端板下混凝土楔形体的强度与其下方混凝土的强度相当时，试件的破坏主要是由钢筋端板下的混凝土与楔形体下部的混凝土共同破坏引起的，归纳为第三种失效模型。当发生第三种失效模型破坏时，裂缝 3 会由试件的承压端向试件的加载端发展，但是裂缝 3 并不会贯穿整个试件。钢筋端板下的混凝土也有较大的横向变形产生，同样会在试件承压端的侧表面观察到斜裂缝。这种破坏现象说明，楔形体下方的混凝土受到直锚段钢筋黏结作用的影响较大，混凝土内部已经产生了比较严重的损伤，有被混凝土楔形体劈裂破坏的趋势。但是，试件楔形体下方的混凝土并没有完全被破坏掉。与此同时，钢筋端板下的混凝土受到局压荷载后，横向变形持续增大，也已经有了明显被压溃的趋势。当荷载进一步增加后，试件在两种破坏趋势的共同作用下，最终失去承载力。

当试件的破坏属于第三种失效模型时，可观察到第一种失效模型和第二种失效模型的破坏趋势。编号为 21 的试件裂缝如图 8.12 所示。

若试件的破坏现象属于第三种失效模型的破坏形式，则证明钢筋端板下的混凝土和楔形体下部的混凝土都受到了严重的损伤。也就是说，直锚段钢筋的黏结作用对楔形体下方混凝土的损伤使其强度与混凝土楔形体强度相当。当荷载一定时，钢筋端板下的混凝土和楔形体下部的混凝土都有明显的破坏趋势。因此，第三种失效模型主要集中在带端板钢筋锚固长度 l_{ah} 处于第一种失效模型和第二种失效模型之间的试件当中。

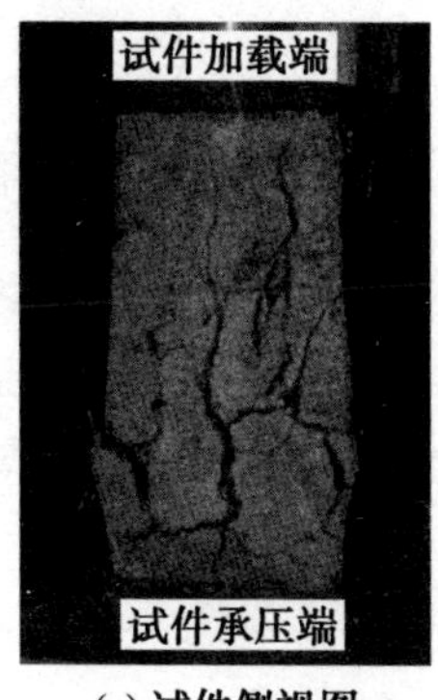

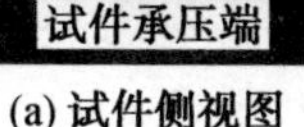

(a) 试件侧视图

(b) 试件俯视图

图 8.12　编号为 21 的试件裂缝

8.4　试验结果

带端板钢筋的钢筋端板下混凝土不仅受到钢筋端板的局压作用，同时也受到直锚段钢筋黏结作用的影响。不同的带端板钢筋锚固长度 l_{ah} 对混凝土局压承载力 F_l 的影响也是不同的。本章通过试验获得的各试件混凝土局压承载力 F_l 和失效模型见表 8.4。

表 8.4　各试件混凝土局压承载力 F_l 和失效模型

编号	F_l/kN	失效模型	编号	F_l/kN	失效模型	编号	F_l/kN	失效模型
01	226.92	第一种	11	351.65	第一种	21	280.93	第三种
02	247.19	第一种	12	554.45	第一种	22	331.68	第一种
03	293.78	第三种	13	450.40	第三种	23	388.07	第二种
04	340.37	第二种	14	402.01	第二种	24	424.87	第二种
05	430.07	第二种	15	595.76	第二种	25	458.07	第三种
06	312.30	第一种	16	240.29	第一种	26	342.86	第一种
07	333.63	第三种	17	261.28	第一种	27	379.23	第一种
08	348.56	第三种	18	278.94	第三种	28	438.40	第三种
09	382.30	第一种	19	376.10	第二种	29	600.43	第三种
10	422.66	第二种	20	426.72	第二种	30	606.40	第二种

根据图 8.8 所示的编号原则，通过编号为 i 的应变片读数可以直接获得钢筋端板承压作用 F_p 的数值，即钢筋端板下的混凝土局压承载力 F_l 的数值。在对钢筋端板下的混凝土局压承载力 F_l 进行分析时，本书主要选择了混凝土强度等级 f_{cu}、混凝土局压面积 A_l、相对混凝土保护层厚度 c/d 和带端板钢筋锚固长度 l_{ah}

进行研究。

8.4.1 混凝土强度等级 f_{cu} 对混凝土局压承载力 F_l 的影响

根据现有的研究成果可以知道，混凝土局压承载力 F_l 主要受到混凝土强度等级 f_{cu} 和混凝土局压面积 A_l 的影响。通过对试验数据的整理分析，发现在钢筋公称直径 d 相同和带端板钢筋锚固长度 l_{ah} 相近的时候，混凝土局压承载力 F_l 随混凝土强度等级 f_{cu} 的增大而线性增大，如图 8.13 所示。

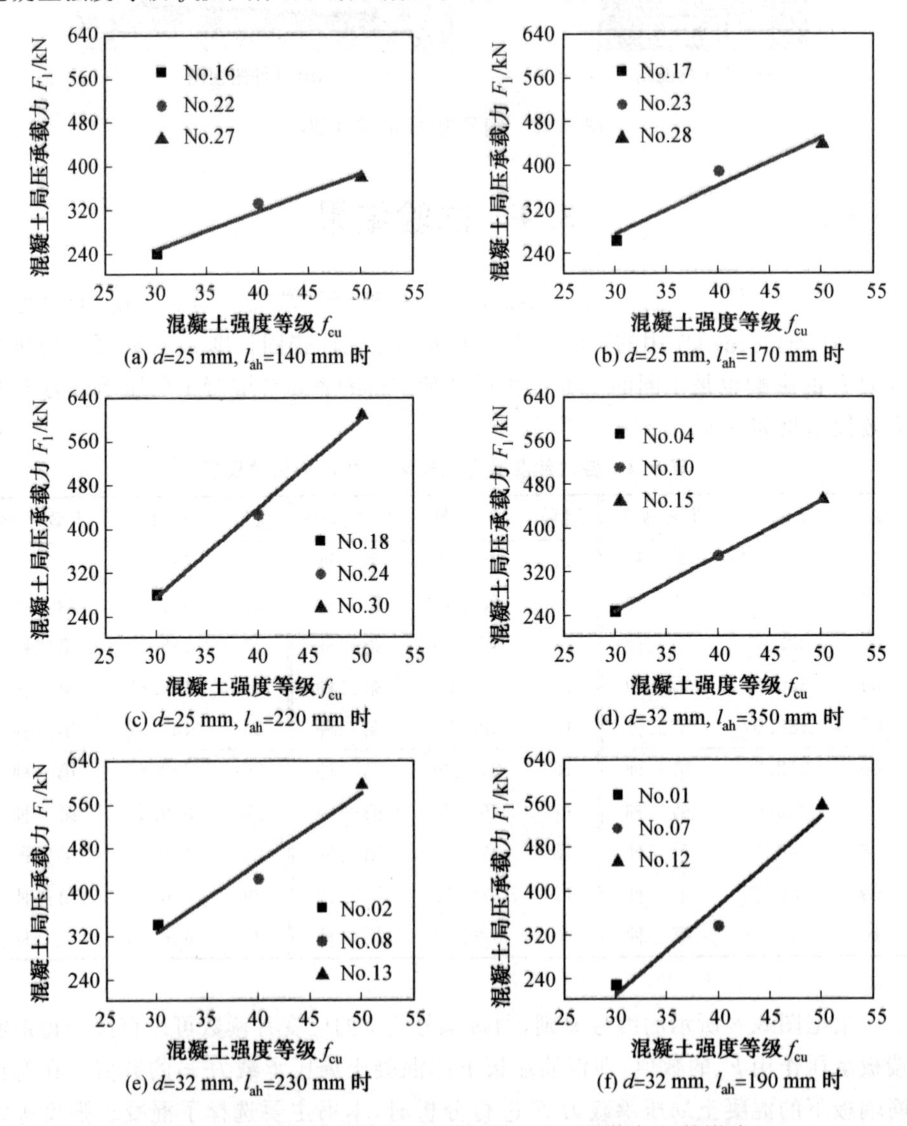

图 8.13 混凝土强度等级 f_{cu} 对混凝土局压承载力 F_l 的影响

图 8.13(c)中的编号为 18 的试件的 l_{ah}为 200 mm，并不是 220 mm；图 8.13(d)中的编号为 15 的试件的 l_{ah}为 320 mm，并不是 350 mm；图 8.13(e)中的编号为 08 的试件的 l_{ah}为 250 mm，并不是 230 mm；图 8.13(f)中的编号为 01 的试件的 l_{ah}为 170 mm，编号为 07 的试件的 l_{ah}为 200 mm，并不是 190 mm。尽管各组试件中的钢筋锚固板相对锚固长度有所差异，但是差值并不是很大，对规律的反映不会有太大影响。

8.4.2　混凝土局压净面积 A_{ln} 对混凝土局压承载力 F_l 的影响

当混凝土局压面积 A_l中有孔道、凹槽存在时，根据国家标准《混凝土结构设计规范》(GB 50010—2010)第 6.6.1 节中式(6.6.1-1)的规定，应取为混凝土局压净面积 A_{ln}，即去除孔道、凹槽部分面积后的实际承压面积。由于直锚段钢筋的存在，因此带端板钢筋在计算混凝土局压净面积 A_{ln}时也应该去除与直锚段钢筋横截面积相等的类孔道面积。但是，又因为直锚段钢筋与其周边的混凝土存在着黏结作用，会进一步削弱混凝土的局压承载力，所以，如果要充分考虑直锚段钢筋的黏结作用，在计算带端板钢筋实际承压面积时，需要去除的类孔道面积就应略大于直锚段钢筋的横截面积。基于这样的思路，以增大类孔道面积的方式来等效直锚段钢筋黏结作用的影响效果。

钢筋与混凝土之间的黏结作用主要是由钢筋横肋与混凝土之间的机械咬合力提供的。当钢筋与混凝土之间有黏结作用时，裂缝首先由钢筋横肋处产生，以大致 45°的角度扩散，并且这类裂缝的长度都大致相同。如果将钢筋同一位置处横肋产生的裂缝末端相连，则大致会形成一个新的圆形区域，直锚段钢筋黏结作用的影响区域如图 8.14 所示。新形成的圆形区域就是直锚段钢筋黏结作用 F_b在混凝土内部的影响区域。

当考虑直锚段钢筋黏结作用 F_b对混凝土局压承载力 F_l的影响，在计算带端板钢筋的局压净面积 A_{ln}时，所需要去除的类孔道面积就应该为直锚段钢筋黏结作用圆形区域内的折算面积。新形成的圆形区域的直径主要由钢筋公称直径 d 和裂缝在断面内的等效投影长度组成。直锚段钢筋的黏结作用 F_b可以分解成剪切应力 τ_s和环向拉应力 σ_t，受力分析过程如图 8.15 所示。

如果试件发生混凝土的局压破坏，则试件承压端的钢筋端板必然有较大位移值，可以认为直锚段钢筋上的任一点都已经达到了黏结－滑移本构关系中滑移值的峰值点。也就是说，直锚段钢筋上的任一点都已经达到了极限黏结应力。尽管黏结作用力在达到峰值后会有所下降，但由于直锚段钢筋黏结作用对混凝土的损伤是不可逆的，因此将直锚段钢筋的最大黏结应力 τ_u作为参数进行分析。当钢筋与混凝土之间的黏结应力达到劈裂黏结应力 τ_{cr}时，钢筋与混凝土间就会有裂缝生成，且裂缝的生成主要与环向拉应力 σ_t有关。尽管在钢筋与混凝土之

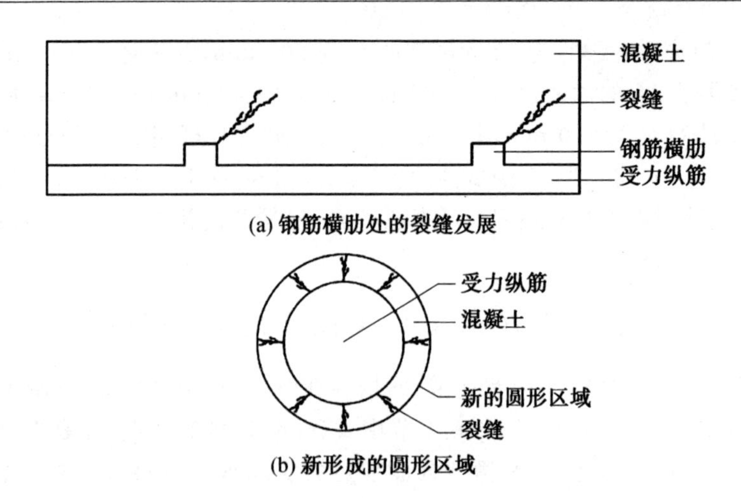

图 8.14 直锚段钢筋黏结作用的影响区域

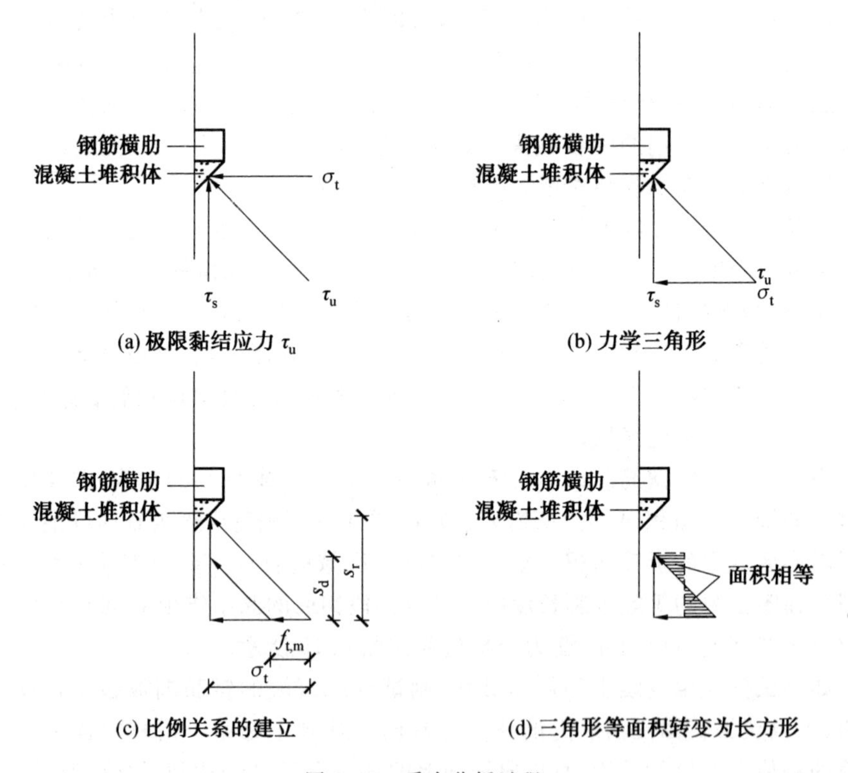

图 8.15 受力分析过程

间有裂缝生成，但并不会影响钢筋与混凝土之间的黏结作用，只会降低钢筋与混凝土之间黏结作用的上升速率。因此，当钢筋与混凝土之间黏结作用达到极限黏结应力 τ_u时的环向拉应力 σ_t超过混凝土实测抗拉强度 $f_{t,m}$时，才会使得裂缝发展。力学分析的简化模型如图 8.15 所示。

$$\frac{s_{\mathrm{d}}}{s_{\mathrm{r}}}=\frac{\sigma_{\mathrm{t}}-f_{\mathrm{t,m}}}{\sigma_{\mathrm{c}}} \tag{8.1}$$

式中　s_{r}——钢筋横肋的间距(mm)；

s_{d}——裂缝在断面内的等效投影长度(mm)。

在计算直锚段钢筋黏结作用在混凝土内部影响区域时，将钢筋与混凝土间的黏结应力统一取值为极限黏结应力 τ_{u}，这样会使得直锚段钢筋黏结作用的影响区域偏大，对混凝土局压承载力的计算相对保守。因为在钢筋端板下混凝土发生局压破坏前，直锚段钢筋上各点与混凝土间的黏结应力不会全部达到极限黏结应力 τ_{u}，所以计算裂缝在断面内的等效投影长度时，可以将图 8.15 中的力学三角形进行进一步的调整。将原有的三角形等面积转变为长方形，裂缝在断面内的等效投影长度变为 s_{d} 的一半。至此，新形成的圆形直径为钢筋直径和 s_{d} 长度的总和。根据上述的分析过程，各试件极限黏结应力 τ_{u} 和局压净面积 A_{ln} 见表 8.5。

表 8.5　各试件极限黏结应力 τ_{u} 和局压净面积 A_{ln}

编号	τ_{u}/MPa	A_{ln}/mm^2	编号	τ_{u}/MPa	A_{ln}/mm^2
01	12.48	2 316.77	16	12.71	1 660.90
02	11.92	2 330.29	17	12.34	1 667.01
03	11.60	2 338.79	18	12.09	1 671.49
04	11.38	2 344.62	19	11.79	1 676.80
05	11.23	2 348.87	20	11.67	1 679.15
06	14.23	2 280.90	21	14.80	1 631.62
07	13.55	2 293.71	22	14.17	1 639.63
08	13.15	2 301.99	23	13.76	1 645.18
09	12.88	2 307.79	24	13.32	1 651.42
10	12.69	2 312.07	25	13.14	1 654.08
11	16.98	2 238.75	26	17.43	1 604.32
12	16.09	2 250.95	27	16.68	1 611.23
13	15.65	2 257.38	28	16.20	1 616.02
14	15.28	2 263.10	29	15.86	1 619.54
15	15.07	2 266.52	30	15.69	1 621.41

8.4.3 相对混凝土保护层厚度 c/d 对混凝土局压承载力 F_l 的影响

在分析钢筋与混凝土之间的黏结作用时，相对混凝土保护层厚度 c/d 是一个重要的参数。根据中国建筑科学研究院徐有邻教授的研究成果，再结合本书中利用数值分析软件程序进行的理论推算结果，明确了在相对混凝土保护层 c/d 值小于 4.5 时，钢筋与混凝土之间的黏结作用力随着相对混凝土保护层厚度的增加而线性增加。

本次试验中的相对混凝土保护层厚度 c/d 的最大值为 2.625，直锚段钢筋黏结作用 F_b 随着相对混凝土保护层厚度 c/d 的变化情况应与现有研究成果相符。而带端板钢筋的钢筋端板下混凝土局压承载力 F_l 随直锚段钢筋黏结作用 F_b 的增加而减小。所以，带端板钢筋的钢筋端板下混凝土局压承载力 F_l 应随相对混凝土保护层厚度 c/d 的增加而减小。尽管本次试验中的相对混凝土保护层厚度 c/d 只有两个等级，但是为了确定试验结果的准确性，图 8.16 给出了当混凝土强度等级 f_{cu} 相同和带端板钢筋锚固长度 l_{ah} 相当时，两个不同相对混凝土保护层厚度 c/d 下的混凝土局压承载力 F_l 对比图。

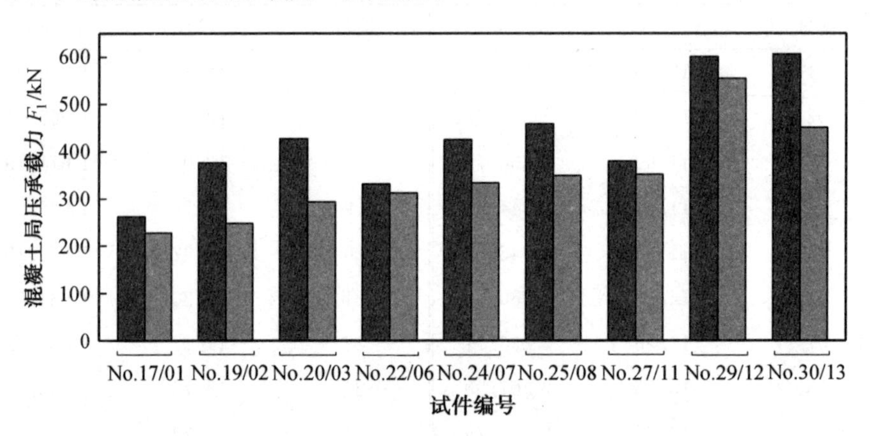

图 8.16 相对混凝土保护层厚度 c/d 对混凝土局压承载力 F_l 的影响

8.4.4 带端板钢筋锚固长度 l_{ah} 对混凝土局压承载力 F_l 的影响

在分析钢筋与混凝土之间的黏结作用时，另外一个重要的参数就是带端板钢筋锚固长度 l_{ah}。根据现有的研究成果，钢筋与混凝土之间的平均黏结作用力随着带端板钢筋的锚固长度 l_{ah} 的增加而减小。而带端板钢筋的钢筋端板下混凝土局压承载力 F_l 随直锚段钢筋黏结作用 F_b 的增加而减小。所以，带端板钢筋的钢筋端板下混凝土局压承载力 F_l 应随钢筋端板锚固长度 l_{ah} 的增加而增大。图 8.17 给出了当混凝土强度等级 f_{cu} 和相对混凝土保护层厚度 c/d 相同时，混凝土

局压承载力 F_l随带端板钢筋锚固长度 l_{ah}的变化图。由图 8.17 可知，带端板钢筋的钢筋端板下混凝土局压承载力 F_l随带端板钢筋的锚固长度 l_{ah}的增加而增大，且近似为线性变化。

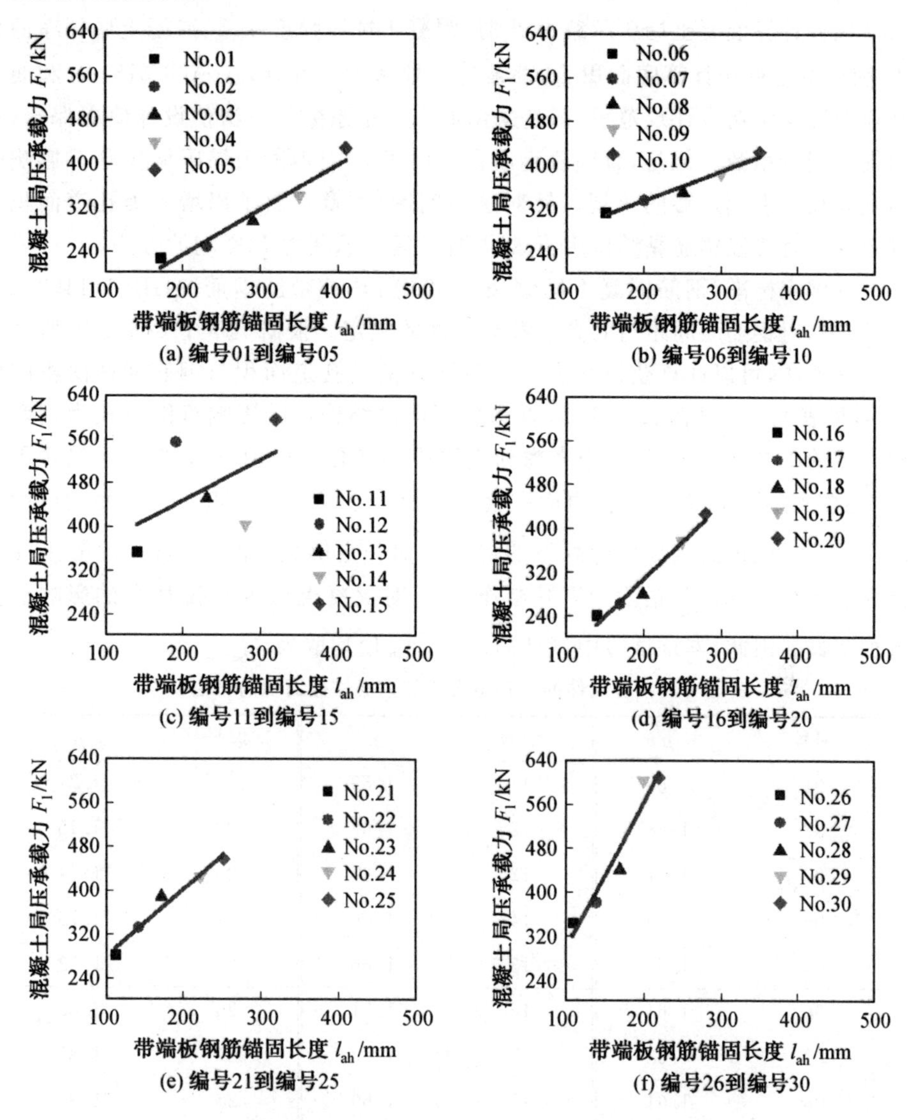

图 8.17　带端板钢筋锚固长度 l_{ah}对混凝土局压承载力 F_l的影响

8.5 修正系数 α 的拟合

以往计算混凝土局压承载力 F_l时，混凝土抗压强度 $f_{c,m}$、混凝土局压净面积 A_{ln}和混凝土局压计算底面积 A_{ld}都被充分地考虑。此外，在 ACI 318-19 和澳大利亚混凝土结构设计规范中，都是采用加入修正系数的方法使设计值更保守，从而提高安全系数。但是，直锚段钢筋黏结作用 F_b对混凝土局压承载力 F_l影响的问题并没有引起足够的重视。针对这一问题，本章提出了以增大类孔道面积来等效替代直锚段钢筋黏结作用 F_b对混凝土局压承载力 F_l影响的方法。

在国家标准《钢筋混凝土用钢 第 2 部分：热扎带肋钢筋》(GB/T 1499.2—2018)中，对钢筋肋间距与肋高度都有明确的规定。根据本章中 8.4.2 节所介绍的计算方法，可以计算获得增大后的各试件的类孔道面积与钢筋横截面积的比值 μ，见表 8.6。由表 8.6 可知，直锚段钢筋黏结作用的影响范围直径为钢筋公称直径的 1.25～1.35 倍。当考虑到直锚段钢筋黏结作用 F_b对混凝土局压承载力 F_l的影响时，增大的类孔道面积会减小混凝土局压净面积 A_{ln}，进而相应增大了$\sqrt{A_{ld}/A_{ln}}$的值。当局压荷载下的混凝土面积足够大，即有足够的混凝土局压计算底面积 A_{ld}时，直锚段钢筋黏结作用 F_b对混凝土局压承载力 F_l的影响也会更加明显。因此，本章试验中试件的$\sqrt{A_{ld}/A_{ln}}$值均取为 3。

表 8.6 各试件的类孔道面积与钢筋横截面积的比值 μ

编号	μ	编号	μ	编号	μ
01	1.60	11	1.69	21	1.77
02	1.58	12	1.68	22	1.75
03	1.57	13	1.67	23	1.74
04	1.56	14	1.66	24	1.73
05	1.56	15	1.66	25	1.72
06	1.64	16	1.71	26	1.82
07	1.62	17	1.70	27	1.81
08	1.61	18	1.69	28	1.80
09	1.61	19	1.68	29	1.79
10	1.60	20	1.67	30	1.79

如果要建立与现有混凝土局压承载力计算公式类似的公式，就需要加入一个新的修正系数 α，根据本章的试验数据，获得的修正系数 α 值见表 8.7。

$$F_l = \alpha A_{ln} f_{c,m} \sqrt{A_{ld}/A_{ln}} \tag{8.2}$$

α 作为修正系数，同样会受到影响混凝土局压承载力 F_l 的参数的影响。因此，将带端板钢筋相对锚固长度 l_{ah}/d 和相对混凝土保护层厚度 c/d 作为参数进行分析。当 $\sqrt{A_{ld}/A_{ln}}$ 的值取为 3 时，以 l_{ah}/d 和 c/d 为自变量，F_l 的因变量的修正系数 α 的计算公式为

$$\sqrt{\alpha} = -3.764 + 12.160\frac{d}{c} + 0.051\frac{l_{ah}}{d} \tag{8.3}$$

表 8.7　各试件的 α、α_f 和 α_d 值

编号	α	α_f	α_d	编号	α	α_f	α_d	编号	α	α_f	α_d
01	1.16	1.20	0.92	11	1.13	1.10	0.83	21	1.68	1.75	1.41
02	1.26	1.42	1.11	12	1.78	1.27	0.98	22	1.97	1.92	1.55
03	1.49	1.66	1.32	13	1.44	1.42	1.11	23	2.30	2.09	1.71
04	1.72	1.91	1.55	14	1.28	1.62	1.28	24	2.51	2.40	1.99
05	2.17	2.18	1.79	15	1.90	1.78	1.43	25	2.70	2.59	2.16
06	1.33	1.31	0.86	16	1.72	1.92	1.55	26	1.54	1.75	1.41
07	1.42	1.31	1.01	17	1.86	2.09	1.71	27	1.70	1.92	1.55
08	1.47	1.50	1.18	18	1.98	2.27	1.87	28	1.96	2.09	1.71
09	1.61	1.70	1.35	19	2.66	2.60	2.16	29	2.68	2.27	1.87
10	1.78	1.91	1.55	20	3.02	2.79	2.35	30	2.70	2.40	1.99

拟合效果图如图 8.18 所示。拟合的 R^2 值为 0.829 6，通过式(8.3)计算获得修正系数 α_f 值与试验获得的修正系数 α 值的比值为 1.012，变异系数为 0.113。

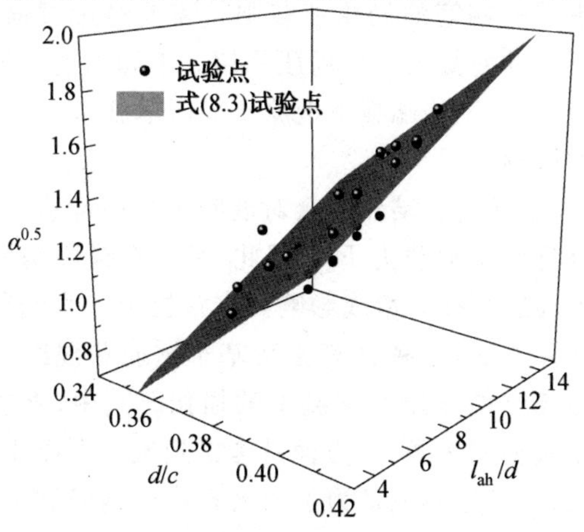

图 8.18　拟合效果图

出于安全考虑，混凝土的局压荷载的设计值应该是相对保守的。因此，建议取值式(8.4)是在拟合公式(8.3)的基础上，取下包面得到的。修正系数 α 值的取值计算公式为

$$\sqrt{\alpha}=-3.903+12.160\,\frac{d}{c}+0.051\,\frac{l_{ah}}{d} \tag{8.4}$$

下包面的效果图如图 8.19 所示。

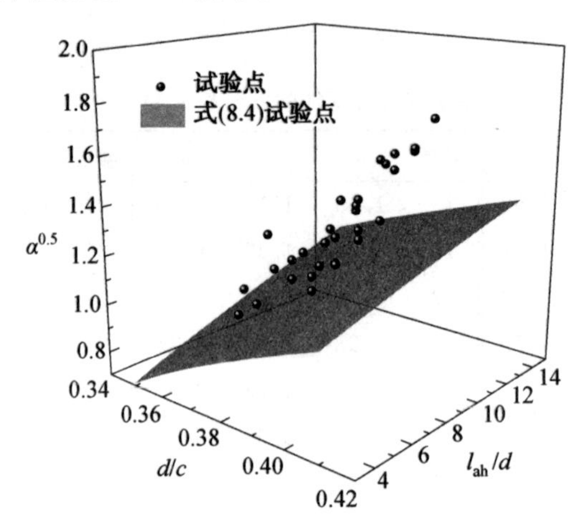

图 8.19　下包面的效果图

8.6　各国规范的对比分析

对于混凝土局压承载力 F_l 取值的问题，现行规范中荷载是由外部直接作用在局压面积上的。带端板钢筋的局压荷载则是需要经过直锚段钢筋的传递，才能使钢筋端板对其下部的混凝土产生局压作用。不同力的传递方式必然会产生不同的结果。所以，在计算钢筋端板下混凝土局压承载力 F_l 时，需要充分考虑直锚段钢筋黏结作用的影响。

通过分析，直锚段钢筋的黏结作用会对混凝土的内部造成损伤，而混凝土的损伤又直接影响到自身局压承载力 F_l。因此，影响直锚段钢筋黏结作用的各因素也同样会对混凝土局压承载力造成影响。本章提出了直锚段钢筋黏结作用对混凝土损伤的量化计算方法，这种计算方法基于钢筋和混凝土材料自身的特性间接反映出直锚段钢筋黏结作用对混凝土的损伤。其中，直锚段钢筋的极限黏结强度 τ_u 被选为一个重要的参数：一方面是考虑到发生混凝土局压破坏时，直锚段钢筋的滑移值较大；另一方面也是为了增大直锚段钢筋黏结作用的影响，使计算值更偏向安全。

为了避免工程中发生混凝土局压破坏，计算获得的混凝土局压承载力 F_l 就

应该是相对保守的。在工程中采用钢筋端板的锚固工艺就是为了减小带端板钢筋的锚固长度 l_{ah}。但是,减小的带端板钢筋锚固长度 l_{ah} 又会增加直锚段钢筋的平均黏结作用,是对混凝土的局压承载力 F_l 的进一步削弱。当带端板钢筋的锚固长度 l_{ah} 较小,甚至突破规范界限值时,按现有规范计算获得的混凝土局压承载力 F_l 就不是十分安全可靠了。ACI 318-19 的计算方法所获得的结果是最保守的;而混凝土模式规范 CEP-FIP MC 2010 的计算结果仅次于 ACI 318-19 的结果;国家标准《混凝土结构设计规范》(GB 50010—2010)的计算结果是三个规范中最大的,各国规范计算值的对比如图 8.20 所示。

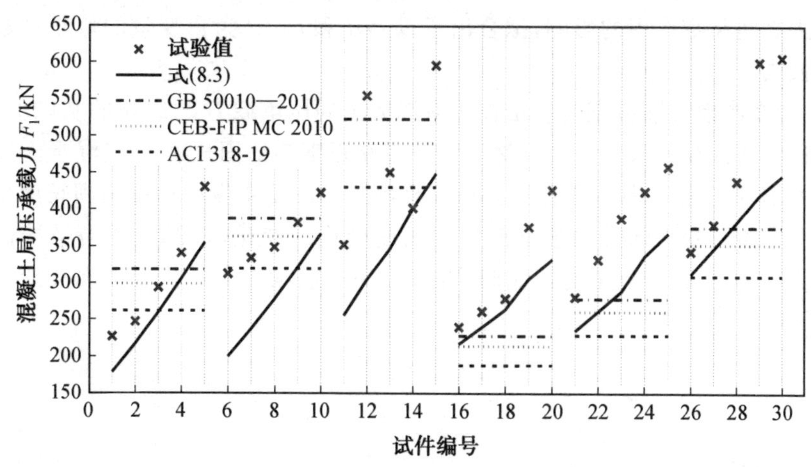

图 8.20　各国规范计算值的对比

所有规范对混凝土局压承载力 F_l 的计算最初都是具有安全储备的,但是随着带端板钢筋锚固长度 l_{ah} 的进一步减小,安全储备逐渐被消耗殆尽,甚至会处于危险之中。当钢筋公称直径 d 较小或相对混凝土保护层厚度 c/d 较小时,只有 ACI 318-19 的计算结果具有一定的安全储备。反之,当钢筋公称直径 d 或相对混凝土保护层厚度 c/d 较大时,三个规范的计算结果都被轻松地突破,处在了危险之中,如图 8.20 所示。基于上述的分析,利用式(8.2)和式(8.3)计算获得的结果是相对可靠的。这种计算方法充分地考虑了直锚段钢筋黏结作用的影响,将现有混凝土局压承载力 F_l 不受带端板钢筋锚固长度变化影响的恒定值转变为随带端板钢筋锚固长度变化的变化值。

8.7　本章小结

本章完成了混凝土强度等级在 C30～C50 范围内、受拉屈服强度标准值 f_{pyk} 为 980 MPa 或 1 080 MPa、带端板钢筋锚固长度 l_{ah} 在 0.3～0.7 倍临界锚固长度

l_{ac}范围内的30个带端板钢筋混凝土拉拔试件的拉拔试验。通过对试验现象的观察和试验数据的分析，得到了如下结论。

(1)区别于现有的计算方法，当考虑了直锚段钢筋黏结作用时，以增大的类孔道面积等效直锚段钢筋黏结作用对混凝土局压承载力的影响，并且分析出了增大的类孔道面积应与钢筋、混凝土材料自身的特性相关，给出了针对混凝土局压净面积合理的计算方法。

(2)尽管将混凝土的局压净面积进行了相应的减小，但还是引入了新的修正系数，以确保计算结果的准确性。修正系数 α 的加入也是考虑了直锚段钢筋与混凝土之间黏结作用的影响，拟合出了以 c/d 和 l_{ah}/d 为自变量的修正系数 α 的计算公式。

(3)在考虑直锚段钢筋黏结作用对混凝土局压承载力 F_l影响的基础上，建立了一种新的计算方法。新的计算方法将带端板钢筋锚固长度 l_{ah}与混凝土局压承载力 F_l联系起来。将现有混凝土局压承载力 F_l不受带端板钢筋锚固长度变化影响的恒定值转变为随带端板钢筋锚固长度变化的变化值，避免了当带端板钢筋锚固长度 l_{ah}突破规范中的限制时，混凝土局压承载力实际值低于规范计算值的潜在风险。

第9章　密布钢筋端板下混凝土局压承载力计算

9.1　概　述

基于本书第8章中所取得的成果，可以准确计算出考虑直锚段钢筋黏结作用时，钢筋端板下混凝土局压承载力 F_l 的计算值。但是，当钢筋端板布置相对密集时，钢筋端板下混凝土局压计算底面积存在相互重叠的现象，同时，直锚段钢筋和混凝土之间存在的黏结作用使得端板下混凝土局压承载力计算问题变得更加复杂。针对这一问题，本章主要研究了两根带端板钢筋同时受力，且相邻钢筋端板净距小于2倍端板边长时，钢筋端板下混凝土局压承载力 F_l 的计算方法。

9.2　试验方案

为了研究相邻带端板钢筋端板下混凝土局压计算底面积相互重叠时，钢筋端板下混凝土局压承载力 F_l 的计算方法，本章重点考察了相邻钢筋端板净距离 c 的影响。试验共完成了6个具有不同相邻钢筋端板净距离 c 的带端板钢筋拉拔试件的试验。

9.2.1　试件设计

试件的截面尺寸均为200 mm×300 mm，试件的高度均为660 mm，并且在每个试件中布置了两根带端板钢筋。每根带端板钢筋在混凝土试件内部的有效黏结长度 l_{ah} 均为180 mm，剩余在混凝土试件内部的钢筋长度均用PVC管包裹。本次试验中，试件受力纵筋为预应力螺纹钢筋，其公称直径 d 为25 mm，屈服强度标准值 f_{pyk} 为1 080 MPa；试件中箍筋和架立筋选用HPB300钢筋，公称直径 d 为6 mm，相邻箍筋间距为100 mm。钢筋端板的尺寸为50 mm×50 mm×20 mm。试件的三视图如图9.1所示，c 为相邻钢筋端板之间的净距离。

由于本次试验中所采用的钢筋端板均为正方形，且试件中钢筋端板下的混凝土截面尺寸相对足够大。当相邻钢筋端板的净距离 c 为2倍钢筋端板边长 b 时，相邻钢筋端板之间的局压计算底面积 A_b 刚好不存在相互重叠的区域，也就意

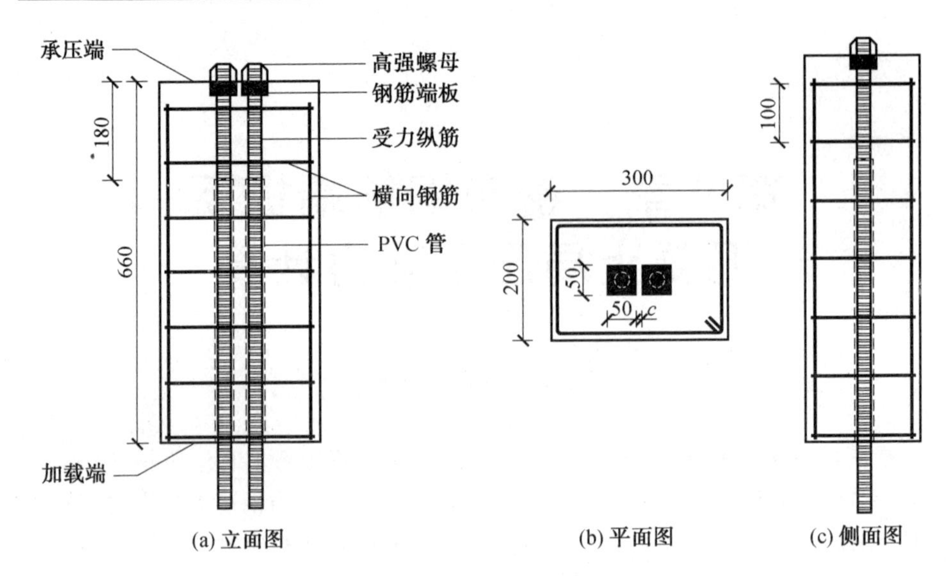

图 9.1　试件的三视图（单位：mm）

味着相邻钢筋端板之间不存在相互影响，可以按照单根带端板钢筋的局压承载力 F_l 分别进行计算；当相邻钢筋端板的净距离 c 为 0 mm 时，两个相邻的钢筋端板会贴合在一起，可以将两个相邻的钢筋端板合并为一个钢筋端板进行局压承载力 F_l 的计算。针对钢筋端板相互影响作用下混凝土局压承载力计算的问题，本章主要考察了相邻钢筋端板净距离 c 为 10 mm、25 mm、40 mm、55 mm、70 mm和 85 mm 时，钢筋端板相互作用下混凝土局压承载力 F_l 的变化情况，即相邻钢筋端板净距离 c 为 $0.2b$、$0.5b$、$0.8b$、$1.1b$、$1.4b$ 和 $1.7b$ 时，混凝土局压承载力 F_l 的变化情况。

9.2.2　材料性能指标

在试件的整个制作过程中，每浇筑一次混凝土都会预留边长为 100 mm 的混凝土立方体试块 9 个。混凝土的材料性能试验是在液压式试验机上进行的。本次试验中试件的混凝土强度等级仅有 C40 一个等级，混凝土材料配比见表 9.1。

表 9.1　混凝土材料配比

混凝土强度等级 f_{cu}	水泥型号	水胶比	材料用量/(kg · m^{-3})			
			水泥	水	砂	石
C40	P · O 42.5	0.44	430.0	190	610.0	1 180.0

混凝土中所采用的粗骨料为人工碎石，最大粒径为 30 mm，细骨料为人工中

砂。计算获得的混凝土轴心抗压强度 $f_{c,m}$ 为 32.76 MPa，混凝土轴心抗拉强度 $f_{t,m}$ 为 2.82 MPa。

9.2.3　试件制作

与本书中的试验类似，本次试验对直锚段钢筋黏结作用 F_b 和钢筋端板承压作用 F_p 的采集，也是通过沿钢筋纵向槽内布置的应变片来获得的。由于本次试验中的受力纵筋为预应力螺纹钢筋，并没有纵肋，所以在钢筋横肋的分隔处开尺寸为 4 mm×4 mm 的槽口。槽底相邻两个应变片中心距为 30 mm，应变片尺寸为 1 mm×2 mm。钢筋开槽及槽内应变片的布置如图 9.2 所示。先将槽底的应变片与直径为 0.31 mm 漆包线焊接相连。随后，为防止应变片在后续工作中因受潮而失效，在应变片上均匀涂抹两层氯丁胶作为防潮层，应变片防潮层如图 9.3所示。最后，将所有漆包线沿槽口内部捋出，再用植筋胶封槽，作为应变片保护层，如图9.4所示。

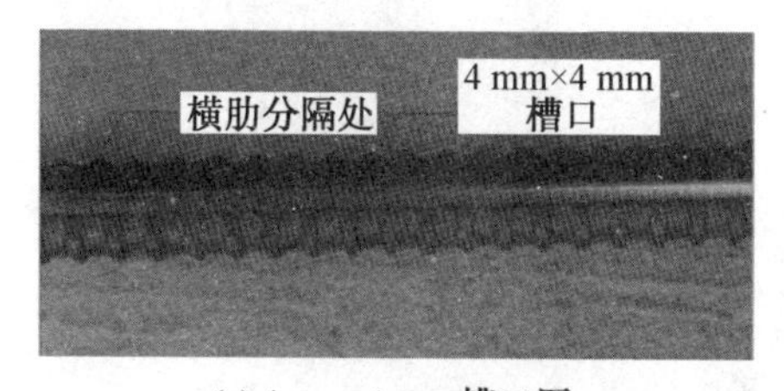

(a) 4 mm×4 mm 槽口图

(b) 槽内应变片

图 9.2　钢筋开槽及槽内应变片的布置

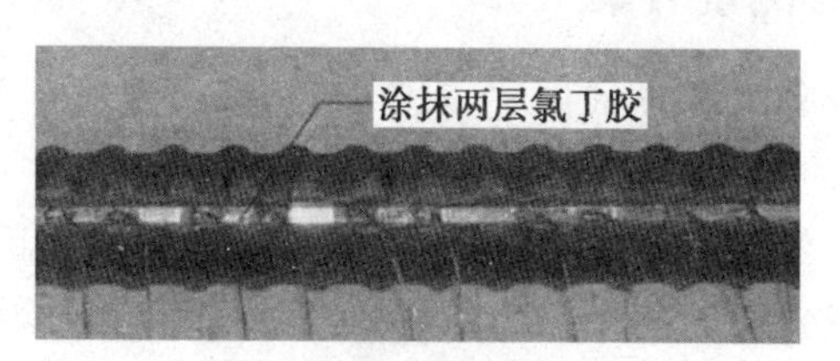

图 9.3　应变片防潮层

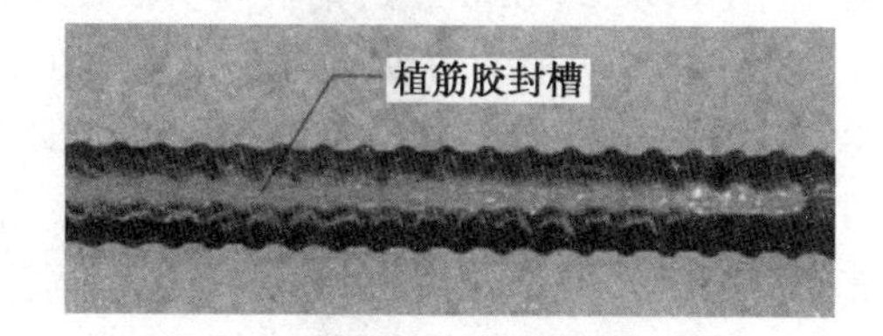

图 9.4　应变片保护层

带端板钢筋的混凝土拉拔试件的模板采用木模板，为了使试件加载端的混凝土尽可能平整，浇筑混凝土时应从试件侧面进行浇筑。在试件加载端和承压端木模板上开两个对称圆孔，用来固定两根带端板的受力纵筋。钢筋端板与试件端模内沿持平，套在钢筋外缘的PVC管通过试件加载端模板的中心孔。箍筋通过四根架立筋固定其位置，架立筋长度略短于混凝土试件的长度。浇筑前，木模板及钢筋布置如图9.5所示。试验所需要的混凝土先按照表9.1中的配比进行配料，再由平口式强制搅拌机进行搅拌。搅拌完成后，依次注入木模板中。浇筑混凝土后将试件放在振捣台上进行振捣，使木模板中的混凝土密实。最后，将试件的浇筑面抹平，完成试件的制作。制作完成的试件如图9.6所示。

图9.5　木模板及钢筋布置

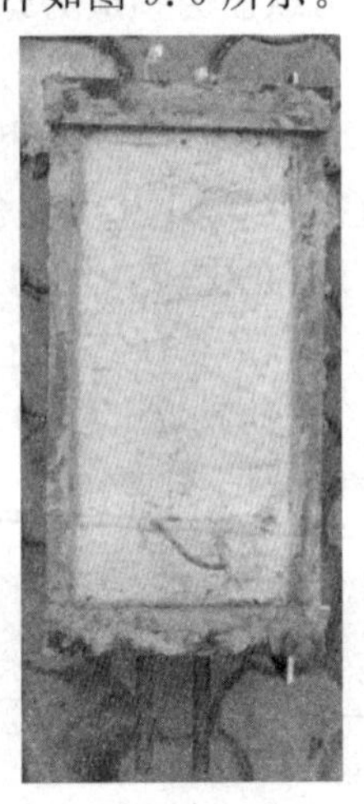

图9.6　制作完成的试件

9.2.4　加载与测量方案

将带端板钢筋混凝土拉拔试件置于试验平台上，使试件的承压端与试验平台紧贴，承压端突出的高强螺母正好可置于试验平台中的中心缝内。由于试件内的两根受力纵筋需要同时加载，因此在加载系统中加入了钢筋的转换装置，其主要目的就是为了将分开的两根受力纵筋转变为一根受力钢筋，以便更好地施加荷载。

钢筋转换装置由上、下两块20 mm厚的钢板和4根直径为50 mm的圆钢柱组成，如图9.7所示。试件中的两根受力纵筋与转换钢筋在上、下两块钢板中间的空间内通过钢垫块进行组合后，使得转换钢筋的荷载可以平均分配给两根受力纵筋。转换钢筋由钢筋转换器上部穿出，依次穿过穿心式球铰、穿心式千斤顶、穿心式钢垫块和穿心式压力传感器，最后由高强螺母固定，拉拔试件加载图如图9.8所示。转换钢筋为12.9级高强螺杆，直径为40 mm。当施加荷载时，穿心式千斤顶向上部出缸，使压力传感器及上部部件有向上的移动趋势。而高强螺母又有效地限制了其向上的移动趋势，钢筋转换器又可以将荷载平均传递给试件的两根受力纵筋，这样就可以达到试验所需的效果。

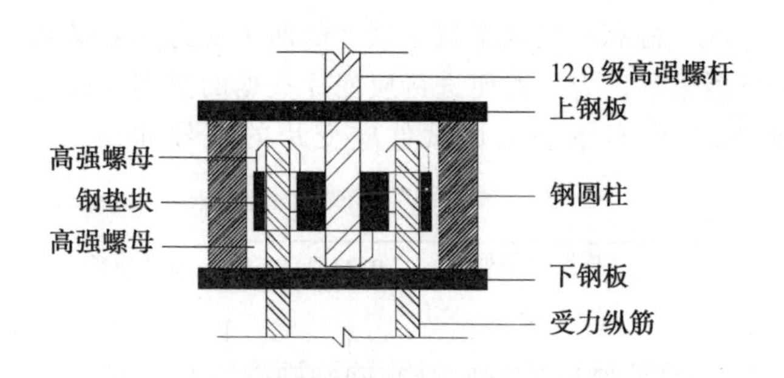

(a) 钢筋转换装置示意图

(b) 钢筋转换装置实物图

图 9.7　钢筋转换装置

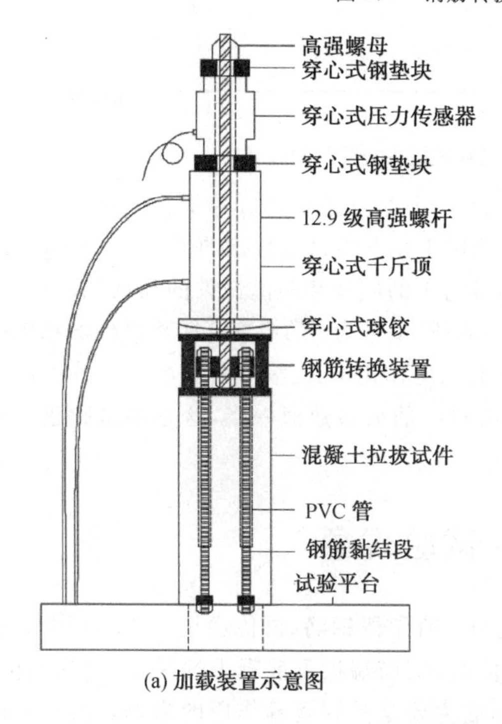

(a) 加载装置示意图

(b) 试件加载现场图

图 9.8　拉拔试件加载图

试验正式加载开始前，需要进行预加载：一方面是为了检验各设备是否能够正常工作；另一方面是为了消除试验系统各部分间的缝隙。试验预加载一般不超过 5 kN，试验加载过程中，每 20 kN 手动持荷，记录试件裂缝发展情况和受力纵筋上各应变片读数。因为试件会发生混凝土的局压破坏，即试件承压端的混凝土会破坏而失去承载力，这样便会造成整个试验体系的失稳，所以，为了确保试验过程的安全，用钢绳将穿心式千斤顶进行固定。

整个试验过程中，受力纵筋的应力变化情况根据所布置的应变片来获得。

应变片数据的采集仪器为DH3816静态应变采集仪。试件的两个受力纵筋受到的总荷载则由穿心式压力传感器采集。为了方便进行应变片数据的整理和分析工作，将应变片进行了编号处理，密布钢筋局压试件应变片的编号如图9.9所示。

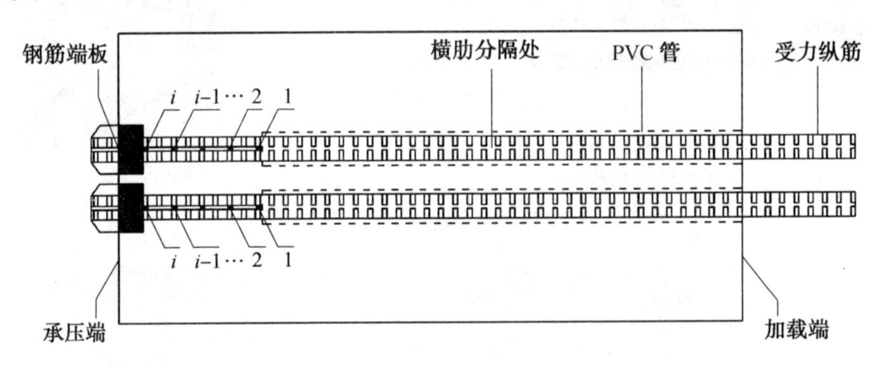

图9.9 密布钢筋局压试件应变片的编号

试件内两根受力纵筋的应力采集是分开独立进行的。为了方便对数据进行处理，后续工作中所用到的试验数据实际上是两组试验数据的平均值。由图9.9所示的应变片编号原则可以获得，编号为1的应变片距离试件的加载端最近，其数值可以间接反映钢筋加载端施加的荷载；编号为i的应变片距离试件的承压端最近，其数值可以间接反映钢筋端板的承压作用F_p。编号为1的应变片读数所对应的荷载大致应为力传感器读数所对应的荷载数值一半，这是本试验系统对数据采集精确度的一种自检途径。

9.3 试验现象

当带端板钢筋受力时，荷载是先通过直锚段钢筋，再传递至钢筋端板的。而当钢筋端板的承压作用达到一定数值时，钢筋端板下混凝土的受压区内会有混凝土楔形体形成，混凝土楔形体的形成主要是受到套箍作用的影响。当相邻的两根带端板钢筋同时工作时，钢筋端板下同样会形成混凝土楔形体。区别在于，不同相邻钢筋端板净距离c的试件会有不同的破坏机理和破坏形态。

当相邻钢筋端板净距离c为2倍钢筋端板边长b或更大时，钢筋端板下混凝土的局压计算底面积A_b之间就不存在相互重叠的现象。尽管两根相邻的带端板钢筋同时处于工作状态，但是二者之间并不会产生相互影响。因此，这种情况下的混凝土局压承载力F_l可以按照单根带端板钢筋的混凝土局压承载力F_l进行计算，即两根带端板钢筋的钢筋端板下混凝土局压承载力F_l之和。另外一个边界状态为相邻钢筋端板净距离c为0 mm时，两个相邻钢筋端板下混凝土的局压计

算底面积 A_b 相互重叠的区域最大。施加荷载时，钢筋端板下也同样会有混凝土楔形体产生。与相邻钢筋端板净距离 c 为 2 倍钢筋锚固板边长 b 或更大时的情况不同，过大的局压计算底面积 A_b 重叠区域会使得原本独立的两个混凝土楔形体合并为一个整体。此时，两个相邻的钢筋端板可以合并为一个整体，按照一个更大面积的钢筋端板进行计算。进而，本次试验中的破坏形式可以归纳为两种失效模型，且与相邻钢筋端板净距离 c 有着密切的关系。

9.3.1　第一种破坏现象

第一种破坏现象出现在相邻钢筋端板净距离 c 的数值较小的试件中。这种情况下，钢筋端板下的混凝土将处于三向受力状态。并且，较小的钢筋端板净距离 c 值可以使得两个相邻钢筋端板之间的混凝土处于水平受压状态，更有利于钢筋端板下混凝土楔形体的形成。只要相邻钢筋端板净距离 c 不为 0 mm，两个相邻的钢筋端板下的混凝土楔形体就不会相互连接，形成一个混凝土楔形体。但是，在荷载施加的初始阶段，由于水平压应力的存在，因此两个相邻钢筋端板下的混凝土和两个相邻钢筋端板间的混凝土会作为一个整体处于工作状态一段时间。随着荷载的增加，裂缝会将这个混凝土整体分割破坏，最终在钢筋端板下形成独立的混凝土楔形体。钢筋端板下的混凝土楔形体会产生一个垂直于混凝土楔形体表面的力，并且这个表面力又可以分解为一个水平力和一个竖向力。水平分量力会使得相邻钢筋端板之间的混凝土依然处于水平受压状态。正是由于这个水平分量力的存在，两个相邻钢筋端板之间的混凝土形成了一个新的整体。两个相邻钢筋端板下的混凝土和两个相邻钢筋端板间的混凝土以这样一种形式作为一个整体继续协同工作。

由于混凝土楔形体和相邻钢筋端板间的混凝土作为一个整体共同工作，因此可以观察到试件承压端裂缝发展情况如图 9.10 所示。当两个相邻钢筋端板下的混凝土和两个相邻钢筋端板间的混凝土作为一个整体工作时，一种裂缝由钢筋端板角部向试件角部发展，主要是由应力集中引起的；另一种裂缝在两个相邻端板之间形成，将两个相邻钢筋端板距离较近的角部相连接，主要是由于相邻钢筋端板间的混凝土与钢筋端板下的混凝土楔形体作为一个整体工作。

相邻钢筋端板净距离 c 较小时的情况与 c 为 0 mm 时的情况有着本质的不同，主要是因为在钢筋端板下有独立的混凝土楔形体形成，相邻钢筋端板之间的混凝土也会形成一个整体。尽管钢筋端板下的混凝土楔形体和相邻钢筋端板间的混凝土在工作初期协同工作，但是整体性和刚度并没有 c 为 0 mm 时的混凝土楔形体好。混凝土楔形体作用在试件下部混凝土上的荷载直接由钢筋端板提供，相邻钢筋端板之间混凝土作用在试件下部混凝土上的荷载则是通过混凝土楔形体间接传递而来的。如果荷载进一步增加，则相邻钢筋端板之间的混凝土

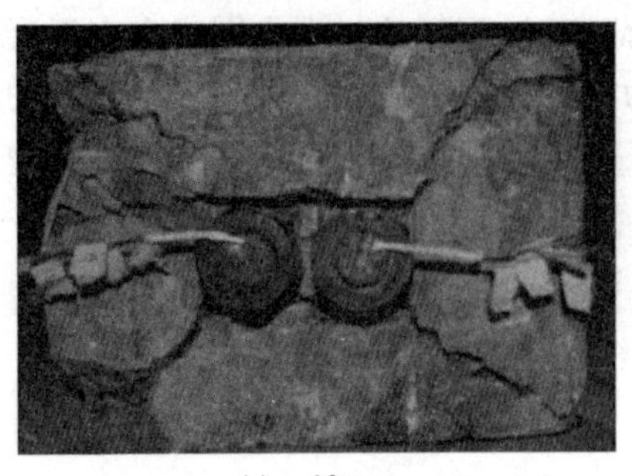

(a) c=10 mm

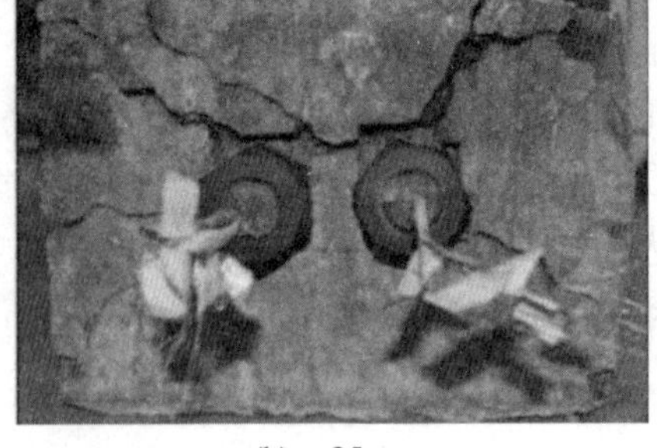

(b) c=25 mm

图 9.10　试件承压端裂缝发展情况

会因为刚度不够而被破坏，进而退出工作。最终，钢筋端板下的混凝土楔形体将加剧下部混凝土的破坏。这种破坏过程是混凝土楔形体和相邻钢筋端板之间混凝土协同工作转变为只有混凝土楔形体工作的过程。

9.3.2　第二种破坏现象

第二种破坏现象出现在相邻钢筋端板净距离 c 的数值较大的试件中。与第一种破坏现象类似，这种情况下钢筋端板下的混凝土同样也处于三向受力状态。但是，较大的钢筋端板净距离 c 值使得相邻钢筋端板间的混凝土所受到水平压应力相对较小。随着荷载的持续增加，钢筋端板下同样会形成混凝土楔形体。与第一种破坏现象不同，在相邻钢筋端板之间的混凝土并不会形成一个整体，取而代之的是一条贯穿相邻钢筋端板之间混凝土的裂缝，这种裂缝主要是由混凝土楔形体的劈拉作用引起的。当荷载进一步加大后，裂缝将会形成贯穿整个试件截面的一条主裂缝，试件顶部贯通裂缝示意图如图 9.11 所示。这种裂缝出现在相邻钢筋端板边缘的中间部分，而并非角部。裂缝的出现使得试件开裂受损，并且有被钢筋端板下的混凝土楔形体劈裂的趋势产生，试件贯通裂缝和破坏趋势如图 9.12 所示。因此，第二种破坏现象的破坏特征就是出现贯穿整个试件横截面的裂缝。实质上，第二种破坏现象就是试件下部混凝土受到两个混凝土楔形体劈拉作用而破坏的过程。

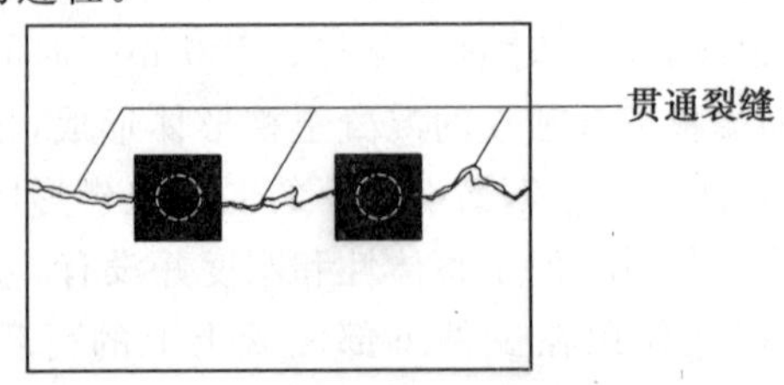

图 9.11　试件顶部贯通裂缝示意图

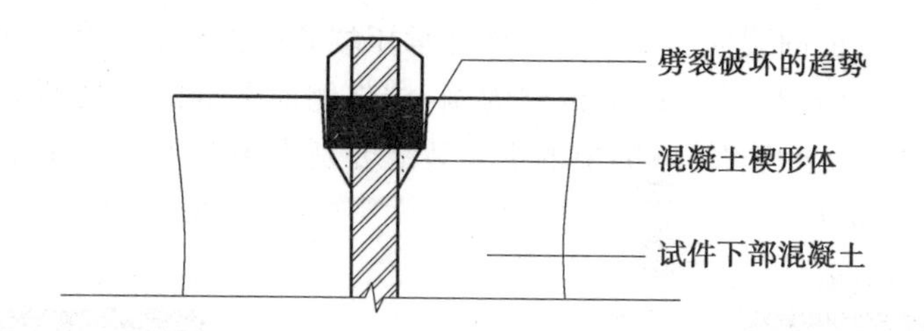

图 9.12　试件贯通裂缝和破坏趋势

在试件的承压端，由钢筋端板角部向外发展的裂缝也同样会被观察到。但是，这类裂缝并不是引起试件失效的主要原因。当相邻钢筋锚固板净距离 c 的数值较大时，试件承压端裂缝的发展情况如图 9.13 所示。当相邻钢筋端板净距离 c 的数值为 40 mm 时，不仅有第一种破坏现象下的裂缝被观察到，同时也出现了第二种破坏现象下的贯穿裂缝。这种情况意味着，这类试件的破坏同时具备了第一种破坏现象和第二种破坏现象的破坏特征，其破坏的本质是试件下部混凝土同时受到相邻钢筋端板间混凝土的压作用和混凝土楔形体劈拉作用的结果。但是，这种情况势必是不常见的，或者说这种情况下的相邻钢筋端板净距离 c 的范围将会很小。因此，这里并没有将其考虑成一种新的破坏现象，仅作为两种破坏现象下相邻钢筋端板净距离 c 的一个临界值。

(a) c=40 mm　(b) c=55 mm　(c) c=70 mm　(d) c=85 mm

图 9.13　试件承压端裂缝的发展情况

试件其他表面的裂缝实质上就是试件承压端裂缝的延续。以相邻钢筋端板净距离 c 为 55 mm 和 70 mm 的试件为例，试件侧面裂缝的发展情况如图 9.14 所示。图 9.14(a)和图 9.14(b)中的主要裂缝分别为图 9.13(b)和图 9.13(c)中主裂缝的延续部分。

试件加载端

试件承压端

(a) c=55 mm

试件加载端

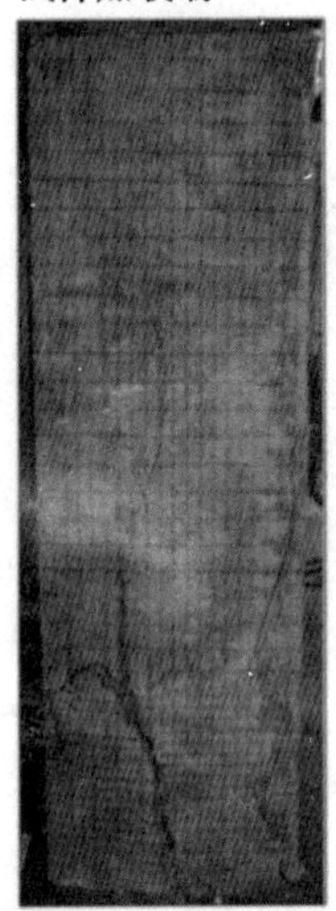

试件承压端

(b) c=70 mm

图 9.14　试件侧面裂缝的发展情况

9.4　试验结果

各试件混凝土局压承载力 F_l 和破坏现象见表 9.2。由于每个试件中均有两根带端板钢筋，为了后续的分析方便，在以后的分析工作中，均以平均值作为研究对象。根据试验数据，混凝土局压承载力 F_l 随钢筋端板净距离 c 的变化情况如图 9.15 所示。

表 9.2　各试件混凝土局压承载力 F_l 和破坏现象

c/mm	F_{l1}/kN	F_{l2}/kN	平均值/kN	破坏现象
10	211.35	216.46	213.90	第一种
25	190.71	198.60	194.66	第一种
40	155.40	151.38	153.39	两种都有
55	176.16	177.83	177.00	第二种
70	190.64	197.79	194.21	第二种
85	234.56	232.70	233.63	第二种

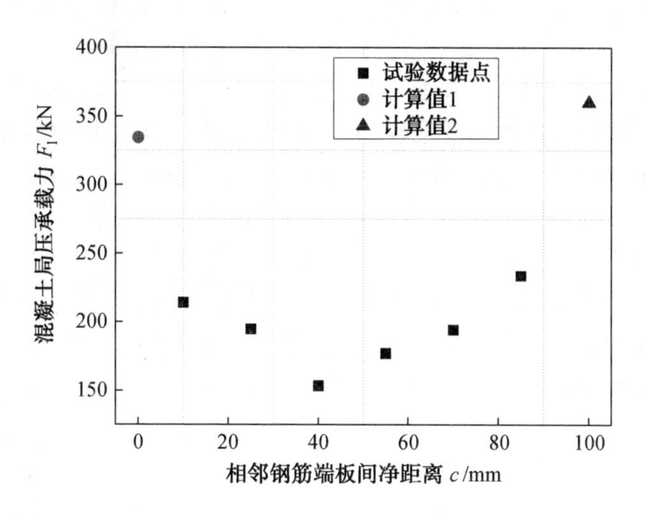

图 9.15　混凝土局压承载力 F_l随钢筋端板净距离 c 的变化情况

图 9.15 中计算值 1 为相邻钢筋端板净距离 c 为 0 mm 时，混凝土局压承载力 F_l的数值；计算值 2 为相邻钢筋端板净距离 c 为 100 mm 时，混凝土局压承载力 F_l的数值。由于本次试验中的钢筋端板均为方形钢板，且边长为 50 mm，所以，当相邻钢筋端板净距离 c 为 100 mm 时($c/b=2$)，相邻钢筋端板下的混凝土局压计算底面积 A_b的重叠面积刚好为 0。也就是说，当相邻钢筋端板净距离 c 不小于 100 mm 时，两个相邻钢筋端板之间没有任何相互影响；当相邻钢筋端板净距离 c 为 0 mm 时，两个相邻钢筋端板的混凝土局压承载力 F_l可以合并为一个整体进行计算。对于图 9.15 中计算值 1 和计算值 2 的计算，是根据本书第 8 章中的相关计算公式而计算获得的，充分考虑了直锚段钢筋黏结作用对混凝土局压承载力 F_l的影响。

由图 9.15 所示，混凝土局压承载力 F_l先随着相邻钢筋端板净距离 c 的增加而减小，随后又随着相邻钢筋端板净距离 c 的增加而增加。不同试件的破坏现象不同，就会造成不同的变化规律。所以，将图 9.15 中的规律单独划分为两部分来分析：一部分为当相邻钢筋端板净距离 c 和端板边长 b 之比 c/b 不大于 0.8 时，混凝土局压承载力 F_l随着相邻钢筋端板净距离 c 的增加而减少；另一部分为当相邻钢筋端板净距离 c 和端板边长 b 之比 c/b 大于 0.8 且小于 2.0 时，混凝土局压承载力 F_l随着相邻钢筋端板净距离 c 的增加而增加。

9.4.1　当 c/b 值不大于 0.8 时的混凝土局压承载力 F_l的变化情况

当 c/b 值不大于 0.8 时，混凝土局压承载力 F_l随着相邻钢筋端板净距离 c 的增加而减少，主要是因为相邻钢筋端板净距离 c 的增大使得相邻钢筋端板间的混凝土更早地退出工作。当钢筋端板下的混凝土楔形体与相邻钢筋端板间的混凝土共同工作时，试件下部混凝土也会形成一个更大的承压面积，使得混凝土局压承载力 F_1得到显著的提高。但是，过早退出工作的相邻钢筋端板间混凝土会打破这种平衡。相邻钢筋端板净距离 c 的值越大，相邻钢筋端板间的混凝土就会越早地退出工作，两个独立的混凝土楔形体就越容易将试件下部混凝土破坏。

在这个阶段，混凝土局压承载力 F_1可以考虑为在计算值 1 的基础上进行不同程度折减的值，折减的程度与 c/b 的值相关。图 9.16 给出了以计算值 1 为基础值，不同 c/b 值时，各试验值较计算值 1 下降的百分比 T 的变化情况。其中，下降百分比 T 为试验值较计算值 1 下降的数值与计算值 1 的比值。拟合曲线的起始点为 c/b 值为 0 的点，拟合曲线的终止点为 c/b 值为 0.8 的点，拟合曲线的公式为

$$T=1.519\frac{c}{b}-1.054\left(\frac{c}{b}\right)^2 \tag{9.1}$$

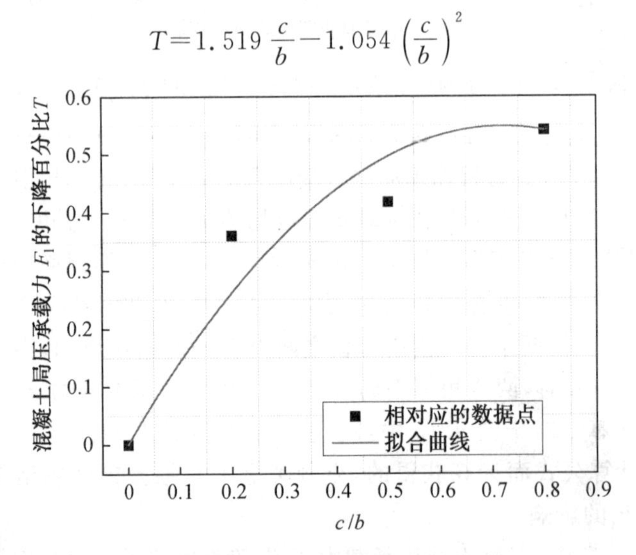

图 9.16　混凝土局压承载力 F_1的下降百分比 T 的拟合曲线

需要注意的是，式(9.1)所适用的范围为 $0<c/b\leqslant 0.8$，且公式的 R^2 值为 0.996 76。以相邻钢筋端板净距离 c 为 0 mm 时的混凝土局压承载力 F_1为基础，即将两个相邻的钢筋端板合并为一个钢筋端板计算获得的混凝土局压承载力 F_1为基础，再根据式(9.1)便可以计算获得相邻钢筋端板相互影响下的混凝土局压承载力 F_1随相邻钢筋端板净距离 c 的下降百分比数值。最终，便可以求得混凝土局压承载力下降阶段内的混凝土局压承载力 F_1值。

9.4.2　当 c/b 值大于 0.8 且小于 2.0 时的混凝土局压承载力 F_1 的变化情况

当 c/b 值大于 0.8 且小于 2.0 时，混凝土局压承载力 F_1随着相邻钢筋端板净

距离 c 的增加而增加，主要是因为相邻钢筋端板净距离 c 的增大会有效阻止相邻钢筋端板之间贯通裂缝的形成。

当相邻钢筋端板净距离 c 较小时，但是并没有小到在相邻钢筋端板之间的混凝土会形成一个整体，相邻钢筋端板下独立的混凝土楔形体距离过近，使得两个独立的混凝土楔形体之间会有贯通裂缝生成。随着荷载的持续增加，贯通裂缝也会随之发展，直至形成贯通整个试件截面的主裂缝。最终，试件下部混凝土被劈拉破坏，使得混凝土失去承载力。当相邻钢筋端板净距离 c 较大时，在相邻钢筋端板下混凝土楔形体之间不会有贯通裂缝迅速生成。而是需要局压荷载达到一定程度时，钢筋端板下的裂缝才会发展至连通。但是，当相邻钢筋端板净距离 c 为 2 倍钢筋端板边长 b 或更大时，钢筋端板下的裂缝将不会贯通形成主裂缝。

在这个阶段，混凝土局压承载力 F_1 可以考虑为在计算值 2 的基础上进行不同程度折减的值，折减的程度同样与 c/b 的值相关。图 9.17 给出了以计算值 2 为基础值，不同 c/b 值时，各试验值较计算值 2 的下降百分比 T 的变化情况。其中，下降百分比 T 为试验数值较计算值 2 下降的数值与计算值 2 的比值。拟合曲线的起始点为 c/b 值为 0.8 的点，拟合曲线的终止点为 c/b 值为 2.0 的点，拟合曲线的公式为

$$T=0.145+0.940\frac{c}{b}-0.506\left(\frac{c}{b}\right)^2 \tag{9.2}$$

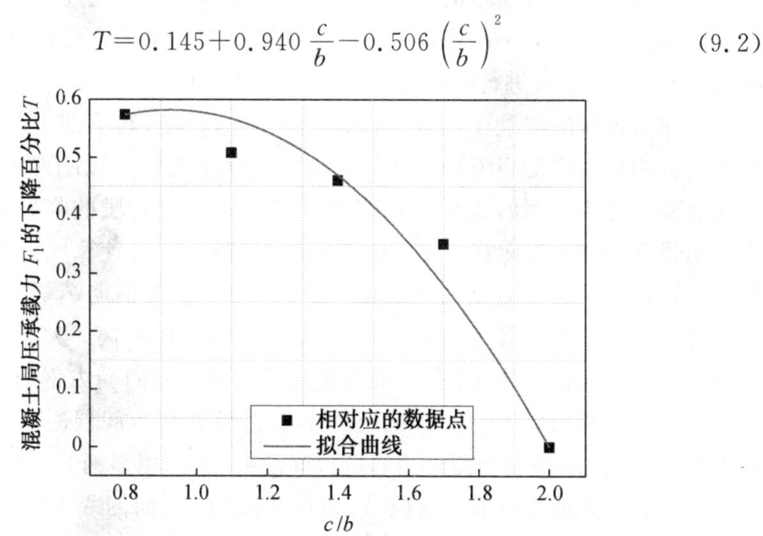

图 9.17　混凝土局压承载力 F_1 的下降百分比 T 的拟合曲线

需要注意的是，式(9.2)所适用的范围为 $0.8<c/b<2.0$，且公式的 R^2 值为 0.998 97。以单根带端板钢筋的混凝土局压承载力 F_1 为基础，即将两个相邻的钢筋端板按照单个带端板钢筋计算获得的混凝土局压承载力 F_1 的 2 倍为基础，再根据式(9.2)便可以获得相邻钢筋端板相互影响下的混凝土局压承载力 F_1 随相邻钢筋端板净距离 c 的下降百分比数值。最终，便可以求得混凝土局压承载力

上升阶段内的混凝土局压承载力 F_l 值。

9.4.3 两阶段临界值的计算

尽管式(9.1)和式(9.2)已经给出了适用范围，但是对于两个公式适用范围的临界值并没有明确地给出。混凝土局压承载力 F_l 先随着相邻钢筋端板净距离 c 的增加而减小，随后又随着相邻钢筋端板净距离 c 的增加而增加。这样，对混凝土局压承载力 F_l 两个阶段临界点的计算就显得十分必要了。事实上，这里定义的临界值很有可能是一个范围值，但是这个范围会很小，可以将其考虑为一个恒定值。根据两种不同破坏现象的破坏机理可知，当相邻钢筋端板净距离 c 的数值接近临界值时，相邻钢筋端板之间的混凝土不但会有第一种破坏现象的裂缝生成，还会有贯通裂缝的出现。试件的破坏特征同时具备了两种破坏现象的特征，是两种破坏现象共同作用引起的结果。因此，想直接通过量化计算获得两种破坏的临界值是十分困难的。但是，两种破坏现象裂缝的生成均与钢筋端板的尺寸、相邻钢筋端板净距离和混凝土局压计算底面积有着密切的关系。这其中，钢筋端板下混凝土局压计算底面积的影响尤为重要，可以同时反映出钢筋端板尺寸和相邻钢筋端板净距的影响。若将钢筋端板下混凝土局压计算底面积 A_b 作为钢筋端板局压力的影响范围，那么借助相邻钢筋端板下混凝土局压计算底面积的重叠面积 A_{bo} 来进行间接的量化计算是可行的。

相邻端板间的混凝土不仅与混凝土楔形体相接，其下部也与纵向受力钢筋相接。将相邻钢筋端板下局压计算底面积相互重叠的区域刚好可以覆盖相邻端板间混凝土时相邻钢筋端板净距离数值定义为两个阶段的临界值，主要是考虑到当相邻钢筋端板净距离 c 小于临界值时，混凝土局压计算底面积重叠面积 A_{bo} 的范围将超过纵向受力钢筋内表面，意味着两个相邻钢筋端板局压力的影响范围超过相邻端板间混凝土的范围；当相邻钢筋端板净距离 c 大于临界值时，混凝土局压计算底面积重叠面积 A_{bo} 的范围将不会到达纵向受力钢筋内表面，意味着两个相邻钢筋端板局压力的影响范围不会将相邻端板间混凝土全部覆盖在内；当重叠面积 A_{bo} 刚好完全覆盖相邻端板间混凝土时，相邻钢筋端板的局压计算底面积 A_b、钢筋锚固板净承压面积 A_{ln} 和重叠面积 A_{bo} 如图 9.18 所示。由图 9.18 可知，x 值的计算公式为

$$x=\frac{b-d}{2} \tag{9.3}$$

两个阶段临界值 c/b 的计算公式为

$$\frac{c}{b}=\frac{b+d}{2b} \tag{9.4}$$

根据试验现象和试验数据，由式(9.4)计算获得本次试验两阶段的临界值 c/b

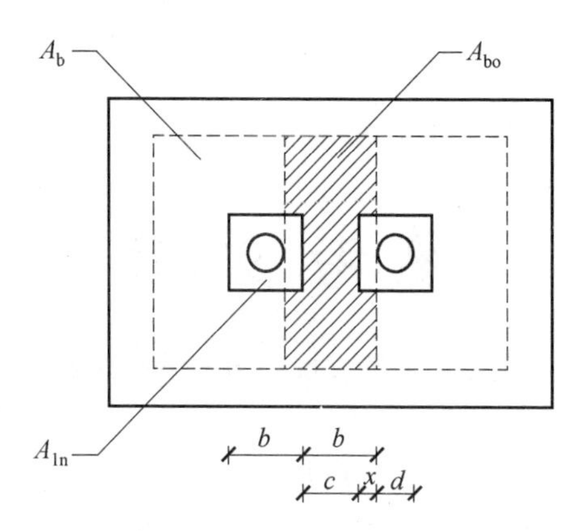

图 9.18　重叠面积 A_{bo} 刚好完全覆盖住相邻端板间混凝土

为 0.75。这与试验数据 c/b 为 0.8 时的混凝土局压承载力 F_l 最小的情况大致相符。因此，借助式(9.3)和式(9.4)的结果，可将式(9.1)和式(9.2)的适用范围分别修改为 $0<c/b\leqslant 0.75$ 和 $0.75<c/b<2.0$。

9.5　本章小结

当相邻带端板钢筋同时处于工作状态时，相邻钢筋端板下的混凝土局压计算底面积 A_b 会存在相互重叠的区域，会对钢筋端板下混凝土局压承载力 F_l 产生影响。因此，为了研究相邻钢筋端板下混凝土的局压计算底面积重叠面积对混凝土局压承载力 F_l 的影响，本章共进行了 6 个具有不同相邻钢筋端板净距离 c 试件的试验。通过对试验现象的观察和试验数据的分析，得到如下结论。

(1)根据对试验数据和破坏现象的分析，将相邻钢筋端板下混凝土局压计算底面积相互重叠时，钢筋端板下混凝土的局压承载力随钢筋端板净距离变化的趋势可以分为两个阶段：一个为当相邻钢筋端板净距离 c 和端板边长 b 之比 c/b 不大于 0.8 时，混凝土局压承载力 F_l 随着相邻钢筋端板净距离 c 的增加而减少；另一个为当相邻钢筋端板净距离 c 和端板边长 b 之比 c/b 大于 0.8 且小于 2.0 时，混凝土局压承载力 F_l 随着相邻钢筋端板净距离 c 的增加而增加。

(2)以相邻钢筋端板净距为 0 mm 和 2 倍钢筋端板边长时的混凝土局压承载力值为基础值，分别建立了以相邻钢筋端板净距离 c 与钢筋端板边长 b 之比 c/b 为自变量，混凝土局压承载力较基础值下降百分比 T 的计算公式。

(3)相邻钢筋端板下局压计算底面积相互重叠的区域刚好可以覆盖相邻端板间混凝土时，将相邻钢筋端板净距数值定义为两个阶段的临界值，并给出了以锚固板边长 b 和钢筋公称直径 d 为参数的临界值 c/b 的计算公式。

参 考 文 献

[1] 刘建华.推动建材行业绿色低碳发展和节能减排达标——新时代新理念新要求[J].中国建材,2018(4):35-36.

[2] 赵毅明,张磊,邓凤琴.大力推广应用高强钢筋 高效节材适应绿色发展[J].工程建设标准化,2014(1):33-37.

[3] 白鹤,王新婷,卞梦.浅谈高强钢筋在建筑工程中的推广应用[J].科技资讯,2013(33):42.

[4] 翟志强.论高强钢筋在我国建筑业的进一步推广应用[J].山西建筑,2013,25:102-103.

[5] 徐有邻,王晓锋.发展高性能材料提高结构安全水平[J].建筑结构,2007(3):118-120.

[6] 住房和城乡建设部标准定额研究所.RISN-TG007-2009 热轧带肋高强钢筋在混凝土结构中应用技术导则[M].北京:中国建筑工业出版社,2009.

[7] 中华人民共和国住房和城乡建设部,工业和信息化部.关于加快应用高强钢筋的指导意见[EB/OL].[2012-01-01].https://www.mohurd.gov.cn/gongkai/zhengce/zhengcefilelib/201201/20120118_208485.html.

[8] 中华人民共和国住房和城乡建设部.混凝土结构设计规范:GB 50010—2010[S].北京:中国建筑工业出版社,2010.

[9] 中国钢铁协会.钢筋混凝土用钢 第2部分:热轧带肋钢筋:GB/T 1499.2—2018[S].北京:中国标准出版社,2018.

[10] 赵基达,徐有邻,白生翔,等. 我国《混凝土结构设计规范》的技术进步与展望[J]. 工程建设标准化, 2015(7): 64-72.

[11] 胡仁重.R.C.梁弯矩调幅系数合理取值的研究[J].山西建筑,2010,36(27):58-59.

[12] 中国工程建设标准化协会.钢筋混凝土连续梁和框架考虑内力重分布设计规程:CECS 51:93[S]. 北京: 中国计划出版社,1993.

[13] 住房和城乡建设部赴美国考察高强钢筋应用代表团.美国高强钢筋应用情况考察报告[J]. 建筑, 2013(7):32-35.

[14] ACI Committee 318. Building code requirements for structural concrete and commentary: ACI 318-19[S]. Farmington Hills: American Concrete

Institute, 2019.
[15] ASTM International. Standard specification for deformed and plain carbon-steel bars for concrete reinforcement: A615/A615M-16[S]. West Conshohocken, PA, USA: American Association of State Highway and Transportation Officials Standard, 2016.
[16] ASTM International. Standard specification for deformed and plain low-alloy steel bars for concrete reinforcement: A706/A706M-16[S]. West Conshohocken, PA, USA: American Association of State Highway and Transportation Officials Standard, 2016.
[17] Committee BD -002. Australian standard concrete structures: AS 3600-2018[S]. Sydney, Australia: Standards Australia International, 2018.
[18] British Standards Institution. Eurocode 2: Design of concrete structures-part 1-1: General rules and rules for buildings: EN 1992-1-1:2004[S]. London, UK: British Standards Institution, 2004.
[19] 白力更,刘维亚.超高强钢筋在混凝土结构中的研究与应用[J].建筑结构,2016,46(12):49-53.
[20] Concrete Design Committee P311. Concrete structures standard:NZS3101:2006[S]. New Zealand, Wellington: Standards New Zealand, 2006.
[21] Canadian Standards Association. Design of concrete structures: CSA A23.3-14[S]. Toronto, Ontario, Canada: Canadian Standards Association, 2014.
[22] 况浩伟.中国高强钢筋的发展概述[J].工业建筑,2016(增刊Ⅰ):629-635,659.
[23] 中华人民共和国建设部.中国建筑技术政策[M].北京:中国城市出版社,1998.
[24] 高迪.标准规范助力国家高强钢筋推广[J].工程建设标准化,2017(4):47-48.
[25] 中华人民共和国住房和城乡建设部.混凝土结构工程施工规范:GB 50666—2011[S].北京:中国建筑工业出版社,2011.
[26] 中华人民共和国住房和城乡建设部.混凝土结构工程施工质量验收规范:GB 50204—2015[S].北京:中国建筑工业出版社,2015.
[27] 中华人民共和国住房和城乡建设部.钢筋混凝土用钢 第1部分:热轧光圆钢筋:GB/T 1499.1—2017[S].北京:中国标准出版社,2017.
[28] 陈永秀.碳纤维加固混凝土梁试验与理论研究[D].上海:同济大学,2007.
[29] BAKER A L L. The ultimate load theory applied to the design of

reinforced and prestressed concrete frames[M]. London, UK: Concrete Publications, 1956.

[30] BAKER A L L, AMARAKON A M N. Inelastic hyperstatic frame analysis [C]. Flexural Mechanics of Reinforced Concrete, SP-12, Farmington Hills, MI: American Concrete Institute,1964.

[31] CORLEY G W. Rotational capacity of reinforced concrete beams[J]. ASCE Journal of the Structural Division, 1966,92(5):121-146.

[32] MATTOCK A H. Discussion of rotational capacity of reinforced concrete beams [J]. ASCE Journal of the Structural Division, 1967, 93(2): 519-522.

[33] 段炼,王文长,郭苏凯.钢筋混凝土结构塑性铰的研究[J].四川建筑科学研究,1983(3):16-22.

[34] 陈忠汉,朱伯龙,钮宏.斜向受力钢筋混凝土压弯构件的非线性分析[J].土木工程学报,1984(4):67-78.

[35] 王福明,曾建民,段炼.钢筋混凝土压弯构件塑性铰的试验研究[J].太原工业大学学报,1989,20(4):20-29.

[36] PRIESTLEY M J N, PARK R. Strength and ductility of concrete bridge columns under seismic loading[J]. ACI Structural Journal, 1987(84): 61-76.

[37] PAULAY T P. Seismic design of reinforced concrete and masonry buildings[M]. New York: John Wiley and Sons,1992.

[38] PANAGIOTAKOS T B, FARDIS M N. Deformations of reinforced concrete members at yielding and ultimate[J]. ACI Structural Journal, 2001, 98(2): 135-148.

[39] 姜锐,苏小卒.塑性铰长度经验公式的比较研究[J]. 工业建筑, 2008,38: 425-430.

[40] KO M Y, KIM S W, KIM J K. Experimental study on the plastic rotation capacity of reinforced high strength concrete beams[J]. Materials & Structures, 2001, 34(5): 302-311.

[41] DOCARMO R N F, LOPES S M R, BERNARDO L F A. Theoretical model for the determination of plastic rotation capacity in reinforced concrete beams[J]. Structural Concrete, 2003,4(2):75-83.

[42] DOCARMO R N F, LOPES S M R. Influence of the Shear force and transverse reinforcement ratio on plastic rotation rapacity[J]. Thomas Telford and Fib, 2005,6(3):135-148.

[43] 杨春峰，朱浮声，郑文忠. 无黏结预应力混凝土梁塑性铰的研究[J]. 低温建筑技术，2005(5):53-54.

[44] KHEYRODDIN A, NADERPOUR H. Plastic hinge rotation capacity of reinforced concrete beams[J]. International Journal of Civil Engineering, 2007, 5(1): 30-47.

[45] 常莹莹，贡金鑫. 钢筋混凝土受弯构件的延性及弯矩重分布[J]. 建筑科学与工程学报，2010，2:38-44.

[46] ZHAO Xuemei, WU Yufei , LEUNG A Y T. Analyses of plastic hinge regions in reinforced concrete beams under monotonic loading [J]. Engineering Structures, 2012(34):466-482.

[47] 周彬彬. 钢筋混凝土梁的截面转动能力研究[D]. 南京：东南大学，2018.

[48] 沈聚敏，翁义军，冯世平. 周期反复荷载下钢筋混凝土压弯构件的性能[J]. 土木工程学报，1982(2):53-64.

[49] ALSIWAT J M, SAATCIOGLU M. Reinforcement anchorage slip under monotonic loading[J]. ASCE Journal of Structural Engineering, 1992, 118(9): 2421-2438.

[50] HAWKINS N M, LIN I J, JEANG F L. Local bond strength of concrete for cyclic reversed loadings [M]. London, UK: Applied Science Publishers, 1982.

[51] SEZEN H, SETZLER E J. Reinforcement slip in reinforced concrete columns[J]. ACI Structural Journal, 2008, 105(3):280-289.

[52] 白绍良，傅剑平，汤华. 框架中间层端节点梁筋直角弯折锚固端设计概念及方法的改进[J]. 重庆建筑工程学院学报，1994(3):1-12.

[53] 白绍良，傅剑平，周中元，等. 末端带直角弯折的梁筋在端节点中的锚固性能试验研究[J]. 重庆建筑工程学院学报，1994(2):1-12.

[54] SEZEN H. Seismicbehavior and modeling of reinforced concrete building columns[D]. Berkeley, CA: University of California-Berkeley, 2002.

[55] ZHAO J, SRITHARAN S. Modeling of strain penetration effects in fiber-based analysis of reinforced concrete structures [J]. ACI Structural Journal, 2007, 104(2):133-141.

[56] TASTANI S P, PANTAZOPOULOU S J. Yield penetration in seismically loaded anchorages: Effects on member deformation capacity[J]. Earthquake & Structures, 2013, 5(5): 527-552.

[57] 杨小乙. 考虑节点内梁纵筋黏结滑移试验及模拟方法研究[D]. 重庆：重庆大学，2014.

[58] PANAGIOTIS E M, ANDREAS J K. Estimating fixed-end rotations of reinforced concrete members at yielding and ultimate [J]. Structural Concrete, 2016,14(4): 537-545.

[59] 赵光仪,吴佩刚. 钢筋混凝土连续梁弯矩调幅限值的研究[J]. 建筑结构, 1982(4): 37-42.

[60] 清华大学土木与环境工程系. 钢筋混凝土连续梁弯矩调幅限值的试验研究[J]. 建筑技术通讯,1981(1):1-33.

[61] 邓宗才. 钢筋混凝土连续梁弯矩调幅法的研究[J]. 建筑结构,1997(8): 30-32.

[62] LIN Chienhung, CHIEN Yumin. Effect of section ductility on moment redistribution of continuous concrete beams [J]. Journal of the Chinese Institute of Engineers, 2000, 23(2): 131-141.

[63] 张艇. HRB500 级钢筋混凝土构件受力性能的试验研究[D]. 郑州:郑州大学,2004.

[64] 江涛. HRB500 级钢筋混凝土框架结构静载试验研究[D]. 长沙:湖南大学,2009.

[65] DOCARMO R N F, LOPES S M R. Ductility and linear analysis with moment redistribution in reinforced high-strength concrete beams [J]. Canadian Journal of Civil Engineering, 2005, 32(32): 194-203.

[66] SCOTT R H, WHITTLE R T. Moment redistribution effects in beams [J]. Magazine of Concrete Research, 2005, 57(1): 9-20.

[67] BAGGE N, O'CONNOR A, ELFGREN L, et al. Moment redistribution in RC beams—A study of the influence of longitudinal and transverse reinforcement ratios and concrete strength[J]. Engineering Structures, 2014, 80: 11-23.

[68] 郑文忠,王钧,韩宝权,等. 内置 H 型钢预应力混凝土连续组合梁受力性能试验研究[J]. 建筑结构学报,2010,31(7):23-31.

[69] 郑文忠,王英,李和平. 预应力混凝土连续梁结构塑性设计新模式(中):预应力混凝土连续梁结构塑性弯矩计算方法[J]. 哈尔滨建筑大学学报,2002(6):6-9,13.

[70] 郑文忠,王英,李和平. 预应力混凝土连续梁结构塑性设计新模式(上):预应力混凝土连续梁结构塑性设计研究现状与展望[J]. 哈尔滨建筑大学学报,2002(5):9-12.

[71] 郑文忠,谭军,曾凡峰. CFRP 布加固无黏结预应力连续梁受力性能试验研究[J]. 湖南大学学报(自然科学版),2008(6):11-17.

[72] 王晓东，郑文忠，王英. 四边支承预应力混凝土双向板内力重分布[J]. 哈尔滨工业大学学报，2015，47(2)：1-8.

[73] 王晓东，郑文忠，王英. 柱支承无黏结预应力混凝土双向板内力重分布[J]. 哈尔滨工业大学学报，2014，46(12)：1-7.

[74] 张博一，郑文忠，王雪英. 内置灌浆圆钢管桁架预应力混凝土连续梁受力性能试验研究和理论分析[J]. 建筑结构学报，2011，32(3)：127-140.

[75] 解恒燕，郑文忠. 内置钢箱—混凝土连续组合梁受力性能试验[J]. 哈尔滨工业大学学报，2010，42(2)：186-192.

[76] 李莉，郑文忠. 活性粉末混凝土连续梁塑性性能试验[J]. 哈尔滨工业大学学报，2010，42(2)：193-199.

[77] 程东辉，郑文忠. 无黏结 CFRP 筋部分预应力混凝土连续梁试验与分析[J]. 复合材料学报，2008(5)：104-113.

[78] 王英，周威，郑文忠. 无黏结预应力连续梁塑性设计试验研究[J]. 低温建筑技术，2007(2)：42-44.

[79] 周威. 预应力混凝土结构设计三个基本问题研究[D]. 哈尔滨：哈尔滨工业大学，2005.

[80] 王晓东. 预应力混凝土结构内力重分布研究[D]. 哈尔滨：哈尔滨工业大学，2014.

[81] 王钧. 内置 H 型钢预应力混凝土组合梁受力性能与设计方法研究[D]. 哈尔滨：哈尔滨工业大学，2010.

[82] 卢姗姗. 配置钢筋或 GFRP 筋活性粉末混凝土梁受力性能试验与分析[D]. 哈尔滨：哈尔滨工业大学，2010.

[83] 白崇喜. 无黏结 CFRP 筋部分预应力混凝土梁板设计方法研究[D]. 哈尔滨：哈尔滨工业大学，2010.

[84] 李莉. 活性粉末混凝土梁受力性能及设计方法研究[D]. 哈尔滨：哈尔滨工业大学，2010.

[85] 韩宝权. 内置 H 型钢预应力混凝土连续组合梁塑性性能试验研究[D]. 哈尔滨：哈尔滨工业大学，2009.

[86] 解恒燕. 内置钢箱—混凝土组合梁受力性能与设计方法研究[D]. 哈尔滨：哈尔滨工业大学，2007.

[87] 郑文忠，李和平，王英. 超静定预应力混凝土结构塑性设计[M]. 哈尔滨：哈尔滨工业大学出版社，2002.

[88] COHN M Z, RIVA P. Flexural ductility of structural concrete sections [J]. PCI Journal, 1991, 36(2): 72-87.

[89] SCHOLZ H. Ductility, redistribution, and hyperstatic moments in

partially prestressed members[J]. ACI Structural Journal, 1990,87(3): 341-349.

[90] LOU T J, LOPES S M R, LOPES V A. FE modeling of inelastic behavior of reinforced high-strength concrete continuous beams [J]. Structural Engineering and Mechanics, 2014,49(3):373-393.

[91] LOU T J, LOPES S M R, LOPES V A. Redistribution of moments in reinforced high-strength concrete beams with and without confinement[J]. Structural Engineering and Mechanics, 2015, 55(2): 379-398.

[92] LOU T J, LOPES S M R, LOPES V A. Factors affecting moment redistribution at ultimate in continuous beams prestressed with external CFRP tendons[J]. Composites Part B: Engineering, 2014, 66: 136-146.

[93] LOU T J, LOPES S M R, LOPES V A. Effect of relative stiffness on moment redistribution in reinforced high-strength concrete beams [J]. Magazine of Concrete Research, 2017, 67(14):716-727.

[94] British Standards Institution. Structural use of concrete part 1: 1997: Code of practice for design and construction: BS 8110-1: 1997 [S]. London, UK: British Standards Institution,1997.

[95] German Institute of Standard. Concrete reinforced and prestressed concrete structures: DIN 1045-1: 2008 [S]. Berlin, Germany: German Institute of Standard (Deutesches institut fur normung), 2008.

[96] LI Y Z, CAO S Y, JING D H. Concrete columns reinforced with high-strength steel subjected to reversed cycle loading [J]. ACI Structural Journal, 2018, 115(4):1037-1048.

[97] 金芷生,朱万福,庞同和. 钢筋与混凝土黏结性能试验研究[J]. 南京工学院学报,1985(2):73-85.

[98] 张冲,丁大钧. 钢筋混凝土黏结应力和局部滑移相互关系的分方程及“悬臂虚梁”法的研究[J]. 汕头大学学报(自然科学版),1986(1): 95-104.

[99] 宋玉普,赵国藩. 钢筋与混凝土间的黏结滑移性能研究[J]. 大连工学院报,1987(2):93-100.

[100] 宋玉普,赵国藩. 钢筋与混凝土间黏结应力—滑移关系的应力变分模型[J]. 大连理工大学学报, 1994(1):59-67.

[101] 高丹盈. 钢纤维混凝土与钢筋的黏结强度[J]. 郑州工学院学报,1990(3): 54-60.

[102] 徐有邻. 钢筋与混凝土黏结锚固的分析研究[J]. 建筑科学,1992(4):18-24,30.

[103] 徐有邻,邵卓民,沈文都. 钢筋与混凝土的黏结锚固强度[J]. 建筑科学,1988(4):8-14.

[104] 徐有邻,沈文都,汪洪. 钢筋混凝土黏结锚固性能的试验研究[J]. 建筑结构学报,1994(3):26-37.

[105] 徐有邻. 各类钢筋黏结锚固性能的分析比较[J]. 福州大学学报(自然科学版),1996(S1):71-77.

[106] 徐有邻. 并筋黏结锚固性能的试验研究[J]. 建筑结构,1996(5):34-37.

[107] 徐有邻. 钢筋锚固与连接设计合理化的建议[J]. 建筑结构,1997(12):25-28.

[108] 徐有邻,王晓锋. 混凝土结构中钢筋的锚固[J]. 建筑结构,2003(5):7-9.

[109] 阎西康,梁琳霄,梁琛. 疲劳荷载作用下植筋锚固黏结的滑移性能[J]. 土木与环境工程学报(中英文), 2020, 42(2):149-156.

[110] 王海龙,陈杰,孙晓燕,等. 钢丝绳与 3D 打印水泥基复合材料的黏结性能[J]. 建筑结构学报,2021,42(2):149-156.

[111] 林红威,赵羽习,郭彩霞,等. 锈胀开裂钢筋混凝土黏结疲劳性能试验研究[J]. 工程力学, 2020, 37(1): 98-107.

[112] 孟凡冰,谢明,冯威. 型钢-再生混凝土界面黏结滑移性能研究现状[J]. 科学技术创新,2019(29):123-124.

[113] 宋明辰. 型钢高性能纤维混凝土界面黏结滑移试验研究及理论分析[D]. 西安:西安建筑科技大学,2019.

[114] 张春尧. 圆钢管活性粉末混凝土(RPC)界面黏结滑移性能研究[D]. 西安:西安建筑科技大学,2019.

[115] 郝润奇. GFRP 筋与纤维混凝土黏结性能研究[D]. 西安:长安大学,2019.

[116] 李想. 预应力碳纤维板与混凝土界面黏结滑移本构关系研究[D]. 重庆:重庆交通大学,2019.

[117] 李扬,黄中华,沈子豪,等. 低温下纤维增强塑料筋混凝土黏结性能试验研究[J]. 科学技术与工程,2019,19(8):256-261.

[118] 殷之祺. 高强泡沫混凝土的研制及轻钢泡沫混凝土黏结滑移性能研究[D]. 南京:东南大学,2018.

[119] 王柏文,刘扬,王龙,等. 疲劳荷载下锈蚀钢筋混凝土黏结性能研究[J]. 西安建筑科技大学学报(自然科学版),2019,51(5):643-648.

[120] 王术飞. 钢纤维在水泥基复合材料中黏结性能的研究进展[J]. 公路工程,2019,44(4): 279-284.

[121] 王恩. 高温后钢-再生混凝土组合构件黏结性能研究[D]. 南昌:东华理

工大学，2019.
[122] 宋国杰. 不同加载速率下钢筋再生混凝土黏结滑移性能试验研究[D]. 北京:北方工业大学，2019.
[123] 姚国文,刘宇森,吴甜宇,等. 湿热环境下黏钢加固混凝土界面的黏结性能[J]. 土木与环境工程学报(中英文),2019,41(4):112-121.
[124] 陈爽. 湿热海洋环境下 FRP 筋—珊瑚混凝土黏结滑移性能研究[D]. 南宁:广西大学,2019.
[125] 阿斯哈,周长东,邱意坤,等. 考虑位置函数的木材表面嵌筋黏结滑移本构关系[J]. 工程力学,2019, 36(10): 134-143.
[126] 汪洪,徐有邻,史志华. 钢筋机械锚固性能的试验研究[J]. 工业建筑,1991(11): 36-40.
[127] 毛达岭. HRB500 钢筋黏结锚固性能试验研究[D]. 天津:天津大学,2004.
[128] 王莉荔. 500 MPa 级热轧带肋钢筋机械锚固性能试验研究[D]. 郑州:郑州大学,2010.
[129] 李晓清. 600 MPa 热轧带肋钢筋机械锚固性能试验研究[D]. 河北:河北工业大学,2016.
[130] 吴广彬,李智斌,王依群,等. 带锚固板钢筋机械锚固强度的拉拔试验研究[J]. 建筑科学,2010,26(5):1-5.
[131] 吴广彬,李智斌,刘永颐. 带锚固板钢筋的机械锚固性能试验及其最新研究成果[J]. 建筑科学,2007(11):38-40.
[132] 中华人民共和国住房和城乡建设部. 钢筋锚固板应用技术规程:JGJ 256—2011[S]. 北京:中国建筑工业出版社,2011.
[133] 刘永颐,曹声远,杨熙坤,等. 混凝土及钢筋混凝土的局部承压问题[J]. 建筑结构,1982(4):1-9.
[134] 曹声远,杨熙坤,钮长仁. 混凝土轴心局部承压破坏及强度的试验研究[J]. 哈尔滨建筑工程学院学报,1980(1):61-73.
[135] 曹声远,杨熙坤,钮长仁. 混凝土轴心局部承压变形的试验研究[J]. 哈尔滨建筑工程学院学报,1980(1):74-84.
[136] 曹声远,杨熙坤. 混凝土偏心局部承压强度试验研究及计算方法的建议[J]. 哈尔滨建筑工程学院学报,1982(4):1-11.
[137] 曹声远,杨熙坤,徐凯怡. 钢筋混凝土局部承压的试验研究[J]. 哈尔滨建筑工程学院学报,1983(2):1-22.
[138] 蔡绍怀,尉尚民,焦占栓,等. 钢管混凝土局部承压性能和强度计算的研究[J]. 建筑科学,1989(2):18-23.

[139] 蔡绍怀,尉尚民,焦占栓. 方格网套箍混凝土的局部承压强度[J]. 土木工程学报,1986(4):17-25.

[140] 蔡绍怀,薛立红. 高强度混凝土的局部承压强度[J]. 土木工程学报,1994(5):52-61.

[141] 周威,郑文忠,胡海波. 钢筋网片约束活性粉末混凝土局压性能试验研究[J]. 建筑结构学报,2013,34(11):141-150.

[142] 周威,胡海波,郑文忠. 高强螺旋筋约束活性粉末混凝土局压承载力试验[J]. 土木工程学报,2014,47(8):63-72.

[143] 郑文忠,张吉柱. 密布预应力束锚具下混凝土局部受压承载力计算方法[J]. 建筑结构学报,2004(4):60-65.

[144] 赵军卫,郑文忠. 预应力混凝土局压承载力计算及端部间接钢筋的配置问题[J]. 工业建筑,2007(11):47-52.

[145] 郑文忠,赵军卫,王英. 考虑孔道及核心面积影响的混凝土局部受压承载力试验研究[J]. 建筑结构学报,2008(5):85-93.

[146] 郑文忠,赵军卫. 混凝土局部受压的三个基本问题[J]. 哈尔滨工业大学学报,2009,41(8):1-5.

[147] 郑文忠,赵军卫,张博一. 活性粉末混凝土局压承载力试验与分析[J]. 南京理工大学学报(自然科学版),2008(3):381-386.

[148] 张兆强,游诗广. 带端板方钢管再生混凝土短柱中心局部承压性能试验研究[J]. 世界地震工程,2014,30(2):13-18.

[149] 黄华恢. 再生碎砖混凝土简支墙梁结构受力模型分析[D]. 桂林:桂林理工大学,2017.

[150] 曾鹏. 再生混凝土横孔空心砌块墙体局部受压试验研究[D]. 长沙:长沙理工大学,2019.

[151] 邵幸巧. 600 MPa 级高强钢筋混凝土柱轴压、偏压性能试验与计算方法研究[D]. 合肥:合肥工业大学,2019.

[152] 沈奇罕,林沁,王静峰. 圆端形椭圆钢管混凝土短柱局部轴向受压性能研究[J]. 建筑钢结构进展,2020,22(2):25-35,48.

[153] 刘劲,丁发兴,龚永智,等. 圆钢管混凝土短柱局压力学性能研究[J]. 湖南大学学报(自然科学版),2015,42(11):33-40.

[154] 中国钢铁工业协会. 金属材料拉伸试验 第 1 部分:室温试验方法:GB/T 228.1—2021[S]. 北京:中国标准出版社,2021.

[155] 朱伯龙,董振祥. 钢筋混凝土非线性分析[M]. 上海:同济大学出版社,1985.

[156] 吕西林, 金国芳, 吴晓涵. 钢筋混凝土结构非线性有限元理论与应用

[M]. 上海:同济大学出版社，1997.

[157] 中华人民共和国原城乡建设环境保护部. 混凝土结构设计规范：GBJ 10—89[S]. 北京:中国建筑工业出版社，1989.

[158] 国家基本建设委员会建筑科学研究院. 钢筋混凝土结构设计规范:TJ 10—74[S]. 北京:中国建筑工业出版社，1974.

[159] RICHART F E, BRANDTZAEG A, BROWN R L. A study of the failure of concrete under combined compressive stresses[D]. Urbana: University of Illinois,1928: 185.

[160] CUSSION D, PAULTRE P. Stress-strain model for confined high-strength concrete[J]. Journal of Structural Engineering, 1995, 121(3): 468-477.

[161] 史庆轩,杨坤,刘维亚，等. 高强箍筋约束高强混凝土轴心受压力学性能试验研究[J]. 工程力学，2012，29(1)：141-149.

[162] 王南,史庆轩,张伟,等. 箍筋约束混凝土轴压本构模型研究[J]. 建筑材料学报,2019,22(6)：933-940.

[163] SHEIKH S A, UZUMERI S M. Strength and ductility of tied concrete columns[J]. ASCE Journal of Structural Division, 1980, 106(10): 1079-1102.

[164] 林大炎，王传志. 清华大学抗震抗爆工程研究室科学研究报告集第三集:矩形箍筋约束的混凝土应力—应变全曲线研究[M]. 北京：清华大学出版社，1981.

[165] BING L, PARK R, TANAKA H. Stress-strain behavior of high-strength concrete confined by ultra-high-and normal-strength transverse reinforcements[J]. ACI Structural Journal, 2001, 98(3): 395-406.

[166] SAATCIOGLU M, RAZVI S R. High-strength concrete columns with square sections under concentric compression[J]. Journal of Structural Engineering, 1998, 124(12):1438-1447.

[167] RAZVI S R, SAATCIOGLU M. Circular high-strength concrete columns under concentric compression[J]. ACI Structural Journal, 1999, 96(5): 817-825.

[168] PEDRO D S. Effect of concrete strength on axial load response of circular columns[D]. Montreal: McGill University, 2000.

[169] ANTONIUS. Performance of high-strength concrete columns confined by medium strength of spirals and hoops[J]. Asian Journal of Civil Engineering, 2014, 15(2): 245-258.

[170] WANG W, ZHANG M, TANG Y, et al. Behaviour of high-strength concrete columns confined by spiral reinforcement under uniaxial compression[J]. Construction and Building Materials, 2017, 154: 496-503.

[171] 梁航. 600 MPa 级钢筋混凝土柱受压性能研究[D]. 南京:东南大学, 2018.

[172] LI Y Z, CAO S Y, JING D H. Axial compressive behaviour of RC columns with high-strength MTS transverse reinforcement[J]. Magazine of Concrete Research, 2017, 69(9): 1-17.

[173] SHIN H O, MIN K H, MITCHELL D. Confinement of ultra-high-performance fiber reinforced concrete columns[J]. Composite Structures, 2017, 176: 124-142.

[174] 杨坤,史庆轩,赵均海,等. 高强箍筋约束高强混凝土本构模型研究[J]. 土木工程学报,2013,46(1):34-41.

[175] MANDER J B, PRIESTLEY M J N, PARK R. Theoretical stress-strain model for confined concrete[J]. Journal of Structural Engineering, 1988, 114(8):1804-1825.

[176] POPOVICS S. A numerical approach to the complete stress-strain curve of concrete[J]. Cement and Concrete Research, 1973, 3(5):583-599.

[177] FATIFITS A, SHAH S P. Lateral reinforcement for high-strength concrete columns[J]. ACI Special Publication, 1985, 87:213-232.

[178] 中华人民共和国住房和城乡建设部. 建筑抗震设计规范:GB 50011—2010[S]. 北京:中国建筑工业出版社, 2010.

[179] 中华人民共和国住房和城乡建设部. 建筑抗震试验规程:JGJ/T 101—2015[S]. 北京:中国建筑工业出版社,2015.

[180] HE S F, DENG Z C. Seismic behavior of ultra-high performance concrete short columns confined with high-strength reinforcement[J]. KSCE Journal of Civil Engineering, 2019, 23(12): 5183-5193.

[181] ZHU W Q, JIA J Q, GAO J C, et al. Experimental study on steel reinforced high-strength concrete columns under cyclic lateral force and constant axial load[J]. Engineering Structures, 2016, 125:191-204.

[182] 宋昌. 配置 HRB600 级高强箍筋约束混凝土短柱抗震试验研究[D]. 天津:河北工业大学, 2015.

[183] 王德弘. RPC 框架梁柱节点抗震受剪承载力计算方法研究[D]. 哈尔滨:哈尔滨工业大学, 2018.

[184] XU S C, WU C Q, LIU Z X, et al. Experimental investigation of

seismic behavior of ultra-high performance steel fiber reinforced concrete columns[J]. Engineering Structures, 2017, 152: 129-148.
[185] SAYEDMAHDI A D, MOSTOFINEJAD D, ALAEE P. Effects of high-strength reinforcing bars and concrete on seismic behavior of RC beam-column joints[J]. Engineering Structures, 2019, 183: 702-719.
[186] WANG D H, JU Y Z, ZHENG W Z. Strength of reactive powder concrete beam-column joints reinforced with high-strength (HRB600) bars[J]. Strength of Materials, 2017, 49(1): 139-151.
[187] YI W J, ZHOU Y, LIU Y, et al. Experimental investigation of circular reinforced concrete columns under different loading histories[J]. Journal of Earthquake Engineering, 2016, 20: 654-675.
[188] 左宏亮,戴纳新,王涛. 建筑结构抗震[M]. 北京:水利水电出版社,2009.
[189] WANG L, SU R K L, CHENG B, et al. Seismic behavior of preloaded rectangular RC columns strengthed with precambered steel plates under high axial load ratios[J]. Engineering Structures, 2017, 152: 683-697.
[190] WU C, PAN Z F, SU R K L, et al. Seismic behavior of steel reinforced ECC columns under constant axial loading and reversed cyclic lateral loading[J]. Materials and Structures, 2017, 50: 78-91.
[191] WANG D Y, WANG Z Y, SMITH S T, et al. Seismic performance of CFRP-confined circular high-strength concrete columns with high axial compression ratio[J]. Construction and Building Materials, 2017, 134: 91-103.
[192] 禹钿龙. CRB550 级高强箍筋混凝土柱的滞回耗能性能研究[D]. 郑州:河南大学, 2019.
[193] YANG Y, XUE Y C, YU Y L, et al. Experimental study on seismic performance of partially precast steel reinforced concrete columns[J]. Engineering Structures, 2018, 175:63-75.
[194] 许鹏杰. 600 MPa 级钢筋混凝土柱抗震性能研究[D]. 南京:东南大学, 2018.
[195] LI C, HAO H, BI K. Seismic performance of precast concrete-filled circular tube segmental column under biaxial lateral cyclic loadings[J]. Bulletin of Earthquake Engineering, 2019, 17:271-296.
[196] XUE J Y, ZHANG X, REN R, et al. Experimental and numerical study on seismic performance of steel reinforced recycled concrete frame structure under low-cyclic reversed loading[J]. Advances in Structural

Engineering, 2018, 21(12): 1895-1910.

[197] BAE B, CHUNG J H, CHOI H K, et al. Experimental study on the cyclic behavior of steel fiber reinforced high strength concrete columns and evaluation of shear strength[J]. Engineering Structures, 2018, 157: 250-267.

[198] 郝明辉，陈厚群，张艳红. ABAQUS 中剪胀角的选取探讨[J]. 水利学报，2012, 43(S1): 91-97.

名词索引

X

Y

Z